高职高专“十三五”规划教材

Java 程序设计任务驱动式教程

（第 3 版）

主　编　孙修东　王永红
副主编　李　嘉　孙守梅

北京航空航天大学出版社

内容简介

Java是目前世界上最流行、最优秀的编程语言之一，它不但赢得了程序员的拥护，也赢得了企业的支持。编程语言的学习是生涩的，本书致力于使读者更轻松、更愉快地进入Java世界的大门。

本书是一线教师长期教学和软件开发实践的经验积累，也是根据学生的认知规律精心组织编写的项目化教程。本书以培养岗位职业能力为主线，按照典型任务序化知识，并将知识融入任务情景之中。全书分为29项任务，采用行业流行的Eclipse作为开发工具进行讲解，内容主要包括Java开发环境、Java语言基础、面向对象程序设计、GUI程序设计、Applet、异常处理、数据库操作、文件操作、多线程和网络编程等。每个任务都按"跟我做→实现方案→代码分析→必备知识→动手做一做→动脑想一想"的结构组织。最后，通过综合实训，引导学生学习应用Swing界面和JDBC数据库编程技术开发实际应用系统。本书内容丰富，案例经典，知识讲解系统，突出能力培养，易于学习，易于提高编程能力。

本书适合作为高职高专院校计算机及相关专业的教材，也可作为职业培训的教材或自学者的参考书。

本书配有教学课件，并提供全书任务的源代码、实训程序代码及主要习题答案供任课教师参考，请发邮件至goodtextbook@126.com或致电010-82317037申请索取。

图书在版编目(CIP)数据

Java程序设计任务驱动式教程 / 孙修东，王永红主编. --3版. -- 北京 ：北京航空航天大学出版社，2016.1

ISBN 978-7-5124-2045-8

Ⅰ. ①J… Ⅱ. ①孙… ②王… Ⅲ. ①JAVA语言—程序设计—教材 Ⅳ. ①TP312

中国版本图书馆CIP数据核字(2016)第009360号

Java程序设计任务驱动式教程(第3版)

主　编　孙修东　王永红

副主编　李　嘉　孙守梅

责任编辑　董　瑞

*

北京航空航天大学出版社出版发行

北京市海淀区学院路37号(邮编100191)　http://www.buaapress.com.cn

发行部电话：(010)82317024　传真：(010)82328026

读者信箱：goodtextbook@126.com　邮购电话：(010)82316936

北京时代华都印刷有限公司印装　各地书店经销

*

开本：787×1 092　1/16　印张：22.75　字数：582千字

2016年2月第3版　2019年8月第4次印刷　印数：8 001-9 000册

ISBN 978-7-5124-2045-8　定价：49.00元

前　言

《Java 程序设计任务驱动式教程》自 2010 年 8 月出版以来，受到许多高职高专院校师生的欢迎。编者结合面向对象编程技术的发展和广大读者的反馈意见，在保留原书特色的基础上，2013 年对教材进行了全面修订，出版了《Java 程序设计任务驱动式教程(第 2 版)》："实用趣味"，对近三成的任务案例进行了更新，使之更具有实用性和趣味性；"精雕细刻"，对部分任务的文字描述进行凝练，力争将深奥难懂的知识用简洁、生动的语言讲解出来，让人人看得懂、愿意看；"遵循规范"，在任务的实现方案、代码分析部分，强化 Java 集成开发环境(IDE)Eclipse 技术规范；"综合应用"，最后引入综合实训，引导学生学习应用 Swing 界面和 JDBC 数据库编程技术开发实际应用系统，体验 Java 软件开发的全过程，提高综合应用能力。

本次修订为本书的第 2 次修订，在保留原书特色的基础上，对第 2 版教材中的任务一、二、四、五、六、九、十一、十四、十五、十六、十七、十八共十二个任务的任务情景、实现方案、必备知识点等进行了更新、调整、充实，使之更加实用，并具有趣味性，同时融入农业元素。本次修订以《高等职业学校专业教学标准(试行)》为依据，根据 Java 桌面开发程序员的岗位能力要求，融入《程序员(Java)(四级)》国家职业资格证书考纲内容，对教程内容进行更新，统一完善了各任务"动脑想一想"课后练习的形式。

本书编写了 29 项任务：

任务一"搭建环境"，通过完成搭建 Java 运行环境操作，引导学生学习 Java 开发工具 JDK 的下载、安装与配置，Java 集成开发环境(IDE)Eclipse 的下载、安装与配置，Eclipse 的项目导入、导出，初步掌握搭建及使用 Eclipse 来编制 Java 程序。

任务二"Java 欢迎你"，通过完成第一个 Java 程序，引导学生学习 Java 应用程序(Application)和 Java 小程序(Applet)的结构，会使用 Eclipse 开发简单 Java 应用程序、入门级的 Java GUI 应用程序、Java 小程序，掌握简单调试与排错技术，理解 Java 实现机制。

任务三"小试牛刀"、任务四"挑战选择"和任务五"树苗采购"，通过完成计算圆的面积和周长、计算运费、树苗采购等典型任务，引导学生学习 Java 语言基础、程序流程控制语句。

任务六"宠物之家"、任务七"保护隐私"、任务八"子承父业"和任务九"万能之手"，通过完成宠物类描述、宠物类的封装、宠物的继承关系、使用 USB 接口等典型任务，引导学生学习类、继承、多态、接口等面向对象的概念和应用。

任务十"Java 的数据仓库"和任务十一"保持良好的交流"，通过完成银行存款本利账单、正话反说等典型任务,引导学生学习数组的定义和使用,并学会使用String类、StringBuffer类的方法对字符串进行操作。

任务十二“防患于未然”和任务十三“主动出击”,通过完成“除法运算器”“查找报表”等典型任务,引导学生学习“捕获并处理异常、抛出异常”异常处理方法。

任务十四“与Applet初次见面”和任务十五“声形并茂的Applet”,通过完成简单的自我介绍、会唱歌的图片等典型任务,引导学生学习Applet的基本知识和应用,掌握在Applet中使用多媒体元素的方法。

任务十六“进入Windows世界”、任务十七“布局规划”、任务十八“事件委托处理”、任务十九“选择之道”和任务二十“简明清晰的菜单”,通过完成创建农产品销售系统登录窗口、简单的界面布局浏览、猜数字游戏、农产品市场需求调查问卷、使用菜单控制字体和颜色等典型任务,引导学生学习Swing组件、布局管理、事件处理,理解Java委托事件处理机制,掌握Java GUI程序设计。

任务二十一“访问数据”和任务二十二“访问数据升级”,通过完成使用JDBC连接数据库、使用JDBC编程等典型任务,引导学生学习Java数据库编程的基本知识和JDBC应用。

任务二十三“文件管理”、任务二十四“顺序进出之道”和任务二十五“随机进出之道”,通过完成管理聊天记录、创建字节流和字符流磁盘文件、创建随机读写的磁盘文件等典型任务,引导学生学习目录与文件管理、文件的顺序访问和文件的随机访问。

任务二十六“Java的分身术”和任务二十七“线程的生命周期与优先级”,通过完成电子时钟、“吃苹果”线程调度等典型任务,引导学生理解线程的概念、编写简单的多线程程序。

任务二十八“Java中的套接字Socket”和任务二十九“Java中的数据报编程”,通过完成聊天程序的设计,引导学生学习网络编程模型、Java网络编程基础,能够编写简单的网络程序。

综合实训“学生信息管理系统开发”,基于Eclipse开发了一个简单的学生信息管理系统,通过学习使用面向对象技术来设计和实现应用系统,引导学生理解系统层次划分,并学会按照系统开发的一般步骤进行Swing界面开发和JDBC数据库编程。

本书是一线教师长期教学和软件开发实践的经验积累,根据学生的认知规律精心设计编写的项目化教程。本书以培养岗位职业能力为主线,按照典型任务序化知识,并将知识融入任务情景之中。全书每个任务都按“跟我做→实现方案→代码分析→必备知识→动手做一做→动脑想一想”的结构组织。

本书采用“教学做一体化”的教学组织模式,通过实例任务驱动Java程序设计的知识和技能的学习。本书归纳出29个学习任务,每个学习任务均通过“跟我做”(实例实用趣味)的任务情景提出问题,将任务运行结果和设计要求展示给学生,然后给出详细的“实现方案”和关键代码,让学生在学习枯燥的基础理论知识之前就能根据提示完成中等难度的程序;在调动学生的积极性后,再通过“代码分析”(尽量不涉及艰深概念)对该程序代码进行解析,引导学生学习基本“必备知识”(以够用为原则,覆盖 Java 程序设计入门的基本内容),并为需要继续深入学习的学生安排了“应用拓展”;接着给出一个实训任务“动手做一做”,让学生独立练习,完成从“扶着走”到“自己走”的过程;最后再给出一个课外任务“动脑想一想”,让学生课外自主学习。

本书的目标:学生学完本课程后,会编译、运行、调试、维护 Java 程序,能够理解并使用面向对象编程思想,运用 GUI 设计、事件处理、异常处理、JDBC 技术等,解决实际中遇到的问题。为了达到这一目标,建议教师在具有教学功能的实验室进行教学,边教边练,做中学,学中做。

本书作为三年制的高职高专教材,建议讲授学时为 54～72 学时,上机实践教学为 36 学时。

本书由上海农林职业技术学院谢锦平教授主审,由孙修东、王永红担任主编,李嘉、孙守梅任副主编,李秋、于隆、吴美英、成维莉、张金凤参编。孙修东编写任务十六～二十,王永红编写任务六～九、十二、十三,李嘉编写任务十、十一、十四、十五、综合实训,孙守梅编写任务一、二,李秋编写任务三～五,于隆编写任务二十六～二十九,吴美英编写任务二十一、二十二,成维莉编写任务二十三、二十四,张金凤编写任务二十五。本次修订由李嘉、孙修东完成,全书由孙修东负责统稿。

本书的编写得到了上海农林职业技术学院、江苏农牧科技职业学院、黑龙江农业经济职业学院、大连水产学院职业技术学院、南京交通职业技术学院、江苏广播电视大学靖江学院和黑龙江农垦职业学院等学校的大力支持,在此一并致谢。

本书在编写过程中,参考了大量的相关资料,吸取了许多同仁的宝贵经验,在此深表谢意。

由于作者水平所限,疏漏难免,敬请广大读者提出宝贵意见和建议。

作　者

2015 年 12 月

本书配有教学课件,并提供全书任务的源代码、实训程序代码及主要习题答案供任课教师参考,请发邮件至 goodtextbook@126.com 或致电 010－82317037 申请索取。

目　录

任务一　搭建环境（构建 Java 集成开发环境） …… 1

通过构建 Java 开发环境，讲解 JDK、Eclipse 的下载、安装和基本配置，Eclipse 的项目导入、导出的基本应用，为后续学习做好准备。

1.1　跟我做：搭建 Java 运行环境 …… 1
1.2　实现方案 …… 1
1.3　必备知识 …… 15
1.4　动手做一做 …… 17
1.5　动脑想一想 …… 18

任务二　Java 欢迎你（开发简单 Java 程序） …… 19

利用 Eclipse 开发第一个 Java 程序，学习创建 Java 项目、包、类的基本方法，初步认识Java 集成开发工具 Eclipse、Java 程序结构。

2.1　跟我做：我的第一个 Java 程序 …… 19
2.2　实现方案 …… 19
2.3　代码分析 …… 23
2.4　必备知识 …… 28
2.5　动手做一做 …… 31
2.6　动脑想一想 …… 32

任务三　小试牛刀（学习 Java 语言基础） …… 33

通过计算圆面积和周长，学习 Java 标识符和关键字、数据类型、运算符与表达式的使用。

3.1　跟我做：计算圆的面积和周长 …… 33
3.2　实现方案 …… 33
3.3　代码分析 …… 34
3.4　必备知识 …… 35
3.5　动手做一做 …… 44
3.6　动脑想一想 …… 44

任务四　挑战选择（使用分支控制流程） …… 46

通过计算运费，学习 if - else、switch 分支语句的语法结构、执行流程和用法。

4.1　跟我做：计算运费 …… 46
4.2　实现方案 …… 46
4.3　代码分析 …… 47
4.4　必备知识 …… 50
4.5　动手做一做 …… 54
4.6　动脑想一想 …… 55

任务五　树苗采购(使用循环控制流程) …… 57

通过树苗采购,学习while、do-while、for循环语句的语法结构、执行流程和用法,以及多重循环和跳转语句。

5.1　跟我做:树苗采购 …… 57
5.2　实现方案 …… 57
5.3　代码分析 …… 58
5.4　必备知识 …… 60
5.5　动手做一做 …… 64
5.6　动脑想一想 …… 66

任务六　宠物之家(创建、使用类和对象) …… 68

通过宠物类描述,学习如何抽象出事物的静态属性和动态行为,如何创建和使用类和对象,如何定义和使用类的方法,如何创建包组织Java工程,开始真正的Java面向对象之旅。

6.1　跟我做:宠物类 …… 68
6.2　实现方案 …… 68
6.3　代码分析 …… 69
6.4　必备知识 …… 73
6.5　动手做一做 …… 82
6.6　动脑想一想 …… 83

任务七　保护隐私(封装的使用) …… 85

通过宠物类的封装程序,学习用构造方法实现对象成员的初始化,加深对类的封装、方法的重载的理解,明确构造方法与实例方法的区别。

7.1　跟我做:宠物类的封装 …… 85
7.2　实现方案 …… 85
7.3　代码分析 …… 86
7.4　必备知识 …… 91
7.5　动手做一做 …… 97
7.6　动脑想一想 …… 97

任务八　子承父业(继承和多态的使用) …… 99

通过宠物的继承关系程序,学习继承的实现、多态的实现,深入体会面向对象的精华所在。

8.1　跟我做:宠物的继承关系 …… 99
8.2　实现方案 …… 99
8.3　代码分析 …… 100
8.4　必备知识 …… 102
8.5　动手做一做 …… 110
8.6　动脑想一想 …… 111

任务九　万能之手(接口的使用) …… 114

通过模拟使用USB接口程序,学习Java面向接口编程的思想,理解Java接口与多态的关系以及Java中使用接口实现多继承的方法。

9.1　跟我做:使用USB接口 …… 114
9.2　实现方案 …… 114
9.3　代码分析 …… 115
9.4　必备知识 …… 117
9.5　动手做一做 …… 123
9.6　动脑想一想 …… 124

任务十　Java的数据仓库(数组与集合) …… 125

通过银行存款本利账单程序,学习数组的声明、创建、初始化和使用,学习集合框架的使用,理解main()方法参数的应用。

10.1　跟我做:银行存款本利账单 …… 125
10.2　实现方案 …… 125
10.3　代码分析 …… 126
10.4　必备知识 …… 129
10.5　动手做一做 …… 139
10.6　动脑想一想 …… 141

任务十一　保持良好的交流(使用字符串) …… 143

通过"正话反说"游戏程序,学习使用String类、StringBuffer类的方法对字符串进行操作,明确String类与StringBuffer类的区别。

11.1　跟我做:正话反说 …… 143
11.2　实现方案 …… 143
11.3　代码分析 …… 144
11.4　必备知识 …… 145
11.5　动手做一做 …… 149
11.6　动脑想一想 …… 150

任务十二　防患于未然(捕获并处理异常) …… 153

通过除法计算器程序,学习运用try-catch-finally捕获并处理异常的方法,理解异常概念及Java的异常处理机制。

12.1　跟我做:捕获并处理异常 …… 153
12.2　实现方案 …… 153
12.3　代码分析 …… 154
12.4　必备知识 …… 155
12.5　动手做一做 …… 161
12.6　动脑想一想 …… 161

任务十三　主动出击(抛出异常) …… 163

通过查找数据报表程序,学习声明抛出异常、主动抛出异常和自定义异常的实现方法,提高程序运行的稳定性。

13.1　跟我做:抛出异常 …… 163
13.2　实现方案 …… 163

13.3 代码分析…… 165
13.4 必备知识…… 167
13.5 动手做一做…… 170
13.6 动脑想一想…… 171

任务十四 与 Applet 初次见面(Applet 入门) …… 172

通过简单的自我介绍 Applet 程序,学习编写和运行 Applet 程序的方法,了解 Applet 的特点,理解 Applet 的生命周期和主要方法,同时掌握 Applet 与 Application 的主要区别及 Applet 的参数传递知识点。

14.1 跟我做:简单自我介绍 …… 172
14.2 实现方案…… 172
14.3 代码分析…… 173
14.4 必备知识…… 176
14.5 动手做一做…… 178
14.6 动脑想一想…… 179

任务十五 声形并茂的 Applet(在 Applet 中播放声音和显示图像) …… 182

通过声形并茂的 Applet 程序,学习在 Applet 中显示图像、播放声音的方法,实现Applet 的多媒体应用。

15.1 跟我做:会唱歌的图片 …… 182
15.2 实现方案…… 182
15.3 代码分析…… 183
15.4 必备知识…… 184
15.5 动手做一做…… 186
15.6 动脑想一想…… 187

任务十六 进入 Windows 世界(设计图形用户界面) …… 189

通过创建农产品销售系统登录窗口程序,学习使用 JFrame 构造窗体、使用 JPanel 构造容器对象、使用基本组件构造 GUI 界面。

16.1 跟我做:创建农产品销售系统登录窗口 …… 189
16.2 实现方案…… 189
16.3 代码分析…… 191
16.4 必备知识…… 195
16.5 动手做一做…… 200
16.6 动脑想一想…… 201

任务十七 布局规划(使用布局管理器)…… 203

通过界面布局浏览程序,学习使用流布局、网格布局、边界布局、卡片布局和自定义布局改善用户界面,理解各种布局特点及各种布局的异同。

17.1 跟我做:简单的界面布局浏览 …… 203
17.2 实现方案…… 204
17.3 代码分析…… 205

17.4　必备知识 …… 208
17.5　动手做一做 …… 210
17.6　动脑想一想 …… 211

任务十八　事件委托处理(如何处理事件) …… 214

通过猜数字游戏程序,学习编写事件处理程序的基本方法,掌握 ActionEvent 动作事件的处理,理解 Java 委托事件处理机制。

18.1　跟我做:猜数字小游戏 …… 214
18.2　实现方案 …… 214
18.3　代码分析 …… 215
18.4　必备知识 …… 219
18.5　动手做一做 …… 222
18.6　动脑想一想 …… 224

任务十九　选择之道(使用选择控件和选择事件) …… 227

通过农产品市场需求调查问卷程序,学习使用组合框、复选框、单选按钮、列表框等选择控件构造复杂用户界面,深入理解 Java 委托事件处理机制。

19.1　跟我做:农产品市场需求调查问卷 …… 227
19.2　实现方案 …… 228
19.3　代码分析 …… 229
19.4　必备知识 …… 232
19.5　动手做一做 …… 235
19.6　动脑想一想 …… 236

任务二十　简明清晰的菜单(使用菜单和其他常用事件) …… 238

通过使用级联菜单控制文字的字体和颜色程序,学习应用下拉式菜单、弹出式菜单构造复杂用户界面,了解鼠标事件、键盘事件等的处理。

20.1　跟我做:使用菜单控制字体和颜色 …… 238
20.2　实现方案 …… 238
20.3　代码分析 …… 239
20.4　必备知识 …… 243
20.5　动手做一做 …… 248
20.6　动脑想一想 …… 249

任务二十一　访问数据(使用 JDBC 连接数据库) …… 251

通过查询显示数据库表记录程序,学习实现数据库连接的方法,理解 JDBC 的工作原理。

21.1　跟我做:使用 JDBC 连接数据库 …… 251
21.2　实现方案 …… 251
21.3　代码分析 …… 252
21.4　必备知识 …… 255
21.5　动手做一做 …… 260
21.6　动脑想一想 …… 260

任务二十二　访问数据升级(数据库编程)…………………………………………… 262

通过 Java 数据库应用程序,学习实现数据库连接,以及对数据库增、删、改、查操作的方法,深入理解 JDBC 的工作原理。

22.1　跟我做:使用 JDBC 编程 ………………………………………………………… 262
22.2　实现方案…………………………………………………………………………… 262
22.3　代码分析…………………………………………………………………………… 262
22.4　必备知识…………………………………………………………………………… 267
22.5　动手做一做………………………………………………………………………… 274
22.6　动脑想一想………………………………………………………………………… 274

任务二十三　文件管理(目录与文件管理)…………………………………………… 277

通过创建模拟 QQ 对聊天记录的管理程序,学习 File 类的使用、Java 目录与文件的创建与管理。

23.1　跟我做:管理聊天记录 …………………………………………………………… 277
23.2　实现方案…………………………………………………………………………… 277
23.3　代码分析…………………………………………………………………………… 278
23.4　必备知识…………………………………………………………………………… 280
23.5　动手做一做………………………………………………………………………… 282
23.6　动脑想一想………………………………………………………………………… 283

任务二十四　顺序进出之道(文件的顺序访问)……………………………………… 284

通过创建字节流和字符流磁盘文件程序,学习流文件的顺序访问方法,了解常用的输入/输出类的应用,理解输入/输出流的概念。

24.1　跟我做:创建文件 ………………………………………………………………… 284
24.2　实现方案…………………………………………………………………………… 284
24.3　代码分析…………………………………………………………………………… 285
24.4　必备知识…………………………………………………………………………… 288
24.5　动手做一做………………………………………………………………………… 295
24.6　动脑想一想………………………………………………………………………… 297

任务二十五　随机进出之道(文件的随机访问)……………………………………… 300

通过创建随机读写的磁盘文件程序,学习利用 RandomAccessFile 类实现流文件随机访问的方法。

25.1　跟我做:创建文件 ………………………………………………………………… 300
25.2　实现方案…………………………………………………………………………… 300
25.3　代码分析…………………………………………………………………………… 301
25.4　必备知识…………………………………………………………………………… 302
25.5　动手做一做………………………………………………………………………… 304
25.6　动脑想一想………………………………………………………………………… 304

任务二十六　Java 的分身术(创建和启动线程) ……………………………………… 307

通过电子时钟程序,学习 Java 线程的创建与启动方法,理解线程的概念以及线程与进程的区别。
26.1　跟我做:通过多线程实现电子时钟的功能 …… 307
26.2　实现方案 …… 307
26.3　代码分析 …… 308
26.4　必备知识 …… 310
26.5　动手做一做 …… 313
26.6　动脑想一想 …… 313
任务二十七　线程的生命周期与优先级(线程的状态与调度) …… 315
通过"吃苹果"线程调度程序,学习 Java 多线程的调度方法,理解线程的生命周期、线程的优先级、线程的同步控制。
27.1　跟我做:"吃苹果"的线程调度 …… 315
27.2　实现方案 …… 315
27.3　代码分析 …… 316
27.4　必备知识 …… 319
27.5　动手做一做 …… 321
27.6　动脑想一想 …… 321
任务二十八　Java 中的套接字 Socket(面向连接通信的实现) …… 323
通过简单的聊天程序,学习使用 Socket 类、ServerSocket 类创建客户端程序与服务端程序,实现面向连接的通信。
28.1　跟我做:基于 TCP 的一对一的 Socket 通信 …… 323
28.2　实现方案 …… 323
28.3　代码分析 …… 324
28.4　必备知识 …… 327
28.5　动手做一做 …… 330
29.6　动脑想一想 …… 331
任务二十九　Java 中的数据报编程(无连接通信的实现) …… 332
通过简单的聊天程序,学习使用 DatagramPacket 类、DatagramSocket 类创建客户端程序与服务端程序,实现面向无连接的通信。
29.1　跟我做:使用 UDP 协议的 Java 聊天程序 …… 332
29.2　实现方案 …… 332
29.3　代码分析 …… 333
29.4　必备知识 …… 337
29.5　动手做一做 …… 339
29.6　动脑想一想 …… 340
综合实训　学生信息管理系统开发 …… 341
基于 Eclipse 开发一个简单的学生信息管理系统,学习使用面向对象技术来设计和实现应用系统,理解系统层次划分,学会按照系统开发的一般步骤进行 Swing 界面开发和 JDBC 数据库编程。

任务一　搭建环境(构建 Java 集成开发环境)

知识点:Java 特点;Java 实现机制;Java 的体系结构;集成环境 Eclipse。

能力点:理解 Java 实现机制;掌握安装开发工具 JDK;掌握搭建集成环境 Eclipse 的方法;熟练使用集成环境 Eclipse 编制 Java 程序;Eclipse 的项目导入和导出。

Java 是 Sun 公司开发的一种面向对象的编程语言。自 1995 年 Java 面市以来,其已经逐渐成为最流行的编程语言之一,据 TOIBE 2010 年 6 月的统计,Java 以 18.033%的份额名列各编程语言之首。它的简单性、安全性、面向对象、平台无关性、语言简洁、性能优异等特点给编程人员带来一种崭新的计算概念,使 WWW 由最初的单纯提供静态信息发展到现在的提供各种各样的动态服务。本任务将介绍 Java 的基本知识和 Java 的基础特性,同时也将介绍开发 Java 程序所需要的环境,以及环境的安装和设置。

1.1　跟我做:搭建 Java 运行环境

工欲善其事,必先利其器。学习任何一种计算机语言都要有一个好的开发环境。JDK (Java Development Kit)是 Sun 公司最早提供的一套免费的 Java 开发环境,它是 Java 语言最基本的开发环境。现在 Java 语言还有很多集成开发环境,常见的有 Eclipse、JBuilder、NetBeans 等,但都需要提前安装 JDK 工具包。由于实际开发中,基本都是使用集成开发环境进行开发,所以在学习中必须熟练掌握该类工具的使用。虽然这类工具很多,但一般集成开发环境的使用都很类似,在学习时只要熟练掌握其中一个的使用,对其他工具的学习就会觉得简单容易了。本文以 Eclipse 为例介绍集成开发环境的基本使用。本文以 Eclipse 为例来介绍集成开发环境的下载及安装。

1.2　实现方案

1.2.1　JDK 的下载

安装 Eclipse 之前,须先安装 JDK。

JDK 工具包包含了编译、运行及调试 Java 程序所需要的工具。JDK 是其他 Java 开发工具的基础。也就是说,在安装其他开发工具以前,必须首先安装 JDK。对于初学者来说,使用该开发工具可以在学习的初期把精力放在 Java 语言语法的学习上,体会更多底层知识,这对于以后的程序开发很有帮助。

如果需要获得 JDK 最新版本,可以到 Sun 公司的官方网站上下载(下载地址为 http://www.oracle.com/technetwork/java/javase/downloads/jdk8-downloads-2133151.html)最新版本的"JDK 8"(见图 1-1),单击"Accept License Agreement"按钮,即可选择与操作系统对应的下载文件。

在下载 Windows 版本时,网页中有 32 位操作系统对应的安装文件 jdk-8u65-windows-i586.exe 和 64 位操作系统对应的安装文件 jdk-8u65-windows-x64.exe (见图 1-2),单击下载即可。

其实,如果不需要安装 JDK 最新版本,也可以在国内主流的下载站点下载 JDK 的安装程

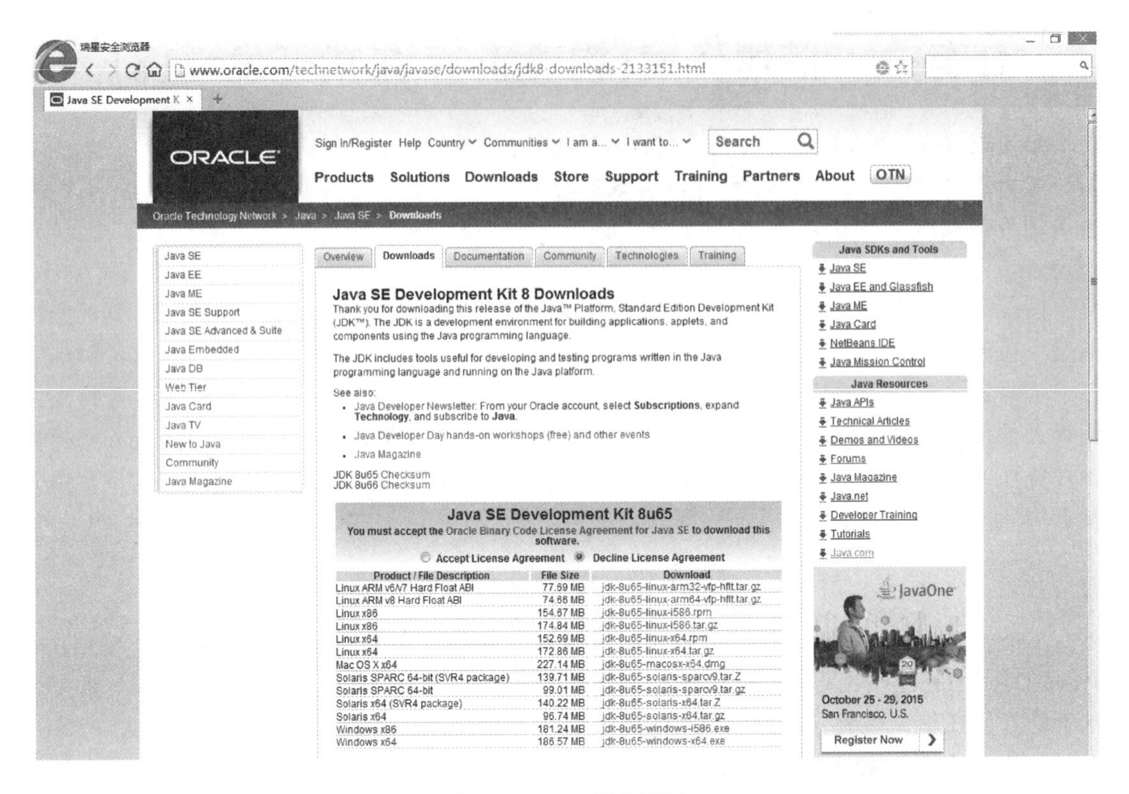

图 1-1　JDK 下载页面

Windows x86	181.24 MB	jdk-8u65-windows-i586.exe
Windows x64	186.57 MB	jdk-8u65-windows-x64.exe

图 1-2　Windows 操作系统 jdk-8u65 下载页面

序,只是这些程序的版本可能稍微老一些,但对于初学者来说问题不大。

1.2.2　安装 JDK

Windows 操作系统上的 JDK 安装程序是一个扩展名为.exe 的可执行文件,直接安装即可,在安装过程中可以选择安装路径以及安装的组件等,如果没有特殊要求,选择默认设置即可。程序默认的安装路径在 C:\Program Files\Java 目录下。

(1) 下载好 JDK 之后,双击安装程序进行安装。图 1-3 所示是其初始安装界面。选中"I accept the terms in the license agreement"单选按钮后,单击"Next"按钮。

(2) 进入图 1-4 所示的界面,用户可以从中选择所要安装的组件,同时还可以通过单击"change"按钮改变安装路径。在这里选择默认设置,单击"Next"按钮。

(3) 进入如图 1-5 所示的界面,用户可以从中选择所要安装的运行环境,同时还可以通过单击"change"按钮改变安装路径。在这里选择默认设置,单击"Next"按钮。

(4) 进入如图 1-6 所示的界面,用户可以从中选择要注册 Java 插件的浏览器,在此选中"Microsoft Internet Explorer"单选按钮,单击"Next"按钮。

(5) 单击"Finish"按钮,此时 JDK 整体安装完成。

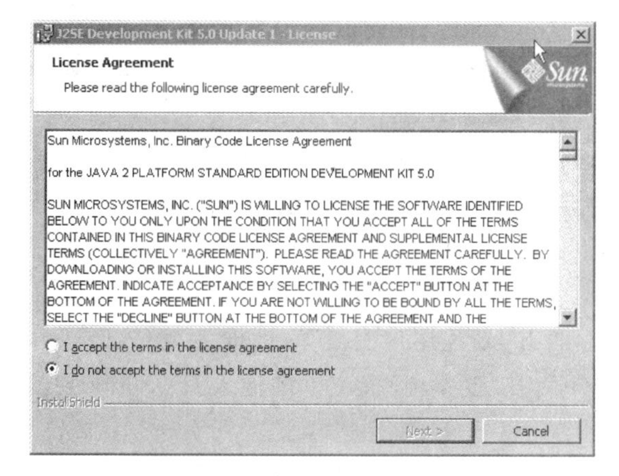

图 1-3　JDK 的初始安装界面

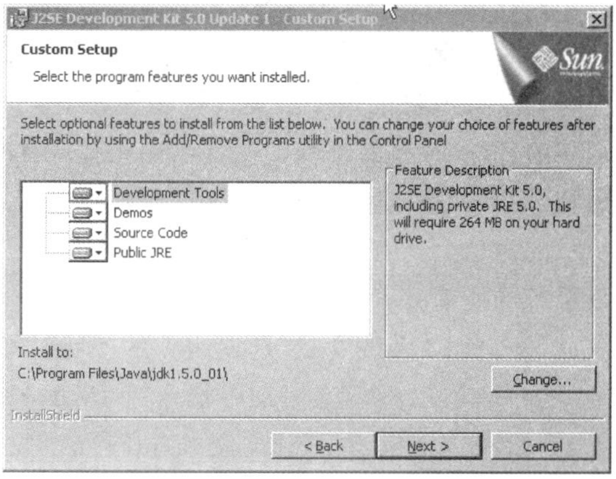

图 1-4　JDK 组件及目录选择界面

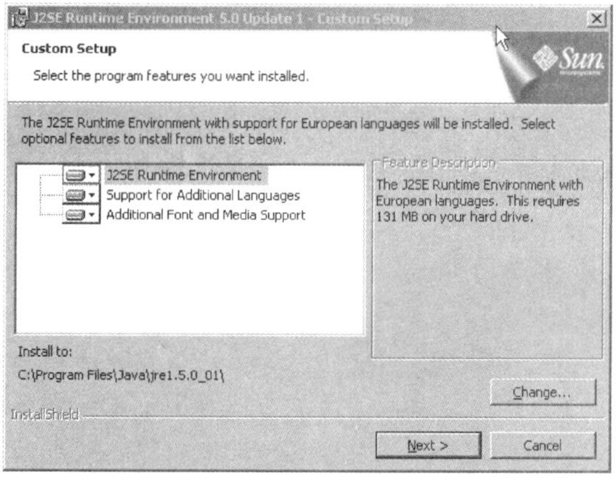

图 1-5　JDK 运行环境及目录选择界面

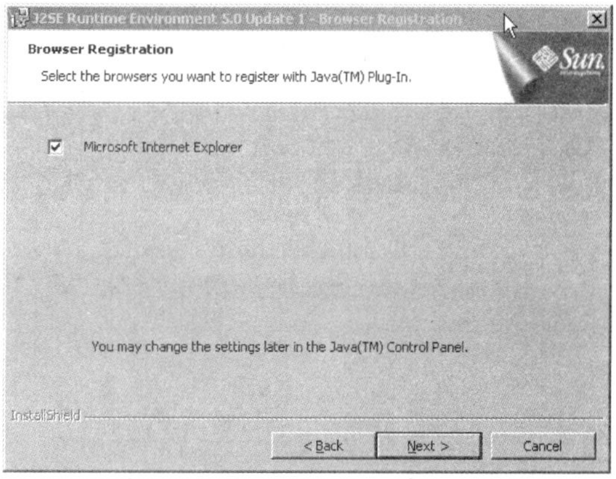

图 1-6　注册 Java 插件的浏览器界面

安装好 JDK 后,JDK 目录下的一些文件和文件夹说明如下:

- COPYRIGHT:JDK 版本说明文档。
- README. html:JDK 的 HTML 说明文档。
- README. txt:JDK 基本内容及功能说明文档。
- src. zip:JDK 程序源代码压缩文件。
- bin 目录:包含了常用的 JDK 工具。
- lib 目录:包含了一些在执行 JDK 可执行文件时所要用到的类库。
- include 目录:包含了一些与 C 程序连接时所需的文件。
- demo 目录:包含了许多 Sun 公司提供的 Java 小应用程序范例,初学者应好好学习。

(6) 安装 Java 帮助文档。JDK 的安装程序中并不包含帮助文档,因此必须从 Sun 公司的网站上下载进行安装(是个压缩包)。通常帮助文档安装在 JDK 所在目录的 docs 子目录下面。

1.2.3 JDK 环境变量的设置

JDK 安装完之后并不能立刻使用,还需要设置环境变量。设置环境变量的目的在于让系统自动查找所需的命令。其具体步骤如下:

(1) 右击“我的电脑”,在弹出的快捷菜单中选择“属性”选项。

(2) 在“系统属性”对话框中,选择“高级”选项卡,单击“环境变量”按钮,将会弹出如图 1-7 所示的对话框。在该对话框中可以设置只有当前用户登录时才有效的用户变量,也可以设置该系统的所有用户登录时都有效的系统变量。

(3) 单击“系统变量”选项组下的“新建”按钮,打开“新建用户变量”对话框。

(4) 在“变量名”文本框中输入“JAVA_HOME”,在“变量值”文本框中输入 JDK 的安装位置,例如:C:\Program Files\Java\jdk1.6。

(5) 再次单击“系统变量”选项组下的“新建”按钮,打开“新建用户变量”对话框。在“变量名”文本框中输入“PATH”,在“变量值”文本框中输入“C:\Program Files\Java\jdk1.6.0_19\bin”,如图 1-8 所示。注意和前面的值用“;”隔开。单击“确定”按钮即可完成 JDK 相关环境变量的设置。

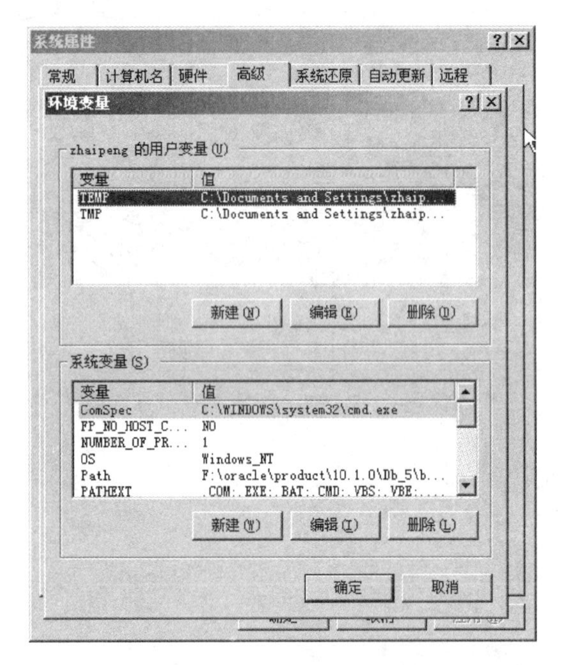

图 1-7 环境变量的设置

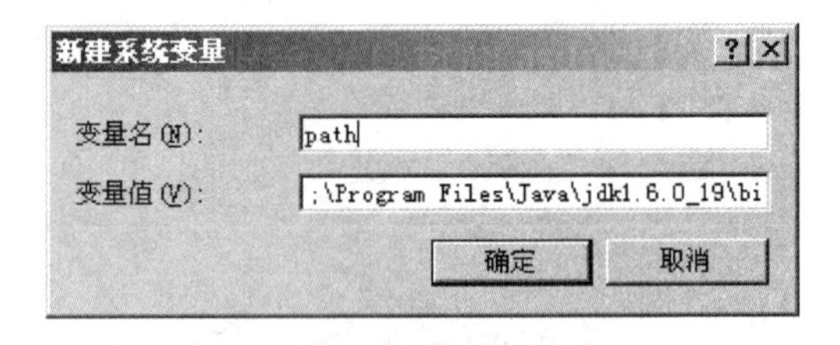

图 1-8 设置 PATH

(6) Java 虚拟机会根据 CLASSPATH 的设定搜索 class 文件所在目录,但这不是必需的,设置它是为了在控制台环境中能够方便地运行 Java 程序。方法同上,在“变量名”文本框中输入“CLASSPATH”,在“变量值”文本框中输入“C:\Program Files\Java\jdk1.6.0_19\lib\tools.jar”。

(7) 安装好 JDK 之后,选择“开始”→“运行”命令,在文本框中输入 cmd 命令后打开 DOS 窗口。分别输入 Javac 和 Java 命令,如果能看到如图 1-9 和图 1-10 所示的提示信息,则说明安装正确,否则需要重新设置环境变量。

```
C:\WINDOWS\system32\cmd.exe
Microsoft Windows XP [版本 5.1.2600]
(C) 版权所有 1985-2001 Microsoft Corp.

C:\Documents and Settings\zhaipeng>javac
Usage: javac <options> <source files>
where possible options include:
  -g                         Generate all debugging info
  -g:none                    Generate no debugging info
  -g:{lines,vars,source}     Generate only some debugging info
  -nowarn                    Generate no warnings
  -verbose                   Output messages about what the compiler is doing
  -deprecation               Output source locations where deprecated APIs are u
sed
  -classpath <path>          Specify where to find user class files
  -cp <path>                 Specify where to find user class files
  -sourcepath <path>         Specify where to find input source files
  -bootclasspath <path>      Override location of bootstrap class files
  -extdirs <dirs>            Override location of installed extensions
  -endorseddirs <dirs>       Override location of endorsed standards path
  -d <directory>             Specify where to place generated class files
  -encoding <encoding>       Specify character encoding used by source files
  -source <release>          Provide source compatibility with specified release

  -target <release>          Generate class files for specific VM version
  -version                   Version information
```

图 1-9　Javac 提示信息

在使用中,建议下载 Sun 公司的 Java 类库文档,如 j2sdk_1_4_2. doc。

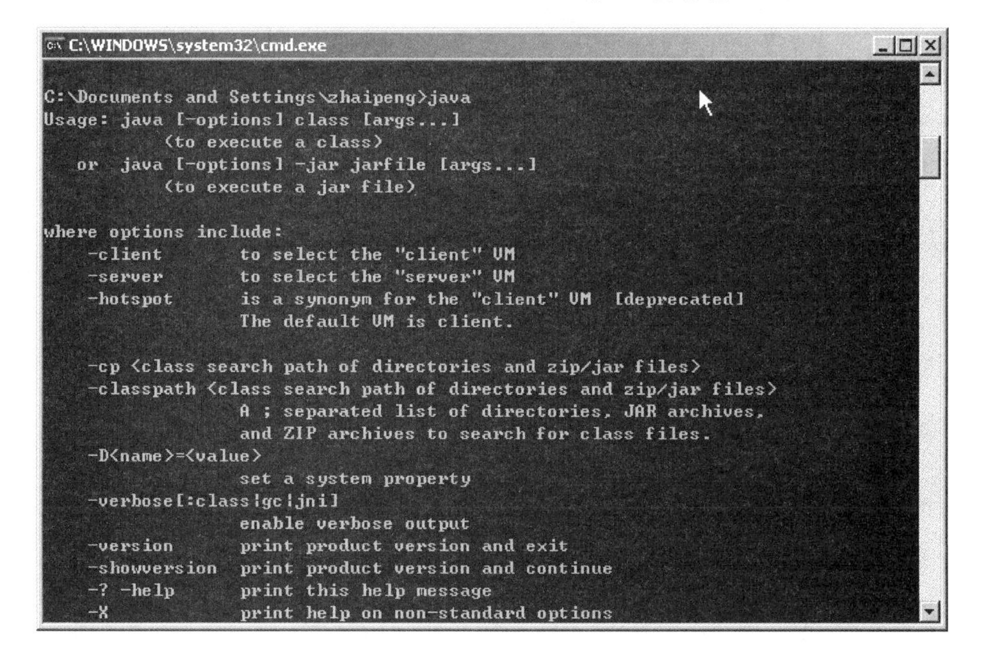

图 1-10　Java 提示信息

1.2.4　Eclipse 的安装及使用

Eclipse 是最流行的功能强大的专门开发 Java 程序的 IDE 环境,同时 Eclipse 还是一个开放源代码的项目,有丰富的插件,任何人都可以下载 Eclipse 的源代码,并且在此基础上开发自己的功能插件。配合插件还可以扩展到任何语言的开发,如 J2EE、C、C++、. NET 等的开发。

需要说明的是,Eclipse 是一个 Java 开发的 IDE 工具,需要有 Java 运行环境的支持,Eclipse Classic(Eclipse 标准版)V4.5.1 是官方最新版。

1. 下载安装 Eclipse

Eclipse 的下载安装非常简单,步骤如下:

(1)打开 http://www.eclipse.org,在首页上找到下载栏目,下载最稳定的 eclipse - SDK - 3.2.2 - win32.zip 和中文语言包 NLpack1 - eclipse - SDK - 3.2.1 - win32.zip。

(2) 解压缩 eclipse - SDK - 3.2.2 - win32.zip 到一个目录,假如解压缩到 D:\下面,则会生成 D:\eclipse 文件夹,这是 Eclipse 的文件夹。

(3) 解压缩 NLpack1 - eclipse - SDK - 3.2.1 - win32.zip 到一个目录,复制其中 plugins 目录下的所有文件和文件夹到 D:\eclipse\plugins,复制其中 features 目录下的所有文件和文件夹到 D:\eclipse\features。

(4) 运行 D:\eclipse\eclipse.exe,即可启动一个中文版的 Eclipse。

这是 Eclipse 最基本的安装配置方法,如果不安装中文版,那么直接解压缩 eclipse - SDK - 3.2.2 - win32.zip 到任意一个目录,然后运行 eclipse.exe 即可。这里的语言包 NLpack1 - eclipse - SDK - 3.2.1 - win32.zip 实际上是一个 Eclipse 插件。

实际上,Eclipse 的插件都有一个目录规范 eclipse、eclipse\features、eclipse\plugins,安装的时候也很简单,上面介绍的方法就是其中的一种,即将插件中 eclipse\features、eclipse\plugins 文件夹复制到 eclipse 安装目录中的 eclipse\features、eclipse\plugins 下面即可。这种安装方式有个严重缺陷,就是安装后不可卸载,安装过程不可逆转,无法灵活配置管理所安装的插件。

2. Eclipse 窗口界面说明

单击 eclipse.exe,运行 Eclipse 集成开发环境。在第一次运行时,Eclipse 会要求选择工作空间(workspace),用于存储工作内容(这里选择 D:\workspace 作为工作空间),如图 1 - 11 所示。

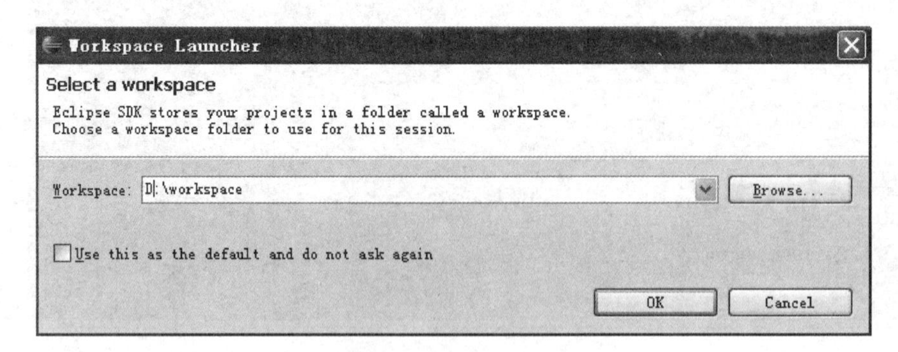

图 1 - 11 Eclipse 选择工作空间

选择工作空间后,Eclipse 打开工作空间,如图 1 - 12 所示。工作台窗口提供一个或多个透视图,透视图包含编辑器和视图(如导航器)。用户可同时打开多个工作台窗口。

Eclipse 工作台由几个被称为视图(view)的窗格组成(见图 1 - 13),窗格的集合称为透视图(perspective)。Java 透视图包含一组更适合于 Java 开发的视图,默认的透视图是 Resource

透视图,是一个基本的通用视图集,用于管理项目及查看和编辑项目中的文件。

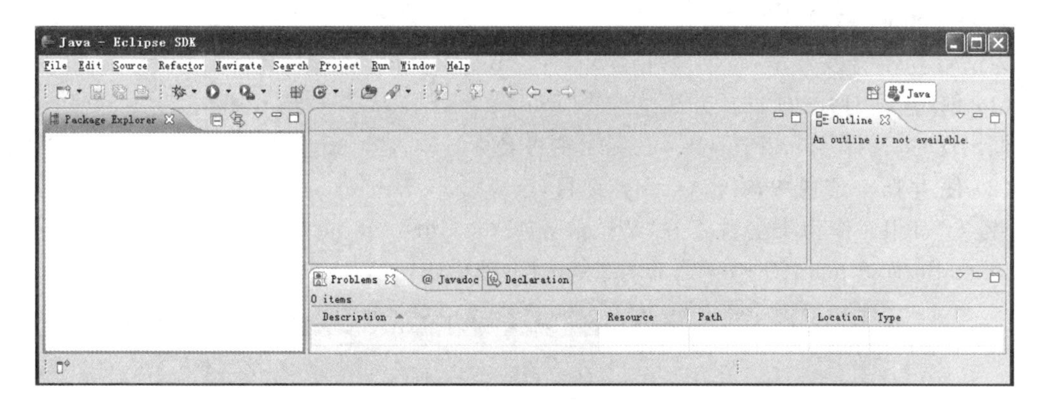

图 1-12　Eclipse 工作空间

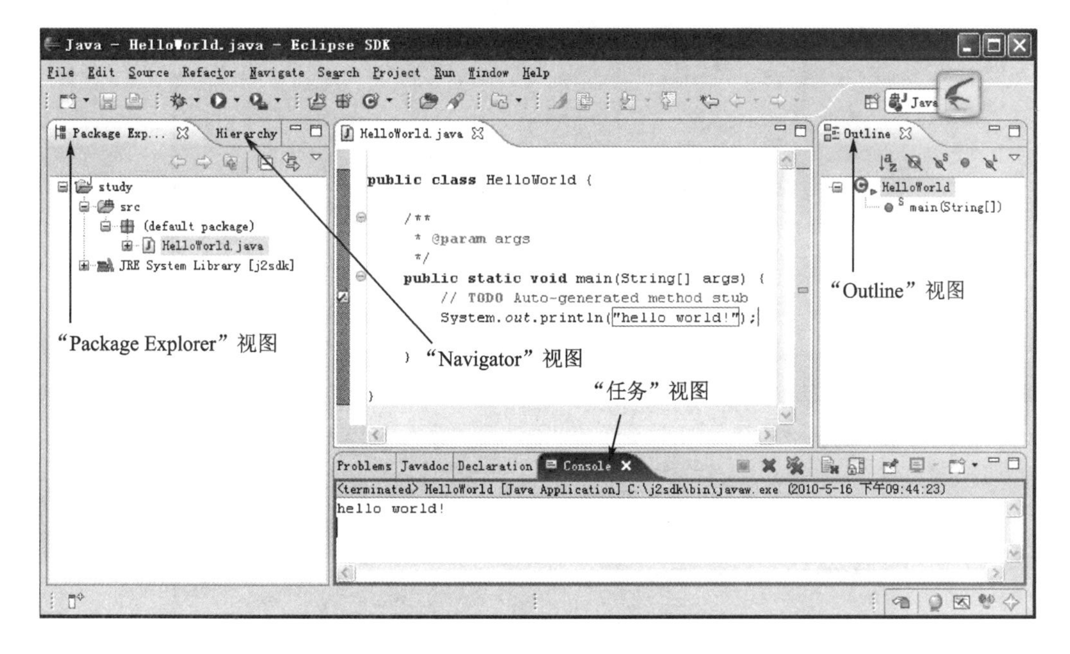

图 1-13　Eclipse 工作平台

- "Package Explorer"视图:是一个包含各种 Java 包、类、jar 和其他文件的层次结构。
- "Navigator"视图:允许创建、选择和删除项目。
- "Outline"视图:在编辑器中显示文档的大纲,这个大纲的准确性取决于编辑器和文档的类型;对于 Java 源文件,该大纲将显示所有已声明的类、属性和方法。
- 任务视图:用于收集关于正在操作的项目的信息,可以是 Eclipse 生成的信息(如编译错误),也可以是手动添加的任务。

该工作台有一个便利的特性,就是不同透视图的快捷方式工具栏,显示在屏幕的左端;这些特性随上下文和历史的不同而有显著差别。

可以自定义工作台,方法是使用"窗口"菜单下的"复位透视图",将布置还原成程序初始状态;也可以从"窗口"菜单"显示视图"中选取一个视图来显示它。这只是可用来建立自定义工作环境的许多功能之一。

3. 在 Eclipse 中调试程序

为试验 Java 开发环境,将创建并运行一个“Hello, world”应用程序。

(1) 创建一个 Java 项目。方法是选择“File”菜单→“New”→“Project”。当“New Project”对话框出现时,选择“Java Project”,在提示项目名称时输入“study”,然后单击“Finish”按钮。

(2) 使用 Java 透视图,右击“study”项目,选择“New”→“Class”。在图 1-14 所示的对话框中,键入“Hello”作为类名称。在“Which method stubs would you like to create?”下选中“public static void main(String[] args)”复选框,然后单击“Finish”按钮。

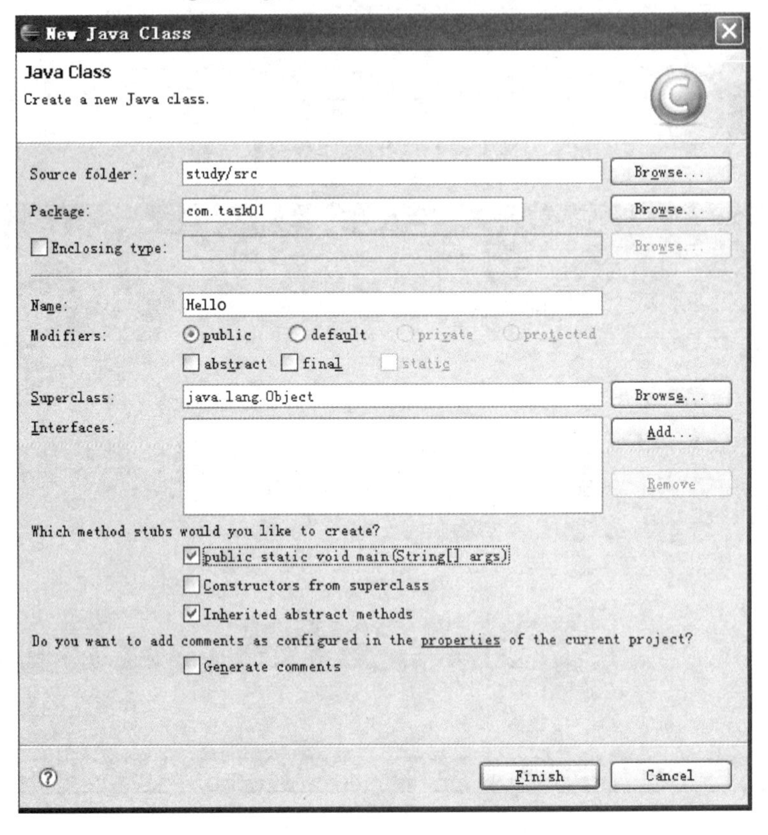

图 1-14　新建类对话框

(3) 在编辑器区域创建一个包含 Hello 类和空的 main()方法的 Java 文件,然后向该方法添加代码(见图 1-15)。

在添加代码时要注意到 Eclipse 编辑器的一些特性,包括语法检查和代码自动完成。可以通过按组合键 Ctrl-Space 来调用代码自动完成功能。代码自动完成后可提供上下文敏感的建议列表,可通过键盘或鼠标从列表中选择。这些建议可能是针对某个特定对象的方法列表,也可能是基于不同的关键字(如 for 或 while)展开的代码片断。

(4) 一旦代码无错误地编译完成,就能够通过从 Eclipse 菜单上选择“Run”→“Run As”命令选择执行该程序的某种方式(注意:这里不存在单独的编译步骤,因为编译是在保存代码时进行的。也就是说,如果代码没有语法错误,它就可以运行了)。一个新的选项卡式窗格将出现在下面的窗格(控制台)中,其中显示了程序的输出。

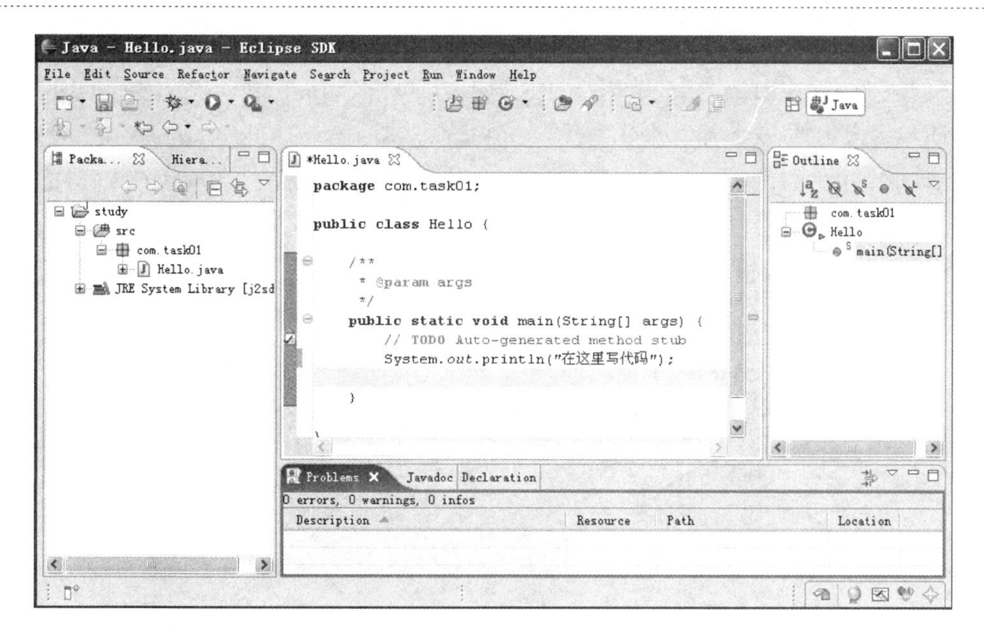

图 1-15　新建 Hello 类文件

1.2.5　Eclipse 的运行环境配置

Eclipse 能够自动找到并显示一个 JRE,但用户也可以根据需要在 Eclipse 中进行添加、修改和删除 JRE 的操作。具体操作过程如下:

(1) 打开属性视图,查看 JRE。单击"Windows"菜单,在下拉菜单中单击"Preferences"(首选项)选项,弹出"Preferences"对话框。单击对话框左侧的"Java"菜单,在展开的列表中单击"Installed JREs"(已安装的 JRE)选项,则对话框的右侧打开了供在 Eclipse 中编写代码所使用的 JRE 列表,如图 1-16 所示。

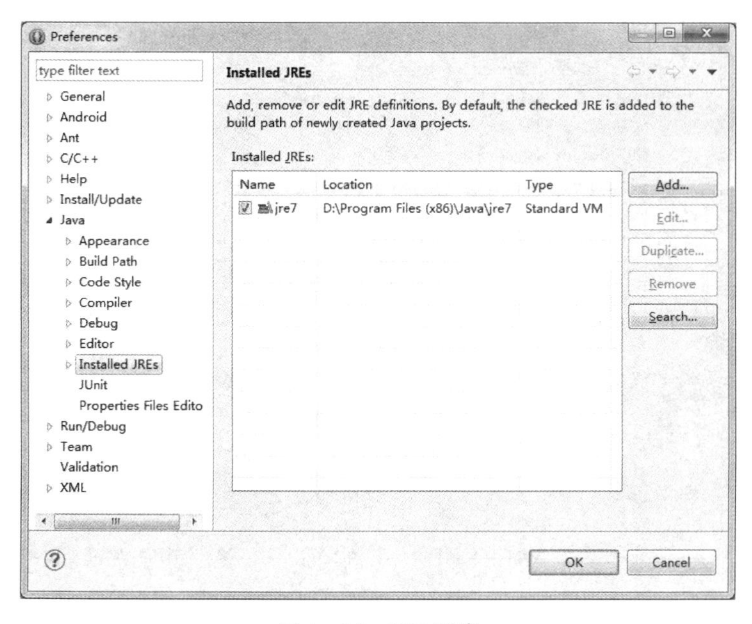

图 1-16　JRE 列表

(2) 添加 JDK。单击图 1－16 所示对话框中的“Add…”(添加)按钮,可添加新的 JRE。在弹出的“Add JRE”(添加 JRE)对话框中选择 JRE 类型,并单击“Next”(下一步)按钮(见图 1－17),则进入 JRE 定义步骤,在此输入 JRE 主目录和名称(见图 1－18),单击“Finish”(完成)按钮。

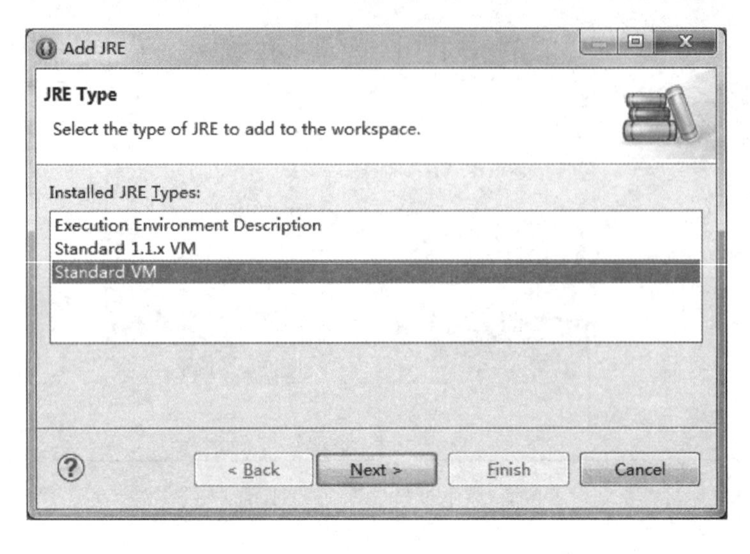

图 1－17　选择 JRE 类型

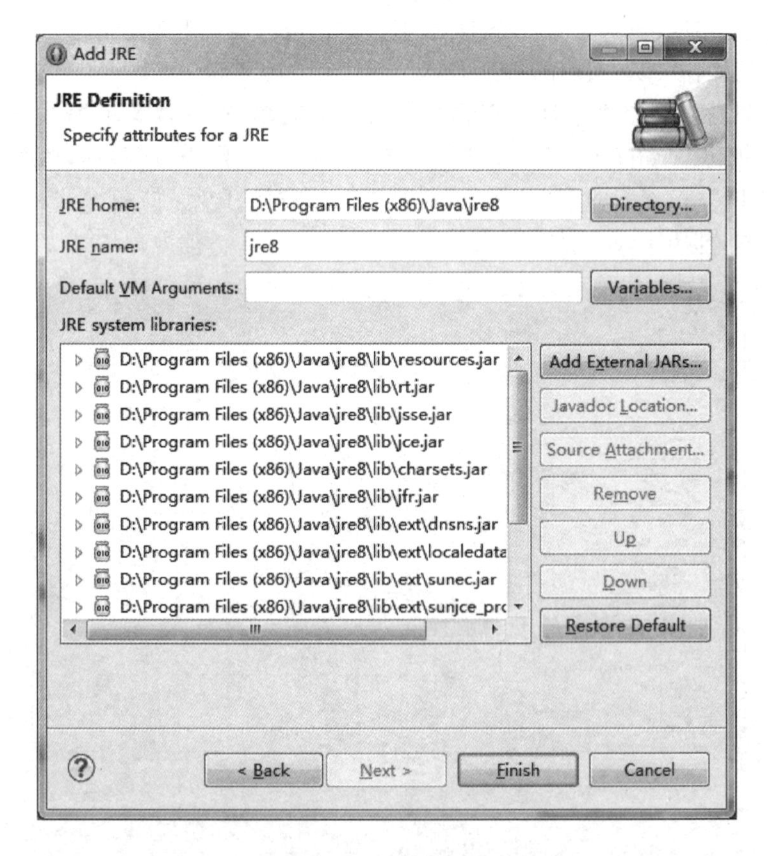

图 1－18　定义 JRE

(3) 修改、删除 JDK。在图 1－16 所示对话框的右侧选择“Installed JREs”菜单,单击“Edit”(编辑)或“Remove”(移除)按钮,可对选中的 JRE 进行编辑或删除操作。

1.2.6　Eclipse 的项目环境配置

Eclipse 在项目中的各种环境配置主要包括设置项目的源代码目录,添加、修改、删除类库,设置源代码的编译级别等。

1. 设置项目源代码目录

单击“Project”(项目)菜单,在弹出的下拉菜单中选择“Properties”(属性)选项,可打开“Properties for study”(项目属性)对话框,在该对话框中可查看项目信息。

单击对话框左侧列表中的“Java Build Path”(Java 构建路径)选项,对话框右侧会显示相关的设置选项卡。“Source”(源码)选项卡显示源代码目录(一个或者多个)以及 Java 源代码编译后产生的类文件所存放的目录,可在此修改这些参数,或进行源代码目录的添加、删除操作,如图 1－19 所示。

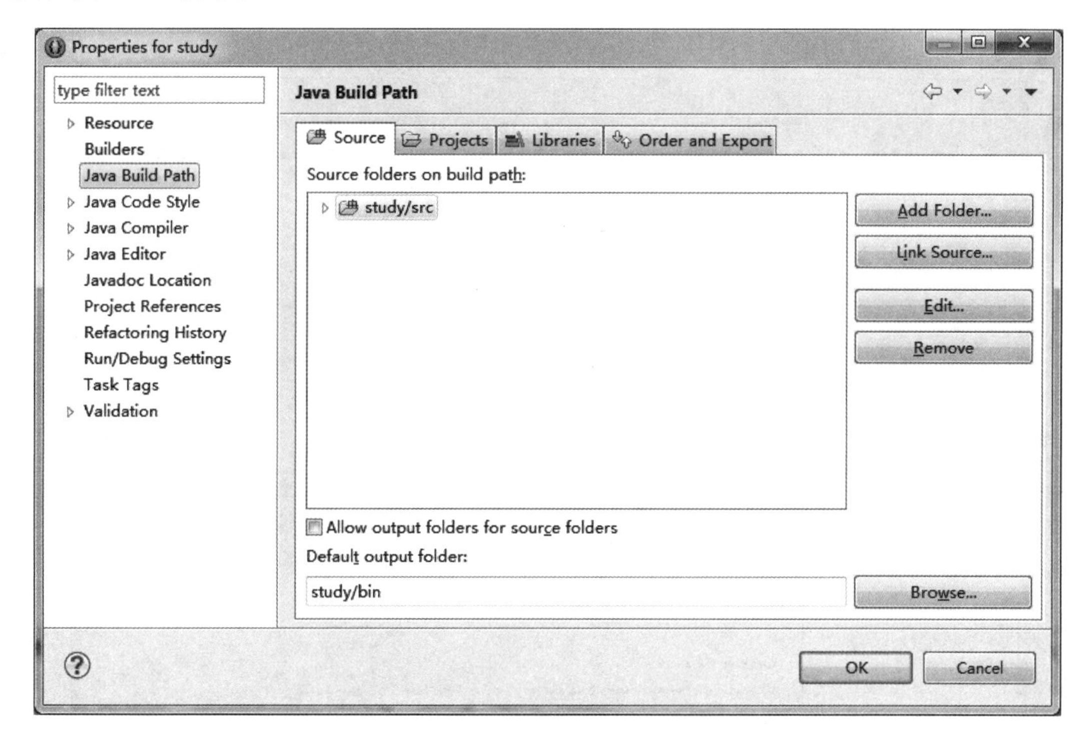

图 1－19　设置项目源代码路径

2. 设置项目类库

单击“Libraries”(库)选项卡,可添加、编辑、删除当前项目的类库。这些类库在编译源文件时使用,如图 1－20 所示。

3. 设置项目源代码编译级别

单击“Properties for study”对话框中的“Java Compiler”(Java 编译器)菜单,可设置代码的编译器级别,如图 1－21 所示。高版本一般能兼容低版本,而低版本无法运行含有高版本内容的程序。比如开发者用 JDK 1.7 开发的程序就无法在只支持 JDK 1.6 的主机上编译,因此需要设置编译器的等级,防止类文件因版本过高而不能被目标 JDK 识别。

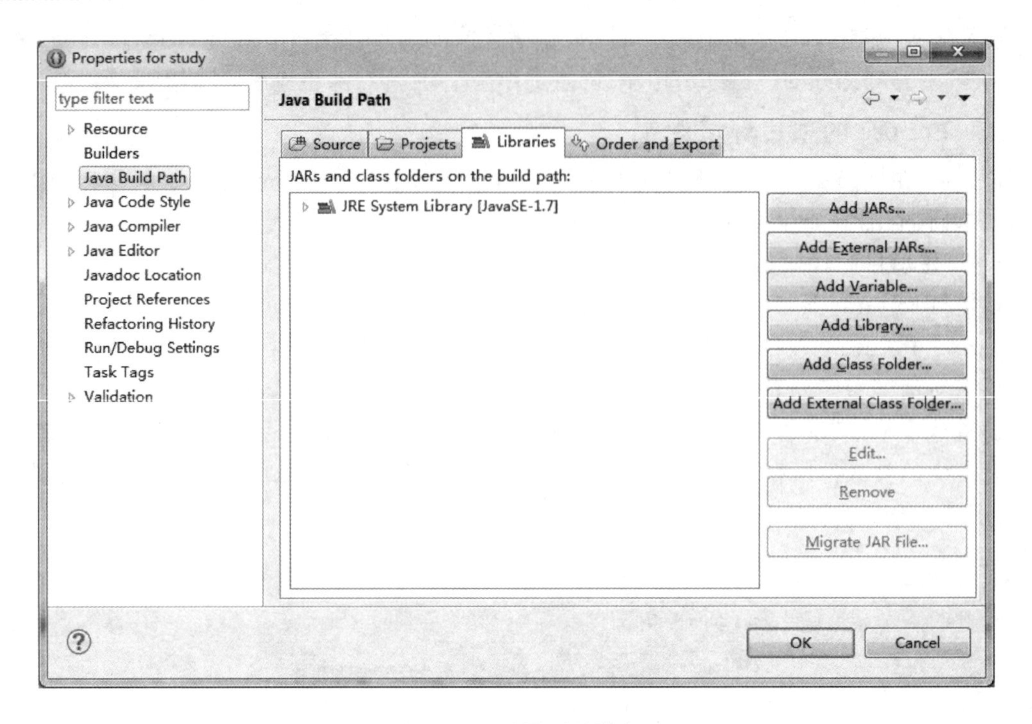

图 1-20　设置项目类库

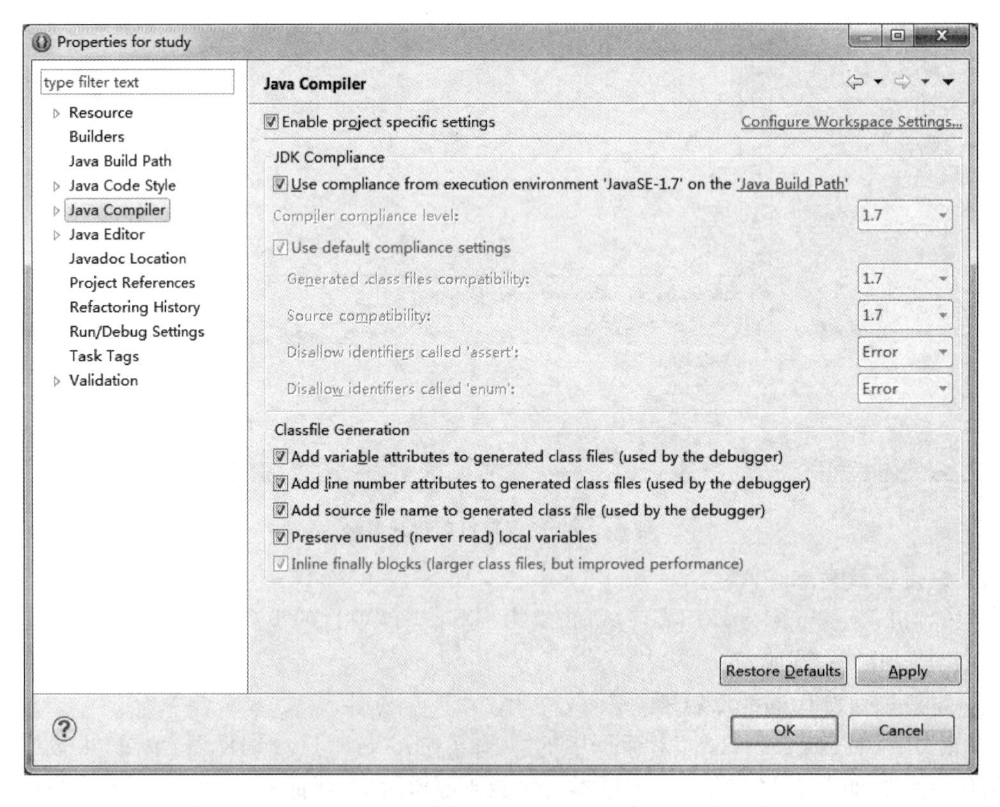

图 1-21　设置项目源代码编译级别

修改当前项目的编译级别,可勾选“Enable project specific settings”(启用特定于项目的设置)复选框,并在右侧的下拉列表中选择目标的编译级别,如1.3、1.4等。还可取消“Use default compliance settings”(使用缺省一致性设置)复选框的选中状态,设置class文件和源代码的兼容性等。

取消“Enable project specific settings”(启用特定于项目的设置)复选框的选中状态,单击右侧的“Configure Workspace Settings”(配置工作空间设置)按钮,可打开“Preferences (Filtered)”(参数设置(过滤))对话框,在此可修改所有项目的默认编译级别,如图1-22所示。

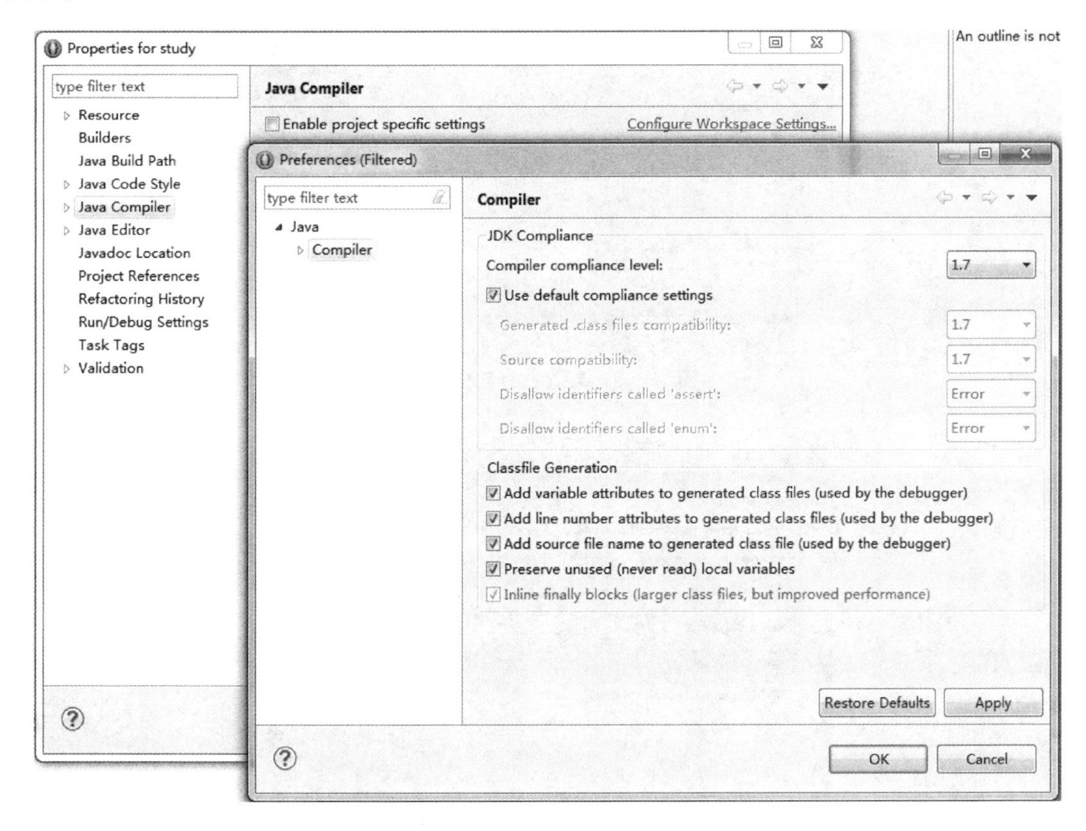

图1-22　设置所有项目默认编译级别

4. Eclipse的项目导入

如果已获取已有项目的源文件,想在Eclipse中进行编辑和查看,需要先将项目导入当前的Eclipse工作区。导入项目的步骤如下:

(1) 单击“File”(文件)菜单,在弹出的下拉菜单中选择“Import”(导入)项。在弹出的“Import”(导入)对话框中展开“General”(常规)菜单,选择“Existing Project into Workspace”(现有项目到工作空间中)选项,把已存在的项目导入工作区,并单击“Next”(下一步)按钮,如图1-23所示。

(2) 选中“Select root directory:”(选择根目录)单选按钮,单击“Browse”(浏览)按钮,选择包含项目的文件夹,则选中的项目会显示在对话框中部的“Projects”(项目)列表框中,如图1-24所示。选中“Select archive file:”(选择归档文件)单选按钮,单击“Browse”(浏览)按钮,

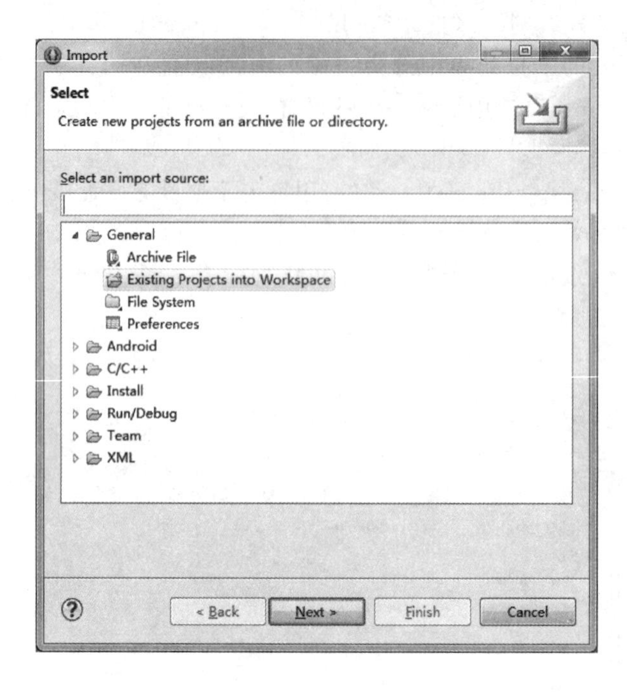

图 1-23　导入已存在的项目

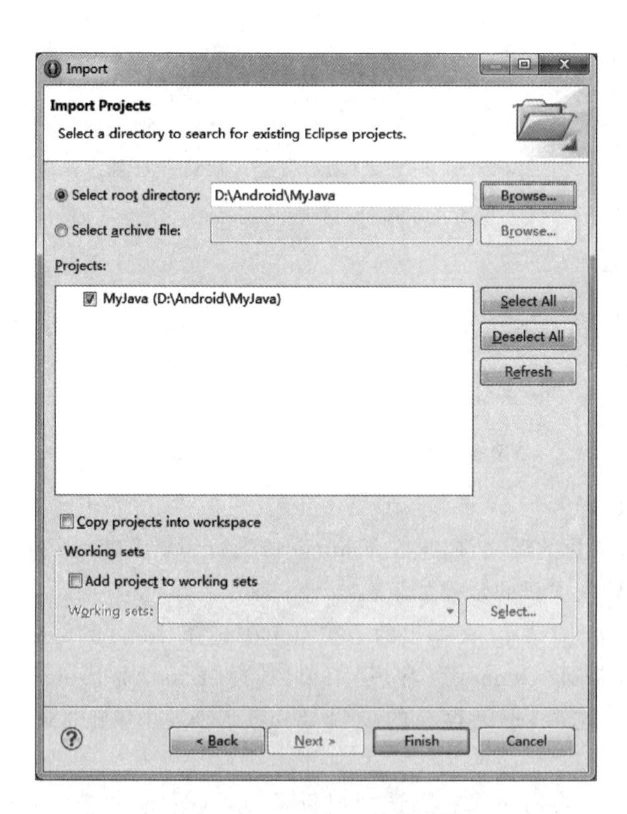

图 1-24　导入已存在的项目

选择包含项目的 zip 压缩包,则选中的项目也会显示在对话框中部的项目列表框中。

(3) 单击“Finish”按钮完成项目的导入,就能进行项目的编辑和运行了。

5. Eclipse 的项目导出

在 Eclipse 中可将当前项目导出为压缩包文件,步骤如下:

(1) 单击“File”(文件)菜单,在下拉菜单中单击“Export”(导出)项,然后在弹出的“Export”对话框中展开“General”(常规)节点。

(2) 在展开的列表中单击“Archive File”(归档文件)选项,单击“Next”(下一步)按钮,并在“To archive file:”(至归档文件)输出框中选中要保存的文件名,如“MyJava. zip”(见图 1-25),单击“Finish”按钮导出当前项目。

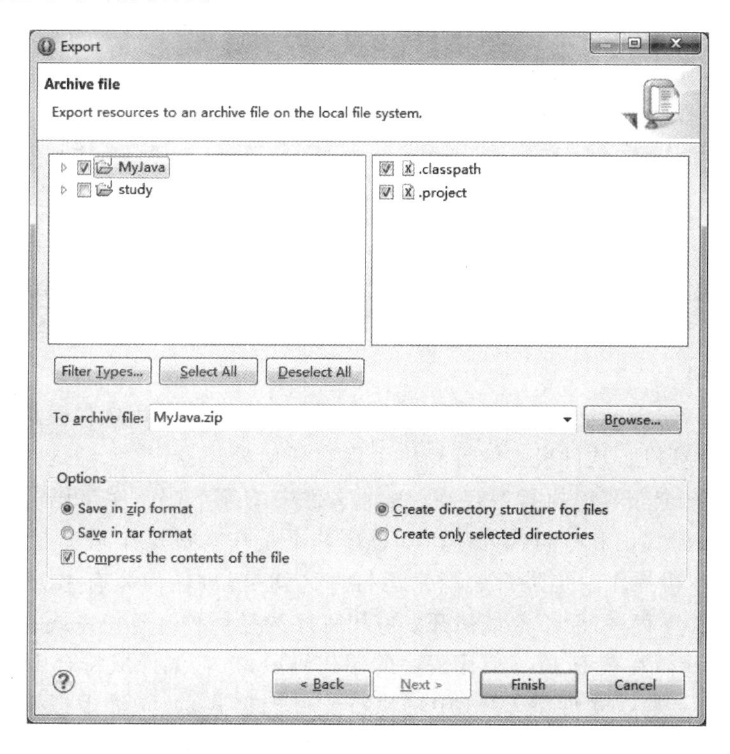

图 1-25　导出项目

1.3　必备知识

1.3.1　Java 语言简介

Java 从 1995 年正式问世以来,逐步从一种单纯的高级编程语言发展为一种重要的 Internet 开发平台,并进而引发和带动了 Java 产业的发展和壮大,成为当今计算机业界不可忽视的力量和重要的发展潮流与方向。它以其强安全性、跨平台和分布应用、语言简洁、面向对象等特点,在网络编程语言中占据了无可比拟的优势,Java 不仅能够编写嵌入网页中具有声音和动画功能的小应用程序,而且还能够应用于独立的大中型应用程序,其强大的网络功能可以把整个 Internet 作为一个统一的运行平台,极大地拓展了 CS 模式应用程序的外延和内涵。给编程人员带来一种崭新的计算概念,并成为实现电子商务系统的首选语言。1998 年 12 月,JDK 1.2 发布,这是 Java 发展历程中一个革命性的版本,它将 Java 分成了 3 个版本:J2SE、J2EE 和

J2ME。其中：

- Java 2 标准版(Java 2 Standard Edition,J2SE)是整个 Java 技术的核心和基础,为用户提供了开发与运行 Java 应用程序的编译器、基础类库及 Java 虚拟机等。
- Java 2 企业版(Java 2 Enterprise Edition,J2EE)是 Java 语言中最活跃的体系之一,它提供了一套完整的企业级应用开发解决方案。J2EE 不仅仅是指一种标准平台(Platform),更多地表达着一种软件架构和设计思想。
- Java 2 微型版(Java 2 Micro Edition,J2ME)用于移动设备、嵌入式设备上 Java 应用程序的开发,包括虚拟机和一系列技术规范。

从 JDK 1.2 开始到 JDK 1.5,人们习惯上都把它称为 Java 2。直到 2005 年 6 月,在 JavaOne 大会上 Sun 公司发布了 Java SE 6,Java 的各种版本更名取消了其中的数字"2":J2SE 更名为 Java SE(Java Platform Standard Edition),J2EE 更名为 Java EE(Java Platform Enterprise Edition),J2ME 更名为 Java ME(Java Platform Micro Edition)。

1.3.2 Java 的实现机制

要学好一门语言,弄清其机制很重要。

Java 语言引入了 Java 虚拟机,具有跨平台运行的功能,能够很好地适应各种 Web 应用。同时,为了提高 Java 语言的性能和健壮性,还引入了如垃圾回收机制等新功能。通过这些改进,Java 具有了其独特的工作原理。Java 语言的实现机制由以下 3 个主要机制组成。

1. Java 虚拟机

Java 虚拟机(Java Virtual Machine,JVM)是在一台计算机上用软件模拟(也可以用硬件)来实现的假想的计算机。软件模拟的计算机可以在任何处理器上(无论是在计算机中还是在其他电子设备中)安全兼容地执行保存在.class 文件中的字节码。字节码的运行要经过 3 个步骤:加载代码、校验代码和执行代码。Java 程序并不是在本机操作系统上直接运行,而是通过 Java 虚拟机向本机操作系统进行解释来运行。这就是说,任何装有 Java 虚拟机的计算机系统都可以运行 Java 程序,而不论最初开发应用程序的是何种计算机系统。

首先,Java 编译器在获取 Java 应用程序的源代码后,把它编译成符合 Java 虚拟机规范的字节码.class 文件(.class 文件是 JVM 中可执行文件的格式)。Java 虚拟规范为不同的硬件平台提供了不同的编译代码规范。该规范使 Java 软件独立于平台。然后,Java 解释器负责将 Java 字节码文件解释运行。为了提高运行速度,Java 提供了另一种解释运行方法 JIT,可以一次解释完再运行特定平台上的机器码,这样就实现了跨平台、可移植的功能。

Java 程序的下载和执行步骤如下:

(1) 程序经编译器得到字节代码。

(2) 浏览器与服务器连接,要求下载字节文件。

(3) 服务器将字节代码文件传给客户机。

(4) 客户机上的解释器执行字节代码文件。

(5) 在浏览器上实现并交互。

2. 无用内存自动回收机制

在程序的执行过程中,部分内存在使用过后就处于废弃状态,如果不及时回收,则很有可能会导致内存泄漏,进而引发系统崩溃。在 C++语言中是由程序员进行内存回收的,程序员需要在编写程序时把不再使用的对象内存释放掉。这种人为管理内存释放的方法往往由于程序员的疏忽而致使内存无法回收,同时也增加了程序员的工作量。而在 Java 运行环境中,始终存在着一个系统级的线程,对内存的使用进行跟踪,定期检测出不再使用的内存,并自动进行回收,避免了内存的泄露,也减轻了程序员的工作量。垃圾回收是一种动态存储管理技术,可自动地释放不再被程序引用的对象,按照特定的垃圾收集算法实现资源自动回收的功能。

3. 代码安全性检查机制

安全和方便总是相对矛盾的。Java 编程语言的出现使得客户端计算机可以方便地在网络上上传或下载 Java 程序到本地计算机上运行。但是为了确保 Java 程序执行的安全性,Java 语言通过 Applet 程序控制非法程序来确保 Java 语言的生存。

Java 的安全性体现在多层次上。在编译层有语法检查;在解释层,有字节码校验器、测试代码段格式、规则检查,访问权限和类型转换合法检查,操作数堆栈的上溢与下溢等;在平台层,通过配置策略,可设定资源域,而无须区分本地或远程。

1.3.3 Java 的体系结构

Java 技术的核心就是 Java 虚拟机。所有的 Java 程序都运行其上。人们很容易把 Java 当做开发各种应用程序的编程语言,但作为编程语言只是 Java 的众多用途之一,而真正形成 Java 众多优点的是其底层架构。

完整的 Java 体系结构实际上是由 Java 编程语言、.class 文件、Java API 和 JVM 4 个相关技术组合而成的。因此,使用 Java 开发,就是用 Java 编程语言编写代码,然后将代码编译为 Java 类文件,接着在 JVM 中执行类文件。

JVM 与核心类共同构成了 Java 平台,也称为Java运行时环境(Java Runtime Environment,JRE)。该平台可以建立在任意操作系统上。图 1-26 显示了 Java 不同功能模块之间的相互关系,以及它们与应用程序和操作系统之间的关系。

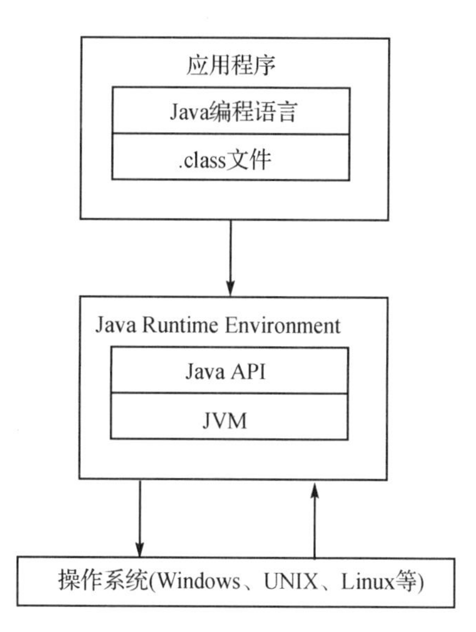

图 1-26　Java 体系结构

Java 应用程序接口(Application Programming Interface,API)是一些预先定义的函数,目的是使开发人员无须访问源码,或理解内部工作机制的细节,就具有基于软件或硬件访问一组例程的能力。

API 除了有应用“应用程序接口”的意思外,还特指 API 的说明文档,也称为帮助文档。

1.4 动手做一做

1.4.1 实训目的

掌握构建 Java 集成开发环境 Eclipse 的下载及安装。

1.4.2 实训内容

下载并安装 JDK 及 Eclipse。

1.4.3 简要提示

(1) 下载并安装 JDK;

(2) 选择 JDK 安装路径;

(3) 安装 JRE;

(4) 安装完成。

1.4.4 实训思考

(1) 尝试另外一种流行的集成开发环境 NetBeans 的下载及安装。

(2) 尝试另外一种流行的集成开发环境 JBuilder 的下载及安装。

1.5 动脑想一想

1.5.1 简答题

1. 简述 Java 虚拟机的概念,并说明 Java 虚拟机同 Java 的跨平台特性之间的关系。

2. 使用 JDK 开发 Java 程序时,一般要设置环境变量,请说明 Windows 系统环境下如何设置其环境变量,及各变量的作用。

3. 简述 Java 的体系结构。

1.5.2 选择题

1. 当初 Sun 公司发展 Java 的原因是( )。

A. 要发展航空仿真软件　　B. 要发展人工智能软件

C. 要发展消费性电子产品　　D. 游戏软件

2. Java 是从( )语言改进并重新设计的。

A. Ade　　B. C++　　C. Pascal　　D. Basic

3. Java 语言的类型是( )。

A. 面向对象语言　　B. 面向过程语言　　C. 汇编语言　　D. 形式语言

4. Java 程序的并发机制是( )。

A. 多线程　　B. 多接口　　C. 多平台　　D. 多态性

5. 用 Javac 编译 Java 源文件后得到的是( )。

A. 执行码　　B. 字节码　　C. 二进制码　　D. 源代码

1.5.3 编程题

编写一个输出“Step in Java”的 Java 应用程序。

任务二　Java 欢迎你(开发简单 Java 程序)

知识点:Java 应用程序结构;Java 小程序结构;Java 程序编写及运行过程。

能力点:理解什么是程序;会使用 Eclipse 开发简单 Java 程序;掌握简单调试与排错技术。

2.1　跟我做:我的第一个 Java 程序

2.1.1　任务情景

编写一个 Java 应用程序,运行时在控制台输出"欢迎进入精彩的 Java 世界!"信息。

2.1.2　运行结果

程序运行的结果如图 2-1 所示。

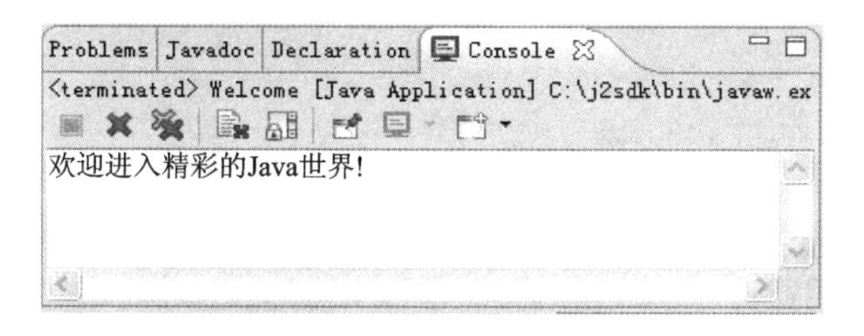

图 2-1　程序运行结果

2.2　实现方案

在开始编写 Java 程序之前,首先应该熟悉它的开发过程。Java 语言的开发过程如图 2-2 所示。

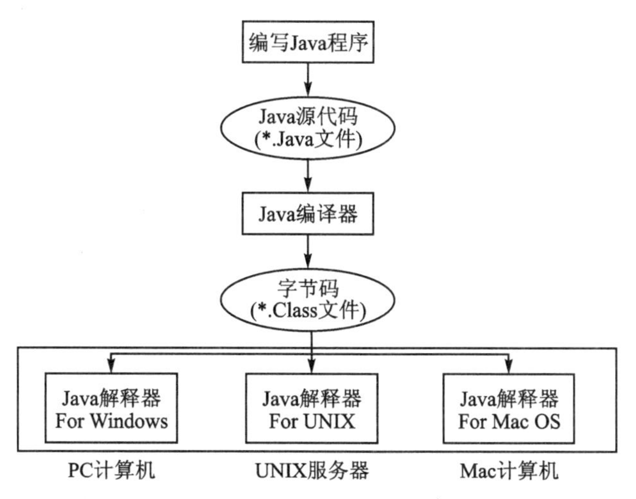

图 2-2　Java 程序的开发过程

编译生成字节码文件后,其中 Java 解释器执行 Java 应用程序,而浏览器执行 Java 小应用程序。字节码文件是与平台无关的二进制码,执行时由解释器解释成本地机器码,解释一句,执行一句。

Java 程序主要分为两类:Java 应用程序(application)和 Java 小程序(Applet)。

现在我们来体验一下用 Eclipse 开发 Java 应用程序的过程。

(1) 打开 Eclipse,选择菜单"File"→"New"→"Project"新建一个"Java Project"(见图 2-3),单击"Next"按钮将项目命名为 study(见图 2-4),单击完成后,在包资源管理器里就有 study 项目了。

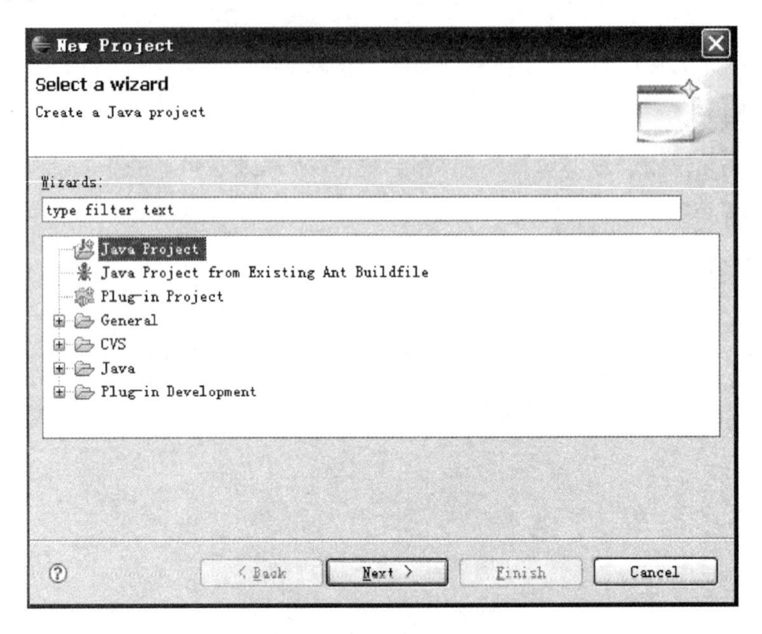

图 2-3 新建项目窗口

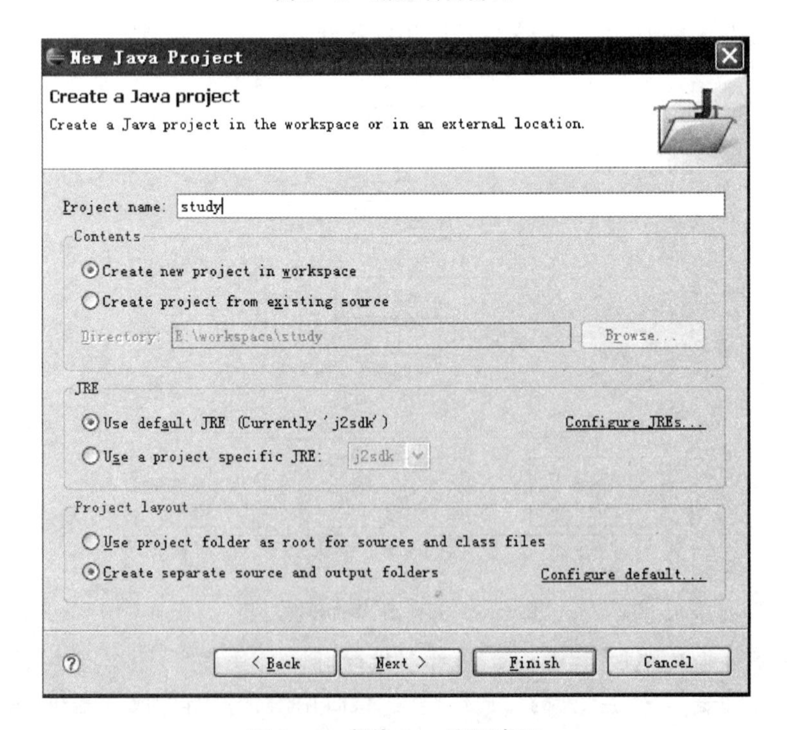

图 2-4 新建 Java 项目窗口

(2) 在包资源管理器中的 study 项目节点,右击"src"→"New"→"Package"(见图 2-5),在新建包对话框中输入名称 com. task02。

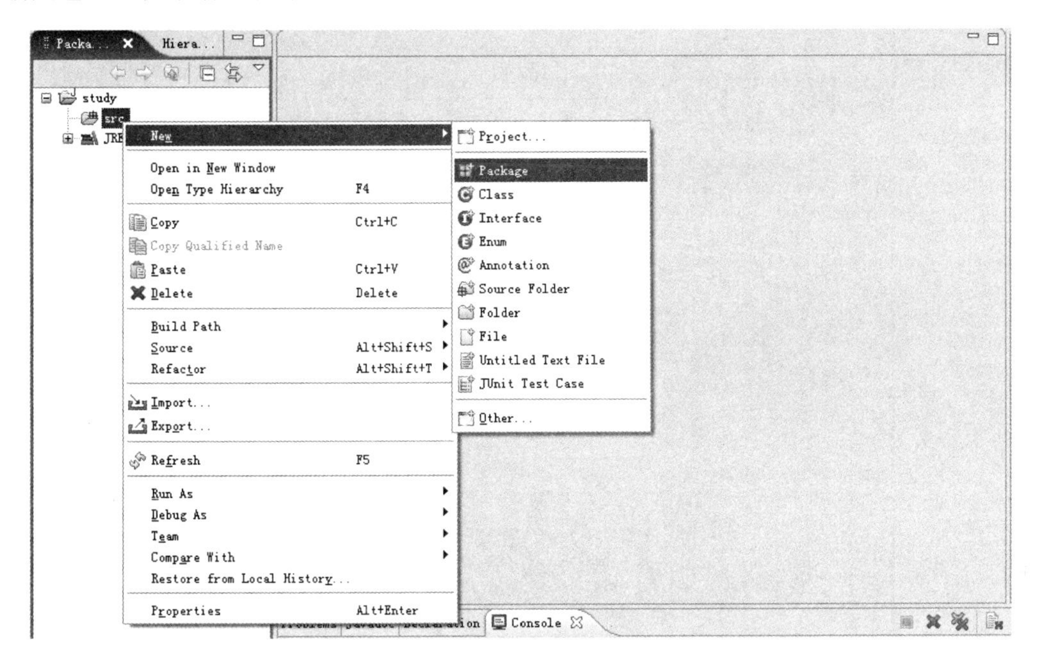

图 2-5　新建包

(3) 在"Package Explorer"中的 com. task02 包节点上右击,选择"New"→"Class",如图 2-6所示。在弹出的对话框中键入类名(如 Welcome),选中"public static void main(String [] args)"前的复选框(见图 2-7),单击"Finish"按钮。

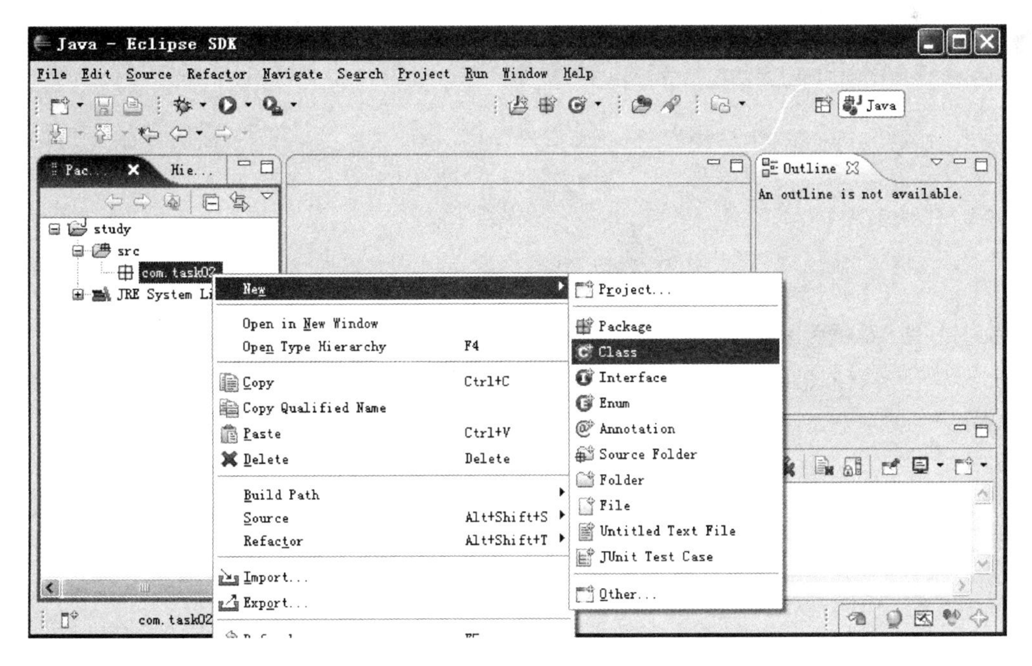

图 2-6　新建类

图 2-7　新建类对话框

在 main()方法中输入语句“System. out. println(“欢迎进入精彩的 Java 世界!”)”。

```
package com.task02;
public class Welcome {
    /**
     * @param args
     */
    public static void main(String[] args) {
        // TODO 自动生成方法存根
    System.out.println("欢迎进入精彩的 Java 世界!");
        }
    }
```

(4) 编写完成后,保存。

每当保存代码时,代码就在后台接受编译和语法检查。默认情况下,语法错误将以红色下划线显示,一个红色带反白的“X”将出现在左边沿;其他错误在编辑器的左边沿通过灯泡状的图标来指示。这些就是编辑器或许能修复的问题,即所谓的 Quick Fix(快速修复)特性。双击该图标将调出建议的修复列表,单击其中的每一个建议都会显示将要生成的代码,双击该建议就会把建议代码插入到代码中的恰当位置。如果编译通过,Eclipse 将自动将源程序编译成字节码文件。

(5) 运行程序。

在“Package Explorer”中,选中 Welcome 类节点,单击右键,选择“Run As”→“Java Application”(见图 2-8)。系统将自动执行该程序,并在控制台上输出“欢迎进入精彩的 Java 世界!”字符串信息(见图 2-9)。

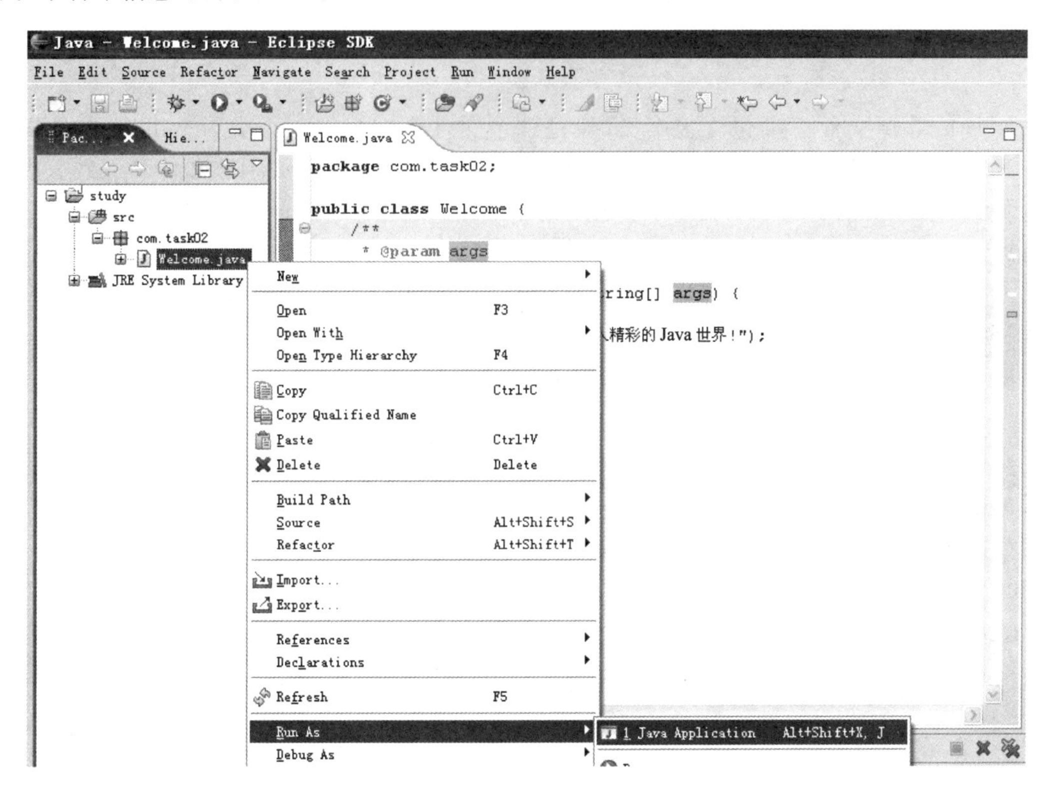

图 2-8 运行 Java 应用程序

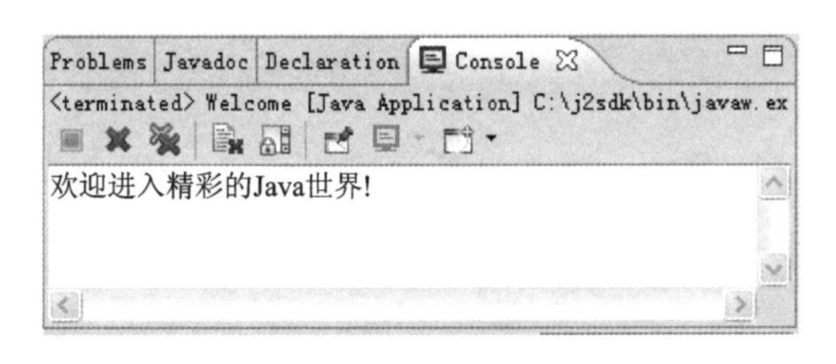

图 2-9 运行结果

通过以上几个简单的步骤,即完成了 Java 应用程序的编写、编译和执行过程。

2.3 代码分析

2.3.1 程序代码

```
/*
 * Welcome.Java
* 我的第一个 Java 程序
```

```
 */
package com.task02;
public class Welcome {                                              //定义公共类 Welcome
    public static void main(String[] args) {                        //应用程序入口即 main()方法
        System.out.println("欢迎进入精彩的 Java 世界!");//输出"欢迎进入精彩的 Java 世界!"
    }
}
```

一个 Java 源文件可以包含多个类,但是整个文件最多只有一个类为 public,类是构成 Java 程序的主体,class 是类的说明符号,且这个 public 的类的名称必须和文件名一致。类中包含了多个实现具体操作的方法,每个应用程序中必须包含一个 main()主方法,它是程序的入口点,与 C/C++是一样的,main()方法中的参数 args[ ]来接收命令行参数,是一个字符串数组。Args 只是数组的名字,用户可根据自己的喜好来命名。本例 main()方法中只有一条语句"System.out.println("欢迎进入精彩的 Java 世界!");",运行程序后向控制台输出一行字符串"欢迎进入精彩的 Java 世界!"。

2.3.2 应用扩展

1. 创建入门级的 Java GUI

创建入门级的 Java GUI(Graphical User Interface,图形用户界面)程序的步骤如下:

(1) 打开 Eclipse,在 study 项目中 com.task02 包下新建类,确定类名 WelcomeGUI,选中"public static void main(String[] args)"复选框,得到类的框架:

```
package com.task02;
public class WelcomeGUI{

}
```

(2) 在 WelcomeGUI 类体内输入以下语句:

```
package com.task02;
public class WelcomeGUI{
    // 创建一个窗体
    static Frame f = new Frame("Welcome GUI");
    // 创建三个标签
    static Label lb1 = new Label("欢迎进入 Java 的图形用户界面!");
    static Label lb2 = new Label("在这里显示按钮事件描述");
    // 创建两个按钮
    static Button b1 = new Button("单击我");
    static Button b2 = new Button("退出");
}
```

(3) 此时会有多处错误提示,如图 2-10 所示,在第二行增加一条语句"import Java.awt.*"。

(4) 在 main()方法中输入以下语句:

```
public static void main(String[] args) {
    // TODO 自动生成的方法存根
    f.setSize(200, 200);                              //设置窗体的宽度和高度
    f.setLayout(new FlowLayout());                    //将窗体的布局设置为顺序布局
```

```
        //将标签和按钮顺序添加到窗体中
        f.add(lb1);
        f.add(lb2);
        f.add(b1);
        f.add(b2);
            //通过调用 addMouseListener 方法为按钮 b1 注册 MouseEvent 事件
        b1.addMouseListener(new Button1Handler());
            //通过调用 addActionListener 方法为按钮 b2 注册 ActionEvent 事件
        b2.addActionListener(new Button2Handler());
        f.setVisible(true);                                    //使窗体可见
    }
```

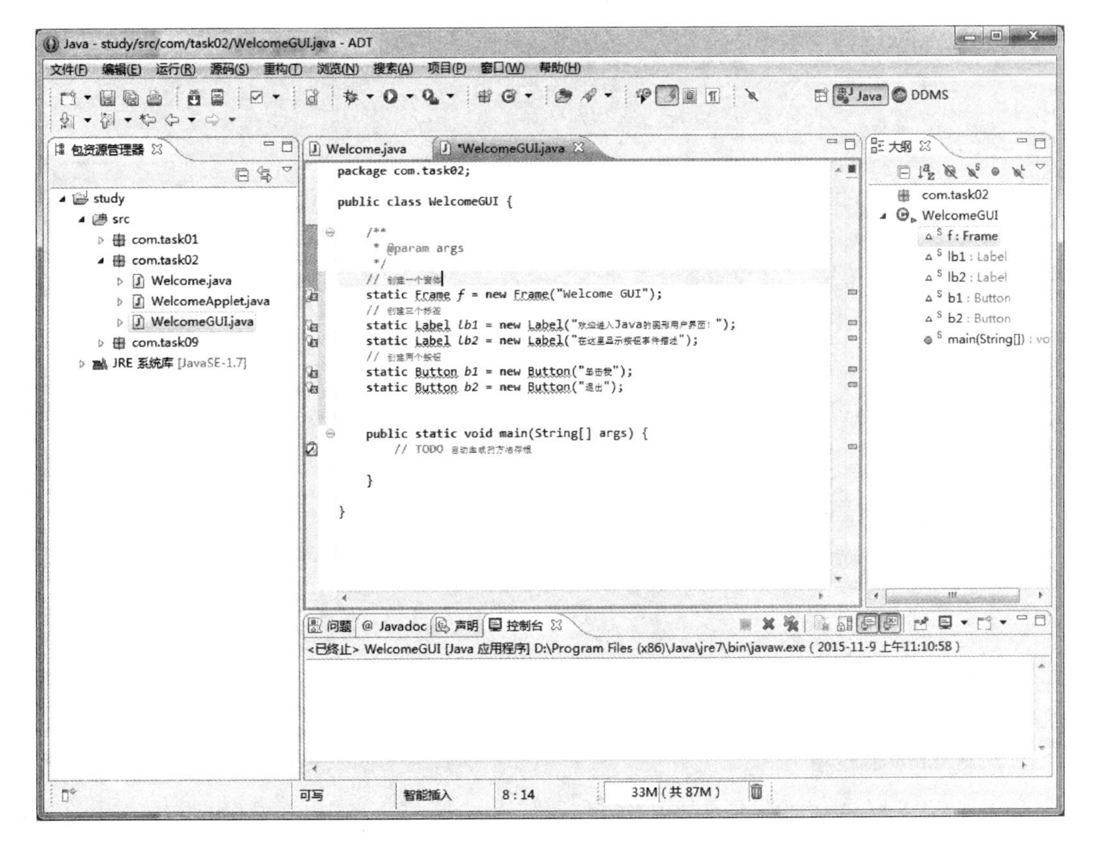

图 2-10　错误提示

(5) 定义实现 MouseListener 接口的 MouseEvent 事件处理类，输入以下语句，并在代码第三行增加一条语句“import java. awt. event. *”，如图 2-11 所示。

```
package com.task02;

import java.awt.*;
import java.awt.event.*;
```

图 2-11　导入语句

```
class Button1Handler implements MouseListener {
        // 鼠标按键在组件上单击(按下并释放)时调用此方法
        public void mouseClicked(MouseEvent e) {
        WelcomeGUI.lb2.setText("已单击鼠标!");
        }
        // 鼠标进入到组件上方时调用此方法
        public void mouseEntered(MouseEvent e) {
        WelcomeGUI.lb2.setText("已进入按钮上方!");
        }
        // 鼠标离开组件时调用此方法
        public void mouseExited(MouseEvent e) {
        WelcomeGUI.lb2.setText("已离开按钮上方!");
        }
        // 鼠标按键在组件上按下时调用此方法
        public void mousePressed(MouseEvent e) {
        WelcomeGUI.lb2.setText("已按下按钮!");
        }
        // 鼠标按钮在组件上释放时调用此方法
        public void mouseReleased(MouseEvent e) {
        }
    }

    class Button2Handler implements ActionListener {
        public void actionPerformed(ActionEvent e){
            System.exit(0);
    }
}
```

(6) 保存文件并运行程序,运行结果如图 2-12 所示。

图 2-12　运行结果

2. 创建 Java 小程序

使用 Eclipse 创建 Java 小程序的步骤如下:

(1) 打开 Eclipse,在 study 项目中 com.task02 包下新建类,确定类名 WelcomeApplet,指定超类 Java.applet.Applet,得到类的框架:

```
package com.task02;
import java.applet.Applet;
public class Welcome Applet extends Applet {

    }
```

(2) 在 WelcomeApplet 类体内输入以下语句,并按 Ctrl+S 保存文件。

```
package com.task02;
import java.applet.Applet;
public class Welcome Applet extends Applet {
    publicvoid paint(Graphics g)
    {
    g.drawString("Hello,Java AppletWorld!",20,20);
    g.GetColor(Color.blue);                //设置画笔颜色
    g.drawRect(20,30,50,50);               //绘制矩形边框
    g.GetColor(Color.green);
    g.drawRect(60,70,90,90);
    g.GetColor(Color.red);
    g.fillRect(40,50,70,70);               //填充指定的矩形
    }
}
```

(3) 此时会有一处错误提示,如图 2-13 所示。单击代码编辑区左侧的小红叉,双击接受第一种提示——Import 'Graphics'(java.awt),即会在第三行增加一条语句"import java.awt.Graphics;"。

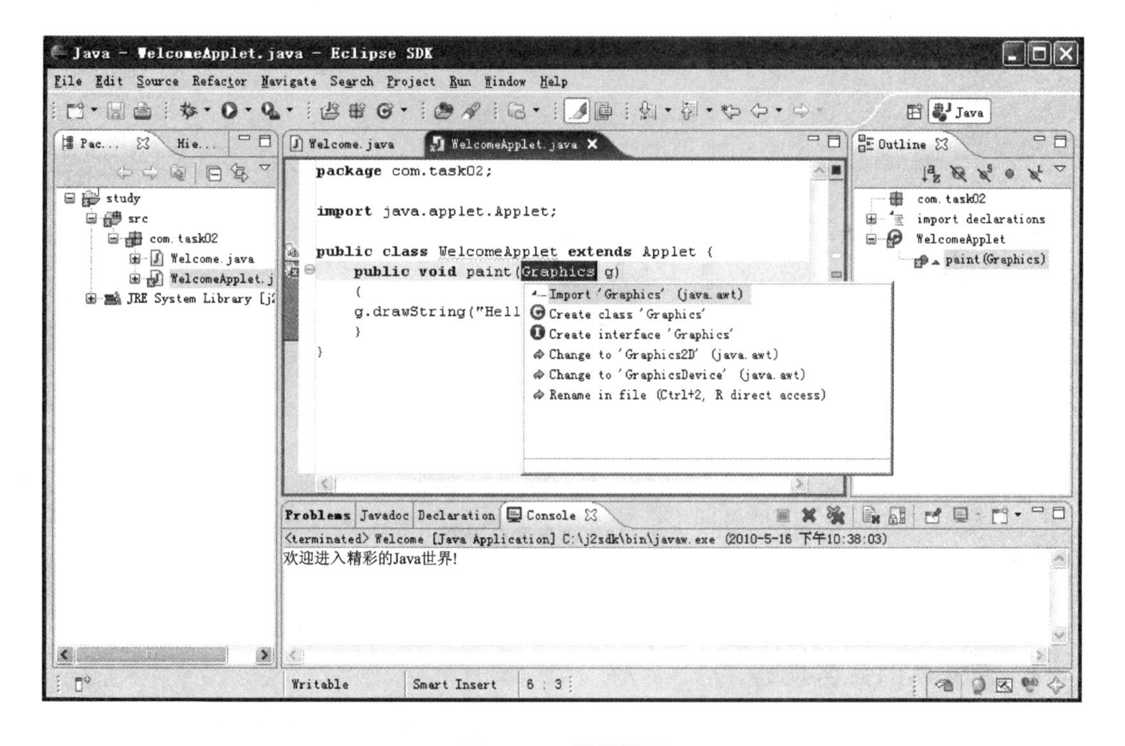

图 2-13　错误提示

(4) 运行 Applet 程序,单击工具栏里的运行按钮 ,选择运行方式为"Java Applet",如图 2-14 所示,运行效果如图 2-15 所示。

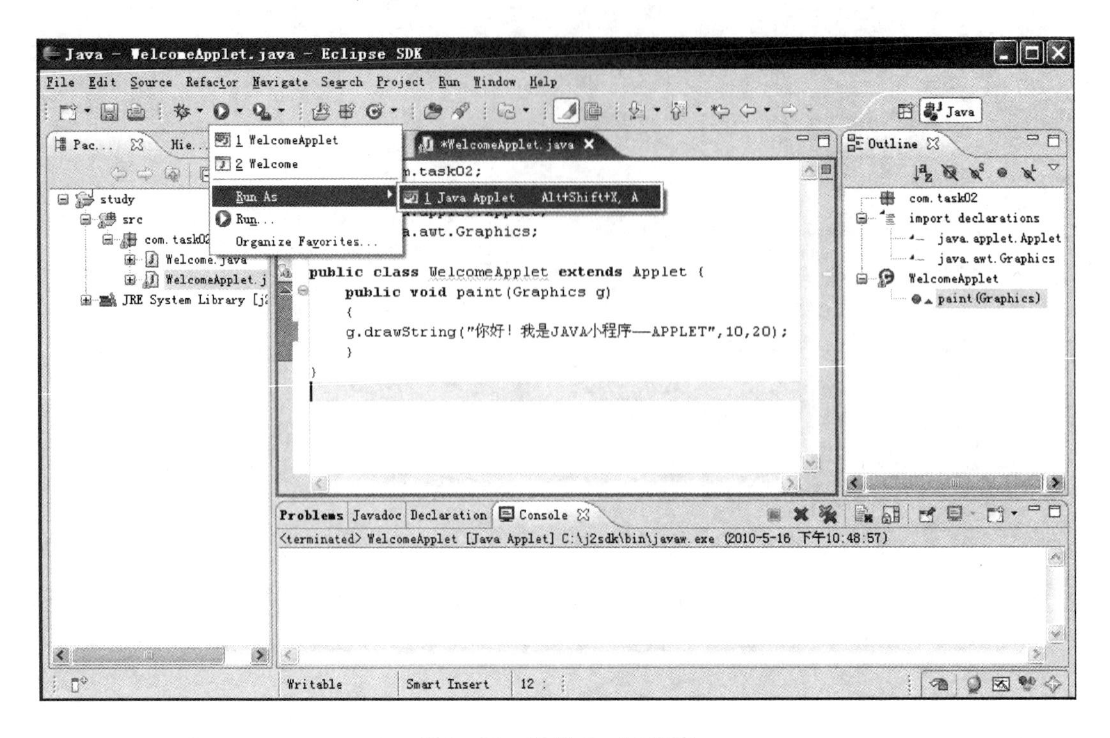

图 2-14　运行 Applet 程序

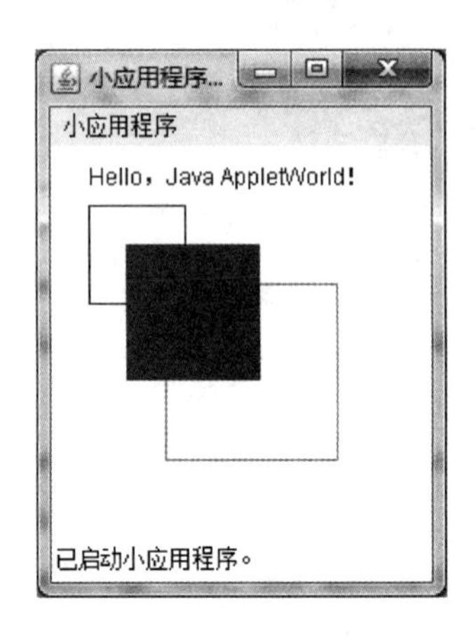

图 2-15　小程序查看器

2.4　必备知识

2.4.1　源文件的命名规则

软件开发是一个集体协作的过程，程序员之间的代码是要经常进行交换阅读的，因此，Java 源程序有一些约定成俗的命名规定，其主要目的是为了提高 Java 程序的可读性，让程序更专业，更容易被别人理解，更易维护。

如果在源程序中包含有公共类的定义，则该源文件名必须与该公共类的名字完全一致。在一个 Java 源程序中至多只能有一个公共类的定义。如果源程序中不包含公共类的定义，则该文件名可以任意取名。如果在一个源程序中有多个类定义，则在编译时将为每个类生成一个.class文件。

包名:包名是全小写的名词,中间可以用点分隔开,如java.awt.event。

类名:首字母大写,通常由多个单词合成一个类名,要求每个单词的首字母也要大写,如class WelcomeApplet。

接口名:命名规则与类名相同,如interface Collection。

方法名:往往由多个单词合成,第一个单词通常为动词,首字母小写,中间的每个单词的首字母都要大写,如balanceAccount,isButtonPressed。

特别提醒:Java程序是大小写敏感的,如String和string是不同的。

2.4.2 Java注释

注释为程序中的语句作说明,注释内容不会被执行。Java注释分为单行注释和多行注释。

(1) 单行注释就是在程序中注释一行代码,在Java中用“//”放在需要注释的内容之前就可以 。

(2) 多行注释就是一次性地将多行注释掉,用“/ * ”开始,以“ * /”结束,需注释的内容放在其中间。

添加程序注释的原因如下:

(1) 为找到当初编写这段代码时的思路。

(2) 在团队协作开发过程中,一个人写的代码容易被团队中的其他人所理解。

另外,在有关代码风格的问题中,最重要的可以说是代码的缩进(Indent)。缩进是通过在每一行的代码左端空出一部分长度,更加清晰地从外观上体现出程序的层次结构。应以4个空格为单位,原则上关系密切的行应对齐,可以借助空格或缩进实现。

2.4.3 Java程序结构

按照运行环境的不同,可将Java程序分成两种:Java应用程序(Java Application)和Java小程序(Java Applet)。它们都在Java虚拟机中执行,Java应用程序在本机上由Java解释程序来激活Java虚拟机。而Java小程序是通过浏览器来激活Java虚拟机,二者程序结构不同。

Java应用程序的结构如下:

```
import java.io. * ;                                   //导入相关包
public class HelloExam  {                             //外层框架
      public static void main(String[ ] args) {       //Java入口程序框架
            ……                                        //这里填写代码
      }
}
```

Java小程序的结构如下:

```
import java.applet. * ;                    //将Java.applet包中的系统类引入本程序
import java.awt. * ;                       //将Java.awt包中的系统类引入本程序
public class HelloApplet extends Applet{
    ……                                     //这里填写代码
}
```

2.4.4 Java 应用程序开发

Java 应用程序都是以类的形式出现。一个程序可以包含一个或多个类。Java 提供了一个特殊的方法——main()方法，每个应用程序的执行都是从 main()方法开始的。包含了 main()方法的类称为主类，程序的主文件名必须与主类相同。

Java 程序开发过程分为三步(见图 2-13)：

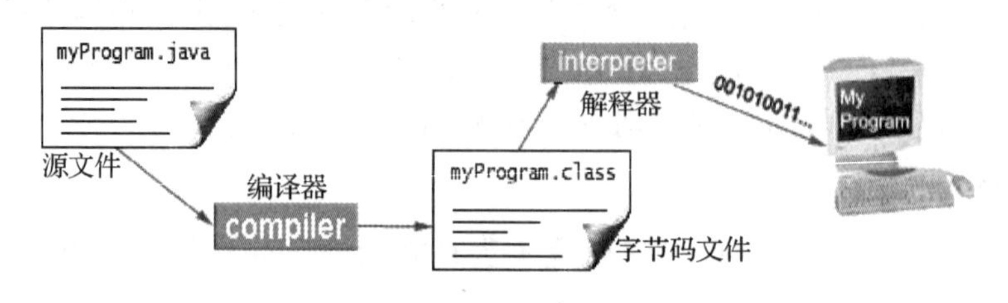

图 2-16 程序开发过程

(1) 编辑——创建 Java 源程序，后缀为.java。源程序的创建、修改和保存可以在任何一种文本编辑器中进行。

(2) 编译——用 Java 编译器将源程序翻译成 Java 虚拟机能够理解的指令，并将其组织为字节码文件(后缀为.class)。

(3) 运行——Java 虚拟机解释，运行包含在字节码文件中的程序。

使用集成开发环境 Eclipse 开发 Java 应用程序(Java Application)的编程步骤如下：

(1) 启动 Eclipse，进入开发界面。双击 Eclipse 安装文件夹(如 D:/ eclipse)下的可执行文件 eclipse.exe，选择工作空间文件夹(如 D:/ Java 程序)，单击“OK”按钮，关闭 Welcome 窗口，进入开发界面。

(2) 新建 Java 项目。执行菜单“File”→“New”→“Java Project”命令，出现“NewJava Project”对话框，在“Project name”文本框中输入项目名，单击“Finish”按钮，便建立了一个空白的 Java 项目。

(3) 新建 Java 包。右击 Java 项目中的 JAVA 类的存储目录“src”包，执行菜单“New”→“Package”命令，出现“NewJava Package”对话框，在“name”文本框中输入包名，单击“Finish”按钮，便建立了一个空白的 Java 包。

(4)新建 Java 类。右击项目的 src 目录，执行菜单“New”→“Class”命令，出现“NewJava Class”对话框，在“name”文本框中输入类名，并选中“public static void main(String[ ] args)”复选框，再单击“Finish”按钮，便建立了一个包含主方法 main()的类。

(5) 在 Eclipse 界面的代码窗格中编写代码。在 main()方法的大括号内部输入相应的程序代码。

(6) 运行程序。在 Eclipse 开发环境下按 Ctrl+F11 组合键(或执行菜单“Run”→“Run As”→“Java Application”命令)，便可运行程序，控制台输出程序运行结果。至此完成了一个 JAVA 项目的创建，一个 JAVA 类的编译及执行。

2.4.5 Applet 小程序开发

Applet 小程序(Java Applet)和 Java 应用程序不同，Applet 小程序都必须继承自 Java 的 Java.applet.Applet 类或 javax.swing.JApplet 类，每个 Applet 小程序开头都需要用关键字

import 将系统类引入程序,Applet 小程序中没有 main()方法。Java Applet 的创建过程也分为三步:编辑、编译和运行。

Applet 小程序(Java Applet)是用 Java 语言编写的小应用程序,Applet 小程序直接嵌入到网页中。在此采用 Eclipse 集成开发环境编写和调试 Applet 程序,调试的时候 Eclipse 会自动调用 Java"小程序查看程序",而不用嵌入到网页中查看运行效果。

例如:用 Java Applet 编写问候程序。

```
import java.applet.Applet;          //引入系统类 Applet
import java.applet.Graphics;        //引入系统类 Graphics
public class Hello_Applet extends Applet
{
    public void Paint(Graphics g)
    {
        g.drawString("Java is  easy  to  learn!",50,25);
    }
}
```

使用集成开发环境 Eclipse 开发 Applet 小程序(Java Applet)的编程步骤如下:

步骤(1)~(3)与 Java 应用程序的编程步骤相同。

(4) 新建 Java 类。右击项目的 src 目录,执行菜"New"→"Class"命令,出现"NewJava Class"对话框,在"name"文本框中输入类名,并在"Superclass"文本框中键入 Applet 程序需要继承的父类"java. applet. Applet"(不选"public static void main(String[] args)"复选框),完成后单击"Finish"按钮,便建立了一个 Applet 小程序的类。

(5) 在 Eclipse 界面的代码窗格中编写代码。输入相应的程序代码,重写 init() 、start()、paint()等方法(视需要输入)。

(6) 运行程序。在 Eclipse 开发环境下按 Ctrl+F11 组合键(或执行菜单"Run"→"Run As"→"Java Applet"命令),Eclipse 会自动为该 Applet 小程序创建一个 HTML 文件,并且将 applet 包含进去,然后启动 appletviewer,Eclipse 应该有成套的模板,便可运行程序,并弹出一个 Applet 小程序图形界面运行结果。

2.5 动手做一做

2.5.1 实训目的

掌握 Java 程序的框架,并会创建一个 Java 程序;掌握 Java 项目组织结构,并进行简单调试与排错。

2.5.2 实训内容

实训 1:在 Eclipse 中编写一个输出"I Love Internet"的 Java Application 程序。

实训 2:在 Eclipse 中编写一个输出自己的基本信息(如姓名和年龄)的 Applet 小程序。

2.5.3 简要提示

实训 1:可以参考本章例题进行编写。

实训 2:要求编写的是一个 Applet 程序,方法是先在 Eclipse 中新建一个普通类,但此类一定是继承自 Applet。然后右击此类选“运行方式的”中“Java Applet”即可看到运行结果，而不用内嵌至 HTML 文件中。

2.5.4 程序代码

程序代码参见本教材教学资源(请发邮件至 goodtextbook@126.com 或致电 010-82317037 申请索取)。

2.5.5 实训思考

(1) 在 Eclipse 中运行 Applet 程序不用写 HTML 文件，其执行原理是什么?

(2) 姓名和年龄变量可不可以从键盘终端随机输入然后再输出?

2.6 动脑想一想

2.6.1 简答题

1. 说出 Java 两种程序的区别及适用场合?
2. 请写出创建一个 Java 应用程序的步骤。
3. 请写出创建一个 Java 小程序的步骤。

2.6.2 单项选择题

1. 下列关于 Java 语言的叙述中，正确的是(　)。

A. Java 是不区分大小写的　　B. 源文件名与 public 类型的类名必须相同

C. 源文件其扩展名为.jar　　D. 源文件中 public 类的数目不限

2. 属于 main()方法的返回类型是(　)。

A. public　　B. static　　C. void　　D. main

3. 下列对 Java 源程序结构的叙述中，错误的是(　)。

A. import 语句必须在所有类定义之前

B. 接口定义允许 0 个或多个

C. Java Application 中的 public class 类定义允许 0 个或多个

D. package 语句允许 0 个或 1 个

4. 以下(　)为 Java 源程序结构中前三种语句的次序。

A. import, package, public class　　B. import 比为首，其他不限

C. public class, import, package　　D. package, import, public class

5. 如果一个 Java 源程序文件中定义有 4 个类，则使用 Sun 公司的 JDK 编译器 Javac 编译该源程序文件将产生(　)个文件名与类名相同而扩展名为(　)的字节码文件。

A. 1 个, .java　　B. 4 个, .java　　C. 1 个, .class　　D. 4 个, .class

2.6.3 编程题

1. 编写一个输出“Welcome to Beijing!”的程序。

2. 编写程序，输出一个用 8 行“*”组成的直角三角形(见图 2-17)。

图 2-17　编程题 2 用图

任务三　小试牛刀(学习 Java 语言基础)

知识点:Java 语言标识符和关键字;Java 语言数据类型;Java 语言运算符与表达式。

能力点:正确定义与使用变量、常量;正确使用运算符与表达式进行数值计算程序的处理。

3.1　跟我做:计算圆的面积和周长

3.1.1　任务情景

编写一个程序 ComputeArea,当程序运行时,从键盘输入圆的半径,在控制台输出圆的周长和面积。要求:圆的周长只保留整数部分,舍掉小数部分。

3.1.2　运行结果

程序运行的结果如图 3-1 所示。

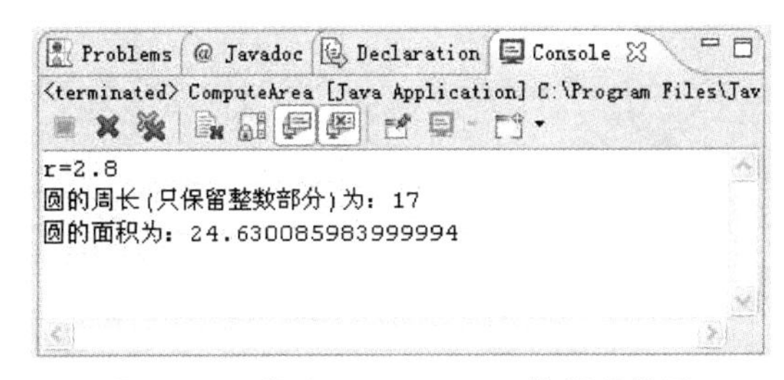

图 3-1　程序 ComputeArea 的运行结果

3.2　实现方案

从技术角度,该程序涉及常量和变量的定义和使用、变量间的算术运算、数据类型转换(包括字符串与基本数据类型的转换和基本数据类型之间的强制类型转换)、基本的输入/输出操作和命令行参数的应用。

解决问题的步骤如下:

(1) 打开 Eclipse,在 study 项目中创建包 com.task03,再确定类名 ComputeArea,得到类的框架。

```
package com.task03;
public class ComputeArea {
}
```

(2) 定义所需要的变量和常量。

(3) 使用命令行参数接收从键盘输入的数据。

main()方法有一个 String 类型的数组参数,该数组中保存执行 Java 命令时传递给所运行的类的参数,该参数称为命令行参数。命令行参数与 args 数组的对应关系如图 3-2 所示。

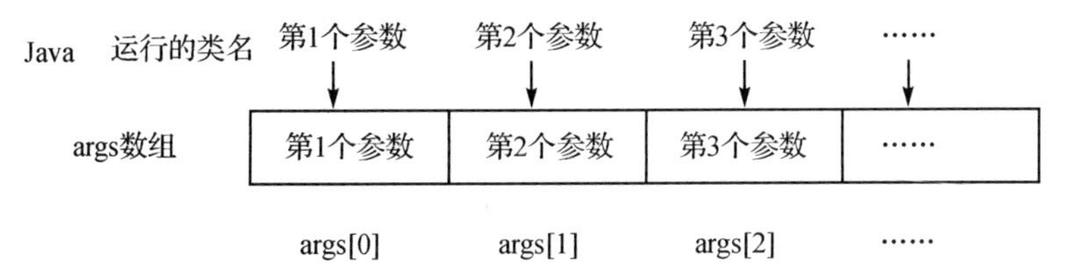

图 3-2　命令行参数与 args 数组的对应关系

(4) 求面积和周长并将周长进行取整处理。

(5) 输出圆的面积和周长。

3.3 代码分析

3.3.1 程序代码

```
package com.task03;                          //创建包 com.task03
/**
 * ComputeArea.java
 * 从键盘上输入圆的半径,求圆的周长和面积
 */
public class ComputeArea {
    public static void main(String[] args){
        final double PI = 3.1415926;         //定义常量 PI
        double r,perimeter,area;
        int int_p;
        r = Double.parseDouble(args[0]);  //字符串与数值类型数据转换
        System.out.println("r = " + r);
        perimeter = 2 * PI * r;
        int_p = (int)perimeter;              //强制类型转换
        area = PI * r * r;
        System.out.println("圆的周长(只保留整数部分)为:" + int_p);
        System.out.println("圆的面积为:" + area);
    }
}
```

3.3.2 应用扩展

上面代码定义了 double、int 型变量,还可以尝试其他数据类型变量的定义与使用。

上面代码将字符串转换成 double 类型,还可以将字符串转换成 int 类型等,以及进行字符串、基本数据类型及其包装类间的相互转换。

从键盘输入三角形三条边的边长,求三角形的周长和面积的主要代码如下:

```
int a,b,c;
double area,p;
a = Integer.parseInt(args[0]);
b = Integer.parseInt(args[1]);
c = Integer.parseInt(args[2]);
if(a + b>c&&a + c>b&&c + b>a){
    p = (a + b + c)/2.0;
    area = Math.sqrt(p * (p - a) * (p - b) * (p - c));
    System.out.println("三角形的周长为" + 2 * p);
    System.out.println("三角形的面积为" + area);
}
else
    System.out.println("您输入的三条边不能构成三角形");
```

3.4　必备知识

3.4.1　Java 中的标识符和关键字

程序中使用的各种数据对象,如符号常量、变量、方法、类等都需要一定的名称,这种名称叫做标识符(identifier)。Java 的标识符由字母、数字、下划线(_)或美元符($)组成,但必须以字母、下划线或美元符开始。Java 标识符是大小写敏感的,没有字符数的限制。

以下几个是合法的标识符:identifier、userName、User_name、_sys_varl、$change。

以下几个是非法的标识符:class、98.3、Hello World。

关键字就是保留字,是指那些具有特殊含义和用途的、不能当做一般标识符使用的字符序列。这些特殊的字符序列由 Java 系统定义和使用,所以程序员在代码中定义标识符时不能跟关键字重名。在 Java 语言中有近 60 个关键字,常见的关键字如下:abstract、boolean、break、byte、case、catch、char、class、continue、default、do、double、else、extends、false、final、finally、float、for、if、implements、import、int、instanceof、interface、long、native、new、null、package、private、protected、public、return、short、static、super、switch、synchronized、this、throw、throws、transient、true、try、void、volatile、while。

Java 语言中的关键字均用小写字母表示。Java 中没有 goto、const 这些关键字,但不能用 goto、const 作为变量名。

3.4.2　Java 程序的注释

为程序添加注释可以解释程序某些部分的作用和功能,提高程序的可读性,也可以使用注释在程序中插入个人信息。此外,还可以使用注释来暂时屏蔽某些程序语句,让编译器暂时不要理会这些语句,等到需要时,只需简单地取消注释标记,这些语句又可以发挥作用了。

Java 程序的注释根据用途不同分为 3 种类型:单行注释、多行注释和文档注释。

- 单行注释:是在注释内容前面加双斜线(//),Java 编译器会忽略掉这部分信息。如

```
int  a = 10;             //定义一个整型变量
```

- 多行注释:是在注释内容前面以单斜线加一个星形标记(/ *)开头,并在注释内容末尾以一个星形标记加单斜线(* /)结束。当注释内容超过一行时一般使用这种方法。如

```
/* int  a=10;
int b=100; */
```

- 文档注释:是以单斜线加两个星形标记(/ * *)开头,并以一个星形标记加单斜线(* /)结束。放在声明(变量、方法或类的声明)之前的文档注释用以说明该程序的层次结构及其方法。文档注释提供将程序使用帮助信息嵌入到程序中的功能。

3.4.3　Java 语言的数据类型

Java 语言的数据类型有基本类型(也称为原始数据类型)和复合类型,如表 3-1 所列。

与其他编程语言不同的是,Java 的基本数据类型在任何操作系统中都具有相同的大小和属性,不像 C 语言,在不同的系统中变量的取值范围不一样。

在 Java 语言中字符皆用 16 个二进制位表示,所以 Java 语言设计了一个用 8 个二进制位来表示的 byte 数据类型,可用来表示 ASCII 码。

表 3-1　Java 语言的数据类型

数据类型			关键字	取值范围	默认值	占用字节数
基本类型	整数类型	字节型	byte	−32 768～32 767	(byte)0	1
		短整型	short	−128～127	(short)0	2
		整型	int	−2 147 483 648～2 147 483 647	0	4
		长整型	long	−922 337 203 685 477 808～922 337 203 685 477 807	0 L	8
	浮点类型	浮点型	float	−3.4E38～3.4E38	0.0 F	4
		双精度型	double	−1.7E308～1.7E308	0.0	8
	字符类型		char	0～65 535	'\u0000'	
	布尔类型		boolean		false	
复合类型	数组					
	类		class			
	接口		interface			

在 Java 语言中，布尔型(boolean)数据不再与整数相关，而是独立作为一种数据类型，并且不能与整数有任何自动转换关系。

在 Java 语言中，char 是唯一的无符号表示的数据类型。如果将 char 转换为 int 或者 short 类型，很可能得到一个负数。

浮点类型的数据被 0 除时不会报错，而是输出"Infinity"，编程时一定要小心。

很多编程语言中的字符串(string)和数组，在 Java 语言中不是基本数据类型而是被作为对象处理。相关内容将在后面介绍。

Java 语言中所有的基本数据类型变量在被声明之后，就会从内存中分配到相应大小的空间，用以存放初始值或缺省值，当读写数据时，直接对这一内存进行操作。

3.4.4　Java 中的常量

常量是在程序运行过程中其值始终不改变的量。常量分为直接常量和符号常量两种。

直接常量就是不使用任何标识符直接引用其值的常量。使用数值型直接常量有时会引起多义性。如直接常量"0"就可能是 byte、short、int、long、float、double 类型的。为了避免这种情况的发生，不加后缀时默认为 int 类型。Java 为 long、float 和 double 类型的直接常量规定了使用后缀的方式，而对于 byte 和 short 类型的直接常量则只能使用强制数据类型转换。

符号常量就是使用标识符引用其值的常量。符号常量的定义要用关键字 final 先定义一个标识符，然后通过标识符读取其值的常量。符号常量一经定义，其值不能再被改变，每一个符号常量都有其数据类型和作用范围。按照一般的习惯，常量标识符中的英文字母使用大写字母。

定义符号常量的格式为：

```
final 数据类型符 符号常量标识符 = 常量值;
```

如

```
final double PI = 3.1415926;
```

这里PI就是符号常量。在程序中如果试图改变PI的值,则系统会给出错误信息。

各种数据类型都有自己的常量,如表3-2所列。

表3-2　Java常量

常量类型	表现形式	举　例	说　明
整型数	十进制整数	123,-456,0	
	八进制整数(0开头)	0123表示十进制数83 -011表示十进制数-9	
	十六进制整数(0x开头)	0x123表示十进制数291 -0X12表示十进制数-18	
浮点数	小数点形式	0.64,0.64d,-25.5f	不加任何字符或加上d(D)表示双精度。要表示单精度的需要加上f(F)
	指数形式	6.4e2,6.4E2	e或E之前必须有数字,且e或E后面的指数必须为整数
布尔型	true或false	是否是党员:true表示是党员,false表示不是党员	代表事物的两种状态
字符型	单个字符	‘d’,‘B’,‘6’	Java使用单引号括起来的Unicode字符集中的任何字符
	转义字符	‘\b’表示退格	Java字符集中包括一些控制字符,这些字符是不能显示的,通过转义字符来表示。 ‘\b’对应Unicode值‘\u0008’ ‘\n’对应Unicode值‘\u000a’ ‘\r’对应Unicode值‘\u000d’ ‘\t’对应Unicode值‘\u0009’
		‘\n’表示换行	
		‘\r’表示回车	
		‘\t’ 表示Tab(制表符)	
	八进制转义字符	‘\201’,‘\307’	只能表示ASCII字符集
	Unicode转义字符	‘\u4b6e’	表示Unicode字符集
字符串	双引号括起	“ ”,“123”,“shafc”	大于一行的字符串,通过“+”进行连接

3.4.5　Java中的变量

在程序运行期间,系统可以为程序分配一块内存单元,用来存储各种类型的数据。系统分配的内存单元要使用一个标记符来标识,这种内存单元的数据是可以更改的,所以叫做变量。变量是在程序运行过程中其值能够改变的量,通常用来保存计算结果或中间数据。在Java语言中变量必须先声明后使用,并且应当为变量赋初始值。变量是Java程序中的基本存储单元,它的定义包括变量名、变量类型和作用域几个部分。变量名的命名要符合标识符的命名规则。变量的定义格式如下:

```
数据类型符 变量名[=变量的值];
```

如

```
int count;                  //声明或定义一个整型变量 count
count = 100;                //为变量 count 赋初值
boolean b = true;           //声明一个布尔型变量 b,并为变量赋初值
char c = 'A';               //声明一个字符型变量 c,并为变量赋初值
String s = "Hello";         //声明一个字符串变量 s,并为变量赋初值
```

变量的作用域是指变量的有效范围或生存周期,决定了变量的“可见性”以及“存在时间”。在 Java 里,一对大括号中间的部分就是一个代码块,代码块决定其中定义的变量的作用域。变量的有效范围或生存周期就是声明该变量时所在的代码块,也就是用一对大括号括起的范围。一旦程序的执行离开了变量定义的代码块,变量就变得没有意义,也就不能再被使用了。

3.4.6 类型转换

Java 程序里,将一种数据类型的常量或变量转换到另外的一种数据类型,称为类型转换。类型转换有 3 种:自动类型转换(或称隐式类型转换)、强制类型转换(或称显式类型转换)、字符串类型与数值类型的转换。

1. 不同数据类型间的优先关系

低————————————————→高

byte,short,char→int→long→float→double

2. 自动类型转换

自动类型转换允许在赋值和计算时由编译系统按一定的优先次序自动完成。通常,低精度类型到高精度的类型转换由系统自动转换。

(1) 将一种低级数据类型的值赋给另外一种高级数据类型变量,如果这两种类型是兼容的,Java 将执行自动类型转换。所有的数值类型,包括整型和浮点型都可以进行这样的转换。例如:

```
int a = 125;
long b = a;        //变量 a 自动转换成 long 型,再赋给变量 b
```

(2) 整型、实型、字符型数据可以混合运算。运算中,不同类型的数据先转化为同一类型,然后进行运算,从低级到高级的转换规则如表 3-3 所列。

表 3-3 从低级到高级的转换规则

操作数 1 类型	操作数 2 类型	转换后的类型
byte,short,char	int	int
byte,short,char,int	long	long
byte,short,char,int,long	float	float
byte,short,char,int,long,float	double	double

3. 强制类型转换

当两种类型彼此不兼容,或者目标类型取值范围小于源类型时,自动转换无法进行,这时就需要进行强制类型转换。强制类型转换是将高精度数据类型转换到低精度数据类型,可以通过赋值语句实现,此时强制类型转换的格式为

```
目标数据类型 变量名 = (目标数据类型)变量名或值
```

例如：

```
int i;
byte b = (byte)i;    /*把 int 型变量 i 的值强制转换为 byte 型，赋给 byte 型变量 b，值得注意的
                     是，变量 i 本身不会发生任何变化*/
```

4. 字符串类型与数值类型的转换

java. lang 包中的 Integer 类(Integer 类是基本数据类型 int 的包装类)的调用方法如下：

```
public static int parseInt(String s)
```

可以将"数字"格式的字符串(如"123")转换为 int 型数据，例如：

```
int i = Integer.parseInt("123");
```

同理，java. lang 包中的 Double 类(Double 类是基本数据类型 double 的包装类)的调用方法如下：

```
public static double parseDouble(String s)
```

可以将"数字"格式的 String 类型数据转换成 double 类型数据，例如：

```
double d = Double.parseDouble("123.56");
```

3.4.7　运算符

对各种类型的数据进行加工的过程称为运算，表示各种不同运算的符号称为运算符，参与运算的数据称为操作数。

按操作数的数目来分，运算符可有以下几种：

- 一元运算符(也称单目运算符)：＋＋，－－，＋，－。
- 二元运算符(也称双目运算符)：＋，－，＞。
- 三元运算符(也称三目运算符)：?:。

基本的运算符按功能划分，有下面几种：

- 算术运算符：＋，－(减) *，/，%，＋＋，－－，－(取负)。
- 关系运算符：＞，＜，＞＝，＜＝，＝＝，! ＝，instanceof。
- 逻辑运算符：!，&&，||，^，&，|。
- 位运算符：～，&，|，^，＜＜，＞＞，＞＞＞。
- 条件运算符：表达式 1? 表达式 2:表达式 3。
- 赋值运算符：＝，＋＝，－＝，*＝，/＝，%＝。
- 字符串连接运算符：＋。
- 其他运算符：()，[ ]。

Java 的表达式就是用运算符连接起来的符合 Java 规则的式子。Java 的运算符都有不同的优先级。所谓优先级就是在表达式运算中的运算顺序，运算符的优先级决定了表达式中运算执行的先后顺序。Java 的运算符都具有结合性，运算符的结合性决定了并列的相同级别的运算符的先后顺序。在学习运算符的过程中，除了要学习不同运算符的基本用法，还要学习不同运算符的优先级和结合性。

1. 算术运算符

算术运算符(见表 3-4)使用数字操作数,这些运算符主要用于数学计算。

表 3-4 算术运算符

算术运算符	描 述	示 例	结 果	结合性	优先级	按操作数的数目分类
+(取正)	取正运算符	+3	3		高	一元运算符
-(取负)	取负运算符	b=4;-b;	-4			
++	自增运算符(前)	a=2;b=++a;	a=3;b=3	从右到左		一元运算符
++	自增运算符(后)	a=2;b=a++;	a=3;b=2			
--	自减运算符(前)	a=2;b=--a;	a=1;b=1			
--	自减运算符(后)	a=2;b= a--;	a=1;b=2			
*	乘法运算符	3*4	12	从左到右		二元运算符
/	除法运算符	5/5	1			
%	取余(或模)运算符	5%5	0			
+(加法)	加法运算符	5+5	10	从左到右		二元运算符
-(减法)	减法运算符	6-4	2		低	
+	字符串相加	"He"+"llo"	"Hello"			

说明:

(1) 算术运算符的总体原则是先乘除,再加减,括号优先。

(2) 对于除法运算符"/",它的整数除和小数除是有区别的:整数除法会直接砍掉小数,而不是进位。例如:

```
int x = 3510;
x = x/1000;
```

这两句代码执行后,x 的结果是 3,而不是 3.51。

(3) 与 C 语言不同,对取余运算符%来说,其操作数可以为浮点数,如 37.2%10=7.2。

(4) 自增(++)、自减(--)运算符的种类与用法如表 3-5 所列。++x 和 x++的作用相当于 x=x+1,但++x 和 x++的不同之处在于++x 是先执行 x=x+1 再使用 x 的值;而 x++是先使用 x 的值后,再执行 x=x+1。这类运算符常用于控制循环变量,而且自增、自减运算符只能用于变量,而不能用于常量和表达式,如 8++与(a+c)++是没有意义的,也是不合法的。

表 3-5 自增、自减运算符

运算符	名 称	说 明
++i	前自增	i 参与相关运算之前先加 1
i++	后自增	i 先参与其相关运算,然后再使 i 值加 1
--i	前自减	i 参与相关运算之前先减 1
i--	后自减	i 先参与其相关运算,然后再使 i 值减 1

(5) "+"除字符串相加功能外,还能将字符串与其他的数据类型相连成一个新的字符串,条件是表达式中至少有一个字符串,如"x"+123 的结果是"x123"。

2. 关系运算符

关系运算符用于测试两个操作数之间的关系。通过两个值的比较，得到一个布尔型的比较结果，其值为“true”或“false”。在 Java 语言中，“true”或“false”不能用“0”或“1”表示。

Java 语言共有 7 种关系运算符，它们都是二元运算符，如表 3－6 所列。关系运算符常用于逻辑判断，如用在 if 结构控制分支和循环结构控制循环等处。关系运算符“＝＝”不能误写成“＝”，否则就不是比较了，整个语句就变成了赋值语句。

表 3－6 关系运算符

结合性	优先级	关系运算符	名　称	用途举例	结　果
自左至右	高	instanceof	检查是否是类的对象	“Hello” instanceof String	true
		<	小于	3<2	false
		>	大于	3>2	true
		<=	小于等于	3<＝2	false
		>=	大于等于	3>＝2	true
	低	==	相等于	3＝＝2	false
		!=	不等于	3！＝2	true

3. 逻辑运算符

逻辑运算符用于对布尔型结果的表达式进行运算，运算的结果都是布尔型。逻辑运算符如表 3－7 所列。

表 3－7　逻辑运算符

<table>
<tr><th>结合性</th><th>优先级</th><th>逻辑运算符</th><th>名　称</th><th>用法举例</th><th>说　明</th></tr>
<tr><td>从右到左</td><td>高</td><td>！(单目运算符)</td><td>逻辑非</td><td>！a</td><td>a 为真时得假，a 为假时得真</td></tr>
<tr><td rowspan="5">从左到右</td><td rowspan="5">低</td><td>&(二元运算符)</td><td>逻辑与</td><td>a & b</td><td>a 和 b 都为真时才得真</td></tr>
<tr><td>&&(二元运算符)</td><td>短路逻辑与</td><td>a && b</td><td>a 和 b 都为真时才得真</td></tr>
<tr><td>|(二元运算符)</td><td>逻辑或</td><td>a|b</td><td>a 和 b 都为假时才得假</td></tr>
<tr><td>||(二元运算符)</td><td>短路逻辑或</td><td>a||b</td><td>a 和 b 都为假时才得假</td></tr>
<tr><td>∧(二元运算符)</td><td>逻辑异或</td><td>a ^ b</td><td>a 和 b 的逻辑值不相同时得真</td></tr>
</table>

“&”和“&&”的区别在于，如果使用前者连接，那么无论任何情况，“&”两边的表达式都会参与计算；如果使用后者连接，当“&&”的左边为 false，则将不会计算其右边的表达式，这就是短路现象。“|”和“||”的区别与“&”和“&&”的区别一样，即如果使用前者连接，那么无论任何情况，“|”两边的表达式都会参与计算；如果使用后者连接，当“||”的左边为 true，则将不会计算其右边的表达式。

4. 条件运算符

条件运算符是用 3 个操作数组成表达式的三元运算符。它可以替代某种类型的 if－else 语句。一般的形式为：

```
表达式1? 表达式2:表达式3
```

上式执行的顺序为：先求解表达式 1，若为真，取表达式 2 的值作为最终结果返回；若为假，取表达式 3 的值为最终结果返回。

条件运算符的优先级仅高于赋值运算符，结合性为自右向左。

5. 赋值运算符

赋值运算符的作用是将常量、变量或表达式的值赋给一个变量,赋值运算符用"="表示。为了简化、精练程序,提高编译效率,可以在"="之前加上其他运算符组成扩展赋值运算符。表 3-8 给出了赋值运算符和一些扩展赋值运算符的用法。所有运算符都可以与赋值运算符组成扩展赋值运算符。

使用扩展赋值运算符的一般形式为

```
<变量><扩展赋值运算符><表达式>
```

其作用相当于

```
<变量>=<变量><运算符><表达式>
```

表 3-8 赋值运算符和扩展赋值运算符的用法

赋值运算符和扩展赋值运算符	描　述	用法举例	等效的表达式
=	赋值	a=b	将 b 的值赋给 a
+=	加等于	a += b	a= a + b
-=	减等于	a -= b	a = a - b
*=	乘等于	a *= b	a = a * b
/=	除等于	a /= b	a = a / b
%=	模等于	a %= b	a = a % b

赋值运算符是双目运算符,赋值运算符的左边必须是变量,不能是常量或表达式。赋值运算符的优先级较低,结合方向为从右到左。注意不要将赋值运算符"="与等号运算符"=="混淆。

在 Java 中可以把赋值语句连在一起,如

```
x=y=z=5;     //赋值运算符遵循由右至左的结合性,相当于 x=(y=(z=5))
```

在这个语句中,所有 3 个变量都得到同样的值 5。

6. 位运算符

任何信息在计算机中都是以二进制的形式存在的,位运算符对操作数中的每个二进制位都进行运算。Java 语言中的位运算符如表 3-9 所列。

表 3-9 位运算符

优先级	运算符	名　称	用法举例	说　明
见表 3-11	&	按位与	a & b	两个操作数对应位分别进行与运算
	|	按位或	a | b	两个操作数对应位分别进行或运算
	^	按位异或	a ^ b	两个操作数对应位分别进行异或运算
	~	按位取反	~ a	操作数各位分别进行非运算
	<<	按位左移	a << b	把第 1 个操作数左移至第 2 个操作数指定的位,溢出的高位丢弃,低位补 0
	>>	带符号按位右移	a >> b	把第 1 个操作数右移至第 2 个操作数指定的位,溢出的低位丢弃,高位用原来高位的值补充
	>>>	不带符号按位右移	a >>> b	把第 1 个操作数右移至第 2 个操作数指定的位,溢出的低位丢弃,高位补 0

7. 运算符的优先级和结合性

在 Java 语言中，每个运算符都分属于各个优先级，同时，每个运算符具有特定的结合性。有的具有左结合性，即自左至右的结合原则；有的具有右结合性，即自右至左的结合原则。运算符在表达式中的执行顺序为：首先遵循优先级原则，优先级高的运算符先执行。在优先级同级的运算符之间遵守结合性原则，或自左至右，或自右至左。表 3-10 中给出了各种运算符的功能说明、优先级和结合性，绝大部分在以上各小节已经分别介绍过。需要补充说明的是，“＋”除了作为正号运算符与加法运算符之外，还可以起到字符串的连接作用。

表 3-10　运算符及其优先级和结合性

<table>
<tr><th>优先级</th><th>运算符</th><th>结合性</th><th>说　明</th></tr>
<tr><td>1</td><td>.、( )、[ ]、{ }</td><td></td><td>分隔符</td></tr>
<tr><td>2</td><td>＋＋、－－、!、instanceof</td><td>右→左</td><td>自增、自减、非、对象归类</td></tr>
<tr><td>3</td><td>*、/、%</td><td>左→右</td><td>乘、除、求余</td></tr>
<tr><td>4</td><td>＋、－</td><td>左→右</td><td>加、减</td></tr>
<tr><td>5</td><td><<、>>、>>></td><td>左→右</td><td>左移、右移、右移补 0</td></tr>
<tr><td>6</td><td><、<=、>、>=</td><td>左→右</td><td>小于、小于等于、大于、大于等于</td></tr>
<tr><td>7</td><td>=、=、!=</td><td>左→右</td><td>等于、不等于</td></tr>
<tr><td>8</td><td>&</td><td>左→右</td><td>位与</td></tr>
<tr><td>9</td><td>^</td><td>左→右</td><td>位异或</td></tr>
<tr><td>10</td><td>|</td><td>左→右</td><td>位或</td></tr>
<tr><td>11</td><td>&&</td><td>左→右</td><td>与</td></tr>
<tr><td>12</td><td>||</td><td>左→右</td><td>或</td></tr>
<tr><td>13</td><td>?:</td><td>左→右</td><td>条件运算</td></tr>
<tr><td>14</td><td>=、*=、/=、%=、+=、-=、<<=、>>=、>>>= &=、^=、|=</td><td>右→左</td><td>赋值</td></tr>
</table>

3.4.8　表达式

表达式是由操作数和运算符按一定的语法形式组成的符号序列，用来说明运算过程并返回运算结果。一个常量或一个变量名字是最简单的表达式，其值即为该常量或变量的值；表达式可以嵌套，表达式的值还可以用做其他运算的操作数，形成更复杂的表达式。

表达式类型由运算以及参与运算的操作数类型决定，可以是基本类型，也可以是复合类型。

- 算术表达式：用算术符号和括号连接起来的符合 Java 语法规则的式子，如 1－23＋x＋y－30。
- 关系表达式：结果为数值型的变量或表达式可以通过关系运算符形成关系表达式，如 4>8，(x＋y)>80。
- 逻辑表达式：结果为布尔型的变量或表达式可以通过逻辑运算复合成为逻辑表达式，如，(2>8)&&(9>2)。
- 赋值表达式：由赋值运算符和操作数组成的符合 Java 语法规则的式子，如 a＝10。

表达式的运算根据运算符的优先级和结合性进行，即按照运算符的优先顺序从高到低进行，同级运算符从左到右进行：先单目运算，而后乘除加减，然后位运算，之后比较运算，然后赋值运算。

3.5 动手做一做

3.5.1 实训目的

掌握使用 Eclipse 开发简单 Java 程序;掌握 Java 数据类型;掌握 Java 运算符和表达式;掌握简单调试与排错。

3.5.2 实训内容

从键盘输入小写字母,回显并输出其对应的大写字母。

3.5.3 简要提示

从键盘上接收一个字符的方法为 System. out. read(),其中 read()方法的返回值为 int,即输入字符的 ASCII 码值,通过强制类型将其转换成字符型。

字符型可以与其他整型数据一起运算。

3.5.4 程序代码

程序代码参见本教材教学资源。

3.5.5 实训思考

(1) 如何实现从键盘输入数据?

(2) 如何进行强制类型转换?

(3) 如何将小写字母转换成大写字母?

3.6 动脑想一想

3.6.1 简答题

1. 请写出 Java 标识符的命名规则。

2. Java 有哪几种数据类型,分别用什么类型符表示,各种数据类型的常量如何表示?

3. Java 中的布尔数据类型可以与整型相互转换吗?

4. 字节类型的变量取值范围是什么?

5. 列举出哪些运算符是一元运算符,哪些运算符是二元运算符。

3.6.2 单项选择题

1. 下列标识符中合法的是(　)。

A. 8_ID　　B. -name　　C. hello#　　D. _hello123

2. 下面程序的运行结果为(　)。

```
public class Practice{
    public static void main(String a[])
    {
    int i=0,j=1;
    if((i++==1)&&(j++ ==2)){
    i=42;
    }
    System.out.println("i="+i+",j="+j);
    }
}
```

A. i=1,j=2　　B. i=1,j=1　　C. i=42,j=2　　D. i=42,j=1

3. 以下关于定义一个初始值为 60.9 的 float 类型的变量的语句,正确的是(　)。

A. float f_123=60.9;　　B. float 123_f_=60.94f;

C. float $123_f=60.9f;　　D. float f#123=60.9f;

4. 下列选项中,(　)不是 Java 的基本数据类型。

A. int　　B. Boolean　　C. float　　D. char

5. 程序编译通过后,使用解释器 java.exe 执行字节码文件 Example3_1.class 如下:

C:\>2000\>java Example3_1 "123.33" "453.73" "893.99"(回车)

这时程序中的 args[0]中存放的是(　)。

A. Example1_1　　B. "123.33"　　C. "453.73"　　D. "893.99"

6. x 的初值是 1,经过逻辑比较运算((y=1)==0)&&((x=6)==6)和((y=1)==1)&&((x=6)==6)后,x 的值分别为(　)。

A. 6,1　　B. 6,2　　C. 1,6　　D. 2,6

7. 在下面程序中,y 得到的值为(　)。

```
class Tom{
    int x = 98,y;
    void f(){
        int x = 3;
        y = x;
    }
}
```

A. 98　　B. 3　　C. 0　　D. true

8. 用来声明包语句的关键字是(　)。

A. package　　B. import　　C. new　　D. String

9. 有以下程序片段,下列选项中不能插入到行 1 的是(　)。

```
1. ______________________________
2. public class Interesting{
3. //do sth
4. }
```

A. package mypackage;　　B. import java.awt.*;

C. class OtherClass{　}　　D. public class MyClass{ }

10. Java 源文件和编译后的文件扩展名分别为(　)。

A. .class 和.java　　B. .java 和.class　　C. .class 和 .class　　D. .java 和 .java

3.6.3 编程题

1. 编写一个程序,从键盘输入两个数,求它们的和并输出。

2. 编写程序,分别定义 8 种基本类型变量接收从键盘输入的 8 个数据,并将其输出。

任务四　挑战选择(使用分支控制流程)

知识点:if 条件结构;switch 分支结构。

能力点:掌握分支流程控制结构的 if 条件结构和 switch 分支结构。

4.1　跟我做:计算运费

4.1.1　任务情景

编制某运输公司计算运费的程序,请用 if－else 条件语句和 switch 分支语句分别实现。设:s 是距离,单位:km;p 是基本运费,单位:元/(t·km);w 是重量,单位:t;d 是优惠金额的百分比;f 是总运费。该运输公司的收费标准为:s＜250 km,没有优惠;250 km≤s＜500 km,优惠 2%;500 km≤s＜1 000 km,优惠 5%;1 000 km≤s＜2 000 km,优惠 8%;2 000 km≤s＜3 000 km,优惠 10%;30 000 km≤s,优惠 15%。

4.1.2　运行结果

程序运行的步骤如图 4－1 所示。

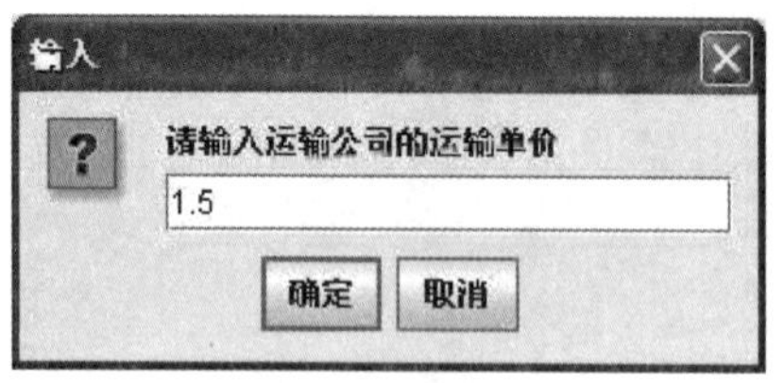

(a) 输入运输单价界面

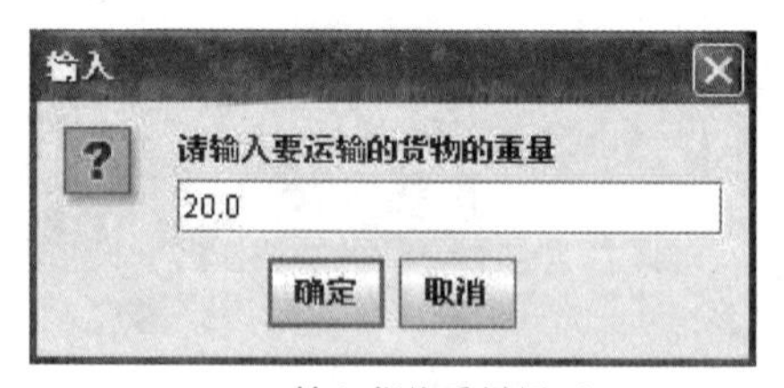

(b) 输入货物重量界面

(c) 输入运输距离界面

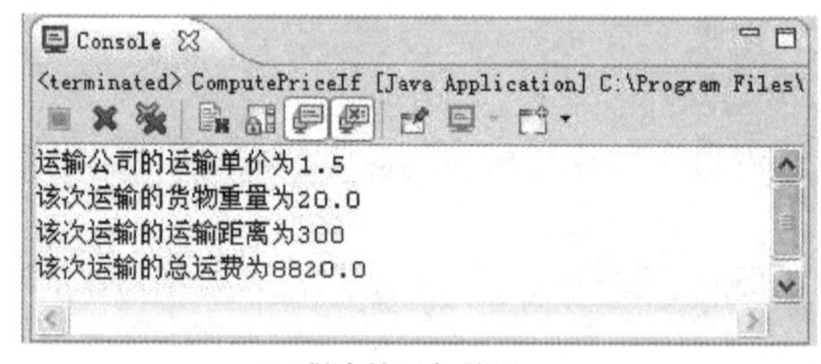

(d) 程序的运行结果

图 4－1　程序运行的步骤

4.2　实现方案

从技术角度,该程序涉及常量和变量的定义和使用、变量间的算术运算、数据类型转换(包括字符串与基本数据类型的转换)、基本的输入/输出操作、if-else 条件语句和 switch 分支语句的应用。

解决问题的步骤如下:

(1) 打开 Eclipse,在 study 项目中创建包 com. task04,再确定类名 ComputePriceIf 和 ComputePriceSwitch,得到类的框架。

```
package com.task04;
public class ComputePriceIf {}
public class ComputePriceSwitch{}
```

(2) 定义所需要的变量。

(3) 接收从键盘输入的数据,并将其转换成基本数据类型。

(4) 根据输入数据的值和该运输公司的收费标准,分别用 if - else 条件语句和 switch 分支语句计算运费。

① 根据该运输公司的收费标准可得到总运费 f 的计算公式:$f=p\times w\times s(1-d)$。

② 根据该运输公司的收费标准可以看到,优惠的"变化点"都是 250 的倍数,若令 $c=s/250$,则当 $c<1$ 时,表示 $s<250$,没有优惠;$1\leqslant c<2$ 时,表示 $250\leqslant s<500$,优惠金额的百分比 $d=2\%$;$2\leqslant c<4$ 时,表示 $500\leqslant s<1\ 000$,优惠金额的百分比 $d=5\%$;$4\leqslant c<8$ 时,表示 $1\ 000\leqslant s<2\ 000$,优惠金额的百分比 $d=8\%$;$8\leqslant c<12$ 时,表示 $2\ 000\leqslant s<3\ 000$,优惠金额的百分比 $d=10\%$;$c\geqslant 12$ 时,表示 $s\geqslant 3\ 000$,优惠金额的百分比 $d=15\%$。

(5) 输出运费。

4.3　代码分析

4.3.1　程序代码

(1) 使用 if - else 条件语句实现的代码如下:

```
package com.task04;
import javax.swing.*;
public class ComputePriceIf{
    public static void main(String[] args){
        int c,s = 0;
        double p = 0,w = 0,d,f;
        p = Double.parseDouble(JOptionPane.showInputDialog("请输入运输公司的运输单价",new
            Double(p)));
        w = Double.parseDouble(JOptionPane.showInputDialog("请输入要运输的货物的重量",new
            Double(w)));
        s = Integer.parseInt(JOptionPane.showInputDialog("请输入运输的距离",new Integer
            (s)));
        if(s>=3000)c = 12;
        else c = s/250;
        if(c<1)d = 0;
        else if(c<2)d = 0.02;
            else if(c<4)d = 0.05;
                else if(c<8)d = 0.08;
                    else if(c<12)d = 0.1;
                        else d = 0.15;
        f = p*w*s*(1-d);
        System.out.println("运输公司的运输单价为" + p);
        System.out.println("该次运输的货物重量为" + w);
```

```
            System.out.println("该次运输的运输距离为" + s);
            System.out.println("该次运输的总运费为" + f);
        }
    }
```

(2) 使用 switch 分支语句实现的代码如下:

```
package com.task04;
import javax.swing.*;
public class ComputePriceSwitch{
    public static void main(String[] args){
        int c,s = 0;
        double p = 0,w = 0,d,f;
        p = Double.parseDouble(JOptionPane.showInputDialog("请输入运输公司的运输单价",new
            Double(p)));
        w = Double.parseDouble(JOptionPane.showInputDialog("请输入要运输的货物的重量",new
            Double(w)));
        s = Integer.parseInt(JOptionPane.showInputDialog("请输入运输的距离",new Integer
            (s)));
        if(s> = 3000)c = 12;
        else c = s/250;
        switch(c){
            case 0:d = 0;break;
            case 1:d = 0.02;break;
            case 2:
            case 3:d = 0.05;break;
            case 4:
            case 5:
            case 6:
            case 7:d = 0.08;break;
            case 8:
            case 9:
            case 10:
            case 11:d = 0.1;break;
            case 12:d = 0.15;break;
            default: d = 0.15;break;
        }
        f = p * w * s * (1 - d);
        System.out.println("运输公司的运输单价为" + p);
        System.out.println("该次运输的货物重量为" + w);
        System.out.println("该次运输的运输距离为" + s);
        System.out.println("该次运输的总运费为" + f);
    }
}
```

4.3.2 应用扩展

(1) 上面的程序没有对用户输入的数据进行有效性的判断,如果用户输入负数,可以弹出

警告信息或者将用户输入的非法数据进行统一的赋 0 等操作,这样可以使程序更加完善。参考代码如下:

```
if(p<0)
{System.out.println("您输入的运费单价是负数,请输入大于 0 的数");}
if(w<0)
{System.out.println("您输入的运输重量是负数,请输入大于 0 的数");}
if(s<0)
{System.out.println("您输入的运输距离是负数,请输入大于 0 的数");}
```

(2) 4.2 节中的代码使用的输入方式是用对话框方式实现的输入,对话框方式还可以实现输出。Java 通过 javax.swing.JoptionPane 类可以方便地实现向用户发出输入或输出消息。JoptionPane 类提供了几个主要的输入/输出方法:

- showConfirmDialog()方法:用于询问一个确认问题,如 yes/no/cancel。
- showInputDialog()方法:用于提示要求某些输入。
- showMessageDialog()方法:告知用户某事已发生。
- showOptionDialog()方法:上述 3 项的统一。

还可以使用 Scanner 实现数据的输入,即使用 java.util.scanner 类创建一个对象:

```
Scanner reader = new Scanner(System.in);
```

借助 reader 对象可实现读入各种类型数据,读入方法为:

- nextInt()方法:读入一个整型数据。
- nextFloat()方法:读入一个单精度浮点数。
- nextLine()方法:读入一个字符串。

参考代码如下:

```
Scanner reader = new Scanner(System.in);
s = reader.nextInt();
```

除此之外,还可以使用命令行参数接收从键盘输入的数据。

(3) 使用 if - else 条件语句实现的代码中,若 if - else 语句不使用缩进的书写格式,很难看出 else 和哪个 if 是一对,所以最好在每个 if 和 else 后使用一对大括号将 if 后的语句括起来,这样就很容易看出 else 和哪个 if 是一对了。参考代码如下:

```
if(c<1){d = 0;}
else{ if(c<2){d = 0.02;}
    else {if(c<4){d = 0.05;}
        else{ if(c<8){d = 0.08;}
            else {if(c<12){d = 0.1;}
                else {d = 0.15;}
                }
            }
        }
}
```

4.4 必备知识

Java 程序通过控制语句执行程序流,完成一定的任务。程序流是由若干语句组成的,语句可以是单一的一条语句(如 c=a+b),也可以是用大括号括起来的一个复合语句。Java 语言使用顺序结构、选择结构、循环结构这 3 种基本结构(或由它们派生出来的结构)来实现程序的流程控制。

4.4.1 顺序结构

顺序结构就是程序从上到下一行一行执行的结构,中间没有判断和跳转,直到程序结束。

4.4.2 条件结构

条件结构提供了一种控制机制,使得程序的执行可以跳过某些语句,转去执行特定的语句。

1. if 条件语句

if 语句是使用最为普遍的条件语句,每一种编程语言都有一种或多种形式的该类语句,在编程中总是免不了要用到它。

(1) if 语句的判断形式

```
if(条件表达式)
语句;
```

在 if 语句中条件表达式的值必须是布尔型的。如果条件表达式的值是非布尔型的,系统将会报错。if 后面的语句可以是一条语句,或是用大括号括起来的一组语句形成的语句体(或称为复合语句)。语句体中可包含 Java 语言中的任何语句。if 后面的语句里如果只有一个语句,就不用写成复合语句的形式,即大括号可以省略不写。但为了增强程序的可读性,即使只有一条语句,也最好写成复合语句的形式。if 语句的判断形式执行流程如图 4-2 所示。

【例 4-1】 if 条件语句的判断形式示例。

```
public class IfOne{
    public static void main(String args[ ]) {
        int x = 0;
        if(x == 1)
            System.out.println("x = 1");
    }
}
```

(2) if 语句的选择形式

```
if(条件表达式)
语句 1;
else
语句 2 ;
```

if 语句选择形式的执行流程如图 4-3 所示。如果条件表达式的值为 true,则执行紧跟着的语句;如果条件表达式的值为 false,则执行 else 后面的语句。if 和 else 后面的语句可以是一条语句,或是用大括号括起来的一组语句形成的语句体(或称为复合语句),语句体中可包含

Java 语言中的任何语句。if 和 else 后面的语句里如果只有一个语句,就不用写成复合语句的形式,即大括号可以省略不写。但为了增强程序的可读性,即使只有一条语句,也最好写成复合语句的形式。

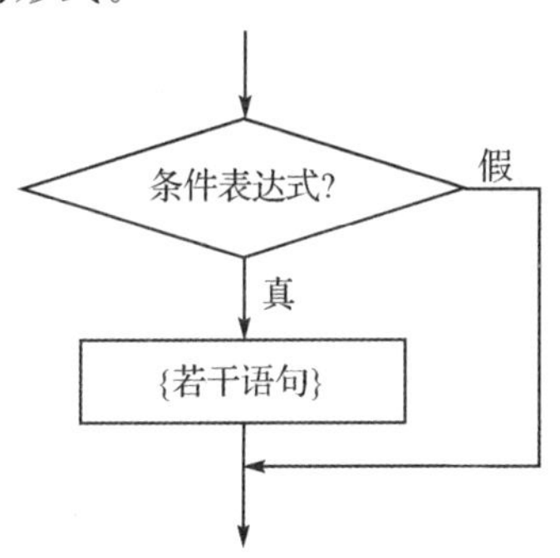

图 4-2　if 条件语句的判断形式

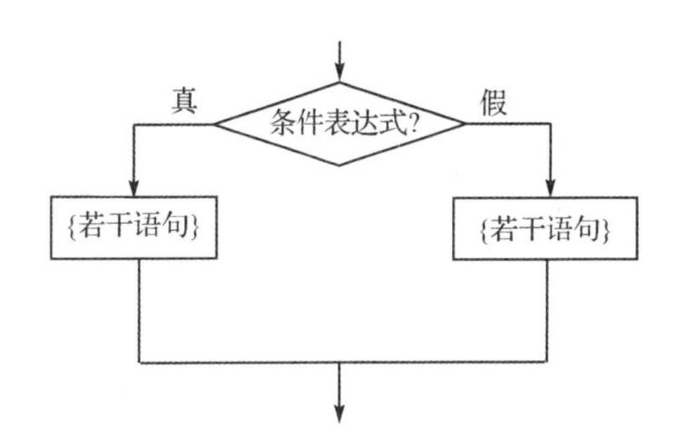

图 4-3　if 条件语句的选择形式

【例 4-2】　if 条件语句的选择形式示例。

```
public class IfTwo{
    public static void main(String args[ ]) {
        int x = 60;
        if(x> = 60)
            System.out.println("pass");
        else
            System.out.println("fail");
    }
}
```

if-else 语句与下面的写法等价:

```
变量 = 布尔表达式? 语句 1:语句 2;
```

例如以下代码:

```
if(x>0)
    y = x;
else
    y = -x;
```

与

```
y = x>0? x: -x;
```

等价。

(3) if 语句的多分支形式是:

```
if (条件表达式 1) 语句 1;
else if (条件表达式 2) 语句 2;
……
else if(条件表达式 n-1)语句 n-1;
else 语句 n;
```

同基本形式的 if 结构一样,各语句可以是一条语句,或是用大括号括起来的语句体。它的执行流程如图 4-4 所示。

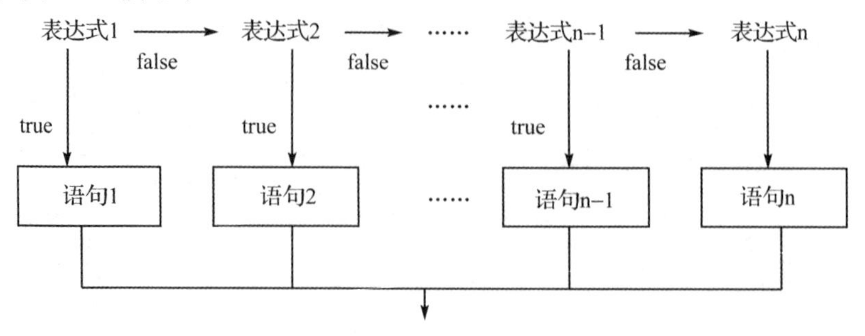

图 4-4 if 条件语句的多分支形式

【例 4-3】 if 条件语句的多分支形式示例。

```
public class IfMany{
    public static void main(String args[ ]){
        int today = 5;
        if(today == 0)
            System.out.println("Today is Monday");
        else if(today == 1)
            System.out.println("Today is Tuesday");
        else if(today == 2)
            System.out.println("Today is Wednesday");
        else if(today == 3)
            System.out.println("Today is Thursday");
        else if(today == 4)
            System.out.println("Today is Friday");
        else if(today == 5)
            System.out.println("Today is Saturday");
        else
            System.out.println("Today is Sunday");
            }
}
```

在使用 if 语句多分支形式时,最好用大括号确定相互的层次关系,如下面的语句:

```
if(x == 1)
    if(y == 1)
        System.out.println("x = 1,y = 1");
    else
        System.out.println("x = 1,y! = 1");
else if(x! = 1)
    if(y == 1)
        System.out.println("x! = 1,y = 1");
    else
        System.out.println("x! = 1,y! = 1");
```

编译器不能根据书写格式来判定层次关系,因此需要人为地确定层次关系,即从后向前找

else,else 与离它最近且没有配对的 if 是一对。可见,最后的 else 语句到底属于哪一层很难判定,可以使用大括号加以明确。

```
if(x==1){
    if(y==1)
        System.out.println("x=1,y=1");
    else
        System.out.println("x=1,y!=1");
}
else if(x!=1){
    if(y==1)
        System.out.println("x!=1,y=1");
    else
        System.out.println("x!=1,y!=1");
}
```

2. switch 分支语句

必须在多个备选方案中处理多项选择时,用 if-else 结构就显得很繁琐。这时可以使用 switch 语句来实现同样的功能。switch 语句基于一个表达式条件来执行多个分支语句中的一个,是一个不需要布尔求值的流程控制语句。switch 语句也称多分支的开关语句,它的一般格式定义如下:

```
switch(表达式){
    case 常量值 1:语句 1;
    break;
    case 常量值 2:语句 2;
    break;
    ……
    case 常量值 n:语句 n;
    break;
    [default:上面情况都不符合情况下执行的语句;]
}
```

switch 选择语句的表达式的值应为一个 byte、short、int、char 类型的数值。

switch 选择结构的常用目的就是为了从众多情况中选择所希望的一种去执行,故而每一分支语句中都用 break 语句作为结束。如果忽略掉 break 语句,程序将继续测试并有可能执行下一分支,直到遇到 break 语句或当前 switch 语句体结束,这往往不是程序员所希望的。

switch 选择语句中可以有一个 default 语句作为其他情况都不匹配时的出口。

【例 4-4】 switch 语句示例。

```
public class MySwitch{
    public static void main(String args[ ]){
        int today=5;
        switch(today){
            case  1:System.out.println("Today is Monday");
            break;
            case  2:System.out.println("Today is Tuesday");
            break;
```

```
                case   3:System.out.println("Today is Wednesday");
                break;
                case   4:System.out.println("Today is Thursday");
                break;
                case   5:System.out.println("Today is Friday");
                break;
                case   6:System.out.println("Today is Saturday");
                break;
                case   7:System.out.println("Today is Sunday");
                break;
                default:System.out.println("please input 1-7");
            }
        }
    }
```

4.5 动手做一做

4.5.1 实训目的

掌握使用 Eclipse 开发简单 Java 程序;掌握分支流程控制结构:if 条件结构和 switch 分支结构。

4.5.2 实训内容

计算个人所得税。设某人月收入为 x 元,假设个人所得税征收方法如下:

当 $800<x\leqslant 1\,300$ 时,应征税为(x-800)*5%;

当 $1\,300<x\leqslant 2\,800$ 时,应征税为(x-800)*10%;

当 $2\,800<x\leqslant 5\,800$ 时,应征税为(x-800)*15%;

当 $5\,800<x\leqslant 28\,000$ 时,应征税为(x-800)*20%;

当 $28\,000<x$ 时,应征税为(x-800)*30%

4.5.3 简要提示

分析国家规定个人所得税征收方法,可以得到计算个人所得税的算法。令 tax 是应交所得税,y=x-800,将上面征收方法进行简化。

选择使用 if 条件语句完成程序的编写,读者也可以尝试使用 switch 分支语句实现程序的编写。

4.5.4 程序代码

程序代码参见本教材教学资源。

4.5.5 实训思考

(1) if 条件语句的条件表达式的返回值是什么类型的?

(2) 若使用 switch 分支语句实现以上计算个人所得税程序的编写,case 后面的常量都取什么值?

(3) 按照国家现行的个人所得税征收方法,如何利用 if 语句和 switch 语句实现计算个人所得税的程序呢?

4.6　动脑想一想

4.6.1　简答题

1. 请写出 if 条件语句的执行过程。

2. 请写出 switch 分支语句的执行过程。

4.6.2　单项选择题

1. 下面程序片段输出的是(　)。

```
int a = 3;
int b = 1;
if(a = b)
System.out.println("a = " + a);
```

A. a=1　　B. a=3　　C. 编译错误,没有输出　　D. 正常运行,但没有输出

2. 下列语句执行后,z 的值为(　)。

```
int x = 3,y = 4,z = 0;
switch(x % y + 2)
{ case 0:z = x * y;break;
  case 6:z = x/y;break;
  case 12:z = x - y;break;
  default:z = x * y - x;    }
```

A. 9　　B. 0　　C. −1　　D. 12

3. 给出以下程序段:

```
if(x>0){System.out.println("Hello.  ") ;  }
else if(x> - 3) {System.out.println("Nice  to  meet  you !   ") ;}
else {System.out.println("How  are  you ? ") ;}
```

若打印字符串"How are you?",则 x 的取值范围是(　)。

A. x>0　　B. x>−3　　C. x<=−3　　D. x<=0&x>−3

4. 以下程序段:

```
boolean  a = false;
boolean  b = ture;
boolean  c = (a&&b)&&(!b);
boolean  result = (a&b)&(!b);
```

执行完后,正确的结果是(　)。

A. c=false　result=false　　B. c=ture　result=ture

C. c=ture　result=false　　D. c=false　result=ture

5. 阅读下列代码:

```
public  class  Test{
public static void main(String[] args){
     System.out.println((3>2)? 4 : 5);
     }
}
```

其运行结果是(　)。

A. 2　　B. 3　　C. 4　　D. 5

4.6.3 编程题

1. 编写程序,实现将百分制成绩与五分制成绩相互转换。五分制成绩分为 A,B,C,D,E,分别对应百分制成绩为 90～100,80～89,70～79,60～69,0～59。

2. 编写一个判断闰年的程序,从键盘输入一个年份,输出它是否为闰年。

提示:闰年的条件为 year%4==0 且 year%100!=0,或 year%400==0。

3. 编写程序,实现求 3 个数中最大值的功能。

任务五　树苗采购(使用循环控制流程)

知识点:while 循环结构;do - while 循环结构;for 循环结构。

能力点:掌握循环流程控制结构的 while 循环结构;do - while 循环结构;for 循环结构。

5.1　跟我做:树苗采购

5.1.1　任务情景

某果农需要用 1 000 元钱采购 3 种树苗,每种树苗至少购买一棵,合计购买 30 棵。树苗的单价分别是金桔树苗 30 元,猕猴桃树苗 40 元,牛油果树苗 50 元。请编写程序,输出购买方案。

5.1.2　运行结果

程序运行的结果如图 5 - 1 所示。

```
Problems | Javadoc | Declaration | Console
<terminated> BuySapling [Java Applicatio
金桔树苗    猕猴桃树苗    牛油果树苗
13          24            -7
14          22            -6
15          20            -5
16          18            -4
17          16            -3
18          14            -2
19          12            -1
20          10            0
21          8            1
22          6            2
23          4            3
24          2            4
```

图 5 - 1　程序运行的结果

5.2　实现方案

该程序涉及变量的定义和使用、关系运算符和关系表达式、条件语句和循环语句的应用,可通过嵌套的 for 循环实现模拟购买。首先,定义 3 种树苗的购买数量分别为 j(金桔)、m(猕猴桃)、n(牛油果),通过外层 for 循环依次改变购买金桔树苗的数量,然后根据金桔树苗的数量变化分别确定猕猴桃树苗和牛油果树苗的购买数量。

解决问题的步骤:

(1) 打开 Eclipse,在 study 项目中创建包 com.task05,再确定类名 BuySapling,得到类的框架。

```
package com.task05;
public class BuySapling{
}
```

(2) 定义所需要的整型变量 j、m、n。

(3) 用嵌套的 for 循环计算采购数量,并使用 System. out. println 语句输出采购方案。

5.3 代码分析

5.3.1 程序代码

```
package com.task05;
public class BuySapling {
public static void main(String[] args){
    int j;              //定义 j,代表金桔树苗数量,每棵 30 元
    int m;              //定义 m,代表猕猴桃树苗数量,每棵 40 元
    int n;              //定义 n,代表牛油果树苗数量,每棵 50 元

    System.out.println("金桔猕猴桃牛油果");

    //用嵌套的 for 循环给出采购方案
    for(j = 1;j<1000/30;j++)                //金桔树苗至少一棵,且小于 33 棵
    {
        for(m = 1;m<1000/40;m++)            //猕猴桃树苗至少一棵,且小于 25 棵
        {
            //总共采购 30 棵树苗,则牛油果树苗的数量是 30 减去金桔和猕猴桃树苗的数量
            n = 30 - j - m;
            //当三种树苗的总价格为 1000 时,输出采购方案
            if(30 * j + 40 * m + 50 * n == 1000){
                System.out.println(j + "  " + m + "  " + n);
            }
        }
    }
}
```

5.3.2 应用扩展

上面的程序给定采购金额和采购树苗的单价,当果农每次采购金额变化、树苗单价变化或购买总量变化时无法给出采购方案。因此,可以考虑在控制台中进行购买金额、树苗单价和树苗数量的输入,并输出购买方案,当无法计算出合理的购买方案时给出提示。控制台输入可用 Scanner 类的 nextLine() 方法,需要导入 java. util. Scanner。改进后的程序运行结果如图 5-2 所示。

改进后程序的参考代码如下:

```
package com.task05;
importjava.util.Scanner;
public class BuySaplingExtend {
public static void main(String[] args){
    intj,m,n;                       //依次定义金桔、猕猴桃、牛油果树苗数量
    intjp,mp,np;                    //依次定义金桔、猕猴桃、牛油果树苗单价
```

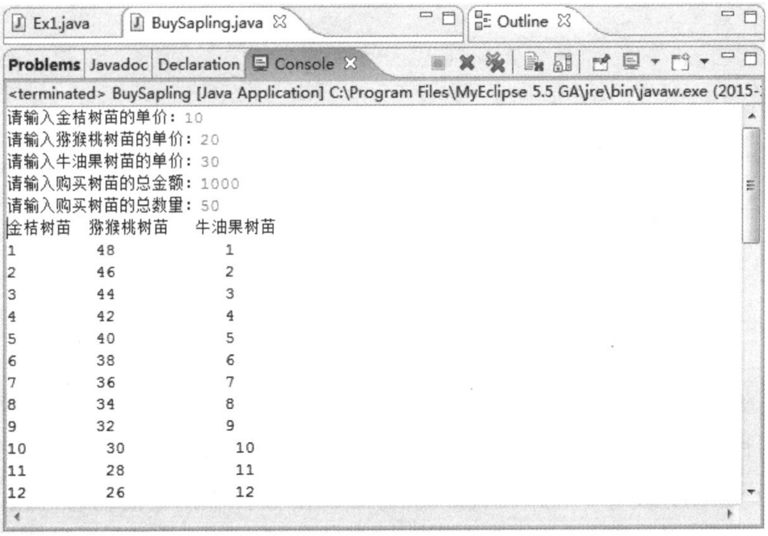

```
Ex1.java    BuySapling.java    Outline
Problems  Javadoc  Declaration  Console
<terminated> BuySapling [Java Application] C:\Program Files\MyEclipse 5.5 GA\jre\bin\javaw.exe (2015-
请输入金桔树苗的单价: 10
请输入猕猴桃树苗的单价: 20
请输入牛油果树苗的单价: 30
请输入购买树苗的总金额: 1000
请输入购买树苗的总数量: 50
金桔树苗  猕猴桃树苗   牛油果树苗
1         48           1
2         46           2
3         44           3
4         42           4
5         40           5
6         38           6
7         36           7
8         34           8
9         32           9
10         30           10
11         28           11
12         26           12
```

图 5-2　改进后的程序运行结果

```
intmoney,num;                //依次定义购买总金额、购买总数量
boolean f = false;           //定义计算成功标识

Scanner input = new Scanner(System.in);
    System.out.println("请输入金桔树苗的单价:");
jp = input.nextInt();
System.out.println("请输入猕猴桃树苗的单价:");
mp = input.nextInt();
System.out.println("请输入牛油果树苗的单价:");
np = input.nextInt();
System.out.println("请输入购买树苗的总金额:");
money = input.nextInt();
System.out.println("请输入购买树苗的总数量:");
num = input.nextInt();

    System.out.println("金桔猕猴桃牛油果");

//用嵌套的 for 循环给出采购方案
for(j = 1;j<money/jp;j++)            //金桔树苗至少一棵
{
    for(m = 1;m< money/mp;m++)       //猕猴桃树苗至少一棵
    {
        //总共采购 num 棵树苗,则牛油果树苗的数量就是 num 减去金桔和猕猴桃树苗的数量
        n = num - j - m;
        //当三种树苗的总价格为购买总金额时,输出采购方案
        if(jp * j + mp * m + np * n == money){
            System.out.println(j + "   " + m + "   " + n);
            f = true;
```

```
            }
        }
    }
    if(f == false){
        System.out.println(根据您输入的数据无法得出合理的购买方案!);
    }
  }
}
```

5.4 必备知识

循环结构的控制语句有 while 循环语句、do - while 循环语句和 for 循环语句及跳转语句。

5.4.1 循环语句

循环语句的作用是反复执行一段代码,直到循环的条件不满足时为止。循环语句的 4 要素为:初始化、循环的条件、循环变量控制和循环体。其中,初始化是进行循环前的准备工作,如对循环变量进行初始化等;循环的条件是指维持循环应满足的条件,循环的条件不满足时,结束整个循环;循环变量控制也称为循环变量的迭代,是指改变循环变量的值,使其向循环的结束条件(即当循环的条件不满足时的条件)的方向变化;循环体是反复要执行的代码段。

5.4.2 while 循环语句

while 循环语句的通用格式如下:

```
[初始化]
while(条件表达式){
循环体
循环变量控制
}
```

其中,条件表达式就是循环的条件,该条件表达式的运算结果必须是布尔值,不能为算术值。while 循环语句的逻辑关系流程如图 5 - 3 所示。

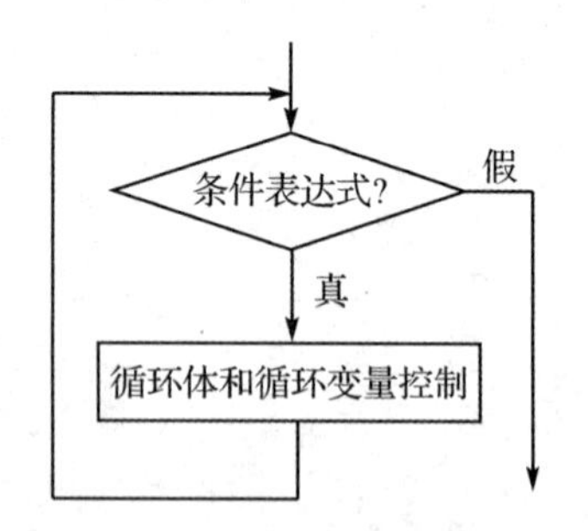

图 5 - 3 while 循环语句的逻辑关系流程图

关于 while 循环语句的说明如下:

(1) 执行 while 循环语句时,首先要判断是否满足循环的条件,只要满足循环的条件,则执行循环体和循环变量控制,再去判断是否满足循环的条件……以此类推,直到条件不满足,结束整个循环的执行。

(2) 当首次执行 while 循环时,循环的条件就不满足,则循环体一次也不被执行。

【例 5 - 1】 while 循环语句的示例:求 1+2+3+…+100 的和。

```
/* * Example5_While.java */
public class Example5_While{
    public static void main(String[] args){
        int i = 1,sum = 0;
        while(i< = 100){
```

```
                sum += i;
                i++;
            }
            System.out.println("1+2+3+…+100 的和为" + sum);
        }
    }
```

5.4.3 do-while 循环语句

do-while 循环语句的通用格式如下：

```
[初始化]
do
{
循环体
循环变量控制
}while(条件表达式);
```

其中,条件表达式就是循环的条件,该条件表达式的运算结果必须是布尔值,不能为算术值。do-while 循环语句的逻辑关系流程如图 5-4 所示。

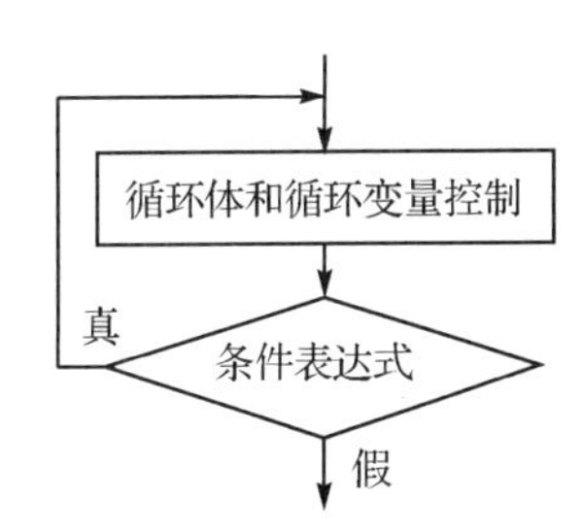

图 5-4　do-while 循环语句的逻辑关系流程图

关于 do-while 循环语句的说明如下：

(1) 执行 do-while 循环语句时,首先执行循环体和循环变量控制,再判断循环的条件是否满足,若满足循环条件,则执行循环体和循环变量控制……以此类推,直到条件不满足,结束整个循环的执行。此循环确保循环体至少被执行一次。

(2) 注意:do-while 循环语句的书写格式,在最后面以分号结束。

【例 5-2】　do-while 循环语句的示例:求 1+2+3+…+100 的和。

```
/**Example5_DoWhile.java*/
public class Example5_DoWhile{
    public static void main(String[] args){
        int i = 1,sum = 0;
        do{
            sum += i;
            i++;
        } while(i<=100);
        System.out.println("1+2+3+…+100 的和为" + sum);
    }
}
```

do-while 循环与 while 循环的区别如下：

(1) while 循环语句先判断循环条件是否满足,再决定是否执行循环体。

(2) do-while 循环语句先执行循环体,再去判断循环条件是否满足。

于是,当首次执行循环时,若循环条件不满足,则 while 循环的循环体一次都不被执行,而 do-while 循环的循环体至少被执行一次,因此完成同样功能的程序使用不同循环语句,运行结果不同。例如,上面求 1+2+3+…+100 的和的程序,当 i 的初值为 101 时,用 while 语句的程序运行结果为“1+2+3+…+100 的和为 0”,而用 do - while 语句的程序的运行结果为“1+2+3+…+100 的和为 101”。所以在编程时,要根据实际要求选择适合的循环语句。

5.4.4 for 循环语句

for 循环语句的通用格式如下:

```
for(表达式 1(初始化);表达式 2(循环的条件);表达式 3(循环变量控制)) {
    循环体
}
```

其中,表达式 2 的运算结果必须是布尔值,不能为算术值。循环语句的逻辑关系流程如图 5-5 所示。

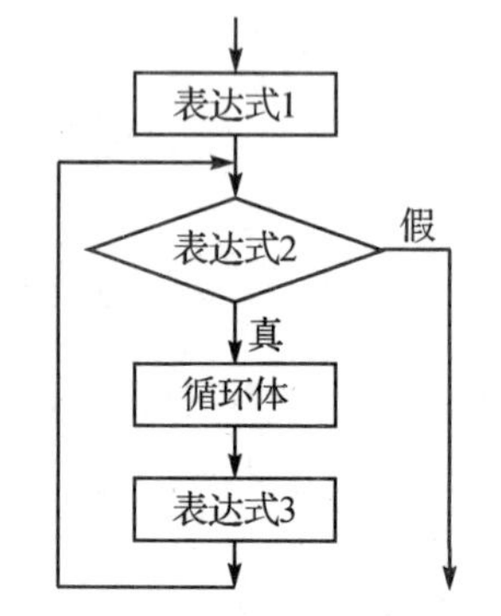

图 5-5 for 循环语句的逻辑关系流程图

关于 for 循环语句的说明如下:

(1) for 循环主要用于按预定的次数执行语句或语句块的场合。

(2) for 循环语句执行时,首先执行初始化操作(即表达式 1),然后判断循环的条件是否满足(即表达式 2),如果满足,则执行循环体中的语句,最后执行循环变量控制部分(即表达式 3),这样完成一次循环后,重新判断循环的条件,直到循环的条件不满足,结束整个循环。

(3) 表达式 1、表达式 2 和表达式 3 都可以为空语句(但分号不能省),三者都为空的时候,相当于一个无限循环。

(4) 初始化和迭代部分可以使用逗号语句进行多个操作。逗号语句是用逗号分隔的语句序列。例如:

```
for(i = 0,j = 10;i<j;i++,j--){
……
}
```

(5) 如果循环变量在 for 中定义,变量的作用范围仅限于循环体内。例如:

```
for(int i = 0;i<10;i++){
    ……
}
System.out.println(i);    //超出循环体,非法
```

【例 5-3】 for 循环语句的示例:求 1+2+3+…+100 的和。

```
/* * Example5_For.java */
public class Example5_For{
    public static void main(String[] args){
        int sum = 0;
        for(int i = 1;i< = 100;i++){
            sum += i;
        }
        System.out.println("1 + 2 + 3 + … + 100 的和为" + sum);
    }
}
```

5.4.5　多重循环

在一个循环的循环体内又包含另一个循环,这称为循环的嵌套。被嵌入的循环又可以嵌套循环,这就是多重循环。以二重循环为例,被嵌入的循环是内循环,包含内循环的循环是外循环。在实际应用中,经常要用到多重循环。

【例 5-4】 一个多重循环的例子。

```
//求 2 到 32767 之间的素数
//ManyCur.java
package com.task05;
public class ManyCur{
    public static void main(String[] args){
        int i,k;
        for(k = 2;k< = 32767;k ++ ){
            for(i = 2;i<k;i ++ ){
                if(k % i == 0){
                break;
                }
            }
            if(i == k)
            System.out.println(k);
        }
    }
}
```

5.4.6　跳转语句

Java 语言提供了 4 种跳转语句:break、continue、return 和 throw。跳转语句的功能是改变程序的执行流程。break 语句可以独立使用,而 continue 语句只能用在循环结构的循环体中。

在分支结构和循环结构中有时需要提前继续或提前退出分支结构和循环结构,为实现这一功能,要配合使用 continue 和 break 跳转语句。在一个循环中,比如循环 50 次的语句中,如果在某次循环体中执行了 break 语句,那么整个循环语句就结束。如果在某次循环体中执行了 continue 语句,那么本次循环就结束,即不再执行本次循环中 continue 语句后面的语句,而转入进行下一次循环。下面介绍这两个语句。

1. break

break 语句通常有不带标号和带标号两种形式:

```
break;
```

```
break lab;
```

其中,break 是关键字;lab 是用户自定义的标号。

break 语句虽然可以独立使用,但通常主要用于 switch 分支结构和循环结构中,控制程序执行流程的转移,可有下列 3 种情况:

(1) break 语句用在 switch 语句中,其作用是强制退出 switch 结构,执行 switch 结构后面的语句。

(2) break 语句用在单层循环结构的循环体中,其作用是强制退出循环结构。若程序中有内外两重循环,而 break 语句写在内循环中,则只能退出内循环,进入外层循环的下一次循环,而不能退出外循环。要想退出外循环,可使用带标号的 break 语句。

(3) break lab 语句用在循环语句中,必须在外循环入口语句的前方写上 lab 标号,可以使程序流程退出标号所指的外循环。

break 语句的示例可参见 5.4.5 小节中的多重循环部分。

2. continue

continue 语句只能用于循环结构中,其作用是使循环短路,它有两种形式:

```
continue;
```

```
continue lab;
```

其中,continue 是关键字;lab 是用户自定义的标号。

(1)continue 语句也称为循环的短路语句,用在循环结构中,当程序执行到 continue 语句时,回到循环的入口处,执行下一次循环,而不执行循环体内写在 continue 后的语句。

(2) 当程序中有嵌套的多层循环时,为从内循环跳到外循环,可使用 continue lab 语句,此时应在外循环的入口语句前加上标号。

【例 5-5】 continue 语句的示例。

```
//打印"九九"乘法表
//MultiplyTable.java
package com.task05;
public class MultiplyTable{
    public static void main(String[] args){
        int i = 1,j = 1;
        Line5:for(i = 1;i< = 9;i ++ ){
        for(j = 1;j< = 9;j ++ ){
            if(j>i){
                System.out.println();
                continue Line5;
            }
            System.out.println(i + " * " + j + " = " + i * j + ",");
            }
        }
    }
}
```

5.5 动手做一做

5.5.1 实训目的

掌握使用 Eclipse 开发简单 Java 程序;掌握循环流程控制结构的 while、do - while 和 for 循环语句。

5.5.2 实训内容

编写一个猜数游戏程序,程序中随机给定一个 1~100 的被猜整数,从键盘上反复输入整数进行试猜。未猜中时,提示数过大或过小;猜中时,指出猜的次数。程序运行步骤如图 5－6 所示。

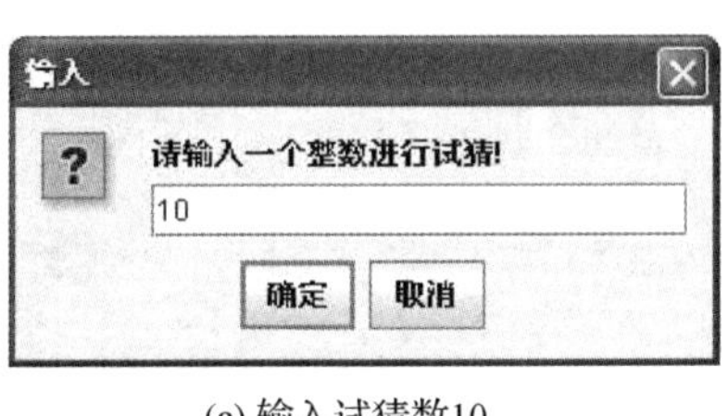

(a) 输入试猜数10

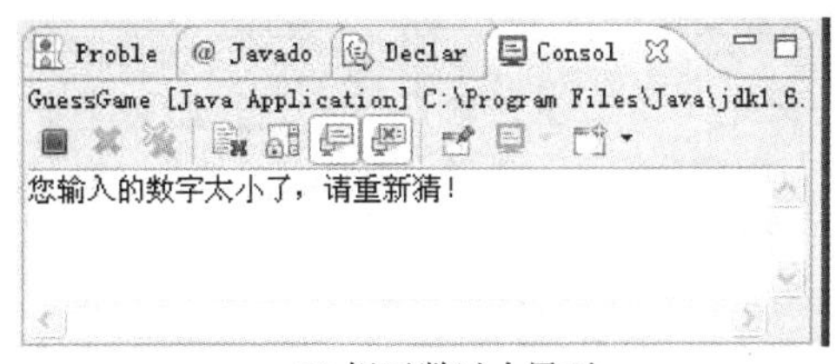

(b) 提示数过小界面

(c) 输入试猜数30

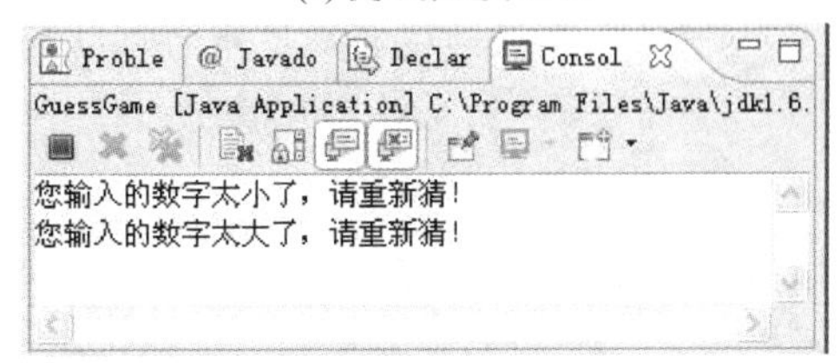

(d) 提示数过大界面

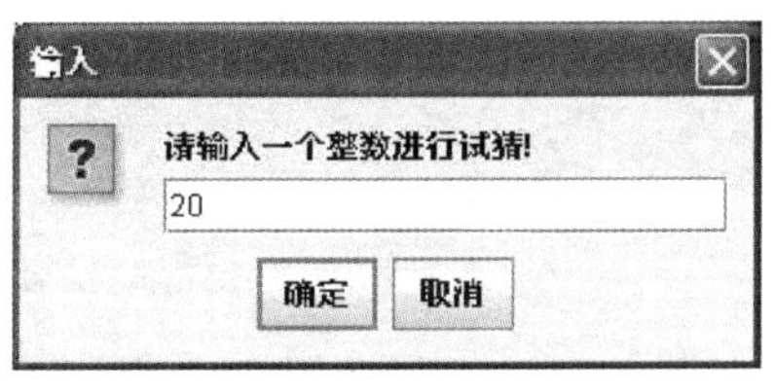

(e) 输入试猜数20

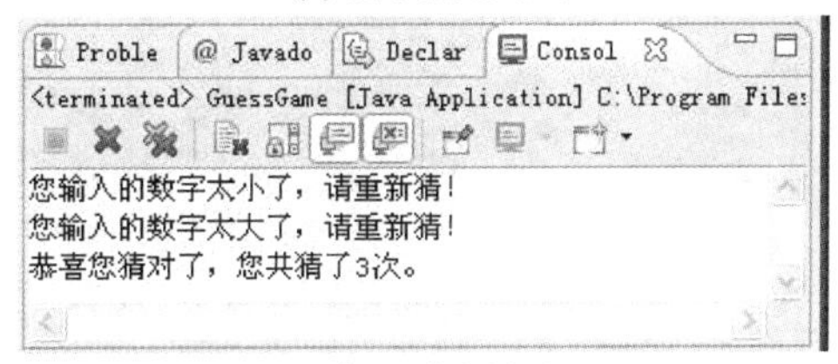

(f) 提示猜中界面

图 5－6　程序运行步骤

5.5.3　简要提示

利用随机函数生成被猜整数,随机给定一个 1～100 的被猜整数的语句为“(int)(Math. random() * 100＋1)”,其中 Math 类的 random()方法随机产生一个 0～1 的数。

设置布尔型变量 guessflag 记录是否猜中,整型变量 count 记录猜数次数,整型变量 guessnumber 记录产生的随机整数。使用“Integer. parseInt(JOptionPane. showInputDialog(“请输入一个整数进行试猜!”,new Integer(guessnumber)))”语句接收从键盘输入的数据,并将其转换成基本数据类型。根据输入的数据值与被猜整数进行比较,并给出相应比较提示信息,增加猜数次数 count 的值,根据比较相应修改 guessflag 的值。guessflag 的值是循环的条件。

在程序中可以通过限制猜数的次数来缩短游戏的周期,使猜数游戏更加具有挑战性。可以将最大猜数次数作为循环的条件之一。

5.5.4　程序代码

程序代码参见本教材教学资源。

5.5.5　实训思考

(1) 循环语句的四要素该如何设置?

(2) 程序的执行过程如何?

5.6 动脑想一想

5.6.1 简答题

1. 循环语句的四要素是什么,分别代表什么含义?
2. 请写出 break 跳转语句和 continue 跳转语句的区别。
3. 分别写出三种循环语句的执行流程。

5.6.2 单项选择题

1. (　)循环在条件表达式被计算之前至少执行循环体语句一次。

A. do - while 循环　B. for 循环　C. while 循环　D. 以上都不是

2. 下面程序的运行结果是(　)。

```
public class TestFor{
    staticboolean foo(char c){
        System.out.print(c);
        return true;
    }
    public static void main(String[] args){
        int i = 0;
        for(foo('A'); foo('B')&&(i<2); foo('C')){
            i++;
            foo('D');
        }
    }
}
```

A. DCBDCBAB　B. ABDCBDCB　C. ABBCDDCB　D. ABCDBDCB

3. 以下程序执行(　)次。

```
int a = 10;
int t = 10;
do{t = a++;}while(t<= 5);
```

A. 一次都不执行　B. 执行一次　C. 执行两次　D. 无限次执行

4. 下列选项中,不能输出 100 个整数的是(　)。

A. for(int i=0;i<100;i++)
   System.out.println(i);

B. int i=0;
   do{System.out.print(i);
   i++;
   }　while(i<100)　;

C. int i=0;
   while(i<100) {
   System.out.print(i);

```
    i++;
    }
D. int i=0;
    while(i<100) {
    i++;
    if(i<100)continue;
    System.out.print(i);
    }
```

5. 下列语句中,可以作为无限循环语句的是(　　)。

A. for(;;){}　　B. for(int i=0;i<10000;i++){}

C. while(false){}　　D. do{} while(false)

5.6.3 编程题

1. 编写程序,实现输出1~100之间的所有素数的功能。

2. 编写程序,判断2000~2050年之间哪些年是闰年。

3. 编写程序,实现输出100~999之间的水仙花数的功能。提示:水仙花数的含义是指一个三位数,其各位数字的立方和等于该数本身,即 $d_1d_2d_3=d_1d_1d_1+d_2d_2d_2+d_3d_3d_3$,则称该数 $d_1d_2d_3$ 是一个水仙花数。

任务六　宠物之家(创建、使用类和对象)

知识点:类与对象的概念与特征、属性和方法;类与对象的关系;定义类的语法;创建类的对象;使用对象的步骤;类的方法组成部分;定义和使用类的方法;变量作用域;定义包和导入包的关键字。

能力点:掌握类和对象的特征;会创建和使用类和对象;会定义和使用类的方法;理解变量作用域;会创建包组织 Java 工程。

6.1　跟我做:宠物类

6.1.1　任务情景

宠物医院管理系统用于对宠物信息进行管理,常常涉及宠物、主人、医生等对象。宠物的信息包括名字、年龄、颜色、体重。宠物能叫、吃、玩、跳、跑、睡觉等。请用 Java 代码对宠物进行类描述。

6.1.2　运行结果

假设有一只宠物,名字为“狗狗”,年龄是“2 岁”,颜色为“棕色”,体重是“5.5 千克”,程序运行的结果如图 6-1 所示。

```
Problems | Javadoc | Declaration | Console
&lt;terminated&gt; PetTest [Java Application] C:\Progra
狗狗，今年2岁，是棕色颜色，体重是：5.5千克。
狗狗说：我会说话，但人类听不懂我说什么！
狗狗喜欢吃狗粮
安迪和他的宠物狗狗玩的好开心啊！
狗狗真厉害，跳得好高啊！它的体重只有5.5千克。
狗狗真厉害，跑得真远啊！它居然跑了200.6米！
狗狗美美地睡了一觉，它已经睡了5小时！
```

图 6-1　宠物信息类的测试运行结果

6.2　实现方案

Java 程序设计采用的是面向对象程序设计(Objected Oriented Programming,OOP)的方法。OOP 是目前软件开发的主流方法,解决问题过程中,需要采用面向对象的分析方法和面向对象的设计方法。类的描述是使用 OOP 解决问题的基础。

类包含属性和行为。属性指宠物的名字、年龄、颜色、体重。行为指宠物叫、吃、玩、跳、跑、睡觉。图 6-2 所示为宠物信息类图。本任务要求对属性和行为进行描述。

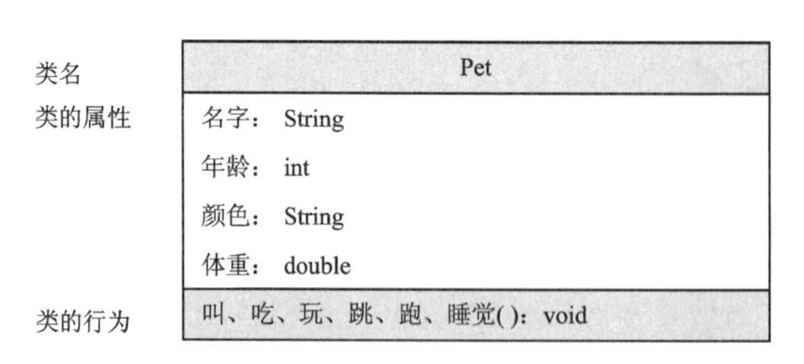

图 6-2　宠物信息类图

(1) 打开 Eclipse,在 study 项目中创建包 com.task06,再确定类名 Pet,选中“public static void main(String[] args)”复选框,得到类的框架。

```
package com.task06;                //创建包 com.task06
    public class Pet {
    public static void main(String[] args) {
        // TODO Auto - generated method stub
    }
}
```

(2) 在"public class Pet {"下面一行输入类的属性描述：

```
public String name;              //定义宠物的名字
public int age;                  //定义宠物的年龄
public String color;             //定义宠物的颜色
public double weight;            //定义宠物的体重
```

(3) 在属性描述的语句之后输入 7 个方法的定义：

```
public void show() {
    ……                           //详细实现代码参见 6.3 节
}
public void speak() {
    ……                           //详细实现代码参见 6.3 节
}
public void eat(String food) {
    ……                           //详细实现代码参见 6.3 节
}
public void playWithOwner(String ownerName) {
    ……                           //详细实现代码参见 6.3 节
}
public void jump(double height) {
    ……                           //详细实现代码参见 6.3 节
}
public void run(double distance) {
    ……                           //详细实现代码参见 6.3 节
}
public void sleep(int time) {
    ……                           //详细实现代码参见 6.3 节
}
```

(4) 在 main()方法中输入以下语句，创建 Pet 类的对象，使用其属性和方法：

```
Pet pet = new Pet();            //创建类的对象
……                              //详细实现代码参见 6.3 节
```

6.3　代码分析

6.3.1　程序代码

```
package com.task06;
public class Pet {
```

```
    public String name;                    //定义宠物的名字
    public int age;                        //定义宠物的年龄
    public String color;                   //定义宠物的颜色
    public double weight;                  //定义宠物的体重

    // 定义 show()方法,打印输出该宠物信息
    public void show() {
        System.out.println(name + ",今年" + age + "岁,是" + color + "颜色,体重是:" + weight + "千克。");
    }

    // 定义"叫"的方法,输出一段话
    public void speak() {
        System.out.println(name + "说:我会说话,但人类听不懂我说什么!");
    }

    // 定义 eat()方法,传 String 型参数 food
    public void eat(String food) {
        System.out.println(name + "喜欢吃" + food);
    }

    // 宠物都会逗主人开心,定义和主人玩的方法,传入主人的名字
    public void playWithOwner(String ownerName) {
        System.out.println(ownerName + "和他的宠物" + name + "玩的好开心啊!");
    }

    // 定义跳高的方法,传 double 型参数 height
    public void jump(double height) {
        if (height > 10.0) {
            System.out.println(name + "真厉害,跳得好高啊! 它的体重只有" + weight + "千克。");
        } else
            System.out.println(name + "太胖了,跳不动哟! 它的体重竟然有" + weight + "千克。");
    }

    // 定义跑的方法,传 double 型参数 distance
    public void run(double distance) {
        if (distance > 100.0) {
            System.out.println(name + "真厉害,跑得真远啊! 它居然跑了" + distance + "米!");
        } else
            System.out.println(name + "太胖了,跑不动哟! 它只跑了" + distance + "米!");
    }

    //定义睡觉的方法,传 int 型参数 time
    public void sleep(int time) {
        if (time > 3) {
```

```
            System.out.println(name + "美美地睡了一觉,它已经睡了" + time + "小时!");
        } else
            System.out.println(name + "小憩了一会,它只睡了" + time + "小时!");
    }

    public static void main(String[] args) {
        // TODO Auto-generated method stub
        Pet pet = new Pet();
        pet.name = "狗狗";
        pet.age = 2;
        pet.color = "棕色";
        pet.weight = 5.5;
        pet.show();
        pet.speak();
        pet.eat("狗粮");
        pet.playWithOwner("安迪");
        pet.jump(12.5);
        pet.run(200.6);
        pet.sleep(5);
    }
}
```

6.3.2　应用扩展

对 Pet 类的测试是在类的内部 main()方法中进行的。更多情况下,新建一个 PetTest 测试类,对 Pet 类进行测试。每个类单独为一个源代码文件。

Pet 类的代码改写如下:

```
package com.task06;
public class Pet {
    public String name;                 //定义宠物的名字
    public int age;                     //定义宠物的年龄
    public String color;                //定义宠物的颜色
    public double weight;               //定义宠物的体重

    // 定义 show()方法,打印输出该宠物信息
    public void show() {
        System.out.println(name + ",今年" + age + "岁,是" + color + "颜色,体重是:" + weight + "千克。");
    }

    // 定义"叫"的方法,输出一段话
    public void speak() {
        System.out.println(name + "说:我会说话,但人类听不懂我说什么!");
    }

    // 定义 eat()方法,传 String 型参数 food
```

```
    public void eat(String food) {
        System.out.println(name + "喜欢吃" + food);
    }

    // 宠物都会逗主人开心,定义和主人玩的方法,传入主人的名字
    public void playWithOwner(String ownerName) {
        System.out.println(ownerName + "和他的宠物" + name + "玩的好开心啊!");
    }

    // 定义跳高的方法,传 double 型参数 height
    public void jump(double height) {
        if (height > 10.0) {
            System.out.println(name + "真厉害,跳得好高啊! 它的体重只有" + weight + "千克。");
        } else
            System.out.println(name + "太胖了,跳不动哟! 它的体重竟然有" + weight + "千克。");
    }

    //定义跑的方法,传 double 型参数 distance
    public void run(double distance) {
        if (distance > 100.0) {
            System.out.println(name + "真厉害,跑得真远啊! 它居然跑了" + distance + "米!");
        } else
            System.out.println(name + "太胖了,跑不动哟! 它只跑了" + distance + "米!");
    }

    //定义睡觉的方法,传 int 型参数 time
    public void sleep(int time) {
        if (time > 3) {
            System.out.println(name + "美美地睡了一觉,它已经睡了" + time + "小时!");
        } else
            System.out.println(name + "小憩了一会,它只睡了" + time + "小时!");
    }
}
```

新建一个测试类 PetTest,代码如下:

```
package com.task06;
public class PetTest {

    /**
     * @paramargs
     */
    public static void main(String[] args) {
        // TODO Auto-generated method stub
        Pet pet = new Pet();
        pet.name = "狗狗";
```

```
        pet.age = 2;
        pet.color = "棕色";
        pet.weight = 5.5;
        pet.show();
        pet.speak();
        pet.eat("狗粮");
        pet.playWithOwner("安迪");
        pet.jump(12.5);
        pet.run(200.6);
        pet.sleep(5);
    }
}
```

6.4 必备知识

6.4.1 类与对象的概念与特征

Java 语言程序是由类构成的,要开发优秀的软件,必须具有正确的面向对象的思想。因此,正式使用 Java 语言进行程序设计之前,必须先将思想转入一个面向对象的世界。

1. 对　象

客观世界是由事物构成的,客观世界中的每一个事物就是一个对象。例如,任务中的宠物狗狗就是一个对象,名字="狗狗",年龄=2,颜色="棕色",体重=5.5。具有叫、吃、玩、跳、跑、睡觉等行为。

2. 类

类是从日常生活中抽象出来的具有共同特征的实体。宠物狗狗是一个对象,宠物宾宾也是一个对象,他们都有名字、年龄、颜色、体重,具有叫、吃、玩、跳、跑、睡觉等行为。从对象的共同特征抽象形成宠物,此时,宠物就是一个类。任务中 Pet 就是抽象形成的一个类。

类可以分为系统类和用户自定义类。系统类存放在 Java 类库中,用户自定义类是程序员自己定义的类。例如,Pet 类中用到的 System 类是系统类,不需要定义,直接使用。Pet 类是用户自定义类,定义后方可使用。

类将现实世界中的概念模拟到计算机程序中,具有封装性、继承性和多态性。

3. 类与对象的关系

类是对对象的抽象描述,是创建对象的模板。对象是类的实例。对象与类的关系就像基本变量与基本数据类型的关系一样。换句话说,可以将类看成数据类型,将对象看成这种类型的变量。

注意:类是抽象的概念,是一种类型,如宠物、公共汽车、书。对象是一个能够看得到、摸得着的具体实体,如宠物狗狗、2 路公共汽车、《达·芬奇密码》。

6.4.2 属性和方法

类包括属性和方法两部分。

属性是用于描述对象静态特征的数据项,这种静态特征指对象的结构特征。例如,任务中宠物的名字、年龄、颜色、体重等数据项,称为狗狗对象的属性。

对象的属性表示对象的状态。有时候,属性在程序设计中也称为成员变量。

方法是用于描述对象动态特征的行为。例如,狗狗对象具有叫、吃、玩、跳、跑、睡觉等行为。行为表示对象的操作或具有的功能,因此对象的行为也称为方法。

所以,也可以说,属性和方法是描述对象的两个要素。

6.4.3 定义类的语法

Java 是面向对象的语言,所有 Java 程序都以类 class 为组织单元。一个程序中至少有一个类文件。关键字 class 定义自定义类的数据类型。

1. 定义类的格式

类的定义格式如下:

```
[类的修饰符] class 类名 {
        //定义属性部分
        属性类型 属性名;
            ……
        //定义方法部分
        方法;
            ……
}
```

例如,Pet 类的定义格式如下:

```
public class Pet {
       //定义属性部分
       public String name               //名字
       public int age                   //年龄
           ……
       //定义方法部分
       public void speak() {
           ……                           //方法体
           }
           ……
}
```

2. 定义类的步骤

定义类分为 3 个步骤:定义类名、编写类的属性和编写类的方法。

(1) 定义类名

类名是一个名词,采用大小写字母混合的方式,每个单词的首字母大写。类名尽量使用完整单词,避免自己定义缩写。选择的类名应简洁并能准确地描述所定义的类,如学生类的类名为 Student。

类名不能使用 Java 关键字;首字符可以是“_”或“$”,但建议不要这样;不能含空格或“.”号。

(2) 编写类的属性

属性部分的定义与基本数据类型的变量定义相同,第一个单词的首字母小写,其后的单词首字母大写。Pet 类的部分属性如下:

```
public String name;            //名字
public int age;                //年龄
```

(3) 编写类的方法

方法名是一个动词+名词或代词,采用大小写混合的方式,第一个单词的首字母小写,其后单词的首字母大写。

```
public void speak(){
        ……;            //方法体
    }
```

3. 类的修饰符

由前面的学习已知,在类的定义中,出现了 public 关键字。在 Java 中,把类似于 public 的关键字称为修饰符。类的修饰符有 public、abstract 和 final。

- public 称为访问修饰符,声明的类为公共类,可以被任何类引用。如果一个 Java 源文件中有多个类的定义,必须有且只能有一个类用 public 修饰,Java 源文件名与 public 类名相同。如果一个类没有用 public 修饰,则默认为 friendly,表示该类只能被同一个包中的类引用。关于包的概念将在 6.4.7 中讲解。
- abstract 表示声明的类为抽象类,不能实例化为对象,同时也说明类中含有抽象方法。
- final 表示声明的类为最终类,不允许有子类,通常完成一个标准功能。

在类的定义中,修饰符 public 使用较多。

6.4.4 创建类的对象并使用对象

定义类之后,接下来就是使用 new 创建类的一个对象。例如,Pet 类定义后,用下面的方法创建 pet 对象。

```
Pet pet = new Pet();
```

使用对象时,常常通过“.”进行操作。

1. 对属性操作

访问对象的属性所采用格式为

```
对象名.属性
```

例如,给类的属性赋值:

```
pet.name = "狗狗";
```

给 pet 对象的属性 name 赋值,值为“狗狗”。获取类的属性值:

```
System.out.println(pet.name);
```

获取到 pet 对象的属性 name 值,然后在控制台输出。

2. 使用方法

调用类的方法:

```
对象名.方法名()
```

例如:

```
pet.speak();
```

调用了 pet 对象的 speak()方法。

6.4.5 定义和使用类的方法

1. 类的方法组成部分

对象之间的消息传递是通过调用方法实现的。方法用来完成一定的功能,实现多种操作。类的方法由方法声明部分和方法体两部分组成。

方法声明部分的格式为

```
[方法修饰符] <返回类型> 方法名([参数列表])
```

在方法定义中,方法体指由“{}”括起来的部分。例如:Pet 类中的 playWithOwner()方法组成如表 6-1 所列。

表 6-1 与主人玩方法 playWithOwner()的组成

代码		组成
public void playWithOwner(String ownerName) {	对照	方法声明部分:修饰符返回类型方法名(参数列表)
…… }		方法体部分

2. 定义类的方法步骤

(1) 定义方法名及返回类型

① 定义方法名。方法名习惯取一个动词,如果有两个以上单词组成,第一个单词的首字母小写,其后单词首字母大写。方法名必须以字母、“_”或“$”开头,第二个字母开始可以包括数字。推荐方法名以小写字母开头。例如,获得产品信息的方法可以命名为 getProductInformation,获得单位员工姓名的方法可以命名为 getName。

②返回类型。方法的返回值有一个明确的类型,在方法定义时指定。例如,Calculate 类中的相加方法返回一个双精度浮点型值,在定义方法时,要在方法声明部分明确指定返回类型为 double。

```
public double add(double a, double b)
```

同时,在方法体中要有一行相对应的返回值语句,返回值的类型也为 double。

```
return a + b;
```

return 是关键字,a+b 为返回值。

(2) 确定方法的修饰符

方法的修饰符有 public|protected|private、static、final|abstract、native、synchronized。

- public|protected|private 称为访问修饰符。public 表示公共方法可以被所有的类访问。protected 保护方法可以被同一个包中的类、不同包中的本类的子类和本类自身访问。private 私有方法只能被本类自身访问。没有修饰符的方法只能被同一个包中的类访问。这三者只能在类为 public 前提下才起作用,否则类的方法就不能被其他包中的类访问。例如,Pet 类中的 Jump 方法的修饰符为 public。

```
public void jump(double height)
```

➢ static 定义的方法称为静态方法,也称为类方法。类方法很特别,与实例方法不同,不依赖任何实例对象,常常通过类直接访问,如果通过实例对象访问也可以。前面完成的任务中多次使用的 main()方法就是静态方法。

```
public static void main(String[] args) {
        ……
}
```

main()方法作为类的入口,在调用 main()方法时,是直接通过类来进行的,不需要将类实例化。

➢ abstract 定义抽象方法,该方法没有方法体,只有方法声明。所有的抽象方法必须放在抽象类或接口中,然后在抽象类的子类或接口的实现类中重写实现。

➢ final 定义最终方法,不能被类的子类重写。

➢ native 定义非 Java 语言(如 C、C++或汇编语言)写的方法,通过 JNI(Java Native Interface)与程序连接。

➢ synchronized 用于控制多个并发线程的访问。

(3) 列出参数的个数、类型、排列顺序

Java 的参数是传值的。传值意味着当参数传递给一个方法时,方法接收到的是原始值的副本。当方法改变了参数值,受影响的只是副本,原始值保持不变。例如,jump()方法

```
public void jump(double height){
        ……
}
```

中的参数列表为 double height,只有一个参数,参数类型为 double,参数名为 height。这种参数称为形式参数,简称为形参。

方法也可以没有参数列表,该方法称为无参方法。例如,speak()方法

```
public void speak() {
    ……
    }
```

关于传值举例如下:

```
package com.task06;                                    //创建包 com.task06
import java.util.Scanner;                              //导入程序中用到的系统类
/**
 * Swap
 */
public class Swap {                                    //自定义类 Swap
    public static void swap (Integer a,Integer b){     //形参为 a、b,交换 a 与 b 数据
        Integer temp = a;                              //实参将值传过来
        a = b;                                         //但 swap()方法不会改变实参的数值
        b = temp;
    }
```

```
    public static void main(String[]args){          //程序入口方法
        Integer a,b;
        intia,jb;
        Scanner input = new Scanner(System.in);     //从键盘输入数据
        System.out.print("请输入第一个整数 a:");
        ia = input.nextInt();                        //输入一个整型数据
        System.out.print("请输入第二个整数 b:");
        jb = input.nextInt();                        //输入一个整型数据
        a = new Integer(ia);                         //将 int 整型数据封装成 Integer 对象
        b = new Integer(jb);
        System.out.println("交换前:a= "+a+" b= "+b);
        swap(a,b);                        //实参为 a、b,注意实参在 swap()方法调用前后没有变化
        System.out.println("交换后:a= "+a+" b= "+b);
    }
}
```

程序运行的结果如图 6-3 所示。

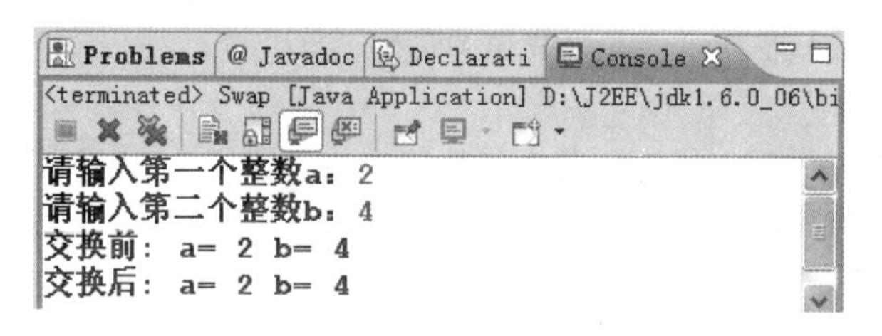

图 6-3　方法传值测试运行结果

(4) 编写方法体

```
public 返回类型方法名(){
        //这里编写方法体
}
```

如果方法具有返回值,方法体中必须使用关键字 return 返回该值。

```
return 表达式;
```

方法声明部分指定的返回类型与方法体中 return 返回值的类型保持一致。如果方法没有返回值,指定返回类型为 void,当然,方法体中也就不需要有 return 语句。

3. 使用类的方法

使用类的方法称为方法的调用。方法调用时,作为调用方关心的只是方法能够完成的功能,即行为。在语法上,注意方法调用的写法。

(1) 无参方法的调用

类的方法在使用时一般要先创建类的对象,再通过类的对象调用方法。例如,定义 Pet 类的对象 pet:

```
Pet pet = new Pet();
```

然后通过对象调用类的方法。例如调用 speak()方法:

```
pet.speak();              //说话
```

(2) 带参方法的调用

带参方法,在定义了类的对象后调用,此时的参数称为实际参数,简称实参。实参必须与方法定义中的形参一致,即参数个数、参数类型、参数的排列顺序一致。例如,定义 Pet 类的对象 pet 后,通过对象调用类的跳、跑方法:

```
pet.jump(12.5);                //对象名.跳方法
pet.run (200.6);               //对象名.跑方法
```

(3) 静态方法的调用

静态方法的调用无须定义对象,可以通过类直接使用。假如,把

```
public void speak() {
    ……
}
```

重新定义为静态方法:

```
public static void speak(){
    ……
}
```

则,静态方法的调用格式改为

```
Pet.speak();              //类名.静态方法
```

注意:静态方法只能调用静态方法,而且只能处理静态变量。

(4) 方法之间的调用

① 在一个类中调用另一个类的方法。例如,定义 Pet 类后,在 PetTest 测试类的 main() 方法中调用 Pet 类的方法。

```
public static void main(String[] args) {       //程序入口方法
    Pet pet = new Pet();                       //创建 Pet 类的对象
    ……
    pet.show();           //在 PetTest 类的 main()方法中调用 Pet 类的 show()方法
    pet.speak();
    pet.eat("狗粮");
    pet.playWithOwner("安迪");
    pet.jump(12.5);
    pet.run(200.6);
    pet.sleep(5);
}
```

② 在同一个类中,方法也可以相互调用。例如,小轿车类 Car。

```
package com.task06;
public class Car {
      String brand = "奥迪";
```

```
    public String getBrand (){           //方法 1:获得小轿车品牌属性
        return brand;
    }
    public String showCar() {            //方法 2:描述小轿车特性
        return "这是一辆" + getBrand() + "品牌的小轿车。"; //调用同一个类中的另一个方法
    }
}
```

注意:上面的调用方法是有区别的,同一个类中方法之间调用,没有写"对象名.",而是直接调用方法。

6.4.6 变量作用域

变量的作用域与变量的声明位置有关。当变量在方法之外定义时,称为类的成员变量。变量的有效范围称为变量的作用域。类的成员变量的作用域在整个类的范围之内。别的类能否使用,与类、变量的修饰符有关。例如:

```
public class Car {
    String brand = "奥迪";           //类的成员变量作用域为整个类
    ......
}
```

当变量在类的方法中定义时,类的作用域只局限于该方法内部,称为局部变量。例如:

```
public class Car {
        String brand = "奥迪";
    public String getBrand (){
        String color = "黑色";           //方法内部的局部变量,作用域为本方法
        System.out.println(color);      //只能本方法调用
        return brand;                   //类的成员变量,在方法中也可以使用
    }
    public String showCar() {
        System.out.println(color);      //使用了 getBrand()方法内的局部变量,出错
        return "这是一辆" + getBrand() + "品牌的小轿车。";
    }
}
```

由上面讲述可知,变量声明的位置决定了变量作用域。

在程序中,变量还有一种常见的用法,即在方法体中,用{}括号划分了一个区域,然后在此区域中进行变量的定义,此时变量作用域确定按变量名访问该变量的区域。例如,在一个方法体中:

```
......
for(int i = 1, sum = 0; i <= 100; i++){
    sum = sum + i;
    System.out.println(i + "  " + sum);          //i,sum 的作用域仅在 for 循环中
}
......
```

6.4.7 定义包和导入包的关键字

1. 为什么使用包

在计算机上,树形文件系统是存储文件的组织方式,使用文件夹可解决文件同名冲突问题,这样可以合理地、安全地存放文件。

包是 Java 提供的文件组织方式,采用的也是树形文件系统组织方式。不同类的文件可以放在不同的文件夹中,即使拥有相同的类名字,也可以避免冲突。文件分门别类,易于查找,易于管理,更好地保护类、数据和方法。

一个包对应一个文件夹,一个包中可以包括多个类文件、子包。

2. 定义包

本任务代码使用的 com. task06 就是一个包,该包的结构与文件夹 com. task06 的对应关系如图 6-4 所示。图中 com 是文件夹,task06 是子文件夹,对应到包结构中,com 为顶层包,task06 为子包。包是相关类和接口的集合,提供了访问级别控制和命名空间管理。Java 本身自带的包称为系统包,系统包不需要定义。用户自己定义的包称为自定义包。

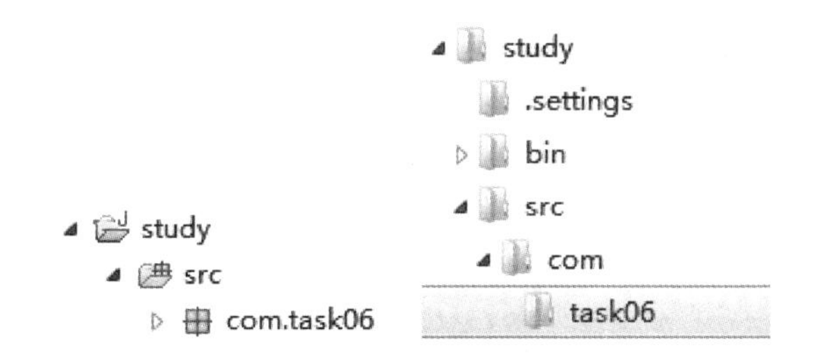

图 6-4 包 com. task06 与文件夹对应关系

创建包的格式为

```
package<顶层包名>[.子包名1[.子包名2]];
```

例如,本任务代码中,创建包的语句为

```
package com.task06;                //对应的文件夹为 com\task06
```

其中,package 为关键字,com. task06 为包名,并以分号结尾。

注意:一个 Java 源代码中,如果有包的声明,只允许出现一句 package 语句,而且只能作为第一条语句。

包的命名有一定的要求。包名由小写字母组成,不能以圆点开头或结尾,不同层次的包名之间采用圆点"."分隔;为了避免在网络上类名冲突,通常使用组织反转的网络域名作为自己包名的一部分;自己设定的包名依部门、项目、功能再进行细分。例如,存放 dao 类的包

```
package com.org.dao;     //包名由小写字母组成,不同层次的包名之间采用圆点"."分隔
```

例如,域名为 jsahvu. edu. cn,包命名为

```
package cn.edu.jsahvu.mypackage;     //反转的网络域名作为自己包名的一部分
```

例如,field 部门的 animal 项目小组的包命名为

```
package cn.edu.jsahvu.field.animalproject;
```

在 Eclipse 环境中,创建包有两种操作方法:第一种是分别创建包和类,即创建项目→创建包→创建类。第二种是创建类的过程中创建类所在的包,即创建项目→创建类(在此过程中声明所属包,如无声明,则显示“缺省包”),然后可以在包资源管理器和导航器中观察包中的目录结构。

3. 导入包

因为类的同名问题,所以在编写代码时,需要用到其他类时,如 Date 类,必须明确指定它所在的包。编程中,一种使用类的方法如下:

```
java.util.Date date = new java.util.Date();
```

但是,如果代码中多处使用 Date,则显得繁琐。建议通过使用 import 关键字导入 Date 类。上述语句改为

```
import java.util.Date;
Date date = new Date();
```

导入包的实质就是导入程序中需要的类,格式如下:

```
import 顶层包[.子包 1[.子包 2]]<类名|*>;
```

注意:在 Java 中,java.lang 包为自动导入包,不需要用 import 导入即可使用其中的类。其他包中的类都必须用 import 语句导入。

例如,导入一个包中所有类和指定的类。

```
import java.util.*;                    //导入 java.util 包中所有类
import java.util.Scanner;              //导入 java.lang 包中 Scanner 类
```

例如,代码中需要产生一个随机整数,用到 java.lang.Math 类,Math 的静态 random()方法产生一个 0～1 的随机数,再转化成 0～100 的整数。

```
int i = (int)(Math.random() * 100);
```

在程序中,“import java.lang.Math;”语句可以省略。同样,System.out.println()方法在控制台输出信息,在程序中也无须加上“import java.lang.System;”语句。

系统包除了 java.lang 包,还有 java.io 包、java.util 包、java.applet 包、java.awt 包、java.net 包、java.sql 包等。

6.5 动手做一做

6.5.1 实训目的

掌握类的定义;掌握创建类的对象;掌握使用对象的步骤;掌握类的方法定义和使用;掌握定义包和导入包;掌握变量作用域。

6.5.2 实训内容

实训 1:编写一个音乐类,属性包括音乐名称、音乐类型,方法为显示音乐信息,并编写测试类。

实训 2:编写一个程序,实现如下功能:设置上月电表读数,设置本月电表读数,显示上月电表读数,显示本月电表读数,计算本月用电数,显示本月用电数,计算本月用电费用,显示本月用电费用。

6.5.3　简要提示

实训 1:参考图 6－2 宠物信息类图的样式,做出音乐类的类图。类名、属性名、方法名按照相应的要求命名。类的框架结构不能写错。

实训 2:在设计类的方法时,方法尽可能按照单一功能来设计,让类的方法实现某个特定的功能。在方法之间调用时,调用方不需要知道被调用的方法是如何实现的,只要知道实现此功能的类和它的方法名就可以直接调用了。设置上月电表、本月电表读数,通过 setRecord()方法实现;显示上月电表读数、本月电表读数,通过 showRecord()方法实现;计算本月用电费用,通过 calcUsedFee()方法实现。

6.5.4　程序代码

程序代码参见本教材教学资源。

6.5.5　实训思考

(1) 弄清类的概念,如何定义类,如何创建和使用对象。

(2) 定义了类,如何通过测试类进行测试。

(3) 同一个类中的方法之间如何调用? 不同类中的方法之间如何调用?

(4) 如何使用注释?

6.6　动脑想一想

6.6.1　简答题

1. 什么是类?
2. 什么是对象?
3. 如何创建类的对象?
4. 写出定义类的方法的步骤。

6.6.2　单项选择题

1. 下列属于类的有(　)。

A. 学生王江东　B. 张老师　C. 小李的汽车　D. 学校

2. 下列语句中访问类的属性正确的是(　)。

A. book.name　B. book->name　C. book.name()　D. book->name()

3. 下列类名正确的是(　)。

A. Middle School　B. myClass　C. _Bike　D. Employee

4. 下列对象名正确的是(　)。

A. Middle School　B. myClass　C. _Bike　D. Employee

5. 定义 School 类时用到的语句是(　)。

A. School school =new School();　B. School school=null;

C. school.name="新华中学";　D. package 与 import 语句

6. 方法组成分为(　)。

A. 声明部分和方法体部分　B. 类和对象部分

C. 参数列表部分和修饰符部分　D. 静态部分和动态部分

7. Java中参数分为(　)。

A. 形参和实参　　B. 私有和公有参数

C. 基本类型和指针类型　　D. 类和对象

8. 关于如下代码,说法正确的是(　)。

```
1 public class Test {
2     public static void main(String[ ] args1){
3         Test test = new Test();
4         int x = 10;
5         if (test.methodA()){
6             x++;
7             System.out.println(x);
8         }
9     }
10    public in tmethodA(){
11            return 10;
12    }
13 }
```

A. 第5行有编译错误　　B. 运行输出12

C. 第11行有编译错误　　D. 运行输出11

9. 运行下面这段代码,输出结果是(　)。

```
public class Tree {
    int x = 30;
    public static void main(String args[]){
        int x = 20;
        Treetree = new Tree ();
        tree.method(x);
        System.out.println(x);
    }
    public void method(int y){
        int x = y * y;
    }
}
```

A. 900　　B. 400　　C. 30　　D. 20

10. 在一个Java文件中,使用import、class和package的正确顺序是(　)。

A. package、import、class　　B. import、package、class

C. class、import、package　　D. package、class、import

6.6.3 编程题

1. 编写学生类,输出学生相关信息。学生类属性:姓名、年龄、参加的课程、兴趣。学生类方法:显示学生个人信息。

2. 编写教师类,输出教师相关信息。教师类属性:姓名、专业方向、教授课程、教龄。教师类方法:显示教师个人信息。

3. 编写手机类(Phone),下载音乐,播放这些音乐,进行充电;编写电池类(Cell),自动续电;编写测试类(PhoneTest)。

任务七　保护隐私(封装的使用)

知识点:为什么需要封装;对属性封装;用构造方法实现对象成员的初始化;方法重载;Java中构造方法与实例方法的区别;对构造方法进行重载。

能力点:理解封装的概念;掌握 private 关键字;掌握构造方法;掌握方法重载。

7.1　跟我做:宠物类的封装

7.1.1　任务情景

宠物类采用封装技术升级。每只宠物的信息包含名字、年龄、颜色、体重。宠物类能叫、吃、玩、跳、跑、睡觉。要求保护宠物的信息,不能直接通过类的属性名称给属性赋值。

7.1.2　运行结果

程序运行的结果如图 7－1 所示。

```
问题 @ Javadoc 声明 控制台
<已终止> PetTest [Java 应用程序] D:\Program
欢欢，今年3岁，是白色颜色，体重是：7.5千克.
欢欢说：我会说话，但人类听不懂我说什么！
欢欢喜欢吃肉卷
小宇和他的宠物欢欢玩的好开心啊！
欢欢太胖了，跳不动哟！它的体重竟然有7.5千克.
欢欢太胖了，跑不动哟！它只跑了60.0米！
欢欢小憩了一会，它只睡了1小时！
```

图 7－1　宠物类的封装运行结果

7.2　实现方案

在任务六中学习过包,本任务中要使用它进行 Java 程序中类的组织。把需要在一起工作的类放在同一包里,除了 public 修饰的类能够被所有包中的类访问外,缺省修饰符的类只能被其所在包中的类访问,不能在其包外访问。包的这种组织方式,把对类的访问封锁在一定的范围,体现了 Java 面向对象的封装性。

在本任务中,将类放在包 com. task07 中。包定义如下:

```
package com.task07;
```

在面向对象程序设计中,提出"强内聚、弱耦合"编程思想,即一个类的内部联系紧密,类与其他类之间的联系松散。在实现 Pet 宠物类时,尽可能把类的成员声明为私有的,修饰符为 private,只把一些少量的、必要的方法声明为公共的,修饰符为 public,提供给外部使用。

在 Pet 类中,属性的修饰符为 private,对属性的访问只局限于 Pet 类。需要在类外访问的属性有 name、age、color、weight,为此专门设置了相应的 setter()方法和 getter()方法。

当在 PetTest 类中访问这些属性时,使用相应的 setter()方法和 getter()方法。

通过以上封装技术的使用,实现宠物类。

(1) 打开 Eclipse,在 study 项目中创建包 com.task07,再确定类名 Pet,得到类的框架。

```
package com.task07;
public class Pet {
}
```

(2) 在“public class Pet{”下面一行输入类的属性描述:

```
private String name;      // 私有属性
private int age;
……
```

(3) 在 Pet 类中输入 private 属性的 getter()方法和 setter()方法的定义:

```
public String getName() {
    return name;
}

public void setName(String name) {
    this.name = name;              // this 表示当前类的实例
}
……
```

(4) 定义相应的功能方法:

```
public void show() {
    System.out.println(name + ",今年" + age + "岁,是" + color + "颜色,体重是:" + weight + "
    千克。"); ……              //详细实现代码参见 7.3
}
```

(5) 定义 PetTest 测试类,运行程序。对 Pet 类的 private 属性的访问只能通过相应的 getter()方法和 setter()方法进行。

7.3 代码分析

7.3.1 程序代码

```
package com.task07;

/**
 * Pet.java
 * 宠物的封装
 */

public class Pet {
    private String name;           //封装宠物的名字
    private int age;               //封装宠物的年龄
    private String color;          //封装宠物的颜色
    private double weight;         //封装宠物的体重
```

```
    //get()方法和 set()方法
    public String getName() {
        return name;
    }

    public void setName(String name) {
        this.name = name;
    }

    public int getAge() {
        return age;
    }

    public void setAge(int age) {
        this.age = age;
    }

    public String getColor() {
        return color;
    }

    public void setColor(String color) {
        this.color = color;
    }

    public double getWeight() {
        return weight;
    }

    public void setWeight(double weight) {
        this.weight = weight;
    }

    // 定义 show()方法,打印输出该宠物信息
    public void show() {
        System.out.println(name + ",今年" + age + "岁,是" + color + "颜色,体重是:" + weight + "千克。");
    }

    // 定义"叫"的方法,输出一段话
    public void speak() {
        System.out.println(name + "说:我会说话,但人类听不懂我说什么!");
    }
```

```
    // 定义 eat()方法,传 String 型参数 food
    public void eat(String food) {
        System.out.println(name + "喜欢吃" + food);
    }

    // 宠物都会逗主人开心,定义和主人玩的方法,传入主人的名字
    public void playWithOwner(String ownerName) {
        System.out.println(ownerName + "和他的宠物" + name + "玩的好开心啊!");
    }

    // 定义跳高的方法,传 double 型参数 height
    public void jump(double height) {
        if (height > 10.0) {
            System.out.println(name + "真厉害,跳得好高啊! 它的体重只有" + weight + "千克。");
        } else
            System.out.println(name + "太胖了,跳不动哟! 它的体重竟然有" + weight + "千克。");
    }

    // 定义跑的方法,传 double 型参数 distance
    public void run(double distance) {
        if (distance > 100.0) {
            System.out.println(name + "真厉害,跑得真远啊! 它居然跑了" + distance + "米!");
        } else
            System.out.println(name + "太胖了,跑不动哟! 它只跑了" + distance + "米!");
    }

    // 定义睡觉的方法,传 int 型参数 time
    public void sleep(int time) {
        if (time > 3) {
            System.out.println(name + "美美地睡了一觉,它已经睡了" + time + "小时!");
        } else
            System.out.println(name + "小憩了一会,它只睡了" + time + "小时!");
    }
}

package com.task08;

public class PetTest {
    public static void main(String[] args) {
        // TODO 自动生成的方法存根
        Pet pet = new Pet();
        pet.setName("欢欢");    //只能使用 set()方法在外部访问 Pet 类的私有属性 name
        pet.setAge(3);          //只能使用 set()方法在外部访问 Pet 类的私有属性 age
        pet.setColor("白色");   //只能使用 set()方法在外部访问 Pet 类的私有属性 color
```

```
        pet.setWeight(7.5);      //只能使用 set()方法在外部访问 Pet 类的私有属性 weight
        pet.show();
        pet.speak();
        pet.eat("肉卷");
        pet.playWithOwner("小宇");
        pet.jump(9.0);
        pet.run(60.0);
        pet.sleep(1);
    }
}
```

7.3.2　应用扩展

在 Pet 类的测试类 PetTest 类中创建一个 Pet 类的对象 pet,若要使 pet 对象的属性值不为空,必须使用 set()方法对相应的属性赋值。如果希望在创建 Pet 类的对象时能对其进行初始化,即获得缺省的属性值,或者指定其属性值,则可以通过在 Pet 类中增加构造方法来实现。Pet 类的 show()方法用来输出该宠物的信息,如果希望能用 show()方法输出其他信息,可以通过方法的重载实现。

在 Pet 类中增加如下代码:

```
// 无参构造方法
public Pet(){
    this.name = "旺旺";
    this.age = 1;
    this.color = "黑";
    this.weight = 5.0;
}

// 有参构造方法
public Pet(String name,int age,String color,double weight){
    this.name = name;
    this.age = age;
    this.color = color;
    this.weight = weight;
}

public void show(String owner) {
    System.out.println(name + "的主人" + owner + "带它散步去了!");
}
```

在 PetTest 测试类中的代码修改如下:

```
package com.task08;
public class PetTest {                          //测试类
    public static void main(String[] args) {           //程序入口方法
        Pet pet1  =  new Pet();
        Pet pet2 = new Pet("点点",4,"黄",3.2);
```

```
            pet1.show();
            pet1.show("小宇");
            pet1.speak();
            pet1.eat("肉卷");
            pet1.playWithOwner("小宇");
            pet1.jump(9.0);
            pet1.run(60.0);
            pet1.sleep(1);

            System.out.println();

            pet2.show();
            pet2.show("小东");
            pet2.speak();
            pet2.eat("火腿");
            pet2.playWithOwner("小东");
            pet2.jump(12.2);
            pet2.run(210.5);
            pet2.sleep(4);
        }
    }
```

修改后的程序运行结果如图 7-2 所示。

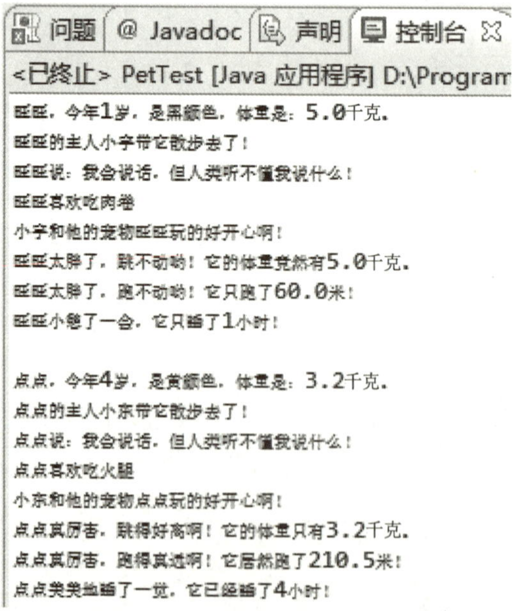

```
问题 @ Javadoc 声明 控制台
<已终止> PetTest [Java 应用程序] D:\Program
旺旺，今年1岁，是黑颜色，体重是：5.0千克。
旺旺的主人小宇带它散步去了！
旺旺说：我会说话，但人类听不懂我说什么！
旺旺喜欢吃肉卷
小宇和他的宠物旺旺玩的好开心啊！
旺旺太胖了，跳不动哟！它的体重竟然有5.0千克。
旺旺太胖了，跑不动哟！它只跑了60.0米！
旺旺小憩了一会，它只睡了1小时！

点点，今年4岁，是黄颜色，体重是：3.2千克。
点点的主人小东带它散步去了！
点点说：我会说话，但人类听不懂我说什么！
点点喜欢吃火腿
小东和他的宠物点点玩的好开心啊！
点点真厉害，跳得好高啊！它的体重只有3.2千克。
点点真厉害，跑得真远啊！它居然跑了210.5米！
点点美美地睡了一觉，它已经睡了4小时！
```

图 7-2　修改后的运行结果

7.4　必备知识

7.4.1　封　装

1. 封装的概念

在 Java 中通过 private 关键字限制对类的成员变量或成员方法的访问，称为封装。封装性是面向对象的基础，也是面向对象的核心特征之一。类是数据及对数据操作的封装体，类具有封装性。通过封装，将属性私有化，再提供公有方法访问私有属性。

2. 封装的意义

封装的目的是限制对类的成员的访问，隐藏类的实现细节。类的设计者和使用者考虑的角度不同。设计者考虑如何定义类的属性和方法，如何设置其访问权限等，而类的使用者只需知道类有哪些功能，可以访问哪些属性和方法。只要使用者使用的界面不变，即使类的内部实现细节发生变化，使用者的代码也不需要改变，因而增强了程序的可维护性。

3. 封装的实现步骤

要限制类的外部对类成员的访问，可以使用访问修饰符 private 修饰属性，让其他类只能通过公共方法访问私有属性。封装的实现步骤如下：

(1) 修改属性的访问修饰符以限制对属性的访问。例如，Pet 类中，属性 name、age、color、weight 都设置为 private。

```
private String name;                //属性 name 设为 private
private int age                     //属性 age 设为 private
```

(2) 为每个私有属性创建一对赋值方法 setter()和取值方法 getter()，用于对属性的访问。例如，Pet 类对属性 name、age 提供的公共 setter()方法和 getter()方法：

```
public String getName() {               //属性 name 的 getter()方法
    return name;
}
public void setName(String name) {      //属性 name 的 setter()方法
    this.name = name;                   //this 代表当前类的实例
}
public int getAge() {
    return age;
}
public void setAge(int age) {
    this.age = age;
}
```

(3) 在 setter()方法和 getter()方法中，加入对属性的存取限制。对宠物年龄不加存取限制时的 setter()方法：

```
public void setAge(int age) {
        this.age = age;
    }
```

现在要求加入对宠物年龄的限制，年龄小于 0 或大于 20 时在控制台显示出错信息，则 setter()方法改为

```
    public void setAge(int age) {
        if (age<0 or age>20){
            this.age = age;
        } else
            System.ou.println("宠物年龄输入有误!");
    }
```

4. 封装之后的使用

在另一个类中要对 Pet 类中的私有属性 name、age 赋值,先得到 Pet 类的实例 pet,再通过使用 setter()方法进行。

```
pet.setName("旺财");
pet.setAge(5);
```

需要获取私有属性 account、name 的值,必须使用 getter()方法。

```
String name = pet.getName();
String age = pet.getAge();
```

注意:不可以直接用如下方式访问私有属性 name 和 age:

```
pet.name = "旺财";
pet.age = 5;
String name = pet.name;
String age = pet.age;
```

7.4.2 private 关键字

在设计类时,使用封装是一种良好的编程习惯。能使用访问修饰符 private 就不用public。如果需要设置和获取 private 成员变量的值,那么必须对外提供 public 方法。

在类的属性定义中,有 public|protected|private 访问修饰符。public 公共属性可以被所有的类访问。protected 保护属性可以被同一个包中的类或不同包中的本类的子类访问。private 私有属性只能被本类自身访问。

对属性的 4 种访问权限的比较如表 7-1 所列。

表 7-1 属性的 4 种访问权限比较

访问修饰符	本类	本类所在包	其他包中的本类的子类	其他包中的非子类
public	能访问	能访问	能访问	能访问
protected	能访问	能访问	能访问	不能
private	能访问	不能	不能	不能
缺省	能访问	能访问	不能	不能

注意:属性的 public 修饰符应少用,其他类访问本类属性应该通过相应的 setter()或 getter()方法进行。如果没有访问修饰符(缺省),则属性默认只能被同一个包中的类访问。

在设计属性时,还有几个修饰符:

- static 定义的属性称为静态变量,也称为类变量。类变量很特别,与实例变量不同,可以用类直接访问,类的所有对象共享该属性。

- final 定义常量,在方法中不可改变它的值。例如“public static final double PI = 3.14159265358979323846;”语句中,PI 是一个常量。
- transient 定义暂时性变量,用于对象存档。
- Volatile 易失(共享)域变量,用于并发线程的共享。

7.4.3　构造方法

1. 构造方法的概念

构造方法是一种特殊的类的方法,方法名与类名相同,而且没有返回类型,也不需要 void。构造方法的作用在于对象创建时初始化对象,给实例化对象的成员变量赋初值。

类中的其他方法就称为实例方法。

2. 构造方法的目的

Pet 类有多个私有属性,为了遵循面向对象封装的思想,就有多个对应的 setter()方法。在使用 Pet 类时,必须调用 setter()方法对私有属性初始化。当开发一个项目时,类的私有属性会很多,这是很繁琐也很容易出错的事情。通过构造方法简化了对象初始化的代码。

3. 构造方法的格式

构造方法的格式与一般的类的方法相似,但也有不一样之处。方法名与类名相同,无返回值,也不需要 void。构造方法的格式如下:

```
public <类名>([参数列表]){
    ……
}
```

这也是构造方法与实例方法的区别。

(1) 无参构造方法

```
public class Book{
        private String bookName;
        /* 无参构造方法,方法名 Book 与类名 Book 相同,无返回值,也不需要 void */
        public Book() {
            this.bookName = "Java 程序设计任务驱动式教程";
        }
        public String getBookName() {
            return bookName;
        }
        public void setBookName(String bookName) {
            this.bookName = bookName;
        }
}
```

在 BookTest 测试类中实例化 Book 类时,代码如下:

```
Book book = new Book();
```

实现了 book 对象的 bookName 属性的初始化。book.getBookName()的返回值为“Java 程序设计任务驱动式教程”。

(2) 带参构造方法

```
public class Book{
        private String bookName;
        /* 带参构造方法,方法名 Book 与类名 Book 相同,无返回值,也不需要 void */
        public Book(String bookName) {
            this.bookName = bookName;
        }
        public String getBookName() {
            return bookName;
        }
        public void setBookName(String bookName) {
            this.bookName = bookName;
        }
}
```

在 BookTest 测试类中实例化 Book 类时,代码如下:

```
Book book = new Book("Java 程序设计任务驱动式教程");          //有实参
```

创建 book 对象的时候,显式地为 bookName 实例变量赋初始值。book. getBookName() 的返回值为“Java 程序设计任务驱动式教程”。当私有属性很多时,带参构造方法的参数也多,省去了多行的赋值语句,灵活性更大些。

注意:构造方法不能像成员方法那样被直接调用,只能在通过 new 运算符实例化一个对象时,由系统自动调用,实现对成员变量初始化的作用。例如:

```
Book book = new Book();          //调用构造方法,实例化一个对象 book
```

Book()就是 Book 类的一个无参构造方法。

在 Java 中,系统会为没有定义构造方法的类自动生成一个无参的默认构造方法,然后使用默认值初始化对象的成员变量。数值型变量的默认值为 0,布尔型为 false,字符型为“\0”,字符串型为 null。所以,当 Book 类没有定义构造方法时,在代码中仍然可以用 new Book()实例化一个对象。

改错:下面 Constructor 类中关于构造方法有哪些错误?

```
public class Constructor {
    private int x;
    public Constructor () {
        x = 1;
    }
    public Constructor (int i) {
        x = i;
    }
    public int Constructor (int i) {
        x = i;
        return x++ ;
    }
    private Constructor (int i, String s){}
    public Constructor (String s,int i){}
    private Constructe (int i){
```

```
        x = i++ ;
    }
    private void Constructe (int i){
        x = i++ ;
        }
}
```

提示:有1个错误。区分哪些是实例方法,哪些是构造方法。

7.4.4　方法重载

1. 方法重载的概念

在同一个类中,多个方法具有相同的方法名,但却具有不同的参数列表,方法之间的这种关系称为方法重载。方法重载中的参数列表必须不同,也就是说,参数个数、参数类型或参数顺序不同,至少三者中有一项不同。例如,任务中一直使用的 java. io. PrintStream 类的 println()方法,能够打印多种类型数据,有多种实现方式:

```
public void println(float x);
public void println(String y);
```

根据方法重载的定义,这些同名的 println()方法之间的关系就是方法重载。

方法重载并不由方法的返回类型决定。例如,以下同名的 circle()方法之间的关系就不是方法重载。

```
public float circle(float x);
public int circle (float x);
```

2. 方法重载的意义

因为在完成同一功能时,可能遇到不同的具体情况,比如在控制台输出信息,可能有实数输出、整数输出、字符输出、字符串输出等,定义多个不同方法名的方法,无论在设计还是在调用时,都是很麻烦的事。采用方法重载,用相同的方法名,不同的参数列表,就解决了这些问题。

3. 方法重载举例

加法器类代码如下:

```
package com.task08;
/**
 * Calculate.java
 * 用加法器解释方法重载
 */
public class Calculate {
    /* add()方法之间的关系为方法重载 */
    public int add(int a,int b){                  //方法一:参数类型为 int
        return a + b;
    }
    public double add(double a,double b){         //方法二:参数类型为 double
        return a + b;
    }
    public float add(float a,float b){            //方法三:参数类型为 float
        return a + b;
    }
}
```

测试类代码：

```
package com.task07;
public class CalculateTest {
    /**
     * @param args
     */
    public static void main(String[] args) {
        Calculate calculate = new Calculate();
        System.out.println(calculate.add(1, 2));          //调用方法一:参数类型为 int
        System.out.println(calculate.add(1.0, 2.0));      //调用方法二:参数类型为 double
        System.out.println(calculate.add(1.0f, 2.0f));    //调用方法三:参数类型为 float
    }
}
```

程序运行之前，在编译时根据参数列表决定调用哪个方法。

改错：下面方法重载有哪些错误？

第一组方法重载：

```
public int max(int a, int b);
public void max(int a, int b);
public int max(int x, int y);
public int max(double a, double b);
```

第二组方法重载：

```
public int area(int a);
public int area(int a, int b);
public double area(double a, double b);
public int area(double a, double b);
```

提示：有 3 个错误。

4. 构造方法重载

构造方法重载仍然遵守方法重载定义。在 Book 类中，有无参和带参两个构造方法。其代码示例如下：

```
public class Book{
    private String bookName;
    /*无参构造方法*/
    public Book() {
        this.bookName = "Java 程序设计任务驱动式教程";
    }
    /*带参构造方法*/
    public Book(String bookName) {
        this.bookName = bookName;
    }
    ……
}
```

当在 BookTest 测试类中实例化时，如果将书名设置为默认的“Java 程序设计任务驱动式教程”，则使用 Book()构造方法简便，如果将书名设置为其他的名字，则用 Book(String bookName)构造方法灵活。

7.5　动手做一做

7.5.1　实训目的

掌握封装的思想和实现;掌握构造方法的创建与使用;掌握方法重载的使用。

7.5.2　实训内容

实训 1:通过封装编写 Book 类。要求:类具有属性书名、书号、主编、出版社、出版时间、页数、价格,其中页数不能少于 200 页,否则输出错误信息,并强制赋默认值 200;为各属性设置赋值和取值方法;具有方法 detail(),用来在控制台输出每本书的信息。

编写 BookTest 测试类。为 Book 对象的属性赋初始值,然后调用 Book 对象的 detail()方法,看输出是否正确。

实训 2:给 Book 类增加构造方法,同时对测试类也做相应的修改。

7.5.3　简要提示

首先考虑将类的属性设为 private,再设属性的 getter()和 setter()方法。应该区分在同一个类和不同类中对私有属性的访问方式不同。再考虑构造方法的方法重载,一个是无参构造方法,一个是带参构造方法。

7.5.4　程序代码

程序代码参见本教材教学资源。

7.5.5　实训思考

(1) 属性定义为私有之后,是类的内部可以直接访问还是类的外部可以直接访问?

(2) 什么情况下使用方法重载?

7.6　动脑想一想

7.6.1　简答题

1. 为什么要封装?

2. 什么是构造方法?

7.6.2　单项选择题

1. 方法和成员变量提供了(　)个控制访问的修饰符。

A. 2　　B. 3　　C. 4　　D. 5

2. 访问修饰符(　)表示类中的一个方法或类是公共的。

A. private　　B. public　　C. protected　　D. static

3. 下列选项中,(　)是类 Pen 的构造方法。

A. public void Pen(){}　　B. public static Pen(){}

C. public Pen(){}　　D. public static void Pen(){}

4. 构造方法与实例方法的相同之处是(　)。

A. 两者都有返回类型　　B. 两者名字都与类名相同

C. 两者都可以有参数列表　　D. 以上三者都对

5. 下列关于封装说法正确的是(　)。

A. 类的成员变量仅可以用 private 访问修饰符

B. 每个成员变量必须提供 getter()和 setter()方法

C. 类外对本类的成员变量的访问必须通过 getter()和 setter()方法

D. 封装就是通过 private 关键字限制对类的成员变量或成员方法的访问

6. 下列选项中,(　)是方法重载。

A. public double area(double a, double b) 与 public int area(double a, double b)

B. public int max(int x, int y)与 public int max(int a, int b)

C. public int add(int a,int b)与 public double add(double a,double b)

D. public Constructor (int i) 与 public int Constructor (int i)

7. 能与 public void methodA(){ }方法形成重载的有(　)。

A. public void methodA() throws Exception{ }　B. private int methodA(){ return 1;}

C. public void methodA(int a){ }　D. private void methodA(){ }

8. 下列选项中,将(　)填写在"//代码"处,程序能正确编译。

```
public class Worker {
    private int age;
    public int getSalary (int level){
        return 3000 + level * 1000;
    }
}
public class WorkerTest {
    public int workYear;
    public static void main(String[] args){
        Worker w = new Worker ();
        int i;
        //代码
    }
}
```

A. i = w.age;　B. i = workYear;　C. i = level;　D. i = w.getSalary (3);

9. 下列选项中,(　)方法重载了 Calculate 类中的 cal()方法。

```
public class Calculate{
    public int cal(int x, int y, int z) {
    }
}
```

A. public int cal(int x, int y, float z){ }　B. public void cal(int x, int y, int z){ }

C. public int cal (int a, int b, int c){ }　D. public float cal(int x, int y, int z){ }

7.6.3 编程题

1. 采用封装和构造方法技术编写 Corporation 类。公司包含名称、地址、电话、总经理姓名、成立时间。能够对 Corporation 类进行设置和获取单个属性的值,显示公司的信息。然后编写 CorporationTest 测试类测试。

2. 采用方法重载技术编写 Circle 类。该类提供计算圆的面积、圆柱体的体积。然后编写 CircleTest 测试类测试。

任务八　子承父业(继承和多态的使用)

知识点:继承的概念;继承关键字;父类与子类之间的关系;super 关键字;多态的概念;静态多态;动态多态;多态的实现;最终类和抽象类。

能力点:掌握继承的实现;掌握 super 关键字;掌握多态的实现。

8.1　跟我做:宠物的继承关系

8.1.1　任务情景

Pet 类是一般的宠物类,具有名字、年龄、颜色、体重等属性,能够叫、吃、玩、跳、跑、睡觉等。宠物又可分为狗、猫、鸟等。宠物猫具有名字、年龄、颜色、体重、品种属性,能够叫、吃、玩、跳、跑、睡觉、洗澡、抓老鼠,请编写 Cat 宠物猫类。

8.1.2　运行结果

程序运行结果如图 8-1 所示。

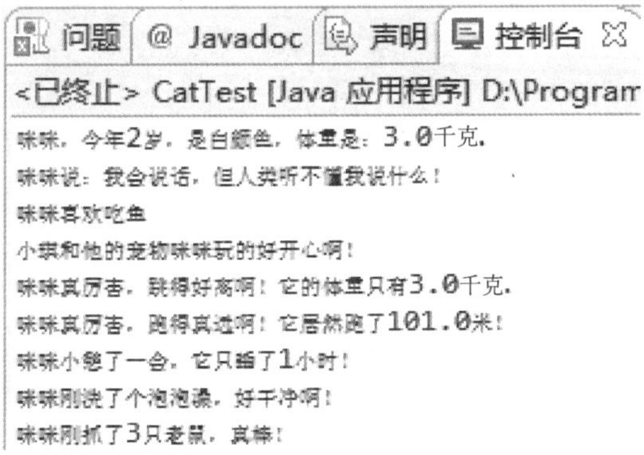

```
问题  @ Javadoc  声明  控制台
<已终止> CatTest [Java 应用程序] D:\Progran
咪咪，今年2岁，是白颜色，体重是：3.0千克.
咪咪说：我会说话，但人类听不懂我说什么！
咪咪喜欢吃鱼
小琪和他的宠物咪咪玩的好开心啊！
咪咪真厉害，跳得好高啊！它的体重只有3.0千克.
咪咪真厉害，跑得真远啊！它居然跑了101.0米！
咪咪小憩了一会，它只睡了1小时！
咪咪刚洗了个泡泡澡，好干净啊！
咪咪刚抓了3只老鼠，真棒！
```

图 8-1　宠物猫程序运行结果

8.2　实现方案

回忆任务六中定义类的几个步骤,先定义类名,再编写类的属性,最后编写类的方法。本任务采用这三个步骤,编写好代码后可知,Cat 宠物猫类和 Pet 宠物类出现了许多相同的语句代码。在属性方面,都包含了名字、年龄等重复的信息定义,在功能上都有叫、吃、玩等重复的行为定义。

现在换个思路考虑。宠物是一般性的概念,它包含的成员变量和成员方法,宠物猫也具有,因为猫也是一种宠物,不过是一种更具体的宠物,除了宠物的公共特性外,还有自己的特有性质。在定义类时,将一般宠物具有的相同属性和方法抽象出来,集中放在宠物类中,形成一种共享的机制,宠物猫类中只放自己特有的成员变量和成员方法,减少重复代码。宠物类称为父类,宠物猫类称为子类。子类继承父类的非私有成员变量和成员方法。

(1) 打开 Eclipse,在 study 项目中创建包 com. task08,再确定类名 Cat,修改其超类为 Pet,得到类的框架。

```
package com.task08;
import com.task07.Pet;
public class Cat extends Pet {
}
```

(2) 进行类的属性描述,只定义自己特有的成员变量。

```
private String species;
```

(3) 定义 species 属性的 getter()和 setter()方法。

```
public void setSpecies(String species){
    this.species = species;
}
public String getSpecies(){
    return species;
}
```

(4) 定义 Cat 类的构造方法:

```
public Cat(){
    ……                //详细实现代码参见 8.3 节
}
public Cat(String name,int age,String color,double weight,String species){
    ……                //详细实现代码参见 8.3 节
}
```

(5) 定义 Cat 类的特有方法:洗澡和捉老鼠。

```
public void bash(){
    ……                //详细实现代码参见 8.3 节
}
public void catchMouse(int n){
    ……                //详细实现代码参见 8.3 节
}
```

(6) 定义 CatTest 测试类,运行程序。对 Cat 类与 Pet 类的继承关系进行测试,Cat 类能否访问父类的成员变量,能否调用父类的成员方法。

```
Cat cat = new Cat("咪咪",2,"白",3.0,"折耳");
cat.show();
……                //详细实现代码参见 8.3 节
```

8.3 代码分析

8.3.1 程序代码

```
package com.task08;
import com.task08.Pet;

public class Cat extends Pet {
```

```
    private String species;

    public void setSpecies(String species){
        this.species = species;
    }
    public String getSpecies(){
        return species;
    }

    public Cat(){
        this("弯弯","波斯");
    }

    public Cat(String name,String species){
        super.setName(name);
        this.species = species;
    }

    public Cat(String name,int age,String color,double weight,String species){
        super(name,age,color,weight);
        this.species = species;
    }

    public void bash(){
        System.out.println(super.getName() + "刚洗了个泡泡澡,好干净啊!");
    }

    public void catchMouse(int n){
        System.out.println(super.getName() + "刚抓了" + n + "只老鼠,真棒!");
    }
}

package com.task08;

public class CatTest {
    public static void main(String[] args) {
        // TODO 自动生成的方法存根
        Cat cat = new Cat("咪咪",2,"白",3.0,"折耳");

        cat.show();
        cat.speak();
        cat.eat("鱼");
        cat.playWithOwner("小琪");
        cat.jump(12.0);
        cat.run(101.0);
```

```
            cat.sleep(1);
            cat.bash();
            cat.catchMouse(3);
        }
    }
```

8.3.2 应用扩展

Cat 类继承了 Pet 类后，在 show()方法中没有显示出特有的 species 属性，在 speak()方法中也需要体现出其特点，因此要重写这两个方法。重写形成了多态。Cat 类重写的方法如下：

```
//重写父类的 show()方法
public void show() {
    System.out.println(super.getName() + ",今年" + super.getAge() + "岁,是" + super.get-
    Color() + "颜色,体重是:" + super.getWeight() + "千克,品种是" + species);
}
//重写父类的 speak()方法
public void speak() {
    System.out.println(super.getName() + "喵喵叫,主人快来到!");
}
```

方法重写后，程序的运行结果如图 8-2 所示。

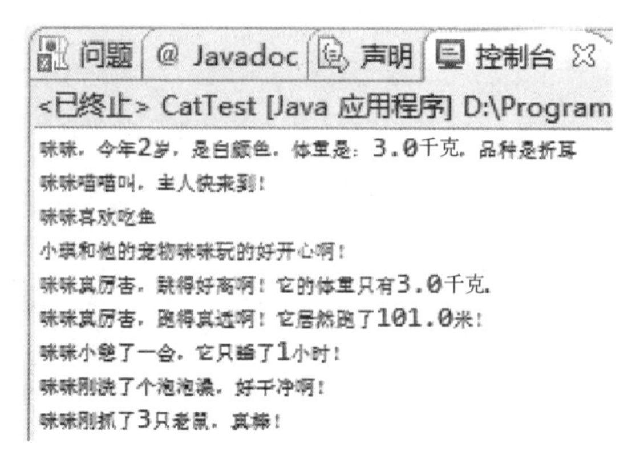

图 8-2 方法重写后的程序运行结果

8.4 必备知识

8.4.1 类的继承

1. 继承的概念

由一个已有类定义一个新类称为新类继承了已有类。已有类称为父类，新类称为子类。通过子类继承父类，子类具有父类的一般特性，包括非私有的属性和行为。子类还可以增加自身特性，定义新的属性和行为，甚至可以重新定义父类中的属性和方法，扩展类的功能。

例如，宠物类具有名字、年龄、颜色、体重等属性，也具有叫、吃、玩、跳、跑、睡觉等一般特性。作为子类的宠物猫类继承了父类的这些特性，另外还新增了自己的特性。例如，宠物猫具有自己的扩展属性——能够捉老鼠。宠物猫类还可以重新定义父类的叫、吃功能。

怎样判断类与类之间具有继承关系呢？宠物具有一般特性，宠物猫、宠物狗是一种宠物，具有更具体的特性，符合 is-a 关系。根据这种原则，确定宠物是父类，宠物猫、宠物狗是子类。父类更通用，子类更具体。

再看一看人、消费者和经销商关系。人具有姓名、年龄属性，能够说话。消费者、经销商是一种人，具有姓名、年龄属性，能够说话。消费者还能够购物、付费，经销商能够进货、收费，具有更具体的特性。符合 is－a 关系。所以，人是父类，消费者和经销商是子类。

2. 继承的意义

在定义宠物类、宠物猫、宠物狗时，通过分析了解到，宠物类和其他宠物类之间的重复代码太多，具有许多相同的成员变量和成员方法，既增加程序员的工作量，降低编程效率，也违背 Java 语言的“write once, only once”的原则。

如果把所有子类中相同的代码都抽取到父类中，建立继承关系，让子类自动继承父类的属性和方法，那么子类中就省去了重复代码。

例如，在宠物类、宠物猫、宠物狗建立了继承关系后，宠物猫、宠物狗中相同的代码，包括成员变量定义和方法的定义，被抽取到宠物类中，子类中不再进行重复定义，程序的有效实现代码得到复用。因此，使用继承可提高代码的复用性。

3. 继承的实现

继承的实现分以下两个步骤。

(1) 定义父类。父类可以是系统类，也可以是自定义类。如果是系统类，该步骤可以省略。在父类中只定义一些通用的属性与方法，例如，Pet 宠物类只定义了名字、年龄、颜色、体重属性，以及叫、吃、玩、跳、跑、睡觉行为。

```
private String name;          //定义宠物的名字、年龄、颜色、体重
private int age;
private String color;
private double weight;
public void speak()           //叫、吃、玩、跳、跑、睡觉行为
public void eat(String food)
public void playWithOwner(String ownerName)
public void jump(double height)
public void run(double distance)
public void sleep(int time)
```

(2) 定义子类。子类定义格式：

```
[类修饰符]  class  子类名  extends  父类名{
}
```

extends 关键字表示一个类继承了另一个类。例如，Cat 宠物猫类继承 Pet 宠物类。

```
public class Cat extends Pet{              //父类名只能有一个
}
```

然后，定义子类特有的成员变量和成员方法。例如，Cat 宠物猫类作为子类，新增了自己的特性。

```
private String species;                    //子类特有的属性
public void bash(){                        //子类特有的方法
    System.out.println(super.getName() + "刚洗了个泡泡澡,好干净啊!");
}
public void catchMouse(int n){
    System.out.println(super.getName() + "刚抓了" + n + "只老鼠,真棒!");
```

注意:一个子类只能继承一个父类,即单继承。但一个父类可以有多个子类。

改错:下面关于继承的定义有哪些错误?

```
/**
 * 人(Person)具有姓名(name)、年龄属性(age),能够说话(talk)
 * 消费者(Customer)具有姓名(name)、年龄属性(age),能够说话(talk),还能够购物( shop)
 */
public class person extends Customer, Shop {
    String name;
    public void talk(){
        System.out.println(name + "说话" );
    }
    private void shop (){
        System.out.println(name + "购物");
    }
}
```

提示:有 5 个错误。

4. 子类与父类的关系

(1) 子类自动继承父类的属性和方法,但不能继承访问权限为 private 的成员变量和成员方法。例如,父类 Pet 中的成员变量均为私有,子类 Cat 中,按如下方式对父类成员变量进行访问,将会出错。

```
color = "灰色";                    //子类中访问父类中私有成员变量,出错
```

当将父类 Pet 中 private 改为缺省时,子类 Cat 中访问顺利完成。

```
String color;                    //父类中 private 改为缺省
```

(2) 子类中可以定义特定的属性和方法。例如,在子类 Cat 中,增加品种 species 属性以及洗澡 bash()和抓老鼠 catchMouse()方法:

```
String species;
public void bash(){
    ……
}
public void catchMouse(int n){
    ……
}
```

(3) 子类中方法重写。所谓方法重写就是子类定义的方法和父类的方法具有相同的名称、参数列表、返回类型和访问修饰符。例如,父类 Pet 中有如下方法:

```
public void show() {
    System.out.println(name + ",今年" + age + "岁,是" + color + "颜色,体重是:" + weight + "千克。");
}
```

在子类 Cat 中,新增自己的 show()方法,这就是方法重写。

```
public void show() {                          //方法重写
    System.out.println(super.getName() + ",今年" + super.getAge() + "岁,是" + super.get-
    Color() + "颜色,体重是:" + super.getWeight() + "千克,品种是" + species);
}
```

方法重写会隐藏父类的同名方法。也就是说,在子类 Cat 中,如果调用 show()方法,将不再是调用父类 Pet 的 show()方法,而是子类 Cat 中的方法。

子类的属性与父类的属性相同时,也会出现隐藏的现象。

(4) super 关键字与 this 关键字。子类的属性与父类的属性相同时,也会出现隐藏的现象。出现隐藏现象后,如果需要使用父类的成员属性和成员方法,可以通过使用 super 关键字。例如,在子类 Cat 中,调用父类的 show()方法:

```
super.show();                     //super 指当前对象的父对象
```

如果用 this 关键字,则表示调用当前对象的 show()方法:

```
this.show();                      //this 指当前对象
```

通过使用 super 关键字与 this 关键字,可以显式地区分开调用的是当前对象的成员,还是父对象的成员。

另外,当方法体中定义的变量或方法的形式参数与对象的成员变量名相同时,也必须用 this 关键字指明当前对象的成员变量。

(5) 子类的构造方法。子类不能继承父类的构造方法,因为父类的构造方法用来创建父类对象,子类需定义自己的构造方法,创建子类对象。

子类的构造方法中,通过 super 关键字调用父类的构造方法。例如,在子类 Cat 的构造方法中用如下语句实现了对父类构造方法的调用:

```
super();                               //调用父类的无参构造方法
super(name,age,color,weight);          //调用父类的带参构造方法
```

注意:"super([参数]);"必须是子类构造方法的第一条语句。如果该语句省略,则会自动调用父类无参构造方法。因为子类创建对象时,先创建父类对象,再创建子类对象。

如果需要调用当前类中的构造方法,用 this 关键字。例如,在子类 Cat 的构造方法中,用如下语句实现了对当前类中的构造方法的调用:

```
public Cat(){
    this("弯弯","波斯");                //调用当前类中的带参构造方法
}
```

5. 根类 Object

在 Java 中,所有的类都是通过直接或间接地继承 java.lang.Object 类得到的。Object 类

是一切类的祖先,称为根类。

当定义类,而没有使用 extends 关键字时,表示所定义类的父类为 Object 类,这是 Java 中的一种特别约定。对于根类 Object 类的方法,如 clone()、equals(obj)、finalize()、getClass()、hashCode()、notify()、notifyAll()、toString()、wait()等,子类都可以通过继承进行调用。

8.4.2 类的多态

1. 多态的概念

多态是指一个方法声明的多种实现状态,即在程序中同名的不同方法共存,调用者只需要使用同一个方法名,系统会根据不同情况,调用相应的方法,从而实现不同的功能。简而言之,多态性即“一个名字,多个方法”。例如,父类 Pet 中有如下方法:

```
public void speak(){
    ……
}
```

在子类 Cat 中,也有 speak()方法:

```
public void speak(){                //方法重写
    ……
}
```

在程序中同名的不同方法共存,形成了多态。

2. 多态的意义

在面向对象程序设计中,多态是具有表现多种形态的能力的特征,有时需要利用方法的重名,提高程序的抽象度和简洁性,以及程序的可扩展性及可维护性。例如,使用多态之后,当需要增加新的子类 PoliceCar 警车类时,无须更改父类 Vehicle,这样不仅代码得到了扩展,维护起来也方便。

3. 多态的分类

多态分为静态多态和动态多态。静态多态指通过同一个类中的方法重载实现的多态,是编译时多态,指程序会根据参数的不同来调用相应的方法,具体调用哪个被重载的方法,由编译器在编译阶段静态决定。静态多态在程序运行时更有效率。动态多态指通过类与类之间的方法重写实现的多态,动态多态是运行时多态,指在运行时根据调用该方法的实例的类型来决定调用哪个重写方法。动态多态在程序运行时更具有灵活性。

4. 多态的实现

多态通过给同一个方法定义几个版本来实现。例如,现有 3 个类,Grandfather 类是 Father 类的父类,Father 类是 Child 类的父类。3 个类的代码如下:

```
package com.task08;
/**
 * Grandfather.java
 * 多态,本类作为 Father 的父类
 */
public class Grandfather {
    int i;
    int j;
```

```
    /**
     * @param i
     * @param j
     */
    public Grandfather(int i, int j) {
        this.i = i;
        this.j = j;
    }
    int smoke(){
        System.out.println("Grandfather 的方法 smoke():");
        return i + j;
    }
}
package com.task08;
/**
 * Father.java
 * 多态,本类作为 Grandfather 的子类,本类作为 Child 的父类
 */
public class Father extends Grandfather {
    /**
     * @param i
     * @param j
     */
    public Father(int i, int j) {
        super(i, j);
    }
    int drink(){
        System.out.println("Father 的方法 drink():");
        return 0;
    }
}
package com.task08;
/**
 * Child.java
 * 多态,本类作为 Father 的子类
 */
public class Child extends Father {
    /**
     * @param i
     * @param j
     */
    public Child(int i, int j) {                //子类的构造方法
        super(i, j);                            //调用父类的构造方法
    }
    int drink(){                                //重写了父类的方法
```

```
            System.out.println("Child 重写的方法 drink():");
            return i * j;
        }
}
package com.task08;
public class GrandfatherTest {
    /**
     * @param args
     */
    public static void main(String[] args) {
        //创建子类的对象,赋给父类对象变量 father
        Father father = new Child(3,4);
        //调用子类 Child 重写的 drink()方法
        System.out.println(father.getClass() + "喝水杯数" + father.drink());
        //调用父类 Grandfather 的 smoke()方法(子类未重写)
        System.out.println(father.getClass() + "抽烟支数" + father.smoke());
    }
}
```

多态程序运行结果如图 8-3 所示。

```
Web Browser  Servers  Console
<terminated> GrandfatherTest [Java Applicati
Child重写的方法drinking():
class com.task09.Child喝水杯数12
Grandfather的方法smoking():
class com.task09.Child抽烟支数7
```

图 8-3　多态程序运行结果

在 GrandfatherTest 测试类中,首先声明 Father 类型的变量 father,然后建立 Father 类的子类 Child 类的一个实例,并把引用存储到 father 中。Java 运行时,系统分析该引用是 Child 类型的一个实例,因此调用子类 Child 重写的 drink()方法。因为 smoke()方法未被子类 Child 重写,所以运行时系统调用继承的父类 Father 的父类 Grandfather 的 smoke()方法。

注意:因为子类通过继承具备了父类的所有属性(私有属性除外),所以凡是要求使用父类对象的地方都可以用子类对象来代替。

对子类的一个实例,运行时系统到底调用哪一个方法呢?如果子类重写了父类的方法,则调用子类的方法;如果子类未重写父类的方法,则调用父类的方法。因此,父类对象可以通过引用子类的实例调用子类的方法。

改错:下面关于多态的定义有哪些错误?

父类 Grandfather 中有如下方法:

```
int smoke(){
        System.out.println("Grandfather 的方法 smoke():");
        return i + j;
}
```

子类 Father 中定义了方法:

```
int smoke(int i){
        System.out.println("Father 的方法 smoke():");
        return i + j;
}
```

提示:有1个错误。

8.4.3　最终类和抽象类

1. 最终类

当一个类的定义使用了final关键字时,该类称为最终类。最终类不能有子类,也就是不能被继承。一般用来完成某种标准功能的类,如系统类String、Byte和Double,或定义已经很完美,不需要生成子类的类,通常定义为最终类。最终类的声明格式:

```
final class 类名{
    ……
}
```

2. 抽象类

当一个类的定义使用了abstract关键字时,该类称为抽象类。抽象类是供子类继承却不能创建实例的类。抽象类中可以声明只有方法头没有方法体的抽象方法,方法体由子类实现。抽象类提供了方法声明与方法实现分离的机制,使各子类表现出共同的行为模式。抽象方法在不同的子类中表现出多态性。抽象类的声明格式:

```
[public] abstract class 类名{
    ……
}
```

在面向对象程序设计时,抽象类一般用于现实世界抽象的概念,如食物,水果、交通工具等,看不到它们的实例,只能看到它们的子类,如米饭、苹果、飞机等子类的实例。

Java中的java.lang.Number类是抽象类,没有实例,它是integer和float具体数字类型的抽象父类。

例如,有计算机类Computer和笔记本电脑类Notebook两个类。Computer为抽象类,Notebook为其实现子类。其代码如下:

```
package com.task08;
/**
 * Computer.java
 * 抽象类,本类作为Notebook的父类
 */
public abstract class Computer {                    //抽象类的定义要有abstract关键字
    String brand;                                   //成员变量
    abstract void showBrand();                      //抽象方法,没有方法体
}
package com.task08;
/**
 * Notebook.java
 * 实现类,本类作为Computer的实现子类
 */
public class Notebook extends Computer {
    @Override
```

```
        void showBrand() {                              //实现抽象方法
            brand = "Dell";
            System.out.println("品牌:" + brand);
        }
        /**
         * @param args
         */
        public static void main(String[] args) {
            Computer computer = new Notebook();         //子类的对象赋给抽象类的变量
            computer.showBrand();
        }
}
```

改错:下面关于抽象类的定义有哪些错误?

```
public abstract class Food {
        private int status = 0;
        int getStatus(){
            return status;
        }
}
class Egg extends Food{}
public class FoodTest(){
        public static void main(String [] args) {
            Food food = new Food();
            food. getStatus();
        }
}
```

提示:有 1 个错误。牢记抽象类、抽象方法的定义和使用要求。

8.5 动手做一做

8.5.1 实训目的

掌握继承的概念和实现;掌握多态的概念和实现。

8.5.2 实训内容

编写动物世界的继承关系代码。动物(Animal)包括山羊(Goat)和狼(Wolf),它们吃(eat)的行为不同,山羊吃草,狼吃肉,但走路(walk)的行为是一致的。通过继承实现以上需求,并编写 AnimalTest 测试类进行测试。

8.5.3 简要提示

山羊类和狼类具有共同的吃、走路行为,应该抽象出来,放在动物类中。但山羊吃草,狼吃肉,具体吃的行为各不相同,所以在山羊类和狼类中要重写吃行为。

8.5.4 程序代码

程序代码参见本教材教学资源。

8.5.5　实训思考

(1) 如何实现继承?

(2) 如何实现方法重写?

(3) 理解测试类中的调用方法过程。

8.6　动脑想一想

8.6.1　简答题

1. 请写出继承的实现步骤,并举例说明。

2. 给定如下 Java 代码,编译运行后,输出结果是什么?

```
class Father {
    public String name;
    public Father(){
        name = "Father";
    }
    public Father(String name){
        this.name = name;
    }
    public void say(){
        System.out.println(name);
    }
}
class Child extends Father{
    public Child(){
        super("儿子");
        name = "女儿";
    }
}
public class Sample {
    public static void main(String[ ] args) {
        Child child = new Child();
        child. say ();
    }
}
```

3. 给定如下 Java 代码,编译运行后,输出结果是什么?

```
public class Teacher {
    public void giveLesson(){
        System.out.println("技能");
    }
}
public class JavaTeacher extends Teacher {
    public void giveLesson(){
```

```
            System.out.println("连接数据库");
        }
    }
    public class Test {
        public static void main(String[] args) {
            Teacher teacher = new JavaTeacher ();
            teacher .giveLesson();
        }
    }
```

8.6.2 单项选择题

1. 下列说法正确的是(　)。

A. 子类可以对父类的成员变量和方法重定义　　B. 父类中的类变量不可隐藏

C. 子类和父类可以完全相同　　D. 子类不可共享父类的方法

2. 下列语句中,(　)可以用来访问父类被隐藏的成员变量。

A. this. variable;　　B. super. variable;　　C. super. Method();　　D. super();

3. 下列说法正确的是(　)。

A. 抽象类指有具体对象的一种概念类　　B. 抽象类不是一种完整类

C. 抽象类的方法声明中一定要有 abstract 关键字　　D. 抽象类不能被继承

4. 下列说法错误的是(　)。

A. Object 类中有成员属性　　B. 在 OOP 中,方法可以同名

C. 程序员定义自己的类时,可以不需要 Object 类

D. 在 OOP 中,子类与父类中的成员变量可以同名

5. 下列说法正确的是(　)。

A. 最终类在特殊情况下可以有子类　　B. 抽象类只能有一个子类

C. 多态可以通过方法重写和方法重载实现

D. 抽象类不可以声明成员变量和成员方法,只能声明抽象方法

6. 下列对 Java 中的继承描述,说法错误的是(　)。

A. 子类至少有一个基类　　B. 子类可作为另一个子类的基类

C. 子类可以通过 this 关键字来访问父类的私有属性

D. 子类继承父类的方法访问权限保持不变

7. 下列关于构造方法说法正确的是(　)。

A. 不能重写,可以重载　　B. 可以重写,不能重载

C. 不能重写,不能重载　　D. 可以重写,可以重载

8. 下列属于方法重载优点的是(　)。

A. 实现多态　　B. 方法个数减少

C. 提高程序运行速度　　D. 使用方便,提高可读性

9. 面向对象方法的多态性是指(　)。

A. 一个对象可以是由多个其他对象组合而成的

B. 一个对象在不同的运行环境中可以有不同的变体

C. 拥有相同父类或接口的不同对象可以以适合自身的方式处理同一件事

D. 一个类可以派生出多个子类

10. Dog 是 Animal 的子类,下面代码错误的是(　)。

A. Object o = new Dog() ;

B. Animal a = (Animal)new Dog();

C. Dog d = (Dog)new Animal();

D. Animal a = new Dog();

8.6.3 编程题

1. 根据图 8-1 的要求,用继承关系完成 Dog 宠物狗类代码。

2. (1) 编写代码实现如下需求:皮球(Ball)分为足球(Football)和排球(Volleyball),各种皮球的运动(play)方法各不相同。

(2) 编写一个 BallTest 测试类。要求:编写 testPlay 方法,对各种皮球进行运动测试。要依据皮球的不同,进行相应的运动。在 main()方法中进行测试。

任务九　万能之手(接口的使用)

知识点:接口;接口关键字;接口与多态的关系;面向接口编程;面向接口编程的实现;常量;常量的定义规则。

能力点:掌握Java接口;理解Java接口与多态的关系;掌握面向接口编程的思想;掌握接口中常量的使用。

9.1　跟我做:使用USB接口

9.1.1　任务情景

电脑主板上的USB接口有严格的规范,U盘、移动硬盘的内部结构不同,每种盘的容量也不同,但U盘、移动硬盘都遵守了USB接口的规范,所以在使用USB接口时,可以将U盘、移动硬盘插入任意一个USB接口,而不用考虑哪个USB接口是专门插哪个盘的问题。

请编写程序,模拟使用USB接口的过程。

```
Web Browser  Console
<terminated> UseUSBDisk [Java
移动硬盘插入, 开始使用
U盘插入, 开始使用
移动硬盘退出工作
U盘退出工作
```

图9-1　使用USB接口程序运行结果

9.1.2　运行结果

程序运行的结果如图9-1所示。

9.2　实现方案

USB接口有规范,可以把U盘、移动硬盘插入其中。对照任务八中的抽象类和继承类内容,子类的实例可以赋给抽象类的变量,但抽象类一般用于现实世界抽象的概念。除了U盘、移动硬盘外,还有其他的设备可以接入USB接口,这些设备的功能可能不同,所以USB接口不太适合用抽象类来表示。本任务采用一种新的技术——接口来表示USB接口。

接口是一种比抽象类更抽象的特殊类,只包含常量和抽象方法,一般只表示一种"规范"。USB接口可以使用U盘、移动硬盘,完成插入、启动、停止的功能。当U盘或移动硬盘插入USB接口时,它们的表现是不一样的。作为USB接口的接口,有两个抽象方法,但无法实现具体的功能。这些功能留在U盘或移动硬盘实现类中去完成。

采用接口技术后,把USB接口的特殊类称为接口,U盘、移动硬盘类实现具体的功能。

(1) 打开Eclipse,在study项目中创建包com.task09,再确定类名USB(接口名),得到接口的框架。

```
package com.task09;
public interface USBInterface {             //这是Java接口,相当于USB接口的规范
}
```

(2) 进行抽象方法的声明:

```
public void start();                        //抽象方法,开始使用
public void stop();                         //停止使用
```

(3) 定义继承类(实现类)MovingDisk：

```
public class MovingDisk implements USBInterface {          //移动硬盘遵守了 USB 接口的规范
    ……                                                    //详细实现代码参见 9.3 节
}
```

(4) 定义继承类(实现类)UDisk。UDisk 类代码与 MovingDisk 类相似。

(5) 定义 UseUSB 类使用 USB 接口,运行程序。对 UseUSB 类能否正确使用 MovingDisk 类和 UDisk 类,能否将盘插入到 USB 接口中进行测试。代码如下：

```
USBInterface usb1 = new MovingDisk();     //将移动硬盘插入 USB 接口 1
USBInterface usb2 = new UDisk();          //将 U 盘插入 USB 接口 2
usb1.start();                             //开启移动硬盘
usb2.start();                             //开启 U 盘
usb1.stop();                              //关闭移动硬盘
usb2.stop();                              //关闭 U 盘
```

9.3　代码分析

9.3.1　程序代码

```
package com.task09;
/**
 * USBInterface.java
 * 接口
 */
public interface USBInterface {                 //这是 Java 接口,相当于主板上的 USB 接口的规范
    public void start();
    public void stop();
}
package com.task09;
/**
 * MovingDisk.java
 * 实现类
 */
public class MovingDisk implements USBInterface {    //移动硬盘遵守了 USB 接口的规范
    public void start(){                       //实现接口的抽象方法,移动硬盘有自己的功能
        System.out.println("移动硬盘插入,开始使用");
    }
    public void stop(){                        //实现接口的抽象方法,移动硬盘有自己的功能
        System.out.println("移动硬盘退出工作");
    }
}
package com.task09;
/**
 * UDisk.java
 * 实现类
 */
```

```
public class UDisk implements USBInterface {                    //U 盘遵守了 USB 接口的规范
    public void start(){
        System.out.println("U 盘插入,开始使用");
    }
    public void stop(){
        System.out.println("U 盘退出工作");
    }
}
package com.task09;
/**
 * UseUSB.java
 * 测试类,完成移动硬盘、U 盘插入测试
 */
public class UseUSB {
    /**
     * @param args
     */
    public static void main(String[] args) {
        USBInterface usb1 = new MovingDisk();                   //将移动硬盘插入 USB 接口 1
        USBInterface usb2 = new UDisk();                        //将 U 盘插入 USB 接口 2
        usb1.start();                                           //开启移动硬盘
        usb2.start();                                           //开启 U 盘
        usb1.stop();                                            //关闭移动硬盘
        usb2.stop();                                            //关闭 U 盘
    }
}
```

9.3.2 应用扩展

增加主板类,再修改 UseUSB 类,将 USB 接口安装在主板上,然后在 UseUSB 类中将移动硬盘、U 盘插入到主板的 USB 接口中。

```
package com.task09;
/**
 * MainBoard.java
 * 主板类,安装 USB 接口
 */
class MainBoard{
    public void useUSB(USBInterface usb){             //通过这个方法,插入符合 USB 接口规范的盘
        usb.start();
        usb.stop();
    }
}
package com.task09;
/**
 * UseUSB.java
```

```
  * 测试类,完成 U 盘、移动硬盘插入测试
  */
public class UseUSB {
    public static void main(String[] args) {
        MainBoard mainBoard = new MainBoard();
        USBInterface usb1 = new MovingDisk();        //在 USB 接口 1 上插入移动硬盘
        mainBoard. useUSB (usb1);
        USBInterface usb2 = new UDisk();             //在 USB 接口 2 上插入 U 盘
        mainBoard. useUSB (usb2);
    }
}
```

9.4　必备知识

9.4.1　Java 接口

1. 接口的概念

接口是由常量和抽象方法组成的特殊类,是对抽象类的进一步抽象。声明接口时使用 interface 关键字。接口中的抽象方法在接口的实现类中被实现,这些实现方法可以具有完全不同的行为。

2. 为什么需要接口

类与类之间通过继承,子类共享父类的属性和方法,但 Java 中只能实现单继承,无法实现多继承,借助于接口可以达到这一目的。

继承会形成树形结构的严格的层次关系,层数越多,灵活性越小,系统维护越复杂。采用接口问题会迎刃而解。

正确使用面向接口编程的思想,还会提高系统的可扩展性及可维护性。

3. 接口的实现与使用

接口的实现与使用分 3 个步骤。先声明接口,再定义接口的实现类,最后使用接口。

(1) 声明接口。接口的声明格式为

```
[public] interface 接口名{
    常量声明;
    抽象方法声明;
}
```

例如,定义 USB 接口接口,有两个抽象方法。

```
public interface USBInterface {              //主板上的 USB 接口接口
    public void start();                     //抽象方法
    public void stop();
}
```

接口中的方法声明只能写成抽象方法的形式,不能带方法体。

注意:在接口中,定义的常量修饰符默认为“public static final”,定义的方法修饰符默认为“public abstract”,所以可以省去常量、方法声明的修饰符。

(2) 实现接口。有了接口声明,接下来就要实现接口,也就是要进行实现类的定义。实现类的定义要使用 implements 关键字。例如,接口 USBInterface 的实现类 MovingDisk 的定义如下:

```
public class MovingDisk implements USBInterface {          //实现了 USB 接口的接口
    public void start(){                                   //实现接口中的方法
        System.out.println("移动硬盘插入,开始使用");
    }
    public void stop(){                                    //实现接口中的方法
            System.out.println("移动硬盘退出工作");
        }
    }
```

牢记 interface 和 implements 两个关键字,基本上就把握住了接口的定义和实现。但是,还要注意,在实现类中,接口所有方法的方法体必须补写完整,另外,方法的修饰符必须使用 public。

注意:一个类可以实现多个接口,但只能继承一个父类。

(3) 接口的使用。在程序中,常通过实现类来使用接口。例如,接口 USBInterface 的实现类 MovingDisk 的定义完成后,可以用以下方式使用。

```
USB usb1  = new MovingDisk();              //接口的使用
usb1.start();                              //调用接口的方法
```

改错:关于接口的声明有哪些错误?

```
public interface Staff {
    public String getInfo();
    public void speak(){
        getInfo ();
    }
    private void write();
    void work();
}
```

提示:有 2 个错误。

4. 接口与抽象类

接口与抽象类的区别如下:

- 使用的关键字不同:接口用的是 interface;抽象类用的是 abstract。
- 方法的存在形式不同:接口中的方法是抽象方法,不能包含带方法体的普通方法;抽象类中的方法既可以有抽象方法,也可以有普通方法。
- 属性上的处理不同:接口中的属性是常量;而抽象方法中的属性没有限制。
- 使用上也有所不同:当各个子类都存在一个共同的方法特征,但有各自不同的实现时,一般使用接口。

接口与抽象类是可以结合使用的,例如,抽象类可以实现接口。在实现时,接口中的抽象方法既可以全部实现,也可以部分实现,甚至一个都不实现。没有实现的接口方法,抽象类也不需要重新显式声明为抽象方法。这种情况下,抽象类的子类必须实现抽象类中的抽象方法,以及实现来自接口而抽象类没有实现的方法。如 InterfaceSample 为接口,抽象类 AbstractClass 是接口的实现类,SonAbstractClass 类为抽象类 AbstractClass 的子类。InterfaceSampleTest 是测试类。代码如下:

```
package com.task09;
/**
 * InterfaceSample.java
 * 接口
 */
public interface InterfaceSample {
    public void action1();                    //抽象方法
    public void action2();
}
package com.task09;
/**
 * AbstractClass.java
 * 抽象类,作为接口的实现类
 */
public abstract class AbstractClass implements InterfaceSample {
    @Override
    public void action1() {                   //实现接口中的方法
        System.out.println("在抽象类中实现接口的 action1()方法");
    }
    abstract void action3();                  //新增的抽象方法,扩展类的功能
}
package com.task09;
/**
 * SonAbstractClass.java
 * 抽象类的子类
 */
public class SonAbstractClass extends AbstractClass {
    @Override
    void action3() {                          //实现抽象类中的抽象方法
        System.out.println("在子类中实现抽象类 -- 父类的 action3()方法");
    }
    @Override
    public void action2() {                   //实现接口中的方法,在抽象类中没有得到实现
        System.out.println("在子类中实现接口的 action2()方法");
    }
}
package com.task09;
/**
 * InterfaceSampleTest.java
 * 测试类
```

```
    */
public class InterfaceSampleTest {
    /**
     * @param args
     */
    public static void main(String[] args) {
        SonAbstractClass sonAbstractClass = new SonAbstractClass();
        sonAbstractClass.action1();    //调用在抽象类中实现的接口的 action1()方法
        sonAbstractClass.action2();    //调用在子类中实现的接口的 action2()方法
        sonAbstractClass.action3();    //调用在子类中实现的抽象类--父类的 action3()方法
    }
}
```

抽象类 AbstractClass 实现了 InterfaceSample 接口,同时,实现了接口中的 action1()方法,但没有实现接口中的 action2()方法,而是新增了抽象方法 action3(),扩展了类的功能。抽象类 AbstractClass 的子类 SonAbstractClass 实现了抽象类中的抽象方法 action3()以及接口的抽象方法 action2()。

9.4.2 接口与多态的关系

动态多态是在父类与子类之间的方法重写。接口是为了在运行时支持动态调用方法的一种机制,它使方法的声明和实现分割开来。接口作为类型可以声明一个对象的引用变量,实现接口的类实例化后,其对象的引用可以保存在这个变量中,再通过引用变量访问方法。至于调用哪个方法是动态的,根据实际创建的对象调用相应的实现方法。通过接口找到方法,表现出多态性。

9.4.3 面向接口编程的思想

开发系统时,主体构架使用接口,接口构成系统的骨架,这样就可以通过更换接口的实现类来更换系统的实现。这就是面向接口编程的思想。

采用面向接口编程的思想编程,分为三个步骤。以下结合例子加以学习。

有一摄影中心,既有传统照相机(AnalogueCamera),也有数码照相机(DigitalCamera),摄影中心(PhotoCentre)的摄影师(Cameraman)在拍照时,使用不同的照相机照出的照片也就不同,最后经摄影中心将照片印出来(printPhoto)。采用面向接口编程的思想编程。

1. 抽象出 Java 接口

传统照相机、数码照相机都用于拍照,但两者对拍照 takephoto()方法有不同的实现。因此,抽象出 Java 接口 Camera,在其中定义方法 takephoto()。同样,无论是摄影师还是摄影中心派人拍照,都要进行照片的景点抓取,但各自对 aimAtPhoto()方法实现不同。因此,抽象出 Java 接口 Photo,在其中定义方法 aimAtPhoto()。具体实现如下:

```
package com.task09;
/**
 * Camera.java
 * 接口
 */
public interface Camera {
```

```
    public void takephoto(String content);          //拍照片
}
package com.task09;
/**
 * Photo.java
 * 接口
 */
public interface Photo {
    public String aimAtPhoto();                     //抓取景点
}
```

2. 实现 Java 接口

抽象出 Java 接口 Camera,并在其中定义了 takephoto()方法后,传统照相机、数码照相机对 takephoto()方法有各自不同的实现。因此,传统照相机、数码照相机都实现 Camera 接口,各自实现 takephoto()方法。同样,摄影师 Cameraman 实现了接口 Photo。具体实现如下:

```
package com.task09;
/**
 * AnalogueCamera.java
 * 实现类
 */
public class AnalogueCamera implements Camera {
    public void takephoto(String content) {              //拍照
        System.out.println("传统照相:");
        System.out.println(content);
    }
}
package com.task09;
/**
 * DigitalCamera.java
 * 实现类
 */
public class DigitalCamera implements Camera {
    public void takephoto(String content) {              //拍照
        System.out.println("数码照相:");
        System.out.println(content);
    }
}
package com.task09;
/**
 * Cameraman.java
 * 实现类
 */
public class Cameraman implements Photo {
    public String aimAtPhoto() {                         //抓取到景点
        return "本人是摄影师,抓取到景点,拍照了";
    }
}
```

3. 使用 Java 接口

主体构架使用接口,让接口构成系统的骨架,通过更换实现接口的类就可以更换系统的实现。具体实现如下:

```
package com.task09;
/**
 * PhotoCentre.java
 * 实现类
 */
public class PhotoCentre implements Photo {
    private Camera camera;                                    //照相机
    public void setCamera(Camera camera) {
        this.camera = camera;
    }
    public String aimAtPhoto() {                              //抓取到景点
        return "这里是摄影中心,抓取到景点,拍照了";
    }
    public void printPhoto(Photo scene){                      //印照片
        camera.takephoto(scene.aimAtPhoto());
        System.out.println("照片印好了");
    }
}
package com.task09;
/**
 * CameraTest.java
 * 测试类
 */
public class CameraTest {
    public static void main(String[] args) {
        PhotoCentre photoCentre = new PhotoCentre();          //创建摄影中心
        photoCentre.setCamera(new AnalogueCamera());          //配备传统照相机
        photoCentre.printPhoto(photoCentre);                  //将中心派人拍的照片印出来
        photoCentre.setCamera(new DigitalCamera());           //配备数码照相机
        photoCentre.printPhoto(photoCentre);
        photoCentre.printPhoto(new Cameraman());              //将摄影师拍的照片印出来
    }
}
```

9.4.4 接口中常量的使用

常量是一种标识符,它的值在运行期间恒定不变。常量只能被引用,不能被重新赋值。一般情况下,程序中多次出现的数字或字符串定义为常量,可以增强程序的可读性、可维护性。例如,程序中经常用到圆周率 3.141 592 653 589 793 238 46,则可以将它定义为常量 PI。

```
public static final double PI = 3.14159265358979323846;
```

当圆的半径为 4 时,求圆的面积公式可以直接写为

```
System.out.println("圆的面积:" + PI * 4 * 4);
```

在接口中声明常量时，通常可以省去 public static final，写为

```
double PI = 3.14159265358979323846;
```

在有的程序中，把所有类用到的共享常量集中存放在一个接口中，该接口中没有任何方法。当类实现这一接口时，实际上并不实现抽象方法，只是为了使用常量。例如：

```
public interface Constants {
    int FAILURE = 0;
    int SUCCESS = 1;                    //声明常量
}
public class UseConstants implements Constants{
    int k;
    ……
    if (k == SUCCESS) {                 //类的方法中使用常量
        ……
    }
}
```

在此小结一下学过的 OOP 的 3 个基本特征：封装、继承和多态，三者的比较如表 9-1 所列。

表 9-1　面向对象编程的基本特征比较

基本特征	定　义	实　现	优　点
封装	隐藏实现细节，对外提供公共的访问接口	属性私有化、添加公有的 setter()、getter()方法	增强代码的可维护性
继承	从一个已有的类派生出新的类，子类具有父类的一般特性，以及自身特殊性	继承需要符合 is-a 关系	实现抽象(抽出像的部分)，增强代码的可复用性
多态	同一个实现接口，使用不同的实例而执行不同操作	通过接口/继承来定义统一的实现接口；通过方法重写为不同的实现类/子类定义不同的操作	增强代码的可扩展性、可维护性

9.5　动手做一做

9.5.1　实训目的

掌握 Java 接口的定义、实现与使用；掌握 Java 接口与多态的关系；掌握面向接口编程的思想；掌握接口中常量的使用。

9.5.2　实训内容

设计几何图形(Shape)、矩形(Rectangle)、圆形(Circle)、正方形(Square)，能够利用接口和多态性计算几何图形的面积和周长，并显示出来。

9.5.3　简要提示

几何图形只能是一种图形的抽象，不是一种具体的图形。矩形、圆形、正方形是实际存在的图形。将几何图形设计成接口 Shape，具有计算面积和周长的功能。矩形、圆形、正方形设计成类，各自实现几何图形接口 Shape 的计算面积和周长的功能。在显示功能上，设计一个 print(Shape shape)方法，形参为几何图形接口 Shape。

9.5.4 程序代码

程序代码参见本教材教学资源。

9.5.5 实训思考

(1) 正确理解 Java 接口与多态的关系。

(2) 程序中怎样运用面向接口编程的思想。

9.6 动脑想一想

9.6.1 简答题

1. 什么是接口?
2. 举例说明接口的实现。
3. 什么是面向接口编程?

9.6.2 单项选择题

1. 下列关于接口的描述,正确的是( )。

A. 抽象类可以使用 extends 关键字来继承接口

B. 接口可以被实例化

C. 接口可以继承多个父接口

D. 接口具有继承性,但不能继承父接口的所有属性和方法

2. 下列关于接口的描述,不正确的是( )。

A. 接口中不能有方法体实现　　B. 接口中的方法必须用 public 修饰

C. 接口中的方法必须用 abstract 修饰　　D. 接口中的常量必须用 abstract 修饰

3. 下列关于接口的描述,不正确的是( )。

A. 接口不存在最高层　　B. 类有最高层

C. 实现类中的实现方法必须用 public 修饰

D. 接口与抽象类的定义除了关键字 interface 和 abstract 不同,其他是一样的

4. 下面定义 Java 的常量,不正确的是( )。

A. public static final double PI = 3.14;　　B. public final static double PI = 3.14;

C. final public static double PI = 3.14;　　D. static public double PI = 3.14;

5. 关于 Java 的接口,下面说法错误的是( )。

A. 可以这样定义常量:public String DBNAME = “Student”;

B. 可以只定义常量,而没有任何方法

C. 可以被继承

D. 方法的参数不可以是接口

9.6.3 编程题

1. 编写接口和实现类。动物(Animal)能够动,鸟(Bird)会飞翔,老虎(Tiger)会跑,鱼(Fish)会游泳。然后测试运行结果。

2. 编写接口、抽象类和实现类。树(Tree)有树根(Root)、树干(Bolo)、树枝(Branch)、叶子(Leaf),柳树(Osier)也有树根、树干、树枝、叶子,但没有花(Flower)。然后测试运行结果。

任务十　Java 的数据仓库(数组与集合)

知识点:数组的声明和创建;数组的初始化;数组元素的使用;main()方法参数使用;java. util. Arrays类操纵数组;集合框架。

能力点:理解什么是数组;掌握一维数组和二维数组的声明和使用;能使用数组解决实际问题;理解 main()方法的参数使用;理解集合的概念;掌握集合框架的使用。

10.1　跟我做:银行存款本利账单

10.1.1　任务情景

在银行存款业务中,存款利率根据存款年限的不同而不同。有时客户会要求银行打印出一份存款本利账单,列出采用不同的存款方式最后存款本利之和是多少。编写一个程序 ArrayBank. java,计算一年后不同利率的存款本利之和。当程序运行时,在控制台输出存款本利账单。

10.1.2　运行结果

程序运行的结果如图 10-1 所示。

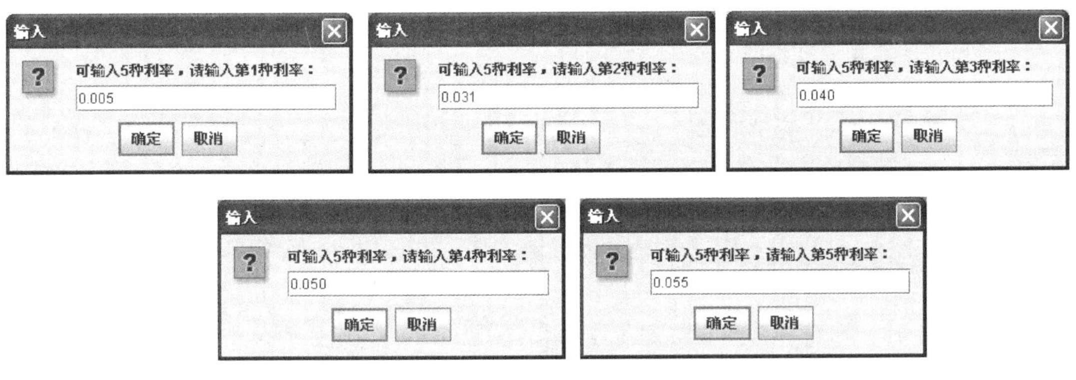

(a) 使用输入对话框录入5种利率

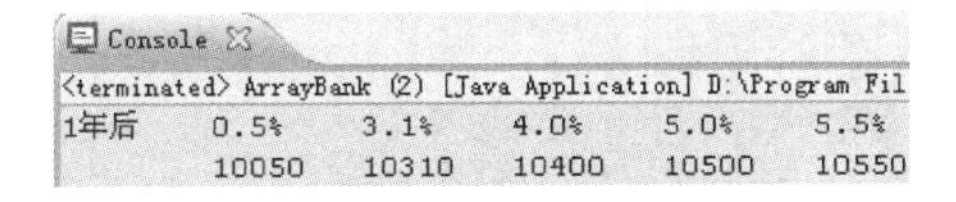

(b) 控制台输出存款本利账单

图 10-1　程序 ArrayBank 的运行结果

10.2　实现方案

本任务需要使用数组编写一个 Java 程序来实现。首先定义利率,由于多种利率的数据类型相同,我们可以定义一个浮点数类型的一维数组来存放一组利率值。再定义账单,账单即一年后各利率情况下的本利之和,数据类型相同,也可以定义一个整数类型的一维数组来存放其值。还需要定义一个变量来存放本金值。

解决问题的步骤如下:

(1) 打开 Eclipse,在 Study 项目中创建包 com. task10,确定类名 ArrayBank,得到类的框架。

```
package com.task10;
public class ArrayBank {
}
```

(2) 要利用输入对话框进行录入,因此使用 imports 关键字加载包:javax. swing. * 。

(3) 在"public class ArrayBank {"的下面一行输入 main()方法的框架,代码如下:

```
public static void main(String[] args)
{
}
```

(4) 在 main()方法中定义浮点型一维数组 rate、整型一维数组 bill 和整型变量 capital,分别存放利率、本利和、本金。代码如下:

```
double[] rate = new double[5];
int[] bill = new int[5];
int capital = 10000;
```

(5) 在 for 循环中利用输入对话框给利率数组 rate 赋值,在 for 循环中计算一年后各利率下的本利和并给账单数组 bill 赋值。代码如下:

```
for(int i = 0;i<rate.length;i++)
{
    ……      //详细实现代码参见 10.3 节
}
for(int i = 0;i<bill.length;i++)
{
    ……      //详细实现代码参见 10.3 节
}
```

(6) 使用 System. out. print()方法、System. out. println()方法以及 for 循环在控制台输出存款本利账单。

(7) 编译运行程序 ArrayBank. java。

10.3 代码分析

10.3.1 程序代码

```
/*
 * ArrayBank.java
 * 任务十
 * 银行存款本利账单
 */
package com.task10;
import javax.swing.*;
```

```
public class ArrayBank {
    public static void main(String[] args) {
        double[] rate = new double[5];                //定义表示利率的一维数组
        int[] bill = new int[5];                      //定义表示存款本利和的一维数组
        int capital = 10000;                          //本金为 10000
        for (int i = 0; i < rate.length; i++) {
            rate[i] = Double.parseDouble(JOptionPane
                    .showInputDialog("可输入 5 种利率,请输入第" + (i + 1) + "种利率:"));
        }
        for (int i = 0; i < bill.length; i++)         //计算一年后各利率下的本利和
        {
            double inc = capital * rate[i];           //计算一年所得利息
            bill[i] = (int) (capital + inc);          //计算一年本利和
        }
        System.out.print("1 年后" + "  ");
        for (int i = 0; i < rate.length; i++) {
            System.out.print(rate[i] + "%");
        }
        System.out.println();
        System.out.print("  ");
        for (int i = 0; i < bill.length; i++) {
            System.out.print(bill[i] + "  ");
        }
    }
}
```

10.3.2　应用扩展

有的客户会需要 5 年或 10 年后不同利率下的存款本利账单,对这种账单而言,存款年数和利率决定了存款本利和。显然,线性的一维数组已经满足不了这个要求,这时候需要用到二维数组,其中数组元素就是 n 年后某种利率下的存款本利和。

因此,将 bill 数组定义为二维数组,数组元素的第一个下标对应存款年数,第二个下标对应存款利率,数组元素值对应该年数利率下获得的存款本利和。另外,由于第 n 年的本金是第 $n-1$ 年的本利和,所以对本金和利息的计算也需要做修改。将计算原代码中计算本利和的单层 for 循环改为两层 for 循环,计算公式为“当年的本利和＝前一年的本利和＋前一年的本利和 * 利率”。

修改后的代码如下:

```
/*
 * ArrayBank2.java
 * 任务十
 * 银行存款本利账单
 */
package com.task10;
import javax.swing.JOptionPane;
public class ArrayBank2 {
```

```
    public static void main(String[] args) {
        double[] rate = new double[5];                          //定义表示利率的一维数组
        int[][] bill = new int[11][5];                          //定义表示存款本利列表的二维数组
        int capital = 10000;                                    //本金为 10000
        for (int i = 0; i < rate.length; i++) {
            rate[i] = Double.parseDouble(JOptionPane
                    .showInputDialog("可输入 5 种利率,请输入第" + (i + 1) + "种利率:"));
        }
        for (int i = 0; i < bill[0].length; i++)                //初始化第一年本金
        {
            bill[0][i] = capital;
        }
        for (int i = 1; i < bill.length; i++)                   //定义存款本利打印的最大年数
        {
            for (int j = 0; j < rate.length; j++)               //循环得到利率
            {
                double inc = bill[i - 1][j] * rate[j];          //计算当年所得利息
                bill[i][j] = (int) (bill[i - 1][j] + inc);      //计算当年本利和
            }
        }
        System.out.print("N 年后" + "  ");
        for (int i = 0; i < rate.length; i++) {
            System.out.print(rate[i] + "%  ");
        }
        System.out.println();
        for (int i = 0; i < bill.length; i++) {
            System.out.print(i + "  ");
            for (int j = 0; j < bill[i].length; j++) {
                System.out.print(bill[i][j] + "  ");

            }
            System.out.println();
        }
    }
}
```

修改的程序运行结果如图 10－2 所示。

```
Console ⌧
<terminated> ArrayBank2 [Java Application] D:\Program Files\J
N年后   0.5%    3.1%    4.0%    5.0%    5.5%
0       10000   10000   10000   10000   10000
1       10050   10310   10400   10500   10550
2       10100   10629   10816   11025   11130
3       10150   10958   11248   11576   11742
4       10200   11297   11697   12154   12387
5       10251   11647   12164   12761   13068
6       10302   12008   12650   13399   13786
7       10353   12380   13156   14068   14544
8       10404   12763   13682   14771   15343
9       10456   13158   14229   15509   16186
10      10508   13565   14798   16284   17076
```

图 10－2　程序 ArrayBank2 的运行结果

10.4 必备知识

10.4.1 数组的概念

数组是一种数据结构,是具有相同数据类型的有序数据集合。Java中的数组可以由基本类型的元素或对象组成。数组中的每个数据称为一个数组元素,同一数组中的各个数组元素具有相同的数据类型,并且在内存中连续存放。数组元素之间通过下标来区分,Java中数组的下标从0开始。根据构成形式,数组可分为一维数组和多维数组,这里主要介绍一维数组和二维数组。

10.4.2 声明数组和创建数组

Java中的数组必须先声明并初始化后才能使用。声明数组和前面学到的定义变量非常类似,定义变量时需给出该变量的名称和数据类型,声明数组时则要确定数组名、数组维数和数组元素的数据类型。声明一个数组并没有指定数组元素的个数,此时系统无法为它分配内存空间,因此在使用前还需要给出数组的长度,创建数组空间。

1. 一维数组的声明和创建

声明一维数组的语法格式如下:

```
数据类型[ ] 数组名;
```

或

```
数据类型    数组名[ ];
```

如

```
int[ ] score;            //声明了一个名称为score的一维数组,数组元素的数据类型为int
String name[ ];          //声明了一个名称为name的一维数组,数组元素的数据类型为String
```

其中,数据类型既可以是基本数据类型,也可以是对象数据类型;[ ]为数组标识,表示声明的是数组变量而不是普遍变量,有一个[ ]表示这是一个一维数组;数组名是一个合法标识符。上述两种语法格式都是正确的,但建议采用第一种方式更符合阅读习惯。

接下来给一维数组分配内存空间,分配空间的大小与数组类型和数组长度有关。数组长度即数组元素的个数,应为整型常量或表达式。创建一维数组的语法格式如下:

```
数组名 = new 数据类型[数组长度];
```

如为刚才声明的数组创建空间:

```
score = new int [5];                    //为score数组创建空间,数组长度为10
name = new String[3];                   //为name数组创建空间,数组长度为5
```

也可以将声明数组和创建数组合在一起,用一条语句完成。语法格式如下:

```
数据类型[ ] 数组名 = new 数据类型[数组长度];
```

如

```
int[ ] score = new int[5];              //声明并创建整型数组score
String[ ] name = new String[3] ;        //声明并创建字符串型数组name
```

2. 二维数组的声明和创建

二维数组的声明和创建与一维数组类似,只是“[ ]”的数目有两个。声明二维数组的语法格式如下：

```
数据类型[ ][ ]  数组名;
```

或

```
数据类型  数组名[ ][ ];
```

创建二维数组的语法格式如下：

```
数组名 = new 数据类型[长度 1][长度 2];
```

或

```
数组名 = new 数据类型[长度 1][ ];
```

也可用一条语句同时完成数组的声明和创建：

```
数据类型[ ][ ] 数组名 = new 数据类型[长度 1][长度 2];
```

如

```
int[ ][ ] bill = new  int[3][4];     //声明并创建整型二维数组 bill
```

二维数组的长度即二维数组的元素个数，为两个维度的长度的乘积。多维数组的长度也是所有维度长度的乘积。出于习惯，可以将二维数组看成一个矩阵，“长度 1”为矩阵的行数，“长度 2”为矩阵的列数，因此上述二维数组 bill 即为一个 3 行 4 列的矩阵。

10.4.3 数组的初始化

在创建数组空间后，数组就具有了默认的初始值，即每个数组元素会自动被赋予其数据类型的默认值。如 int 型数组的默认初始值为 0；double 型的默认初始值为 0.0；boolean 型的默认初始值为 false；对象型的默认初始值为 null。在实际中很少使用数组的默认初始值，通常需要对每一个数组元素显式地重新赋值，这个过程就是数组的初始化。

1. 一维数组的初始化

可以在声明和创建数组的同时给每个数组元素赋值，这时可以省略 new 运算符。语法格式如下：

```
数据类型[ ]  数组名  = new   数据类型[ ]{值 1, 值 2, 值 3, …, 值 n};
```

或

```
数据类型[ ]  数组名  = {值 1, 值 2, 值 3, …, 值 n};
```

如

```
int[ ] score = new int[ ]{89, 79, 76, 64, 81};
```

或

```
int[ ] score = {89, 79, 76, 64, 81};
```

使用这种方法初始化数组时无须指定数组长度，系统会根据元素数目自动计算数组长度并分配相应的内存空间，初始化后不能另行指定。初始化时将所有的初始值用“{}”括起来，每个值之间用逗号隔开。

当数组元素的值具有明显规律，或者数组长度较长不便于直接列出所有初始值时，可以使用 for 循环来进行初始化。例如，使用 for 循环对一个整型一维数组 a 进行初始化，a.length 表示数组 a 的长度，代码如下：

```
int[ ] a = new int[6]
for (int i = 0; i < a.length; i++) {
    a[i] = 10;
}
```

2. 二维数组的初始化

二维数组的初始化与一维数组类似。可以在声明数组的同时给数组元素赋值,语法格式如下:

```
数据类型[ ][ ] 数组名 = {{值11, 值12, …, 值1n},{值21, 值22, …, 值2n}, …,{值m1, 值m2, 值m3, …, 值mn}};
```

如

```
int[ ][ ] bill = {{100, 100, 100, 100}, {105, 110, 115, 120}, {110, 115, 120, 125}};
```

当使用for循环给多维数组进行初始化时,for循环的层数与数组维数相同。因此二维数组需要两层for循环来实现初始化。例如,使用for循环对一个整型二维数组b进行初始化,代码如下:

```
int[ ][ ] b = new int[2][3]
for (int i = 0; i < 2; i++) {
    for(int j = 0; j<3; j++) {
        b[i][j] = 100;
    }
}
```

10.4.4 数组元素的使用

当数组创建和初始化后,就可以使用其数组元素了。通过数组名和数组元素的下标来引用一个数组元素,数组下标即数组名后“[ ]”标识内的int类型的数据或算术表达式,代表元素在数组中的位置,用来唯一标识每一个数组元素。Java的所有数组下标都从0开始,到“数组长度-1”结束。数组的length属性表示数组长度。

1. 一维数组的使用

一维数组的数组元素引用格式如下:

```
数组名[下标]
```

如

```
score[1] = 95              //将数组元素score[1]赋值为95
```

因此,

```
int[] score = {95,89,79,64,81}
```

相当于

```
int score[ ];
score = new int[5];
score[0] = 95;
score[1] = 89;
score[2] = 79;
score[3] = 64;
score[4] = 81;
```

2. 二维数组的使用

二维数组的数组元素引用格式如下:

```
数组名[下标1][下标2]
```

如

```
bill[1][2] = 115                //将数组元素 bill[1][2]赋值为 115
```

注意,二维数组中每一维的下标都是从 0 开始。当将二维数组看成一个矩阵时,数组元素的第一个下标表示行位置,第二个下标表示列位置,bill[0][0]即表示矩阵中第 0 行第 0 列的元素。

10.4.5 main()方法的参数使用

一个 Java Application 程序要被 Java 解释器直接装载运行,必须要有一个入口方法 main()。main()方法是一个特定的方法,是 Java 程序的入口,由系统自动调用。由于 Java 虚拟机需要调用类的 main()方法,因此该方法的访问权限必须是 public。又因为 Java 虚拟机在执行 main()方法时不必创建对象,所以该方法还必须是 static 的。main()方法的正确写法如下:

```
public static void main(String[] args)
```

该方法具有一个参数,是一个 String 类型的数组,表示执行 Java 命令时传递给所运行的类的参数。Args 数组中元素的个数就是在命令行中给类传递的参数的个数,每个参数直接用空格分开,这些参数称为命令行参数。例如,下面这个程序用来列出运行 Java 程序时输入的命令行参数:

```
package com.task10;
public class ArrayArgs {
    public static void main(String[] args) {
        System.out.println("命令行参数有:");
        for (int i = 0; i < args.length; i++) {
            System.out.println(args[i]);
        }
    }
}
```

在 Java 控制台中使用“java ArrayArgs 参数 1 参数 2 参数 3”这样的语句为程序传入参数,运行命令和运行结果如图 10-3 所示。

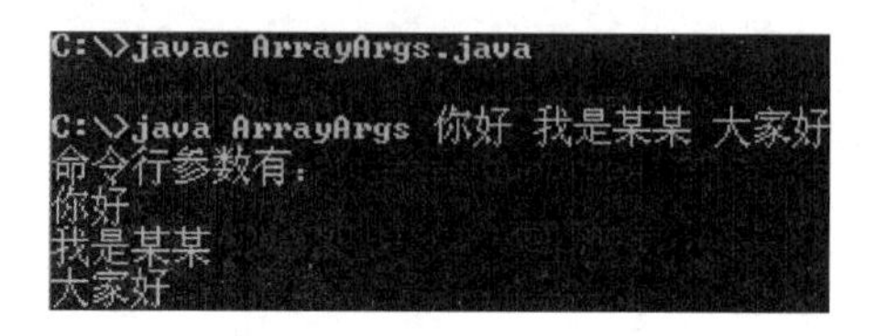

图 10-3 程序 ArrayArgs 的控制台运行结果

如果在 Eclipse 中运行带命令参数的程序,需要在程序窗口中单击右键,在弹出的快捷菜单中选择“Run As”→“Open Run Dialog”。然后在如图 10-4 所示的运行界面中选择“Arguments”选项卡,在“Program arguments”中填写参数“你好 我是某某 大家好”,参数中间用一个空格或者回车间隔开。单击“Run”按钮后,运行结果如图 10-5 所示。

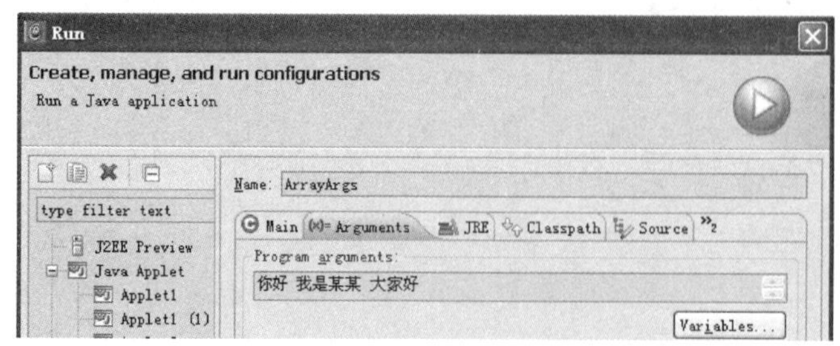

图 10-4 在 Eclipse 中输入命令行参数

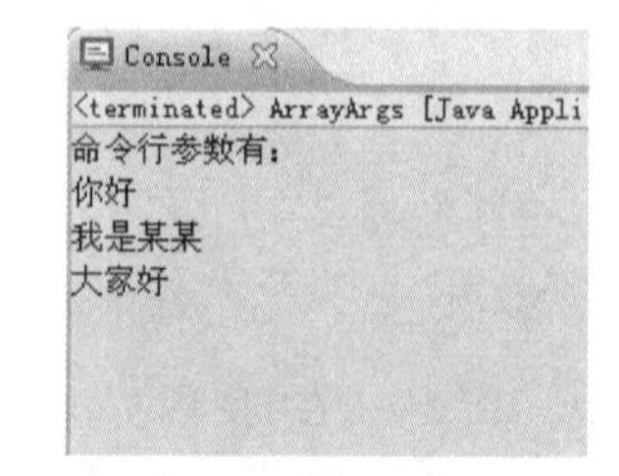

图 10-5 Eclipse 中的运行结果

10.4.6　使用 java. util. Arrays 类操纵数组

为了方便对数组进行一些常用操作,Java 的设计人员在 java. util 包中提供了 Arrays 类。Arrays 类数组操作类主要功能是实现数组元素的查找、数组内容的填充、排序等。常用的方法如表 10-1 所列,要使用这些方法必须先导入 java. util. Arrays 包。

表 10-1　Arrays 类的常用方法

方　法	描　述
public static boolean equals (数组1,数组 2)	比较两个数组是否相等。两个数组必须是同类型,只有当两个数组的元素个数相同且对应位置元素也相同时,才表示两个数组相同,返回 true;否则返回 false
public static boolean fill (数组,值)	将指定的值分配给数组中的每个元素
public static boolean sort (数组)	对数组中的元素按照升序排序
public static boolean binarySearch (数组,值)	在调用此方法前必须先对数组进行排序,该方法按照二分查找算法查找数组是否包含指定的值,如果包含则返回该值在数组中的索引;否则返回负值

例如,使用 Arrays 类的 sort 方法对数组 score 中的成绩由低到高进行排序,输出结果如图 10-6 所示。

```
package com.task10;
import java.util.Arrays;
public class ArraySort {
    public static void main(String[] args) {
        int[] score = new int[] { 95, 89, 79, 64, 81 };
        Arrays.sort(score);                          //使用 Arrays 类的 sort 方法对数组排序
        System.out.println("成绩由低到高的排序结果:");
        for (int i = 0; i < score.length; i++) {
            System.out.println(score[i]);            //显示排序后的结果
        }
    }
}
```

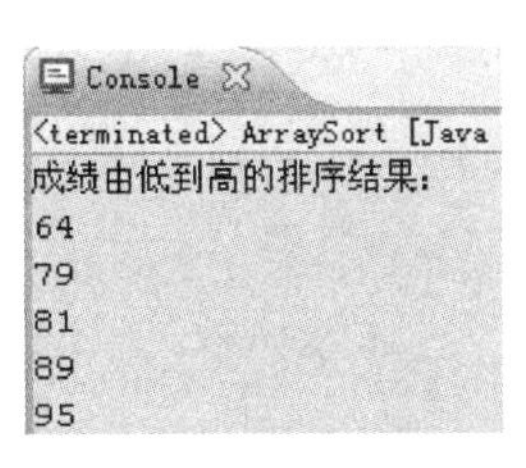

图 10-6　程序 ArraySort 的运行结果

10.4.7　集合的应用

由于数组的长度不可变,并且只支持单类型元素,因此在实际应用中,数组具有一定的局限性。如果建立的数组长度过小,当数据增加时数组无法扩容;如果建立的数组长度过大,又会造成空间的浪费。所以,希望有一种容器,容量能随着加入数据的增长而自动增长,随着数据的删除而自动释放占用的空间,并且能让数据按照具体要求进行排序。集合就能满足这些要求。

集合是用来存储其他对象的对象,即对象的容器。集合可以扩容,长度可变,并且能存储多种类型的元素,即不要求存储的数据类型必须相同。集合很好地解决了数组在使用中的一些限制,还提供了很多接口、类和方法供用户使用。利用这些接口、类和方法,集合可以方便地实现查找、迭代、添加元素、插入指定元素、删除指定位置的元素、删除指定元素、清空、返回指定元素等操作。

1. 集合框架

要想很好地应用集合,需要先了解集合的框架、组织结构和它们之间的关系。集合有 6 个接口,接口的层次框架如图 10-7 所示。

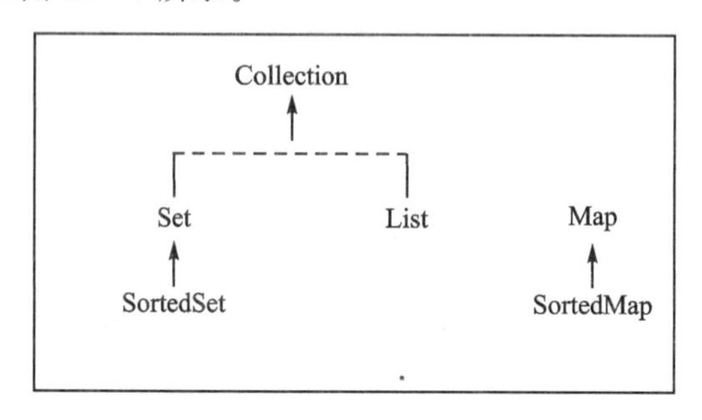

图 10-7 集合接口层次框架图

集合中的各个接口如下:

(1) Collection:定义了存取一组对象的方法,子接口 Set 和 List 分别定义了存储方式。

(2) Set:元素没有次序,不允许重复。

(3) SortedSet:和 Set 接口相同,但集合中的元素按升序排列。

(4) List:元素按顺序加载和移出,允许重复。

(5) Map:以键值(key-value)对方式存放两个对应的元素。无放入顺序,key 不能重复,value 可以重复。

(6) SortedMap:和 Map 相同,但集合中的元素按键值的升序排列。

集合通过这些接口能实现 8 个类,集合类框架如图 10-8 所示。

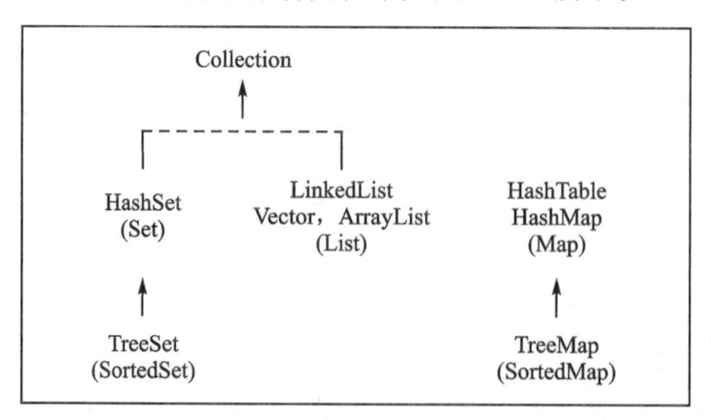

图 10-8 集合类框架图

集合的 8 个实现类如下:

(1) LinkedList:增删快,查找慢,多用于插入和删除。

(2) ArrayList:效率高,不支持并发,多用于查询。

(3) Vector:效率低,线程安全,多用于查询。

(4) HashSet:存储效率高,查询效率低。

(5) TreeSet:存储效率低,查询效率高。

(6) HashMap:元素以键值对方式保存,效率高,不支持并行,允许空值。

(7) HashTable:元素以键值对方式保存,线程安全,不允许空值。

(8) TreeMap:元素以键值对方式保存,不支持并行,不允许空值。

2. HashSet散列表

HashSet就是散列表,是集合中的一种重要的实现类,它的底层实现还是数组。HashSet按照哈希算法计算出哈希码作为存取和比较的依据,具有很好的存取和查找功能。当向集合中存储对象时需要先生成哈希码。若生成的哈希码与已有对象的哈希码相同,则调用equals()方法将两个对象进行比较;若哈希码不相等,则根据哈希码在集合中查找相应的位置来存储对象。HashSet中的元素按哈希码顺序排列。

HashSet的构造方法如下:

```
HashSet()                          //构造一个新的空set,默认初始容量是16,加载因子是0.75
HashSet(int initialCapacity)  //构造一个新的空set,指定初始容量,默认加载因子是0.75
HashSet(int initialCapacity, float loadFactor)  //构造一个新的空set,指定初始容量和加载因子
```

HashSet的存储原理和覆盖hashCode()方法的原则如下:

(1) 一定要让equals()相等的对象返回相同的哈希码,尽量让equals()不相等的对象返回不同的哈希码。

(2) 尽量让对象的哈希码值随机散列,即平均散列。避免集中到某段范围,影响效率。尽量不要用加减,可以用^。

(3) 要将equals()和hashCode()两种方法同时覆盖,才能在HashSet中过滤掉相等的对象。

下面用一个人口普查的实例来说明HashSet类的使用。模拟公安局对居民进行人口普查,将居民的身份证号码和姓名存入集合。由于历史原因,可能出现个别居民身份证号码相同的情况,如果姓名不同就认定不是同一个人,可加入集合。同样,也会出现居民同名的情况,如果身份证号不同,就认定不是同一个人,可加入集合。只有当身份证号码和姓名都相同时才认定是同一个人,不可加入集合。实现居民信息输入集合、报告辖区人数并打印居民信息。代码如下:

```
package com.task10;
/*
 * 创建居民类,居民的属性有身份证号码id和姓名name
 * 重写toString()方法、equals()方法和hashCode()方法
 */
public class Resident {
    private String id;                    //此处用String,因为id主要当字符串使用
    private String name;

    public Resident() {                   //无参构造方法
```

```
    }

    public Resident(String id, String name) {          //有参构造方法
        this.id = id;
        this.name = name;
    }

    public String getId() {
        return id;
    }

    public void setId(String id) {
        this.id = id;
    }

    public String getName() {
        return name;
    }

    public void setName(String name) {
        this.name = name;
    }

    //重写 equals()方法,id 和 name 都相同时才认为是同一个居民
    @Override
    public boolean equals(Object obj) {
        if (obj instanceof Resident) {
            Resident r = (Resident) obj;
            if (r.id.equals(this.id) && r.name.equals(this.name)) {
                return true;
            }
        }
        return false;
    }

    //重写 hashCode()方法,注意 hashCode 覆盖原则
    @Override
    public int hashCode() {
        return name.hashCode() ^ id.hashCode();
    }

    //重写 toString()方法
    @Override
    public String toString() {
        return "身份证号:" + id + ",姓名:" + name + "。";
```

```
    }
}

package com.task10;
/*
 * 创建测试类,模拟人口普查
 */
import java.util.HashSet;
import java.util.Iterator;
import java.util.Set;

public class ResidentTest {
    public static void main(String[] args) {
        //构建空的 set,默认初始容量是 16,加载因子 0.75
        Set<Resident> set = new HashSet<Resident>();

        //居委会交到公安局 10 条信息
        Resident r1 = new Resident("310101196605119648","李春香");
        Resident r2 = new Resident("310101197111099231","张元刚");
        Resident r3 = new Resident("310104198810181377","赵寅");
        Resident r4 = new Resident("310105199906249883","陈希琳");
        Resident r5 = new Resident("310112195512088816","贺其真");
        Resident r6 = new Resident("310104199502246786","李艺");
        //r7 与 r2 身份证号码相同,但名字不同,不是同一人,可以加入集合
        Resident r7 = new Resident("310101197111099231","钱胜利");
        //r8 与 r5 身份证号码相同,但名字不同,
        Resident r8 = new Resident("310112195512088816","张伟");
        //r9 与 r1 名字相同,但身份证号码不同,不是同一人,可以加入集合
        Resident r9 = new Resident("310113196406019607","李春香");
        //r10 与 r3 完全相同,是同一人信息,无法加入集合
        Resident r10 = new Resident("310104198810181377","赵寅");
        Resident r11 = new Resident("310104200209208882","夏琪");
        //使用 add()方法向集合中依次加入居民信息,不得重复加入
        set.add(r1);
        set.add(r2);
        set.add(r3);
        set.add(r4);
        set.add(r5);
        set.add(r6);
        set.add(r7);             //可以加入集合
        set.add(r8);             //可以加入集合
        set.add(r9);             //可以加入集合
        set.add(r10);            //r10 信息与 r3 相同,属无效信息,无法加入 set 中。

        //输出集合信息
```

```
        int i = 0;
        System.out.println("共收集到" + set.size() + "条有效信息如下:");
        for(Resident r:set){             //for each 循环遍历居民信息,打印输出结果
            System.out.println("第" + (i + 1) + "条信息:" + r);
            i++;
            }
        System.out.println("**********************");

        //身份证号码相同的居民给予另外的号码,相同名字也可进行修改
        r7.setId("310101197111099251");
        r8.setId("310112195512088616");
        r9.setName("李春晓");
        //发现 r4 不是不是本辖区的居民,将信息删除
        set.remove(r4);

        //将更改后的信息输出
        System.out.println("经审核,将身份证号相同的问题解决,并为愿意改名的居民改名,重新
        统计,本辖区共有" + set.size() + "个居民,信息如下:");
        int j = 0;
        Iterator it = set.iterator();         //使用迭代器遍历本辖区所有居民,打印输出结果
        while(it.hasNext()){
            System.out.print("第" + (j + 1) + "位居民: ");
            System.out.println(it.next());
            j++;
            }
        System.out.println("**********************");

        //查一下辖区内是否有身份证号为 310104199502246786,叫做李艺的居民
        if(set.contains(r6)){
            System.out.println("这位名叫" + r6.getName() + "身份证号为" + r6.getId() + "的居
            民在本辖区。");
            }else{
                System.out.println("本辖区没有这个居民");
                }

        //查一下辖区内是否有身份证号为 310104200209208882,叫做夏琪的居民
        if(set.contains(r11)){
            System.out.println("这位名叫" + r11.getName() + "身份证号为" + r11.getId() + "的
            居民在本辖区。");
            }else{
                System.out.println("本辖区没有这位名叫" + r11.getName() + "身份证号为" +
                r11.getId() + "的居民");
            }
    }
}
```

程序运行结果如图 10－9 所示。

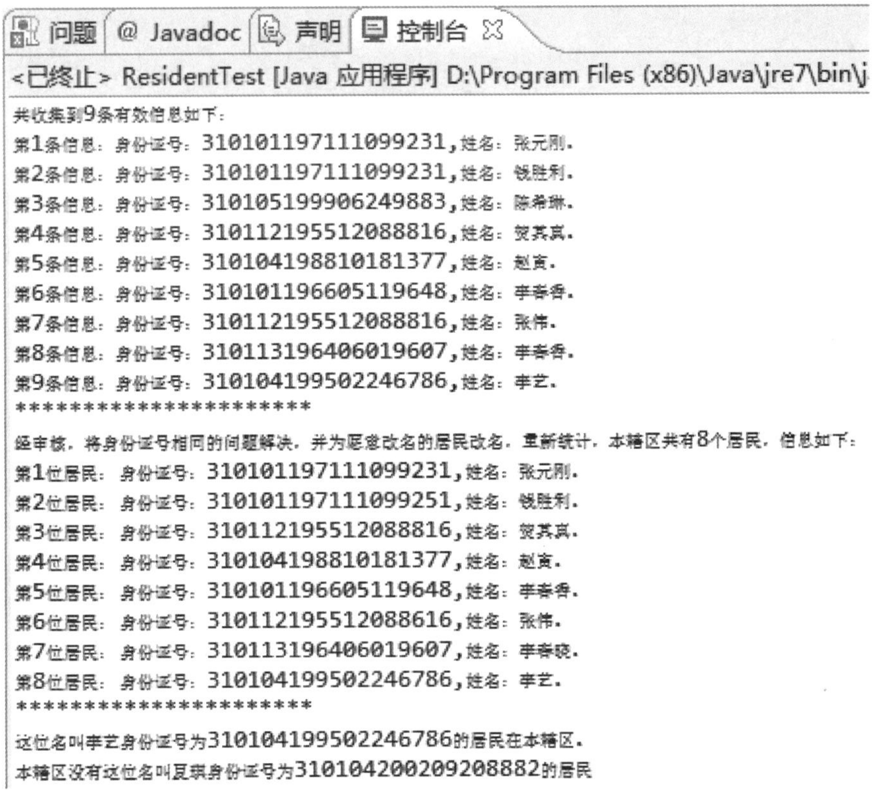

```
问题 @ Javadoc 声明 控制台
<已终止> ResidentTest [Java 应用程序] D:\Program Files (x86)\Java\jre7\bin\j
共收集到9条有效信息如下:
第1条信息: 身份证号: 310101197111099231,姓名: 张元刚.
第2条信息: 身份证号: 310101197111099231,姓名: 钱胜利.
第3条信息: 身份证号: 310105199906249883,姓名: 陈希琳.
第4条信息: 身份证号: 310112195512088816,姓名: 贺其真.
第5条信息: 身份证号: 310104198810181377,姓名: 赵寅.
第6条信息: 身份证号: 310101196605119648,姓名: 李春香.
第7条信息: 身份证号: 310112195512088816,姓名: 张伟.
第8条信息: 身份证号: 310113196406019607,姓名: 李春香.
第9条信息: 身份证号: 310104199502246786,姓名: 李艺.
***********************
经审核,将身份证号相同的问题解决,并为愿意改名的居民改名,重新统计,本辖区共有8个居民,信息如下:
第1位居民: 身份证号: 310101197111099231,姓名: 张元刚.
第2位居民: 身份证号: 310101197111099251,姓名: 钱胜利.
第3位居民: 身份证号: 310112195512088816,姓名: 贺其真.
第4位居民: 身份证号: 310104198810181377,姓名: 赵寅.
第5位居民: 身份证号: 310101196605119648,姓名: 李春香.
第6位居民: 身份证号: 310112195512088616,姓名: 张伟.
第7位居民: 身份证号: 310113196406019607,姓名: 李春晓.
第8位居民: 身份证号: 310104199502246786,姓名: 李艺.
***********************
这位名叫李艺身份证号为310104199502246786的居民在本辖区.
本辖区没有这位名叫夏琪身份证号为310104200209208882的居民
```

图 10－9 HashSet 实例运行结果

10.5 动手做一做

10.5.1 实训目的

掌握 Java 中数组的声明、创建、初始化和使用;理解冒泡排序和二分查找算法的基本思路;掌握 Arrays 类的常用方法。

10.5.2 实训内容

实训 1:下述程序的功能是使用冒泡排序法对数组中的元素进行从小到大的排序,请将程序补充完整。程序运行结果如图 10－10 所示。

```
package com.task10;
public class BubbleSort {
    public static void main(String[] args) {
        ________________ = { 12, 25, 88, 9, 63, 6 };     //定义整型数组 intArray
        System.out.println("数组排序前的元素为:");
        for (int k = __; k <________________; k ++ )      //显示数组排序前的元素
        {
            System.out.print(________________ + " ");  //输出数组元素
        }
```

```
        System.out.println();
            for (int i = ______________; i > 0; i--)         //定义排序循环次数
            {
                for (int j = 0; j < i; j++)                  //定义交换的循环次数
                {
                    if (intArray[____] > intArray[____])     //如果前一个元素比后一个大
                    {
                        ______ temp;                         //定义临时变量 temp
                        ______________;                      //将第一个元素赋值给临时变量
                        ______________;                      //将第二个元素赋值给第一个元素
                        ______________;                      //将临时变量赋值给第二个元素
                    }
                }
            }
            System.out.println("数组排序后的结果为:");
            for (__________;__________;__________)   //显示数组排序后的结果
            {
                ____________________________;                //输出数组元素
            }
        }
    }
```

实训 2：使用输入对话框输入 12 个整数,并将它们存入一个整型数组。用 Arrays 类的 binary-Search 方法对数组元素进行二分查找,查找指定值是否存在。程序运行结果如图 10-11 所示。

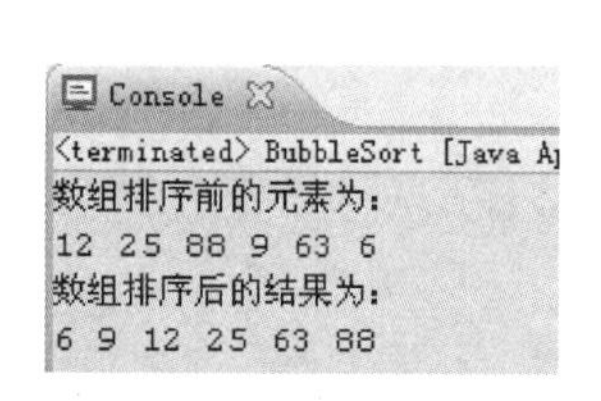

图 10-10 程序 BubbleSort 的运行结果

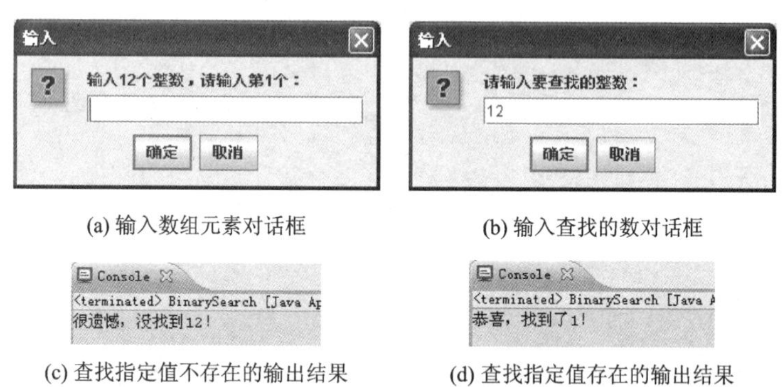

图 10-11 程序 arrayBinary 的运行结果

10.5.3 简要提示

冒泡排序算法的基本思路:冒泡排序是一种简单的交换排序。从数列第一个元素开始扫描待排序的所有元素,在扫描过程中依次对相邻元素进行比较,若从小到大排序则将较大元素后移,若从大到小排序则将较小元素后移。每经过一轮排序,最大(或最小)元素移到末尾,此时记下该元素位置,下一轮排序只需比较到此位置。重复此过程直到比较最后两个元素。可以用两层 for 循环来实现此算法:外层循环控制扫描次数,循环次数取决于元素个数;内层循环控制比较次数,循环次数取决于当前要比较到的位置。另外,数组元素间的互换需要一个临时变量。

二分查找的基本思路是:先将整个数组作为查找区间,用给定的值与查找区间的中间元素的值进行比较,若相等,则查找成功;若不等,则缩小范围,判断该值落在区间的前一部分还是后一部分,再将其所在的部分作为新的查找区间,继续上述过程,一直找到该值或区间大小小于0,表明查找不成功为止。可使用Arrays类的sort方法先对数组排序,再使用binarySearch方法对排序后的数组进行二分查找。

10.5.4　程序代码

程序代码参见本教材教学资源。

10.5.5　实训思考

(1) 声明和创建数组时有哪些是必不可少的?

(2) 在实际开发中,数组的作用有哪些?

10.6　动脑想一想

10.6.1　简答题

1. 什么是数组?如何声明和创建数组?

2. 如何引用数组中的元素?

3. 什么是数组的长度?

4. Arrays类的主要方法有哪些?

10.6.2　单项选择题

1. 下面说法中正确的是(　)。

A. 调用String对象的length()属性可获得字符串长度

B. 调用String对象的length属性可获得字符串长度

C. 调用数组变量的length()方法可以获得数组的长度

D. 调用数组变量的length属性可以获得数组的长度

2. 如果arr[ ]仅仅包括正整数,下面代码的功能是(　)。

```
public int guessWhat( int arr[ ] ){
    int x = 0;
    for( int i = 0; i < arr.length; i ++ ){
        if(x < arr[i]){
            x = arr[i];
        }
    }
    return x;
}
```

A. 返回数组最大值的下标　　　　B. 返回数组最小值的下标

C. 返回数组中的最大值　　　　　D. 返回数组中的最小值

3. 定义一个数组String[] a={"ab","abc","abcd","abcde"},数组中的a[3]指的是(　)。

A. ab　　B. abcd　　C. abcde　　D. 数组越界

4. 下列数组的初始化正确的是(　)。

A. int[] score=new int[5];　　B. int[] score=new int[5]{1,2,3,4,5};

C. int[5] score=new int[]{1,2,3,4,5};　　D. int score={1,2,3,4,5};

5. 下列关于数组的说法,错误的是(　)。

A. 在类中声明一个整型数组作为成员变量,如果没有给它赋值,数组元素值为空

B. 数组中的各元素在内存中是连续存放的

C. 数组必须先声明,然后才能使用

D. 数组本身是一个对象

10.6.3　编程题

1. 编写一个 Java Application 程序,在程序中,把 100 以内的所有偶数依次赋给数组中的元素,并向控制台输出各元素。

2. 小明要去买一部手机,他询问了 4 家店的价格,分别是 2 800 元、2 900 元、2 750 元和 3 100 元,显示输出最低价。

3. 输入一句 5 个字的话,然后将它逆序输出。如原数组为"我爱你中国",逆序输出为"国中你爱我"。

4. 从键盘读入 10 个整数,并对它们进行排序,按由大到小的顺序从控制台输出。

5. 现有一按照由大到小排列的数组{85,63,49,22,10},请将 80 插入其中,使它们仍然按照由大到小的顺序排列。

任务十一　保持良好的交流(使用字符串)

知识点：创建 String 字符串；String 类的常用方法；StringBuffer 类的定义；StringBuffer 类的常用方法。

能力点：掌握 String 的基本用法；熟悉字符串的常见操作：获得字符串的长度，比较、连接、提取、查询字符串，字符串中大小写字母的转换；会使用 StringBuffer 类的方法对字符串进行操作。

11.1　跟我做：正话反说

11.1.1　任务情景

“正话反说”的游戏要求将正常语序的句子以倒序的方式重新排列，如正话“今天星期一”反说为“一期星天今”。现编写一个程序 StringRev 实现“正话反说”的功能，输入语句后要求：① 将语句前后的空格去掉；② 将语句中所有小写字母转换为大写；③ 将处理后的语句逐字符逆序输出。

11.1.2　运行结果

程序运行的结果如图 11-1 所示。

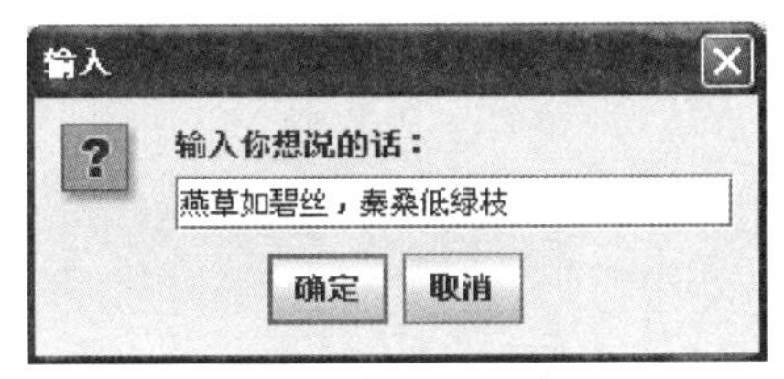

(a) 字符串输入对话框

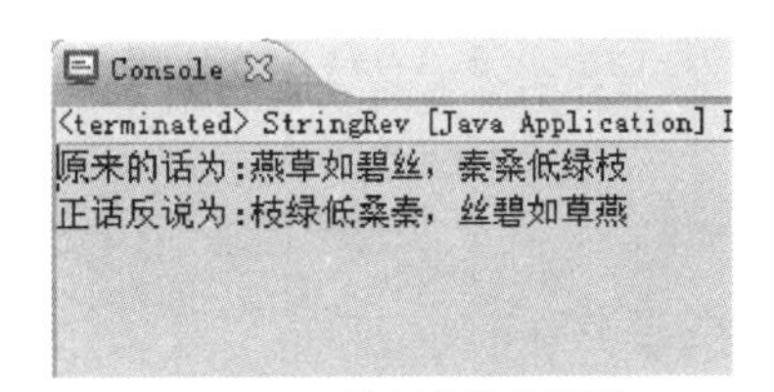

(b) Eclipse控制台输出结果

图 11-1　程序 StringRev 运行结果

11.2　实现方案

本任务需要使用字符串对象编写一个 Java 程序来实现。字符串对象 String 提供了很多操作字符串的方法，如求长度、查找、转换大小写、去掉首尾空格等。字符串对象可以通过 toCharArray 方法转换为字符数组，再将转换后的字符数组从最后一个字符开始逐个取出，连接成新的字符串后输出。

解决问题的步骤如下：

(1) 打开 Eclipse，在 Study 项目中创建包 com.task11，确定类名 StringRev，得到类的框架。

```
package com.task11;
public class StringRev {
}
```

(2) 要利用输入对话框进行输入，因此使用 imports 关键字加载包：javax.swing.*。

(3) 在“public class StringRev{”的下面一行输入 main()方法的框架,代码如下:

```
public static void main(String[] args)
{
}
```

(4) 在 main()方法中定义原字符串对象 1,获取输入对话框中的语句。使用 trim()方法去掉字符串首尾的空格,使用 toUpperCase()方法进行大写转换。代码如下:

```
str1 = str1.trim();
str1 = str1.toUpperCase();
```

(5) 定义反转后的字符串对象 2,使用 toCharArray 方法将字符串 2 转换为字符数组。使用 for 循环逆序读出字符数组中的字符,并组合成一个新字符串。输出此新字符串。代码如下:

```
String str2 = "";                            //创建反转后的字符串
char[] cs = str1.toCharArray();              //获取字符串中每一个字符
for (int i = cs.length - 1; i >= 0; i--)     //从最后一个字符开始循环
{
    str2 = str2 + cs[i];
}
```

(6) 编译运行程序 ArrayBank.java。

11.3 代码分析

11.3.1 程序代码

```
/*
 * ArrayBank.java
 * 任务十一
 * 正话反说
 */
package com.task11;
import javax.swing.*;
public class StringRev {
    public static void main(String[] args) {
        String str1 = JOptionPane.showInputDialog("输入你想说的话:"); //创建被反转的字符串
        System.out.println("原来的话为:" + str1);
        str1 = str1.trim();                          //去掉字符串的前后空格
        str1 = str1.toUpperCase();                   //将字符串全部字符转换为大写
        String str2 = "";                            //创建反转后的字符串
        char[] cs = str1.toCharArray();              //获取字符串中每一个字符
        for (int i = cs.length - 1; i >= 0; i--)     //从最后一个字符开始循环
        {
            str2 = str2 + cs[i];                     //连接字符
        }
```

```
        System.out.println("正话反说为:" + str2);
    }
}
```

11.3.2　应用扩展

字符串的处理还可以使用字符串缓冲(StringBuffer)类,它是字符串(String)类的补充。StringBuffer 类可以和 String 类相互转换。使用 String 类对一个字符串进行反转操作,需要先将字符串转换成字符数组,然后使用循环语句再组合成反转后的字符串。若使用 StringBuffer 类的 reverse()方法可以直接完成反转操作。

修改后的代码如下:

```
/*
 * ArrayBank2.java
 * 任务十一
 * 正话反说
 */
package com.task11;
import javax.swing.*;
public class StringRev2 {
    public static void main(String[] args) {
        StringBuffer strb1 = new StringBuffer(JOptionPane
                        .showInputDialog("输入你想说的话:"));  //创建被反转的字符串
        System.out.println("原来的话为:" + strb1);
        StringBuffer strb2 = strb1.reverse();                  //调用反转方法
        System.out.println("正话反说为:" + strb2);
    }
}
```

11.4　必备知识

11.4.1　创建 String 字符串

字符串是字符组成的序列,使用 java.lang 包中的 String 类来创建,因此字符串属于对象。字符串 String 类是一种特殊的对象类型数据,创建字符串既可以采用普通变量的声明方法,也可以采用对象变量的声明方法。

采用声明普通变量的方法是一种最简单的创建字符串对象的方式,字符串内容要用双引号括起来,其格式为

```
String 对象名 = "字符串内容";
```

如

```
String str1 = "hello";
```

采用声明对象变量的方法创建字符串对象时使用 new 关键字,后跟类构造函数,其格式为

```
String 对象名 = new String ("字符串内容");
```

如

```
String str1 = new String("hello");
```

11.4.2 String 类的常用方法

String 类有很多方法,使用这些方法可以完成获取字符串长度、进行字符串比较、字符串连接、字符串截取等操作。String 类的常用方法如下:

1. 获得字符串长度

调用 length()方法获得字符串的长度,语法为

```
字符串名.length();
```

如

```
String str = "This is a computer. ";
int num = str.length();
```

上述语句用来计算字符串变量 str 的长度,结果为整型变量 num 的值 19。

2. 字符串比较

在比较数字时常用运算符"=="来比较是否相等,但是对于字符串来说,"=="只能判断两个字符串是否为同一个对象,不能判断两个字符串所包含的内容是否相同。

在 Java 中字符串的比较有两种方式,一种是使用 equals()方法比较两个字符串的内容是否相同,返回值为布尔值;另一种是使用 compareTo()方法按字典顺序比较两个字符串的大小,返回值为整数。

(1) boolean equals(String str):比较当前字符串内容是否与参数字符串 str 内容相同。

(2) boolean equalsIgnoreCase(String str):与 equals()方法相同,并在比较时忽略字符大小写。

(3) int compareTo(String str):按字典顺序与参数指定的字符串比较大小,如果两个字符串相同则返回 0;如果当前字符串对象大于参数字符串则返回正值,小于则返回负值,返回值为比较的两个字符串从左起到第一对不相同字符间的差距。

(4) int compareToIgnoreCase(String str):与 compareTo()方法相同,并在比较时忽略字符大小写。

例如:

```
String str1 = "team";
String str2 = "dream";
System.out.println(str1.equals(str2));
System.out.println(str1.equalsIgnoreCase ("TEAM"));
System.out.println(str1.compareTo (str2));
System.out.println(str2.compareToIgnoreCase ("DREAM"));
```

输出结果为

```
false
true
16
0
```

字符串对象使用 compareTo()方法可以用于按字符顺序比较,返回值为整数。

3. 字符串连接

(1) 用字符串连接操作符"+"将两个字符串连接起来,格式为

```
字符串 1 + 字符串 2
```

如

```
String str1 = "Welcome to";
String str2 = str1 + " java";                    // str2 的值为"Welcome to java"
```

(2) 用 concat()方法连接两个字符串,格式为

```
字符串 1.concat (字符串 2);
```

如

```
String str1 = "Hello";
String str2 = "everyone";
String str3 = str1.concat(str2);            // str3 的值为"Helloeveryone"
```

4. 字符串截取

(1) String substring(int beginindex):截取当前字符串从 beginindex 处的字符开始直到最后的子串。

(2) String substring(int beginindex,int endindex):截取当前字符串从 beginindex 处开始到 endindex 处结束的子串,但不包括 endindex 处对应的字符。

例如:

```
String str = "青青子衿,悠悠我心";
String substr1 = str.substring(5);                    //substr1 的值为"悠悠我心"
String substr2 = str.substring(2,7);                  //substr2 的值为"子衿,悠悠"
```

注意:与数组元素的下标一样,字符串中字符位置计数也是从 0 开始。

5. 字符串查询

(1) int indexOf(String str):返回子串 str 在当前字符串中首次出现的位置,若没有查找到字符串 str,则该方法的返回值为-1。

(2) int lastIndexOf(String str):返回子串 str 在当前字符串中最后出现的位置,若没有查找到字符串 str,则该方法的返回值为-1。

例如:

```
String str = "青青子衿,悠悠我心";
int index1 = str.indexOf("青");                        //index1 的值为 0
int index2 = str.lastIndexOf("悠");                    //index2 的值为 6
int index3 = str.indexOf("春");                        //index3 的值为 -1
```

6. 字符串大小写转换

(1) String toUpperCase(String str):将当前字符串中的全部字符转换为大写。

(2) String toLowerCase(String str):将当前字符串中的全部字符转换为小写。

例如:

```
String str1 = "java";
String str2 = "JSP";
String strUp = str1.toUpperCase ();                //strUp 的值为"JAVA"
String strLo = str2.toLowerCase ();                //strUp 的值为"jsp"
```

11.4.3 创建 StringBuffer 类的对象

Java 中的 String 类对象初始化后,其值和所分配内存就不能改变。若进行字符串连接,则必须创建多个 String 对象。例如:

```
String str = "Hello ";
String str + = "world";                             //str 的值为"Hello world"
```

为完成上述的字符串连接操作,系统需要创建两个 String 对象,第一个对象是“Hello”,第二个对象是“Hello world”,增加了内存资源的消耗。因此,Java 中提供了 java. lang 包中的 StringBuffer 类,用于创建和操作动态字符串。该类对象的值可变,分配的内存可自动扩展。

使用 new 操作符创建 StringBuffer 类的对象,其语法格式如下:

```
StringBuffer()              //创建一个空字符串对象,初始容量是 16 个字符
StringBuffer(int capcity)   //创建一个长度为 capcity 的空字符串对象
StringBuffer(String s)      //创建一个内容为 s 的字符串对象
```

例如:

```
StringBuffer strb1 = new StringBuffer();           //创建一个空字符串
StringBuffer strb2 = new StringBuffer(10);         //创建一个长度为 10 的空字符串
StringBuffer strb3 = new StringBuffer("Java");     //创建一个值为"Java"的字符串
```

11.4.4 StringBuffer 类的常用方法

StringBuffer 类的常用方法如下:

1. 字符追加

方法名:StringBuffer append(String str)

功能:将指定字符串 str 连接到 StringBuffer 对象的内容后面,并返回连接后的 String-Buffer 对象。

2. 插入字符

方法名:StringBuffer insert(int index, String str)

功能:将指定字符串 str 插入到 StringBuffer 对象的 index 索引处。

3. 删除字符

方法名:StringBuffer delete(int start, int end)

功能:删除该 StringBuffer 对象从 start 索引处开始到 end-1 索引处结束的字符内容。

4. 反转字符

方法名:StringBuffer reverse()

功能:反转该 StringBuffer 对象的字符串值。

5. 转换字符串

方法名:String toString()

功能:创建一个与该 StringBuffer 对象内容相同的 String 对象。

例如:

```
StringBuffer strb1 = new StringBuffer("Java");
String str1 = "_script";
strb1.append(str1);                    //strb1 的值是"Java_ script"
StringBuffer strb2 = new StringBuffer("How you?");
String str2 = "are ";
strb2.insert(4, str2);                 //strb2 的值是"How are you?"
StringBuffer strb3 = new StringBuffer("Who are them you?");
strb3.delete(8,13);                    //str3 的值是"Who are you?"
StringBuffer strb4 = new StringBuffer("I am OK");
strb4.reverse();                       //strb4 的值是"KO ma I"
StringBuffer strb5 = new StringBuffer("welcome to Java");
strb5.toString ();                     //strb5 的值是"welcome to Java"
```

11.5　动手做一做

11.5.1　实训目的

掌握 Java 中字符串的创建和使用;掌握字符串的常见操作及使用方法;熟悉 StringBuffer 类对象的创建和使用方法。

11.5.2　实训内容

实训 1:下述程序的功能是比较两个字符串是否相同,比较时忽略字符大小写并去掉两个字符串的前后空格,输出比较结果和两个字符串的长度,请将程序补充完整。程序运行结果如图 11-2 所示。

```
package com.task11;
import javax.swing.*;
public class StringEql {
    public static void main(String[] args) {
        String str1 = JOptionPane.showInputDialog("输入字符串 1:"); //创建字符串 1
        ______________________________________;     //创建字符串 2
        ______________________________;             //去掉字符串 1 的前后空格
        ______________________________;             //去掉字符串 2 的前后空格
        ______________________________________;     //输出字符串 1
        ______________________________________;     //输出字符串 2
        if (__________________________){            //比较字符串 1 和字符串 2 是否相同
            System.out.println("字符串 1 和字符串 2 相同," + "字符串长度为"+ ______ +"。");
        }
        else{
```

```
            System.out.println(________________________________);
        }
    }
}
```

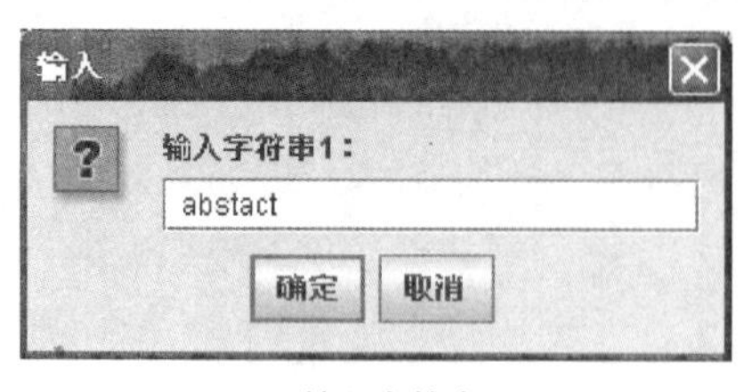

(a) 输入字符串1

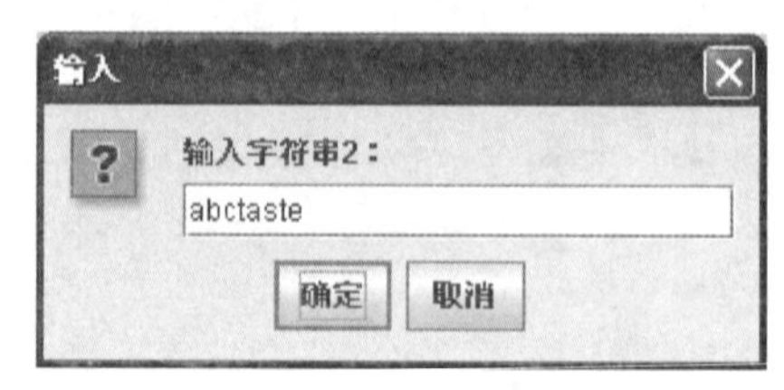

(b) 输入字符串2

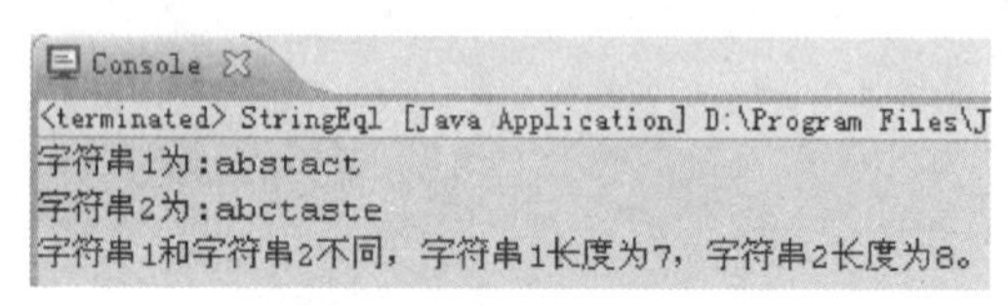

(c) Eclipse控制台输出结果

图 11－2　程序 StringEql 运行结果

实训 2：创建 StringBuffer 类的一个对象，将指定字符串追加到该 StringBuffer 对象的后面，并输出追加前后的结果。程序运行结果如图 11－3 所示。

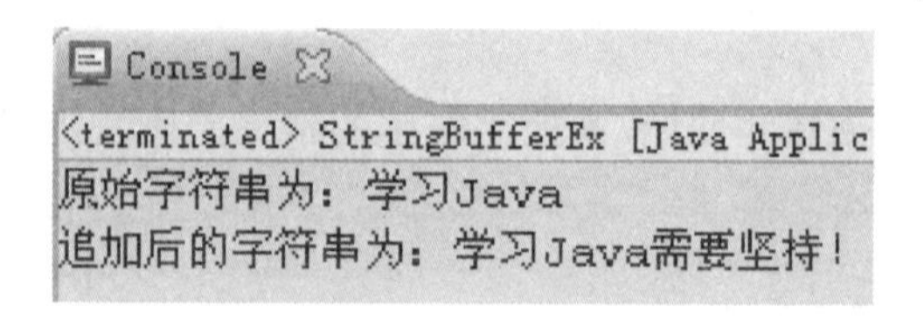

图 11－3　程序 StringBufferEx 运行结果

11.5.3　简要提示

使用 String 类的 trim()方法去掉字符串前后的空格，使用 equalsIgnoreCase()方法进行两个字符串的比较。使用 StringBuffer 类的 append()方法实现字符串的追加。

11.5.4　程序代码

程序代码参见本教材教学资源。

11.5.5　实训思考

(1) String 类和 StringBuffer 类有什么异同？

(2) 实训题(2)中使用 StringBuffer 类的插入字符方法如何实现同样的效果？

11.6　动脑想一想

11.6.1　简答题

1. 如何创建一个 String 类的对象？如何创建一个 StringBuffer 类的对象？

2. 使用什么方法可以实现字符串的查找功能？

3. StringBuffer 对象与 String 对象的存储方式有什么差异?

4. 如何使用 StringBuffer 类和 String 类实现字符串的反转?

11.6.2　单项选择题

1. 给定如下 Java 代码片段,编译运行时,以下语句或表达式的值是 true 的是(　)。

```
String s = "duck";
StringBuffer sb = new StringBuffer("duck");
String e = new String ("duck");
String t = e;
```

A. s.equals(sb)　　B. s.equals(e)　　C. t.equals(sb)　　D. s==t

2. 阅读下面代码片段,输出结果是(　)。

```
StringBuffer sb = new StringBuffer("Hello");
String t = " MY";
t = t + " FRIEND";
sb.append(t);
System.out.println(sb.toString().toLowerCase());
```

A. my friend hello　　B. Hello MY FRIEND　　C. MY FRIEND Hello　　D. hello my friend

3. 下面代码片段创建(　)个对象。

```
int a = 10;
String b = "abc";
String c = new String("abc");
MyTest test = new MyTest();
```

A. 4　　B. 3　　C. 2　　D. 1

4. 声明 s1,“String s1=new String(“phenobarbital”);”,经过“String s2=s1.substring(3,5);”后,s2 的值是(　)。

A. null　　B. “eno”　　C. “enoba”　　D. “no”

5. 下面方法中,(　)不是 String 对象合法的方法。

A. equals(String)　　B. trim()　　C. append()　　D. indexOf()

6. 阅读下面代码,其运行输出的结果为(　)。

```
String space = " ";
String composite = space + "hello" + space + space;
composite.concat("world");
String trimmed = composite.trim();
System.out.println(trimmed.length());
```

A. 5　　B. 6　　C. 8　　D. 12

11.6.3　编程题

1. 声明一个名为 s 的 String 对象,使它的内容是“this is a stringdemo”,向控制台输出整个字符串,并输出字符串的长度。

2. 输入 5 种水果的英文名称(葡萄 grape,橘子 orange,香蕉 banana,苹果 apple,桃 peach),编写一个程序,按字典里出现的先后顺序输出。

3. 录入用户的 18 位身份证号,从中提取用户的生日。

4. 某公司对固定资产进行编号:购买年份(如 2010 年 3 月购买,则购买年份的编号为 201003)+产品类型(设 1 为台式机,2 为笔记本,3 为其他,统一采用两位数字表示,数字前面加 0)+3 位随机数,请编程自动生成公司固定资产产品编号。

5. 随机输入一个姓名,然后分别输出姓和名。

任务十二　防患于未然(捕获并处理异常)

知识点:什么是异常;如何进行异常处理;异常处理的关键字;异常处理结构。

能力点:掌握 Java 的异常处理机制;运用 try、catch、finally 处理异常。

12.1　跟我做:捕获并处理异常

12.1.1　任务情景

编写除法计算器程序。当除数为零时,产生异常。当输入的除数、被除数中有一个不是数字时,也产生异常。当调用存放在数组中的计算结果,数组索引越界时,同样产生异常。

12.1.2　运行结果

程序运行的结果如图 12-1 所示。

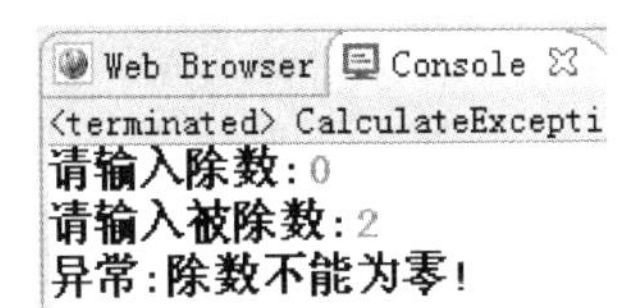

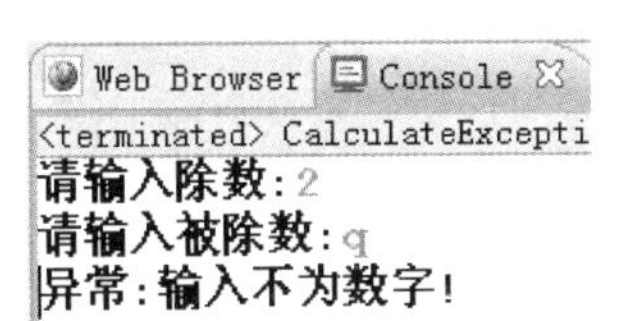

图 12-1　程序 CalculateException 的运行结果

12.2　实现方案

从键盘输入一个整型数字可以使用 java.util.Scanner 的 nextInt()方法。

```
Scanner in = new Scanner(System.in);
int i = in.nextInt();
```

但在程序运行时,会产生很多意想不到的输入问题,如输入数中出现了字母、特殊符号等,程序无法正确运行下去。本任务采用异常捕获和处理技术保证程序的健壮性。

(1) 打开 Eclipse,在 study 项目中创建包 com.task12,再确定类名 CalculateException,得到类的框架。

```
package com.task12;
public class CalculateException{
    /**
     * @param args
     */
    public static void main(String[] args) {
        // TODO Auto-generated method stub
    }
}
```

(2) 将"// TODO Auto-generated method stub"替换成如下代码:

```
int result[] = {0,1,2};
int operand1 = 0;
int operand2 = 0;
```

(3) 输入如下代码:

```
Scanner in = new Scanner(System.in);
try{
    ……          //详细实现代码参见 12.3 节
} catch (InputMismatchException ie) {
    ……          //详细实现代码参见 12.3 节
}
```

(4) 导入 java.util.Scanner 和 java.util.InputMismatchException 后,运行程序。

12.3 代码分析

12.3.1 程序代码

```
package com.task12;
import java.util.InputMismatchException;
import java.util.Scanner;
/**
 * CalculateException.java
 * 实现 try/catch
 */
public class CalculateException {
    /**
     * @param args
     */
    public static void main(String[] args) {
        int result[] = {0,1,2};
        int operand1 = 0;
        int operand2 = 0;
        Scanner in = new Scanner(System.in);
        try{
            System.out.print("请输入除数:");
            operand1 = in.nextInt();
            System.out.print("请输入被除数:");
            operand2 = in.nextInt();
            result[2] = operand2/operand1;
            System.out.println("计算结果:" + result[3]);
        } catch (InputMismatchException ie) {
            System.out.println("异常:输入不为数字!");
        } catch (ArithmeticException ae) {
            System.out.println("异常:除数不能为零!");
        } catch (ArrayIndexOutOfBoundsException aie) {
            System.out.println("异常:数组索引越界!");
        }catch (Exception e) {
            System.out.println("其他异常:" + e.getMessage());
        }
    }
}
```

12.3.2　应用扩展

如果在程序运行后，要求无论是否产生异常，都要显示“欢迎使用计算机！”，则需要在

```
try{
}catch{
}
```

后增加 finally{}。增加的代码为：

```
finally{
    System.out.println("欢迎使用计算机!");
}
```

12.4　必备知识

12.4.1　异常的概念

在 Java 程序编写中，通过编译能够发现很多错误，但有些问题只能在程序运行的时候才能发现。一旦问题出现，程序将终止，并返回操作系统。

异常就是在程序的运行过程中所发生的不正常的事件，它会中断正在运行的程序，如除数为零、数组下标越界、需要的文件找不到等，程序都会出现异常。

例如，当给 int 类型变量 b 赋值 0 后，执行到“c=a/b;”语句时，就会出现异常，因为数学中规定除数不能为零。

```
12      int a,b,c;
13      a = 5;
14      b = 0;
15      c = a/b;                          //第 15 行出现了异常
```

异常信息如图 12-2 所示。图中的异常信息表示产生了“java. lang. ArithmeticException”算术异常。产生异常的语句在包“com. task12”中的“MyException”类中的“main()”方法的第 15 行，除数为零。

```
Web Browser | Console | Servers
<terminated> MyException [Java Application] D:\J2EE\jdk1.6.0_06\bin\javaw.exe (Mar 6, 2010 10:39:
Exception in thread "main" java.lang.ArithmeticException: / by zero
        at com.task13.MyException.main(MyException.java:15)
```

图 12-2　除数为零出现的异常信息

异常会打乱原先的执行顺序，得不到预期的运行结果。所以，需要在程序中进行异常处理。异常处理把程序功能代码与异常处理代码分开，集中处理异常，使得整个程序代码更有条理，也减少了编程代码。

12.4.2　异常处理机制

Java 使用异常处理机制为程序提供了异常处理的能力。所谓异常处理，就是在程序中预先想好对异常的处理办法，当程序运行出现异常时，对异常进行处理，处理完毕，程序继续运行。

Java 异常处理机制由捕获异常和处理异常两部分组成。当出现了异常事件，就会生成一

个异常对象,传递给运行中的系统,这个产生和提交异常的过程称为抛出(throw)异常。

当运行时得到异常对象时,系统将会寻找处理异常的方法,把当前异常对象交给该方法处理,这一过程称为捕获(catch)异常。

如果没有找到可以捕获异常的方法,则系统将终止,程序退出运行状态。

12.4.3 异常的分类

Java 中,异常由类来表示,异常类的父类是 Throwable 类,有两个直接子类 Error 类和 Exception 类。前者表示程序运行时较少发生的内部系统错误,程序员无法处理。后者表示程序运行时程序本身和环境产生的异常,可以捕获和处理。异常类继承结构如图 12-3 所示。

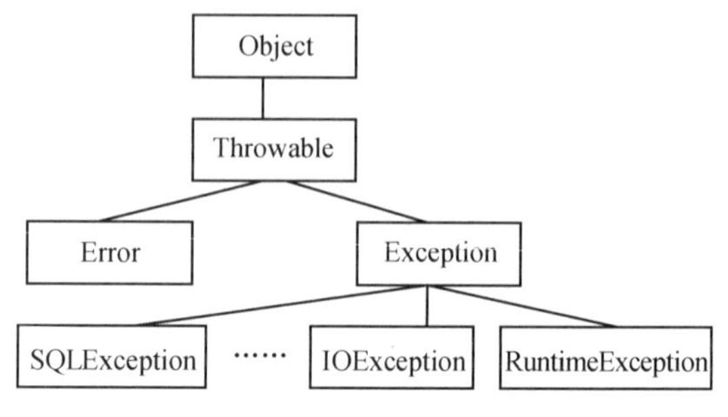

图 12-3 异常类继承结构

12.4.4 标准异常类

Exception 类常用子类的继承关系如表 12-1 所列。

12.4.5 异常的捕获与处理

Java 的异常捕获与处理是通过 5 个关键字来实现的:try、catch、finally、throw、throws。本任务重点学习 try/catch/finally 结构。

- 关键字 try 构成的 try 语句块执行可能产生异常的代码;
- 关键字 catch 构成的 catch 语句块捕获异常,然后对异常进行所需的处理;
- 关键字 finally 构成的 finally 语句块完成一些资源释放、清理的工作,如关闭 try 程序块中所有打开的文件、断开网络连接等。

在异常处理中,经常使用异常对象的方法进行相关处理。使用 getMessage()方法返回保存在某个异常中的描述字符串,使用 printStackTrace()方法把调用堆栈的内容打印出来。

关键字 throw 用于手动抛出异常,throws 用于声明方法可能要抛出的各种异常,这些将在任务十三中进行学习。

1. 异常处理的语句结构

```
try{
        //try 语句块,可能产生异常的代码
}catch(异常类型  异常引用变量){
        //catch 语句块,处理异常的代码,捕获异常
}finally{
        //finally 语句块,释放资源的代码。无论是否发生异常,代码都会被执行
}
```

在语句结构中,try 和 catch 部分是必需的,并且 catch 部分可以有多个,finally 语句块是可选项,可以没有。

表 12－1　Exception 类常用子类的继承关系

Exception				异常层次结构的根类
	ClassNotFoundException			检查异常,找不到类或接口产生的异常
	CloneNotSupportedException			检查异常,使用对象的 clone()方法,但无法执行 Cloneable 产生的异常
	IllegalAccessException			检查异常,类定义不明确产生的异常
	InstantiationException			检查异常,使用 newInstance()方法试图建立一个类 Instance 时产生的异常
	InterruptedException			检查异常,目前线程等待执行,另一线程中断目前线程产生的异常
	NoSuchMethodException			找不到方法
	RuntimeException			执行异常,在 JVM 正常运行时抛出异常的父类
		ArithmeticException		算术异常。算术运算产生的异常,如零作除数
		ArrayStoreException		存入数组的内容与数组类型不一致时产生的异常
		ClassCastException		类对象强制转换造成不当类对象产生的异常。如类 C 对象 c 强制成类 A,而 c 既不是 A 的实例,也不是 A 的子类的实例
		IllegalArgumentException		方法接收到非法参数
			IllegalThreadStateException	线程在不合理状态下运行产生的异常
			NumberFormatException	字符串转换为数值产生的异常,如"8"正常,"s"异常
		IllegalMonitorStateException		线程等候或通知对象时产生的异常
		IndexOutOfBoundsException		索引越界产生的异常
			ArrayIndexOutOfBoundsException	数组索引越界产生的异常
			StringIndexOutOfBoundsException	企图访问字符串中不存在的字符位置时产生的异常
		NegativeArraySizeException		创建数组时长度为负数
		NullPointerException		空指针异常。企图引用值为 null 的对象时产生的异常
	SecurityException			违反安全产生的异常。当 Applet 企图执行由于浏览器的安全设置而不允许的动作时产生的异常
	IOException			I/O 异常的根类,由一般 I/O 故障引起
		FileNotFoundException		找不到文件
		EOFException		文件结束
	SQLException			数据库访问的异常

2. 异常处理的执行流程

异常处理的执行流程如图 12-4 所示。

从异常处理的执行流程图中可以看出,当 try 语句块引发异常时,将会抛出异常对象,然后在 catch 语句块中捕获异常对象,进行异常处理。如果无法捕获抛出的异常对象,则会发生错误,程序停止运行。

如果 try 语句块没有引发异常,catch 语句块将不执行。但是,无论有没有异常抛出,finally 语句块总是被执行。

注意:catch 语句块中的异常处理代码,不能访问由 try 语句块定义的对象,这是因为 try 语句块在异常处理代码开始执行之前已过期。

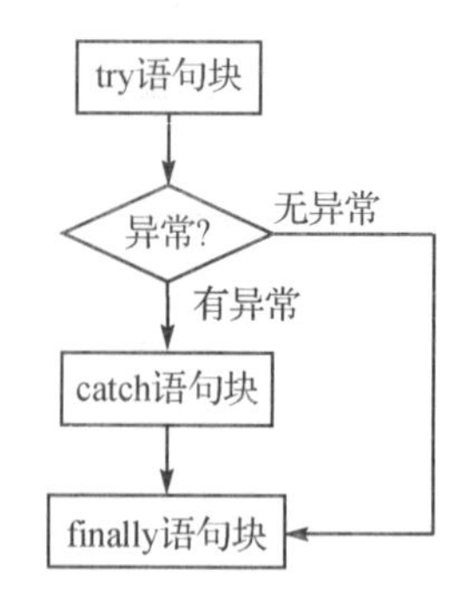

图 12-4 异常处理的执行流程

3. try/catch 结构捕获异常

try/catch 结构是异常处理中最简洁、最核心的语句块,能够捕获异常,并进行必要的处理。关键字 try 和 catch 都不能省略。例如,在新生入学时使用的迎新系统中,输入新生的家庭电话号码。号码只能由数字组成,如果输入非数字,则产生异常。代码如下:

```
package com.task12;
import java.util.Scanner;
/**
 * TryCatchException.java
 * 实现 try/catch
 */
public class TryCatchException {
    /**
     * @param args
     */
    public static void main(String[] args) {
        Scanner in = new Scanner(System.in);
        System.out.println("=========迎新系统=========");
        System.out.println("3 新生报到");
        try {                                   //try 语句块,可能产生异常的代码
            System.out.println("请输入新生的家庭电话号码:");
            System.out.println("(如区号 0523 + 号码 81234567,输入 052381234567)");
            String telephone = in.nextLine();
            //检测输入的电话号码是否全为数字,不全为数字,产生异常
            int tel = Integer.parseInt(telephone);
            System.out.println("新生的家庭电话号码:" + tel);
        } catch (NumberFormatException nex) {       //捕获异常
            //catch 语句块对异常进行处理
            System.out.println("产生异常,电话号码应为数字!");
            //System.out.println(nex.toString()); //返回异常对象的类名以及异常对象的信息
```

```
            nex.printStackTrace();          //堆栈跟踪功能显示出程序运行到当前类的执行流程
        }
    }
}
```

4. 多重 catch 捕获异常

多重 catch 就是在 try/catch 结构中，出现一个 try 语句块及多个 catch 语句块的情况，每个 catch 语句块捕获一种异常类的对象。如果捕获的异常类之间没有父子关系，各类的 catch 语句块顺序无关紧要，但是，如果它们之间有父子关系，则必须将子类的 catch 语句块放在父类的 catch 语句块之前。例如，ArithmeticException 算术异常类与 NullPointerException 空指针异常类之间不存在父子关系，捕获异常时，它们的 catch 语句块顺序可以不加考虑。

```
try{
    //try 语句块，可能产生异常的代码
}catch(ArithmeticException ae){                //位置可以与 NullPointerException 类对调
    //catch 语句块，处理异常的代码，捕获异常
} catch(NullPointerException ne){              //位置可以与 ArithmeticException 类对调
    //catch 语句块，处理异常的代码，捕获异常
}
```

再例如，Exception 是异常根类，ArrayIndexOutOfBoundsException 是数组索引越界异常类，它们之间存在父子关系，所以 Exception 父类的 catch 语句块只能放在后面。

```
try{
    //try 语句块，可能产生异常的代码
}catch(ArrayIndexOutOfBoundsException ae){  //位置必须在 Exception 之前
    //catch 语句块，处理异常的代码，捕获异常
} catch(Exception e){                         //位置只能在 ArrayIndexOutOfBoundsException 之后
    //catch 语句块，处理异常的代码，捕获异常
}
```

多重 catch 捕获异常举例：从键盘输入除数和被除数，计算结果。当输入的数不为数字时，产生 NumberFormatException 异常。当除数为零时，产生 ArithmeticException 算术异常，此时结果分为正无穷、零、负无穷 3 种情况。出现其他的异常，则显示无法处理。其代码如下：

```
package com.task12;
import java.util.Scanner;
/**
 * TryCatchsException.java
 * 实现多重 catch
 */
public class TryCatchsException {
    /**
     * @param args
     */
    public static void main(String[] args) {
        int operand1 = 0;                          //除数
```

```
            int operand2 = 0;                          //被除数
            Scanner in  =  new Scanner(System.in);
            try {
                System.out.println("请输入除数:");
                operand1 = Integer.parseInt(in.nextLine());
                System.out.println("请输入被除数:");
                operand2 = Integer.parseInt(in.nextLine());
                System.out.println("运算结果:" + operand2/operand1);
            }catch (NumberFormatException nex) {  //捕获字符串转数字异常
                System.out.println("捕获异常:输入不为数字!");
            }catch (ArithmeticException aex) {    //捕获算术异常,除数为零
                if (operand2>0){
                    System.out.println("运算结果:正无穷");
                }else if (operand2<0){
                    System.out.println("运算结果:负无穷");
                }else{
                    System.out.println("运算结果:零");
                }
            }catch (Exception ex) {
                    System.out.println("出现无法处理的异常!");
            }
        }
    }
```

5. try/catch/finally 结构捕获异常

try/catch/finally 结构带有关键字 finally。finally 语句块用来进行善后处理工作。例如,打开数据库,从数据库读取相应的数据,当读取完成后,最后要关闭数据库连接。没有读取成功,也要关闭数据库连接。

```
package com.task12;
import java.util.Scanner;
/**
 * TryCatchFinallyException.java
 * 实现 Try/Catch/Finally Exception
 */
public class TryCatchFinallyException {
    /**
     * @param args
     */
    public static void main(String[] args) {
        try{
            //与数据库建立连接
            //创建 statement 对象
            //执行 SQL 语句
            //处理查询结果集
        }catch (SQLException   se) {                 //捕获数据库异常
            System.out.println("出现数据库异常!");
```

```
            se.printStackTrace();
        } finally {
            //关闭结果集
            //关闭 statement 对象
            //关闭数据库连接
        }
    }
}
```

注意:如果 try 语句块里有一个 return 语句,那么紧跟在这个 try 后的 finally 语句块里的代码会被执行,而且在 return 前执行。

12.5　动手做一做

12.5.1　实训目的

掌握 Java 的异常处理机制;掌握运用 try、catch、finally 处理异常。

12.5.2　实训内容

实训 1:编写程序,能够产生、捕获和处理 NullPointerException 异常和 ClassCastException 异常。

实训 2:编写程序,能够产生、捕获和处理 ArithmeticException 异常和 IndexOutOfBoundsException 异常。

12.5.3　简要提示

在产生、捕获和处理异常时,一要学会使用 try/catch 结构,try 语句块中放可能产生异常的代码,catch 语句块中放捕获和处理异常的代码。二要掌握异常类之间的继承关系,特别是多重 catch 结构时,要严格区分异常类的先后顺序。

12.5.4　程序代码

程序代码参见本教材教学资源。

12.5.5　实训思考

(1) 可能产生异常的代码放在哪一个语句块?

(2) 异常类之间的继承关系。

12.6　动脑想一想

12.6.1　简答题

1. 什么是异常?

2. Java 中,如何进行异常处理?

12.6.2　单项选择题

1. 异常是产生一个(　)。

A. 类　　B. 对象　　C. 方法　　D. Error

2. (　)用于找不到类或接口所产生的异常。

A. ClassCastException　　B. InterruptedException

C. ClassNotFoundException　　D. IllegalArgumentException

3. Throwable 的两个直接子类是(　)。

A. RuntimeException 和 Exception　　B. Exception 和 Error

C. ClassNotFoundException 和 Object　　D. Object 和 Error

4. 下列语句中,(　)是用来捕获和处理异常的。

A. try/catch　　B. try/finally　　C. catch　　D. finally

5. 下列类中,(　)是数组索引越界异常类。

A. ArrayStoreException　　B. NumberFormatException

C. IndexOutOfBoundsException　　D. ArithmeticException

12.6.3 编程题

1. 企图把输入的字符串转换成 double 类型的数值,可能会产生异常,请编写程序捕获并处理异常。

2. 用 try/catch/finally 结构编写程序,程序运行结果依次显示 ArithmeticException 异常、ArrayIndexOutOfBoundsException 异常和 Exception 异常的信息。

任务十三　主动出击(抛出异常)

知识点:抛出异常;声明异常;自定义异常。

能力点:运用 throw 抛出异常;运用 throws 声明异常;能够自定义异常。

13.1　跟我做:抛出异常

13.1.1　任务情景

某公司需要查找某份报表,找到报表的概率为70%,找报表的过程涉及的职位有职员、经理、财务总监、首席执行官。当找不到报表时,产生异常。请用程序代码模拟实现。

13.1.2　运行结果

程序运行结果如图13-1所示。

```
问题 @ Javadoc 声明 控制台
<已终止> ExceptionTest [Java 应用程序] D:\Pr
李云,找到报表了.快向领导报告!
秦梅,找到报表了.快向领导报告!
周林夕,找到报表了.快向领导报告!
陈洪,找到报表了.快向领导报告!
```

(a) 找到报表的运行结果

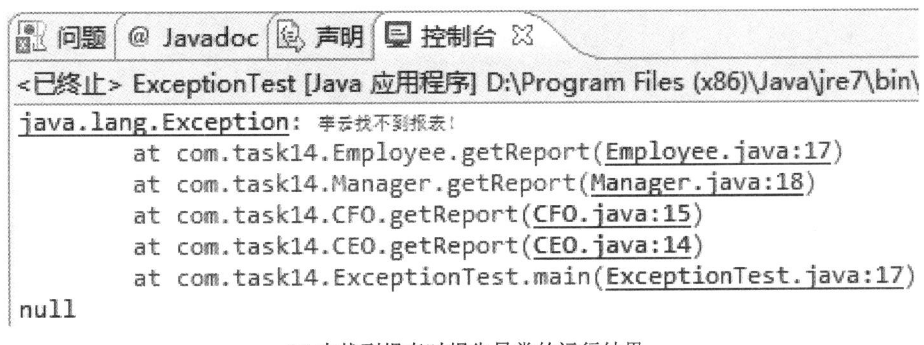

(b) 未找到报表时报告异常的运行结果

图13-1　程序运行结果

13.2　实现方案

定义公共的职员类 Employee,定义其找报表的方法为 getReport()。定义经理类 Manager,在构造方法中传入职员数组,定义其找报表的方法是命令所管辖的员工数组中的所有员工找报表,若找不到则向上抛出异常。定义财务总监类 CFO,在构造方法中传入经理对象,定义其找报表的方法是命令所管辖的经理找报表,若找不到则捕获异常并打印异常的栈信息,返回 null。定义首席执行官类 CEO,在构造方法中传入 CFO 对象,定义其找报表的方法是命令 CFO 找报表。

(1) 打开 Eclipse，在 study 项目中创建包 com. task13，再确定类名 Employee，得到类的框架。

```
package com.task13;
public class Employee{
}
```

(2) 定义 Employee 类的 name 属性和构造方法。

```
String name;
public Employee(String name){
    ……                    //详细实现代码参见 13.3
}
```

(3) 定义 Employee 类的找报表方法，找不到报表就报异常。

```
public String getReport()throws Exception{
    ……                    //详细实现代码参见 13.3
}
```

(4) 在 com. task13 包中新建经理类 Manager，定义其属性职工数组和构造方法，定义其找报表方法，找不到报表则向上抛出异常。

```
package com.task13;
public class Manager{
    Employee[] es;                                  //定义职员数组
    public Manager(Employee[] es){                  //定义构造方法
        ……                                          //详细实现代码参见 13.3
    }
    public String getReport()throws Exception{      //定义经理找报表的方法
        ……                                          //详细实现代码参见 13.3
    }
}
```

(5) 在 com. task13 包中新建财务总监类 CFO，定义其属性经理数组和构造方法，定义其找报表方法，找不到报表则捕获异常。

```
package com.task13;
public class CFO{
    Manager[] ms;                                   //定义经理数组
    public CFO(Manager[] ms) {                      //定义构造方法
        ……                                          //详细实现代码参见 13.3
    }
    public String getReport(){                      //定义 CFO 找报表的方法
        ……                                          //详细实现代码参见 13.3
    }
}
```

(6) 在 com. task13 包中新建首席执行官类 CEO，定义其属性 CFO 和构造方法，定义其找报表方法。

```
package com.task13;
public class CEO{
    CFO cfo;                          //定义属性 CFO
    public CEO CFO cfo) {             //定义构造方法
        ……                            //详细实现代码参见 13.3
    }
    public String getReport(){        //定义 CEO 找报表的方法
        ……                            //详细实现代码参见 13.3
    }
}
```

(7) 在 com.task13 包中新建测试类 ExceptionTest,在其 main()方法中依次创建对象职工、经理、CFO 和 CEO,并让 CEO 对象调用找报表方法,输出查找结果。

```
package com.task13;
public class ExceptionTest {
    public static void main(String[] args) {
        ……                         //详细实现代码参见 13.3
    }
}
```

(8) 保存文件,运行程序。

13.3　代码分析

13.3.1　程序代码

```
package com.task13;
public class Employee {
    String name;
    public Employee(String name) {
        this.name = name;
    }
    //定义职员找报表的方法,找不到报表就报自定义异常
    public String getReport() throws Exception {
        if (Math.random() > 0.7)          //设定找到报表的概率是 70%
        {
            throw new Exception(name + "找不到报表!");
        }
        return name + ",找到报表了,快向领导报告! \n";
    }
}

package com.task13;
public class Manager {
    Employee[] es;                         //定义职员数组
    //将职员数组传入构造方法
```

```
    public Manager(Employee[] es) {
        this.es = es;
    }
    //定义经理找报表的方法
    public String getReport() throws Exception {
        StringBuffer sb = new StringBuffer();     //StringBuffer 主要定义经常变化的字符串
        //经理让所有的职员找报表
        for (int i = 0; i < es.length; i++) {
            sb.append(es[i].getReport());
        }
        return sb.toString();
    }
}

package com.task13;
public class CFO {
    Manager[] ms;
    public CFO(Manager[] ms) {
        this.ms = ms;
    }
    //定义 CFO 找报表的方法,CFO 只向经理要报表
    public String getReport() {
        try {
            return ms[0].getReport();
        } catch (Exception e) {
            e.printStackTrace();          //打印异常的栈信息
        }
        return null;
    }
}

package com.task13;
public class CEO {
    CFO cfo;
    public CEO(CFO cfo) {
        this.cfo = cfo;
    }
    //定义 CEO 找报表的方法,调用 CFO 去找报表
    public String getReport() {
        return cfo.getReport();
    }
}

package com.task13;
public class ExceptionTest {
```

```
    public static void main(String[] args) {
        //创建职工对象 a、b、c、d
        Employee a = new Employee("李云");
        Employee b = new Employee("秦海");
        Employee c = new Employee("周林夕");
        Employee d = new Employee("陈潇");

        Employee[] e = new Employee[] { a, b, c, d };     //创建职工数组
        Manager[] m = new Manager[] { new Manager(e) };  //创建经理数组
        CFO cfo = new CFO(m);      //创建 CFO 对象
        CEO ceo = new CEO(cfo);  //创建 CEO 对象

        System.out.println(ceo.getReport());//CEO 对象调用找报表的方法,输出
    }
}
```

13.3.2　应用扩展

上面抛出的异常是 Exception 标准类及子类对象,在实际项目中往往根据需要,定义异常类,实现特殊的功能。如以下自定义 ReportNotFoundException 异常类,实现自定义功能。

```
package com.task13;
public class ReportNotFoundException extends Exception {
    //空的构造方法
    public ReportNotFoundException() {

    }
    //自定义的异常类的构造方法,在有出错信息时创建异常对象
    public ReportNotFoundException(String mesg) {
        super(mesg);
    }
}
```

同时,将 Employee 类、Manager 类、CFO 类、CEO 类中的 Exception 替换成 ReportNotFoundException,程序仍然能运行。

13.4　必备知识

13.4.1　声明异常

上一个任务中,学习了用 try/catch/finally 结构捕获、处理异常,但是在有些情况下,在方法的内部,方法本身不需要处理它产生的异常,而是向上传递,由调用它的方法来处理这些异常。这就要用到声明异常。声明异常的格式如下:

```
[修饰符]<返回类型>  方法名([参数列表])  throws  异常列表
```

throws 是关键字。例如,在 throwsMethod()方法的定义中,声明异常的代码如下:

```
static void throwsMethod() throws ArithmeticException,IndexOutOfBoundsException{
    //方法体
}
```

在方法体中,存放可能产生 ArithmeticException 和 IndexOutOfBoundsException 异常的代码,但是方法体中的代码对异常不做任何捕获和处理。当方法中产生异常时,由调用 throwsMethod()的方法来处理。

声明异常后,捕获和处理异常的举例如下:

```
package com.task13;
/**
 * ThrowsException.java
 * 声明异常
 */
public class ThrowsException {
    //在方法定义中声明可能产生的异常
    static int throwsMethod(int a,int b) throws ArithmeticException,IndexOutOfBoundsException{
        int c[] = {0,1};
        c[0] = a;
        c[1] = b;
        //c[3] = b;                              //产生 IndexOutOfBoundsException 异常
        return c[1]/c[0];                        //产生 ArithmcticException 异常
    }
    /**
     * @param args
     */
    public static void main(String[] args) {
        try{
            throwsMethod(0,3);                   //调用 throwsMethod()方法
        }catch(ArithmeticException ae){         //捕获和处理方法上传的异常
            System.out.println("异常 1:");
            ae.printStackTrace();
        }catch(IndexOutOfBoundsException ie){   //捕获和处理方法上传的异常
            System.out.println("异常 2:");
            ie.printStackTrace();
        }finally{
            System.out.println("捕获和处理异常结束");
        }
    }
}
```

这是一个完整的声明异常,然后捕获和处理异常的例子,请领会两者之间的异常类关系。

13.4.2 主动抛出异常

在捕获异常前,必须有代码产生异常对象,并把它抛出。抛出异常的代码一般是 Java 运行时系统自动完成的,但是如果程序员需要主动抛出异常,可以通过 throw 语句实现这样的效

果。throw 语句格式为

```
throw 异常对象;
```

如当程序员需要在程序中主动抛出空指针异常时,代码如下:

```
throw new NullPointerException();
```

下面是一个主动抛出异常,然后捕获和处理异常的例子。代码如下:

```
package com.task13;
/**
 * ThrowException.java
 * 主动抛出异常
 */
public class ThrowException {
    /**
     * @param args
     */
    public static void main(String[] args) {
        try{
            throw new NullPointerException();          //主动抛出空指针异常
        }catch(NullPointerException ne){               //捕获和处理异常
            System.out.println("异常:");
            ne.printStackTrace();
        }finally{
            System.out.println("捕获和处理异常结束");
        }
    }
}
```

13.4.3　自定义异常

以上所涉及的异常类都是 Java 提供的。开发系统时,程序员往往有特别的需求,需要定义自己的异常类。自定义异常必须继承 Exception 类或其子类。例如,先定义 SelfDefineException自定义异常类,然后在 Cal 类中定义了 sqrt()方法,该方法中声明了自定义异常,并在一定条件下抛出了异常。在测试类 SelfExceptionTest 中,捕获和处理自定义异常。

```
package com.task13;
/**
 * SelfException.java
 * 自定义异常
 */
class SelfDefineException extends Exception{                //自定义异常类
    public SelfDefineException(){
        super();
    }
    public SelfDefineException(String str){
        super(str);
```

```
        }
    }
    class Cal{
        static void sqrt(double d) throws SelfDefineException{      //声明自定义异常
            if (d<0){
                throw new SelfDefineException("负数不能求平方根,请仔细检查!");  //抛出自定义异常
            }else{
                System.out.println(d+"的平方根为:"+Math.sqrt(d));     //正常执行方法的功能
            }
        }
    }
    public class SelfExceptionTest {
        /**
         * @param args
         */
        public static void main(String[] args) {
            try{
                Cal.sqrt(4);
                Cal.sqrt(-4);                           //抛出自定义异常
            }catch(SelfDefineException se){            //捕获和处理自定义异常
                System.out.println("异常:");
                se.printStackTrace();
            }finally{
                System.out.println("捕获和处理异常结束");
            }
        }
    }
```

13.5 动手做一做

13.5.1 实训目的

掌握 throw 抛出异常;掌握 throws 声明异常;掌握自定义异常。

13.5.2 实训内容

给类的属性身份证号码 id 设置值,当给定的值长度为 18 时,赋值给 id,当值长度不为 18 时,抛出 IllegalArgumentException 异常,然后捕获和处理异常。请编写程序。

13.5.3 简要提示

给身份证号码 id 赋值,定义 setId()方法。在方法中抛出异常需要使用 throw 关键字。在捕获和处理异常时需要使用 try/catch/finally 结构,异常类为 IllegalArgumentException。

13.5.4 程序代码

程序代码参见本教材教学资源。

13.5.5 实训思考

(1) 如何抛出异常?

(2) 声明异常后,如何捕获和处理异常?

13.6　动脑想一想

13.6.1　简答题

1. 请写出声明异常的格式,并举例说明。
2. 请写出自定义异常的方法,举例说明。

13.6.2　单项选择题

1. 直接抛出异常的格式为(　)。

A. catch(Exception e)　　B. try{
C. throw new Exception()　　D. throws new Exception()

2. 方法的 throws 子句表示本方法(　)。

A. 已省去了异常　　B. 当调用该方法时必须处理异常
C. 当调用方法时可以忽略异常　　D. 以上均不是

3. 在异常处理中,将可能抛出异常的方法放在(　)语句块中。

A. throws　　B. catch　　C. try　　D. finally

4. 下面情况属于 Java 异常(　)。

A. JVM 系统内部错误　　B. 资源耗尽　　C. 对负数开平方根　　D. 以上都不是

5. 以下程序的输出结果是(　)。

```
public class T {
    public static void main (String args[]){
        try{
            System.out.print("同一个世界,同一个梦想");
        }finally{
            System.out.println("最终实现");
        }
    }
}
```

A. 同一个世界,同一个梦想　　B. 无法编译,因为没有 catch 子句
C. 同一个世界,同一个梦想最终实现　　D. 无法编译,因为没有指定异常

13.6.3　编程题

1. 主动产生一个异常,并用 catch 语句捕获异常,输出异常的堆栈路径。

2. 输入一个正整数,求该数的阶乘。要求能捕捉输入数字格式异常(NumberFormat-Exception),即当输入字符不是正整数时,能出现提示信息“输入数据格式不对,请重新输入一个正整数”。

任务十四　与 Applet 初次见面(Applet 入门)

知识点:Applet 含义;Applet 类;Graphics 类。

能力点:理解 Applet 的生命周期和主要方法;会编写和运行 Applet 程序;会使用 Graphics 类绘制文本和简单图形。

14.1　跟我做:简单自我介绍

14.1.1　任务情景

在 Eclipse 的环境下编写和运行一个 Java Applet 程序 FirstApplet,分行显示一个包含“姓名”“性别”“学号”“年龄”文本信息的简单自我介绍,设置背景色为粉色,字体颜色为蓝色。

14.1.2　运行结果

程序运行的结果如图 14-1 所示。

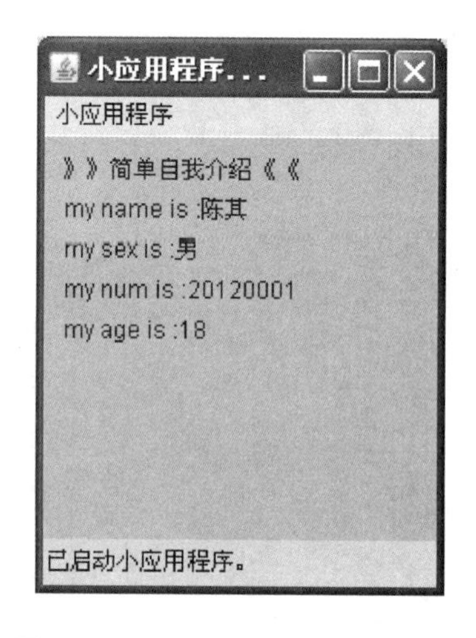

图 14-1　FirstApplet 程序运行结果

14.2　实现方案

本任务需要编写一个 Applet 程序,使用 Graphics 类绘制文本,在 Eclipse 的环境下运行该程序。

解决问题的步骤如下:

(1) 创建 Applet 程序。

① 打开 Eclipse,在 study 项目中创建包 com. task14,确定类名 FirstApplet,指定超类 java. applet. Applet,得到类的框架。

```
package com.task14;
import java.applet.Applet;
public class FirstApplet extends Applet {
}
```

② 使用 import 关键字加载其他包:java.awt.*。

③ 在“public class FirstApplet extends Applet {”的下面一行输入类的属性描述,程序代码如下:

```
private String name;
private String sex;
private int num;
private int age;
```

④ 在 FirstApplet 类中输入 5 个方法的定义,init()方法输出对应的方法使用提示语句到控制台,并设置背景颜色和进行属性赋值,start()方法、stop()方法、destroy()方法各输出对应的方法使用提示语句到控制台,paint()方法绘制文本,程序代码如下:

```
public void init(){
……            //详细实现代码参见 14.3 节
}
public void start(){
……            //详细实现代码参见 14.3 节
}
public void stop(){
……            //详细实现代码参见 14.3 节
}
public void destroy(){
……            //详细实现代码参见 14.3 节
}
public void paint(Graphics g){
……            //详细实现代码参见 14.3 节
}
```

编写程序代码,使用 Graphics 类的 paint()方法绘制文本。

(2) 通过菜单“Run”→“Run As”→“Java Applet”运行程序,使用小应用程序查看器 AppletViewer 查看运行结果。

14.3　代码分析

14.3.1　程序代码

```
/*
 * FirstApplet.java
 * 任务十四
 * 简单自我介绍
 */
package com.task14;
import java.applet.Applet;
import java.awt.*;
public class FirstApplet extends Applet {
```

```
    private String name;
    private String sex;
    private int num;
    private int age;
    public void init() {
        System.out.println("初始化阶段,init 方法。");
        setBackground(Color.pink);
        name = "陈其";
        sex = "男";
        num = 20120001;
        age = 18;
    }
    public void start(){
        System.out.println("开始阶段,start 方法。");
    }
    public void stop(){
        System.out.println("暂停阶段,stop 方法。");
    }
    public void destroy(){
        System.out.println("销毁阶段,destroy 方法。");
    }
    public void paint(Graphics g) {
        g.setColor(Color.blue);
        g.drawString ("》》简单自我介绍《《" , 10, 20);
        g.drawString("my name is :" + name, 10, 40);
        g.drawString("my sex is :" + sex, 10, 60);
        g.drawString("my num is :" + num, 10, 80);
        g.drawString("my age is :" + age, 10, 100);
    }
}
```

14.3.2 应用扩展

调用 Graphics 类的 paint()方法可以在绘制区绘制各种图形。paint()方法只有一个参数,该参数是 Graphics 类的实例,在 14.3.1 程序代码中 g 为 Graphics 类的实例。Graphics 类常用的图形绘制方法有绘制直线、绘制椭圆边框、绘制矩形边框、绘制圆角矩形边框、填充指定椭圆、填充指定矩形、填充指定圆角矩形等。在 FirstApplet 程序中增加绘制椭圆和圆角矩形的功能,修改后的代码如下:

```
/*
 * FirstApplet2.java
 * 任务十四
 * 简单自我介绍
 */
package com.task14;
import java.applet.Applet;
```

```
import java.awt.*;
public class FirstApplet2 extends Applet {
    private String name;
    private String sex;
    private int num;
    private int age;
    public void init() {
        setBackground(Color.pink);
        name = getParameter("myName");
        sex = getParameter("mySex");
        num = Integer.parseInt(getParameter("myNum"));
        age = Integer.parseInt(getParameter("myAge"));
    }
    public void paint(Graphics g) {
        g.setColor(Color.blue);
        g.drawString ("》》简单自我介绍《《", 10, 20);
        g.drawString("my name is :" + name, 10, 40);
        g.drawString("my sex is :" + sex, 10, 60);
        g.drawString("my num is :" + num, 10, 80);
        g.drawString("my age is :" + age, 10, 100);
        g.setColor(Color.yellow);
        g.drawOval(10, 120, 120, 30);
        g.setColor(Color.green);
        g.fillRoundRect(20, 160, 100, 40, 10, 10);
    }
}
```

修改后的程序运行结果如图 14－2 所示。

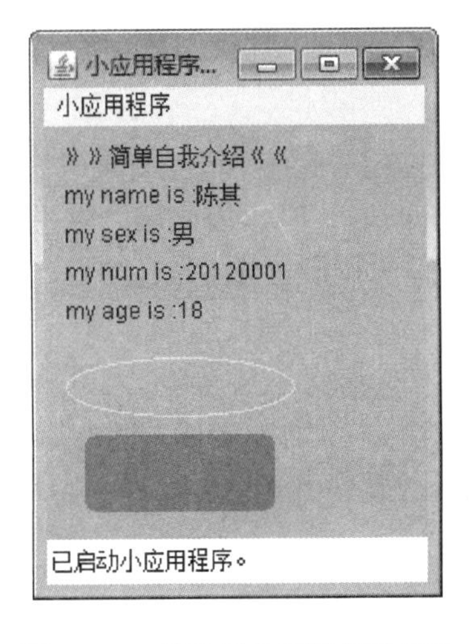

图 14－2　修改后的程序运行结果

14.4 必备知识

14.4.1 Applet 简介

在 Java 语言中存在两种基本程序:Application 和 Applet。Applet 是基于 Web 的 Java 应用程序,被称为 Java 小应用程序。

Applet 与 Application 在组成结构和执行机制上都有一定的差异。Java Application 是完整的程序,可以独立运行;Java Applet 程序不能单独运行,需要通过 Eclipse 自带的小应用程序查看器 AppletViewer 运行。Java Application 程序必定含有一个并且只有一个 main()方法,程序执行时首先寻找 main()方法,并以此为入口点开始运行,含有 main()方法的那个类常被称为主类;Java Applet 程序则没有含 main()方法的主类,这也正是 Applet 程序不能独立运行的原因。在 Java Applet 中,可以实现图形绘制、字体和颜色控制、动画和声音的插入、人机交互及网络交流等功能。

14.4.2 Applet 的生命周期

在 Java Applet 的生命周期中,会经历四种状态:初始态、运行态、停止态和消亡态,如图 14-3 所示。Applet 的几种状态可以通过 init()、start()、stop()和 destroy()4 个方法进行改变。当 Applet 被浏览器运行时,这 4 种方法将自动执行。

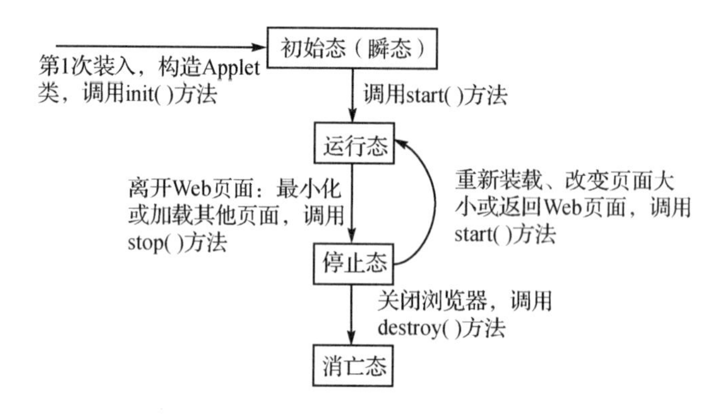

图 14-3 Applet 的生命周期

1. init()

当 Java Applet 第一次使用支持 Java 的浏览器载入时会调用该方法,功能类似于构造方法。在 Applet 生命周期中该方法只执行一次,因此可以将一些只需执行一次的初始化操作放在 init()方法中,例如对变量和组件的初始化等。

2. start()

调用完 init()方法后,系统将自动调用 start()方法。当用户离开包含 Applet 的主页后又再返回时,或者当浏览器从图标状态恢复为窗口时,系统都会自动再执行一次 start()方法。该方法在 Applet 的生命周期中被多次调用,可以执行一些任务,或是启动相关的线程来执行任务,如循环播放等。

3. stop()

和 star()方法相对应,当用户离开 Applet 所在页面或者是浏览器变成图标时,系统都会调用 stop()方法,该方法也可以被多次调用。可以使用 stop()方法停止正在运行的线程,停止消耗系统资源。

4. destroy()

当用户关闭浏览器或浏览另一个网页时,系统就会调用 destroy()方法清除 Applet 所用的所有资源。

14.4.3 Applet 的创建与运行

必须通过继承 java. applet. Applet 或 javax. swing. JApplet 类创建 Applet,一个 Applet 至少要实现一个 init()、start()或 paint()方法,其框架结构如下:

```
public class 类名 extends Applet{      //或 extends JApplet
        public void init()
        { //初始化、设置字体、装载图片等 }
        public void start()
        { //启动或恢复执行 }
        public void stop()
        { //执行被挂起 }
        public void destroy()
        { //执行关闭操作 }
        public void paint(Graphics g )
        { //进行绘图操作等 }
    }
```

通过"Run As"→"Java Applet"方式使用 AppletViewer 运行 14. 3. 1 小节中的 FirstApplet 程序,小应用程序查看器提供了操作菜单,如图 14 - 4 所示。当选择 AppletViewer 程序菜单的"重新启动"或"重新加载"选项时,控制台输出如图 14 - 5 所示。当选择 AppletViewer 程序菜单的"停止"选项时,控制台输出如图 14 - 6 所示。当选择 AppletViewer 程序菜单的"关闭"或"退出"选项时,控制台输出如图 14 - 7 所示。

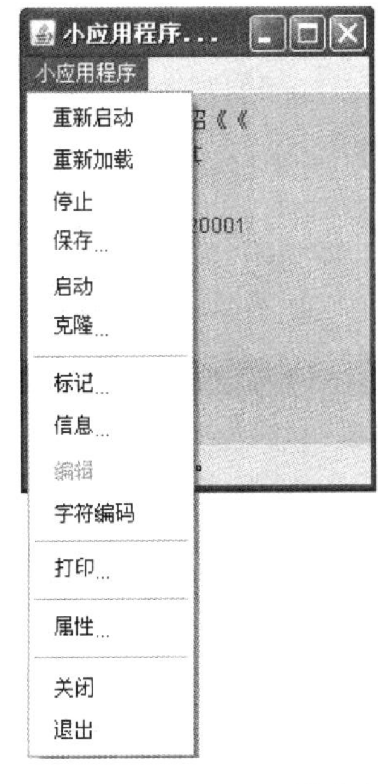

图 14 - 4 AppletViewer 程序窗口

图 14 - 5 输出结果 1

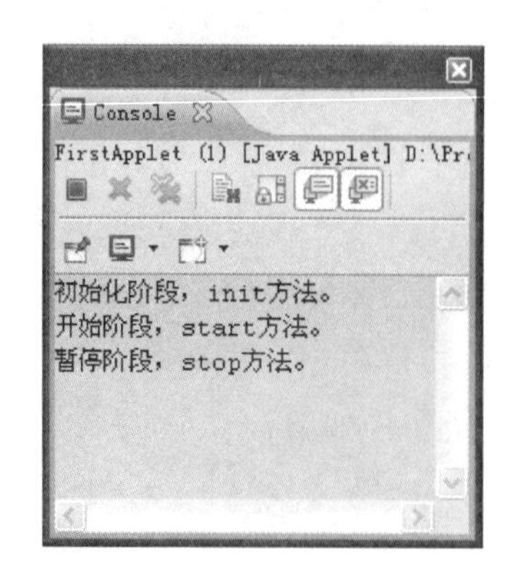

图 14-6 输出结果 2

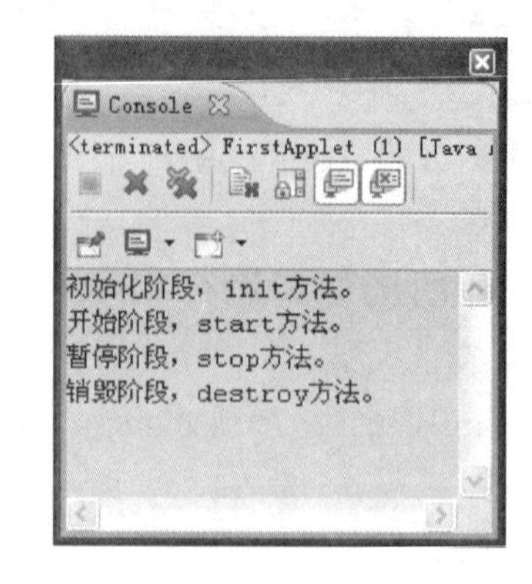

图 14-7 输出结果 3

与 Java Application 一样，Applet 源文件的扩展名为. java，编译后的执行文件扩展名为. class。Applet 中不需要有 main()方法，但要通过小应用程序查看器运行。

14.4.4 java. swt. Graphics 类

java. swt. Graphics 类是抽象类，可以通过 Graphics 类在 Applet 中绘制各种图形。Graphics 类中常用的方法有 update()方法、paint()方法和 repaint()方法。系统可以调用 update()方法清理屏幕，希望重新绘制 Applet 区域时可以调用 repaint()方法，调用 paint()方法可以在绘制区绘制图形。

paint()方法只有一个参数，该参数是 Graphics 类的实例，在 14. 3. 1 程序代码中 g 为 Graphics 类的实例，g 调用 void drawstring(string，a，b)方法使用当前字体和颜色在坐标(a，b)的位置绘制由 string 指定的文本。此外，Graphics 类常用的图形绘制方法还有如下几种：

- void drawLine(x1，y1，x2，y2)：在点(x1，y1)和(x2，y2)之间画一条直线；
- void drawOval(x1，y1，w，h)：绘制椭圆的边框；
- viod drawRect(x1，y1，w，h)：绘制矩形的边框；
- viod g. drawRoundRect(x1，y1， w， h， rw， rh)：绘制圆角矩形的边框；
- void fillOval(x1，y1，w，h)：填充指定的椭圆；
- viod fillRect(x1，y1，w，h)：填充指定的矩形；
- viod g. fillRoundRect(x1，y1， w， h， rw， rh)：填充指定的圆角矩形。

14.5 动手做一做

14.5.1 实训目的

掌握创建 Applet 的方法；掌握运行 Applet 的方法；掌握应用 Graphics 类绘制图形的方法。

14.5.2 实训内容

编写一个显示图形和文本的 Applet 程序 MyApplet。要求背景颜色为黄色，绘制一个直径为 60 的绿色实心正圆和一个边长为 60 的红色实心正方形，并显示蓝色文本“作品编号：001；作者：李好”。程序运行结果如图 14-8 所示。

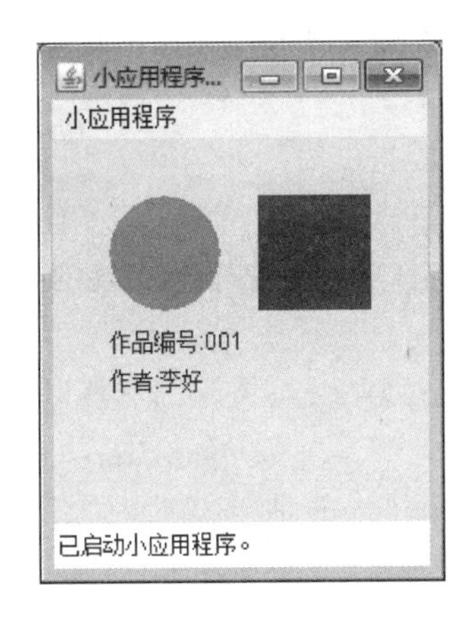

图 14-8　MyApplet 程序运行结果

14.5.3　简要提示

根据 Applet 的框架结构创建 MyApplet 类,实现 init()和 paint()方法。可将背景色设置在 init()方法中,在 paint()方法中绘制图形和文本。使用 setBackground(x)方法设置背景颜色,setColor(x)方法设置绘画笔触颜色,参数 x 为颜色值;使用 fillOval(x,y,w,h)方法绘制实心圆,fillRect(x,y,w,h)方法绘制实心矩形,参数 x、y 为绘制起点坐标,w、h 分别表示椭圆或矩形的宽和高。

14.5.4　程序代码

程序代码参见本教材教学资源。

14.5.5　实训思考

(1) 如何使用 Graphics 类的相关方法绘制线条和矩形边框?

(2) Applet 程序结构与 Application 程序有什么区别?

14.6　动脑想一想

14.6.1　简答题

1. 请写出 Applet 程序的框架。
2. 在 Applet 运行期间会经历哪几种状态?
3. 请简述 Applet 小程序的运行方法。
4. 在 Applet 中使用 Graphics 类的哪种方法可以绘制文本?
5. 简述 Java Applet 与 Java Application 的区别。

14.6.2　单项选择题

1. 以下方法中,(　)仅在 Applet 程序被创建和首次被载入支持 Java 的浏览器时被调用。

A. paint()　　B. init()　　C. action()　　D. start()

2. 下面关于 Applet 的说法正确的是(　)。

A. Applet 也需要 main()方法　　B. Applet 必须继承自 java.awt.Applet

C. Applet 能访问本地文件　　D. Applet 程序不需要编译

3. 需要重新绘制 Applet 区域时,可以使用下列函数中的(　)。

A. paint()　　B. repaint()　　C. redraw()　　D. draw()

4. paint()方法使用的类型参数为(　)。

A. Graphics　　B. Graphics2D　　C. String　　D. Color

5. 编译 Java Applet 源程序文件产生的字节码文件的扩展名为(　)

A. .java　　B. .class　　C. .html　　D. .exe

6. 在 Applet 的关键方法中,下列(　)可关闭浏览器以释放 Applet 占用的所有资源。

A. init()　　B. start()　　C. paint()　　D. destroy()

7. 下列关于 Applet 的说法中,错误的是(　)。

A. Applet 自身不能运行,必须嵌入其他应用程序(如浏览器)中运行

B. 以在安全策略的控制下读写与本地磁盘文件

C. Java 中不支持向 Applet 传递参数

D. Applet 的主类要定义为 java. applet. Applet 类的子类

8. 在 Applet 中显示文字、图形等信息时,应使用的方法是(　)。

A. paint()　　B. init()　　C. start()　　D. destroy()

9. 下列关于 Java Application 与 Applet 的说法中,正确的是(　)。

A. 都包含 main()方法　　B. 都通过"appletviewer"命令执行

C. 都通过"javac"命令编译　　D. 都嵌入 HTML 文件中执行

10. 当浏览器重新返回 Applet 所在页面时,将调用 Applet 类的方法是(　)。

A. start()　　B. init()　　C. stop()　　D. destroy()

14.6.3 编程题

1. 编写一个 Applet 程序,在 Applet 绘图区域绘制一个蓝色矩形和矩形的内切椭圆(黄色填充)。程序运行结果如图 14-9 所示。

2. 编写 Applet 程序,绘图区域背景色为绿色,使用红色字输出你的班级和姓名。程序运行结果如图 14-10 所示。

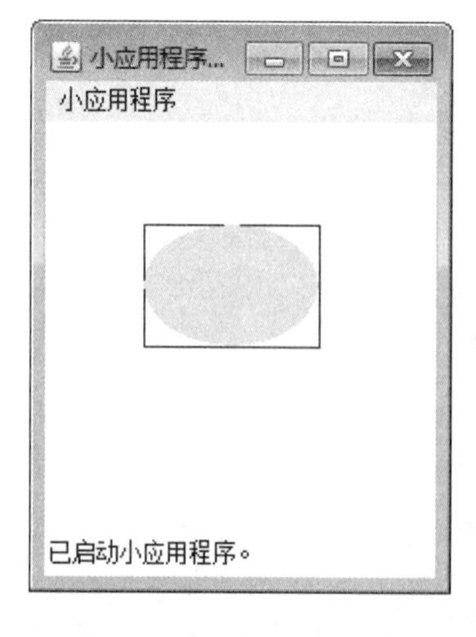

图 14-9　编程题 1 程序运行结果

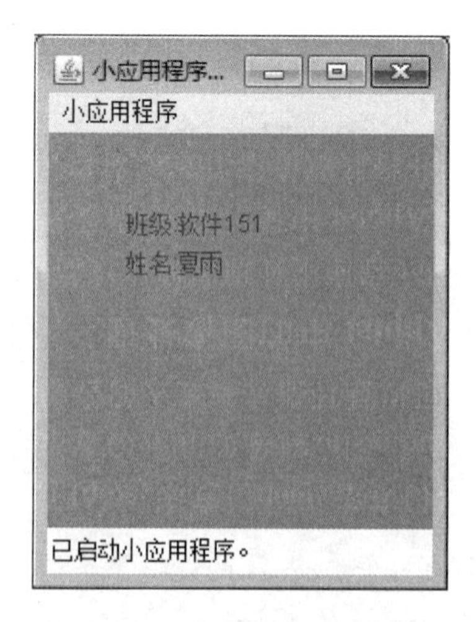

图 14-10　编程题 2 程序运行结果

3. 编写 Applet 程序,绘图区域背景色为红色,绘制一条长度为 100 的白色水平直线。程序运行结果如图 14－11 所示。

4. 编写 Applet 程序,使用蓝色字输出两行文本“Java Applet 程序”“Applet 欢迎你!”。程序运行结果如图 14－12 所示。

图 14－11　编程题 3 程序运行结果

图 14－12　编程题 4 程序运行结果

任务十五　声形并茂的Applet(在Applet中播放声音和显示图像)

知识点:AudioClip接口;Image类。

能力点:会使用AudioClip接口在Applet中实现声音的播放;会使用Image类在Applet中显示图像。

15.1　跟我做:会唱歌的图片

15.1.1　任务情景

用户都喜欢有声有色的程序界面,Applet程序可以满足这个愿望。在Eclipse的环境下编写和运行一个声形并茂的Java Applet程序AudioImage,显示一张图并播放一个声音文件。

15.1.2　运行结果

程序运行的结果如图15-1所示。

(a) AppletViewer运行效果

(b) IE浏览器运行效果

图15-1　AudioImage程序运行结果

15.2　实现方案

本任务需要编写一个Applet程序,使用java.applet包中AudioClip接口的相关方法实现音频播放,使用java.awt包中Image类的getImage()方法加载图像文件,在Eclipse的环境下运行该程序。

解决问题的步骤:

(1) 按照Applet程序的框架编写程序代码。

① 打开Eclipse,在study项目中创建包com.task15,再确定类名AudioImage,指定超类

java. applet. Applet,得到类的框架。

```
package com.com.task16;
import java.applet.Applet;
public class AudioImage {
}
```

② 使用 imports 关键字加载包 java. awt. *,将已有的引用语句import java. applet. Applet修改为 import java. applet. *。

③ 在包 com. task15 单击鼠标右键,选择"New"→"Folder"新建文件夹 images 和 sounds,将素材图像和声音文件分别放入这两个文件夹中。

④ 在"public class AudioImage extends Applet {"下面一行输入 AudioClip 和 Image 成员变量的定义。

```
AudioClip audio;
Image imgDisplay;
```

⑤ 在 AudioImage 类中输入两个方法的定义:

- 在 int()方法中使用 Image 对象的 getImage()方法加载图像文件,使用 AudioClip 对象的 getAudioClip()方法加载声音文件。
- 在 paint()方法中使用 Graphics 类的 drawImage()方法显示 Image 对象,使用 AudioClip 对象的 play()方法循环播放声音文件。

(2) 通过菜单"Run"→"Run As"→"Java Applet"运行程序,使用小应用程序查看器 AppletViewer 查看运行结果。

15.3　代码分析

15.3.1　程序代码

```
/*
 * AudioImage.java
 * 任务十五
 * 会唱歌的图片
 */
import java.applet.*;
import java.awt.*;
public class AudioImage extends Applet{
    AudioClip audio;                    //定义类型为 AudioClip 的成员变量
    Image imgDisplay;                   //定义类型为 Image 的成员变量
    public void init(){
        imgDisplay = getImage(getCodeBase(),"com/task16/images/1.jpg");    //加载图像
        audio = getAudioClip(getCodeBase(),"com/task16/sounds/sample.mid");//加载声音
    }
    public void paint(Graphics g)    {
        g.drawString("Applet 中播放声音和显示图像",30,30);                //显示文本
        audio.play();                                                   //声音播放
```

```
        g.drawImage(imgDisplay,30,40,this);                    //显示图像
    }
}
```

15.3.2 应用扩展

15.3.1 程序代码中音频文件播放一次后就停止了，如果想让声音循环播放，可以使用 AudioClip 对象的 loop()方法。修改后的代码如下：

Applet 程序：

```
package com.task15;
import java.applet.*;
import java.awt.*;
public class AudioImage2 extends Applet {
    AudioClip audio;               //定义类型为 AudioClip 的成员变量
    Image imgDisplay;              //定义类型为 Image 的成员变量
    public void init(){
        imgDisplay = getImage(getCodeBase(),"com/task16/images/1.jpg");     //加载图像
        audio = getAudioClip(getCodeBase(),"com/task16/sounds/sample.mid");//加载声音
    }
    public void paint(Graphics g)     {
        g.drawString("Applet 中播放声音和显示图像",30,30);              //显示文本
        audio.loop();                                                   //声音循环播放
        g.drawImage(imgDisplay,30,40,this);                             //显示图像
    }
}
```

15.4 必备知识

15.4.1 Applet 中的声音处理

Java 语言可以处理音频等多媒体资源。Applet 程序支持的主要音频格式包括 WAV、MIDI、AIFF、AU、RMF 等。在 Applet 中处理声音，需要先使用 getAudioClip() 方法或 newAudioClip()方法加载音频文件，再使用 play()方法、loop()方法或 stop()方法控制声音的播放。

1. getAudioClip()方法

使用 java.applet.Applet 类的 getAudioClip()方法可以加载一个指定的音频文件，并返回 AudioClip 对象。该方法具有两种重载方式，其语法格式如下：

```
AudioClip getAudioClip(URL url)
```

或

```
AudioClip getAudioClip(URL url, String name)
```

第一种方式是直接给出音频文件的 URL 地址，第二种方式是给出音频文件所在目录的 URL 地址和音频文件名。Applet 类中还定义了 getCodeBase()方法，可获取程序所在目录，当将音频文件和程序放在同一目录下时可利用此方法获取目录地址。

2. newAudioClip()方法

除了使用 Applet 类的 getAudioClip()方法，还可以通过该类的 newAudioClip()方法加载音频文件并获取 AudioClip 对象。该方法的语法格式如下：

```
AudioClip getAudioClip(URL url)
```

参数 url 为音频文件的 URL 地址。该方法是静态方法，因此不仅可以应用于 Applet 程序，还可以应用于 Java 程序。

3. play()方法、loop()方法、stop()方法

使用 AudioClip 对象的 play()方法可以播放一个已被载入的音频文件，播放一次后停止；loop()方法可以循环播放被载入的音频文件；stop()方法可以停止音频文件的播放。

15.4.2　Applet 中的图像处理

在 Applet 程序中处理图像比较简单，Applet 类中定义的 getImage()方法能很容易地获取图像。在 Applet 中显示图像，需要先定义 Image 对象，再使用 getImage()方法获取要加载的图像文件并将其赋值给 Image 对象，最后使用 Graphics 类的 drawImage()方法显示图像。

例如，使用 Applet 程序显示图片“image1. jpg”，具体代码如下：

```
public class ImageTest  extends Applet{
    Image myImage;                                          //定义类型为 Image 的成员变量
    public void init(){
        myImage = getImage(getCodeBase(),"image1.jpg");      //加载图像
    }
    public void paint(Graphics g)     {
        g.drawImage(imgDisplay,30,40,this);                   //显示图像
    }
}
```

getImage()方法的使用与 getAudioClip()方法类似，同样具有两种重载方式，语法格式如下：

```
Image getImage(URL url)
```

或

```
Image getImage(URL url, String name)
```

第一种方式需指明图像文件的绝对 URL 地址。第二种方式有两个参数：第一个参数指明图像文件的基地址，可以通过对 getCodeBase()方法的调用返回 Applet 的 URL 地址，如 www. sun. com/Applet，如果图像与包含 Applet 的文件在同一目录下，还可以用 getDocumentBase()方法获得 Applet 主页的基地址。第二个参数指定从 URL 装入的图像文件名。当Applet与图像文件处于同一目录下时，只需要图像的文件名；当图像文件位于Applet之下的某个子目录，图像文件名中则应包括相应的目录路径。例如，myImage＝getImage(getCodeBase()，“image1. jpg”)，myImage＝getImage(getCodeBase()，“image/image2. jpg”)。

用 getImage()方法把图像装入后，Applet 便可用 Graphics 类的 drawImage()方法显示图像，格式如下：

```
g.drawImage(myImage,x,y,this);
```

参数指明了待显示的图像、图像左上角的 x 坐标和 y 坐标以及 this。编译之后运行 Applet时,图像并非瞬间显示,这是由于程序不是在 drawImage()方法返回之前把图像完整地装入并显示的。drawImage()方法创建了一个线程,该线程与 Applet 的原有执行线程并发执行,使图像边装入边显示,从而产生了不连续现象。为了提高图像显示效果,许多 Applet 都采用图像双缓冲技术,即先把图像完整地装入内存然后再显示在屏幕上。Applet 还可以通过 imageUpdate()方法测定一幅图像已经装了多少在内存中。

15.5 动手做一做

15.5.1 实训目的

掌握在 Applet 中加入声音的方法;掌握在 Applet 中显示图片的方法。

15.5.2 实训内容

编写一个显示图像和播放声音的 Applet 程序 myAI,要求显示 4 张图片,并且播放一次声音文件。程序运行的结果如图 15 - 2 所示。

图 15 - 2 使用 AppletViewer 工具运行 myAI 程序的结果

15.5.3 简要提示

通过继承 JApplet 类创建 myAI 类,定义类型为 AudioClip 和 Image 的成员变量,实现 init()方法和 paint()方法。可在 init()方法中通过 AudioClip 类的 getAudioClip()方法加载声音,通过 Image 类的 getImage()方法加载图像。在 paint()方法中显示图像和播放声音。

15.5.4 程序代码

程序代码参见本教材教学资源。

15.5.5　实训思考

(1) 如果通过对 getDocumentBase()方法的调用返回 Applet 的 URL 地址,应该怎样修改程序?

(2) Applet 类的 play()方法与 loop()方法播放声音的效果有何区别?

15.6　动脑想一想

15.6.1　简答题

1. 请简述在 Applet 中显示图像的步骤。

2. 请简述在 Applet 中播放声音的步骤。

3. 在 Applet 中如何停止播放声音文件?

4. 为提高 Applet 中图像的显示效果,可以采用什么技术?

5. Applet 可以通过什么方法测定一幅图像装载了多少在内存中?

15.6.2　单项选择题

1. Applet 中使用(　)方法将图像文件和 Image 对象联系起来。

A. Image()　　B. getImage()　　C. getAudio()　　D. ImageGet()

2. 使用 Graphics 类的(　)方法可以显示图像。

A. drawImage()　　B. drawImg()　　C. showImage()　　D. showImg()

3. 下面(　)不是 AudioClip 类播放或停止声音的方法。

A. play()　　B. stop()　　C. replay()　　D. loop()

4. 下列语句错误的是(　)。

A. imgDisplay=getImage(getCodeBase(),1.jpg)

B. imgDisplay=getImage(getCodeBase(),"imgs/1.jpg")

C. imgDisplay=getImage(getCodeBase(),"imgs/a/1.jpg")

D. imgDisplay=getImage(getCodeBase(),"1.jpg")

5. 下列(　)方法可以返回 Applet 本身的 URL 地址。

A. getBase()　　B. getCode()　　C. getDocumentBase()　　D. getCodeBase()

15.6.3　编程题

1. 编写一个 Applet 程序,要求能显示指定的两张图像(显示在同一列)。程序运行结果如图 15-3 所示。

2. 编写一个 Applet 程序,要求能循环播放指定的声音。程序运行结果如图 15-4 所示。

3. 编写一个 Applet 程序,要求能显示指定图像并能播放一次指定的声音。程序运行结果如图 15-5 所示。

图15-3　编程题1程序运行结果

图15-4　编程题2程序运行结果

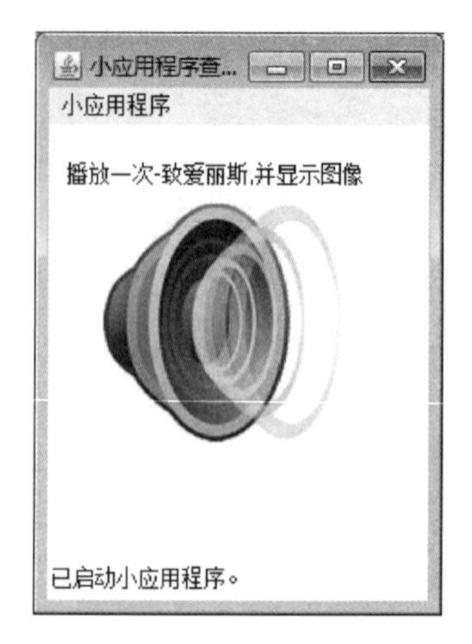

图15-5　编程题3程序运行结果

任务十六　进入 Windows 世界(设计图形用户界面)

知识点:Java GUI 界面;AWT 和 Swing 组件;框架 JFrame;面板 JPanel;标签 JLabel;文本框 JTextField;密码框 JPasswordField;按钮 JButton。

能力点:熟练使用 JFrame 构造窗口;熟练使用 JPanel 构造容器对象;熟练使用基本组件构造 GUI 界面。

16.1　跟我做:创建农产品销售系统登录窗口

16.1.1　任务情景

无论是访问网站还是应用程序,很多情况下都要注册和登录。利用 GUI 基本组件制作一个简单的农产品销售系统用户登录窗口。用户在指定区域输入用户名、密码,单击“登录”按钮提交。如果正确,则输出“登录成功,欢迎您的到来”;如果用户名或密码不正确,则输出“对不起,您的用户名或密码错误!”。如果单击“重置”按钮,则清空输入框及提示信息,用户可以重新输入。如果单击“注册”按钮,则进入注册页面注册。

16.1.2　运行结果

程序运行的结果如图 16－1 所示。

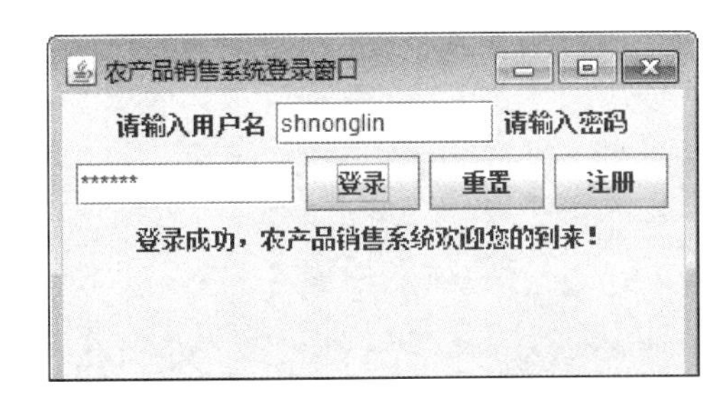

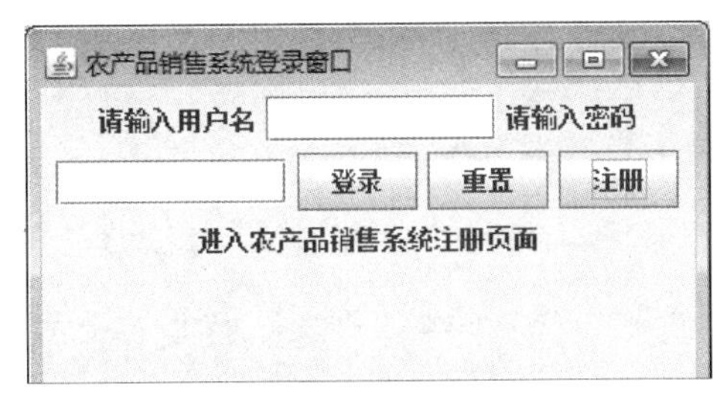

图 16－1　用户登录窗口

16.2　实现方案

根据任务要求,可以定义一个用户登录窗口类,继承自窗体类 JFrame,并实现 ActionListener 接口,可以对单击动作进行监听。

设计用户登录窗口,定义 3 个 JLabel 标签,分别用于提示用户输入用户名、密码以及做出输入信息正确与否的判断;定义 1 个 JTextField 文本框,供用户输入用户名;定义一个 JPasswordField 密码文本框，供用户输入密码；在窗体下方定义 3 个 JButton 按钮，分别用于用户提交登录信息、重置输入信息和进行用户注册。

定义用户登录窗口类构造方法，创建标签、文本框、密码文本框和按钮组件实例，创建 JPanel 面板容器，并将组件添加到面板中，将面板添加到窗体中，并设置窗体的属性。为按钮组件添加监听器。

定义 actionPerformed 单击动作事件处理方法，根据不同组件来实现。如果事件源是登录按钮，则判断用户名和密码是否正确，如果正确，则输出“登录成功，农产品销售系统欢迎您的到来”；如果用户名或密码不正确，则输出“对不起，您的用户名或密码错误!”。如果事件源是重置按钮，则清空输入框及提示信息，用户重新输入。如果事件源是注册按钮，则进入注册页面注册。

定义 main()主方法，创建用户登录窗口类对象，进行测试。

解决问题的步骤如下：

(1) 打开 Eclipse，在 study 项目中新建类，创建包 com.task16，确定类名 Login，指定超类 JFrame 和接口 ActionListener，得到类的框架。

```
package com.task16;
public class Login extends JFrame implements ActionListener {
}
```

(2) 在“public class Login extends JFrame implements ActionListener {”下面一行输入类的属性描述：

```
JPanel jp;
JLabel name;
JLabel password;
JLabel show;
JTextField jName;
JPasswordField jPassword;
JButton login;
JButton reset;
JButton register;
```

(3) 在 Login 类中输入 3 个方法的定义：

```
public public Login(){
        ……      //详细实现代码参见 16.3 节
}
public void actionPerformed(ActionEvent e){  //对于初学者，此部分编码可以省略。后续任务会进
                                             //行详解
        ……      //详细实现代码参见 16.3 节
}
public static void main(String[] args){
        ……      //详细实现代码参见 16.3 节
}
```

(4) 通过“Run”→“Run As”→“Java Application”运行程序。

16.3　代码分析

16.3.1　程序代码

```
// Login.java
package com.task16;                              //创建包 com.task16
import java.awt.*;
import java.awt.event.*;
import javax.swing.*;
//定义该类继承自 JFrame,实现 ActionListener 接口
public class Login extends JFrame implements ActionListener{
    JPanel jp;
    JLabel name;
    JLabel password;
    JLabel show;
    JTextField jName;
    JPasswordField jPassword;
    JButton login;
    JButton reset;
    JButton register;
    public Login(){
        jp = new JPanel();                       //创建 JPanel 对象
        name = new JLabel("请输入用户名");       //创建 3 个标签
        password = new JLabel("请输入密码");
        show = new JLabel("");
        login = new JButton("登录");             //创建 3 个按钮
        reset = new JButton("重置");
        register = new JButton("注册");
        jName = new JTextField(10);              //创建文本框以及密码框
        jPassword = new JPasswordField(10);
        jPassword.setEchoChar('*');              //设置密码框中的回显字符,这里设置"*"符号
        jp.add(name);                            //添加各组件到 JPanel 容器中
        jp.add(jName);
        jp.add(password);
        jp.add(jPassword);
        jp.add(login);
        jp.add(reset);
        jp.add(register);
        jp.add(show);
        //为 3 个按钮注册动作事件监听器
        login.addActionListener(this);
        reset.addActionListener(this);
        register.addActionListener(this);
        //添加 JPanel 容器到窗体中
        this.add(jp);
```

```
        //设置窗体的标题、大小、可见性及关闭动作
        this.setTitle("农产品销售系统登录窗口");
        this.setSize(340,260);
        this.setVisible(true);
        this.setDefaultCloseOperation(JFrame.EXIT_ON_CLOSE);
    }
    //实现动作监听器接口中的方法 actionPerformed
    public void actionPerformed(ActionEvent e) { //对于初学者,此部分编码可省略。后续任务中详解
        //如果事件源为重置按钮
        if(e.getSource() == reset){
            //清空姓名文本框、密码框和 show 标签中的所有信息
            show.setText("");
            jName.setText("");
            jPassword.setText("");
        }
        //如果事件源为注册按钮,则进入注册页面
        else if(e.getSource() == register){
            //进入注册页面
            //new Register();
            show.setText("进入农产品销售系统注册页面");
        }
        //如果事件源为登录按钮,则判断登录名和密码是否正确
        else {
            //判断用户名和密码是否匹配
            if(jName.getText().equals("shnonglin")&&
                String.valueOf(jPassword.getPassword()).equals("201600")){
                    show.setText("登录成功,农产品销售系统欢迎您的到来!");
            }
            else{
                    show.setText("对不起,您的用户名或密码错误!");
            }
        }
    }
    public static void main(String[] args){
        new Login();                //创建 Login 窗体对象
    }
}
```

16.3.2 应用扩展

图 16-1 用户登录界面中 8 个组件使用了 JPanel 面板默认的流布局,观察发现界面布局不规则。也可以不使用默认的布局方式,而使用 setBounds()方法直接按照自己的想法安排组件的位置和大小。并可以利用数组对同类组件的位置、大小、加入容器、注册监听等控制。

可以添加对文本框和密码框的监听器,在实现监听器的 actionPerformed()方法中,如果事件源是文本框时,则将焦点移到密码框中;如果事件源是重置按钮,则清空所有输出,并将焦点移动到文本框中以方便用户重新输入。

修改后的用户登录界面如图 16－2 所示。

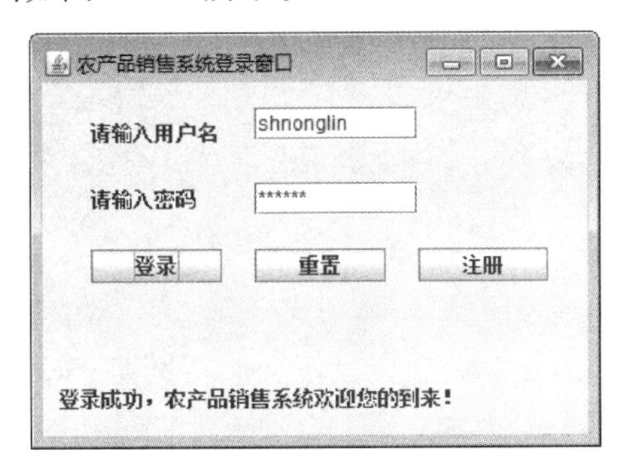

图 16－2　修改后的用户登录界面

```
// Login2.java
package com.task16;
import java.awt.*;
import java.awt.event.*;
import javax.swing.*;
public class Login2 extends JFrame implements ActionListener{
    JPanel jp = new JPanel();                                        //创建 JPanel 对象
    //创建 3 个标并加入数组
    JLabel name = new JLabel("请输入用户名");
    JLabel password = new JLabel("请输入密码");
    JLabel show = new JLabel("");
    JLabel[] jl = {name,password,show};
    //创建登录、重置、注册按钮并加入数组
    JButton login = new JButton("登录");
    JButton reset = new JButton("重置");
    JButton register = new JButton("注册");
    JButton[] jb = {login,reset,register};
    //创建文本框以及密码框
    private JTextField jName = new JTextField();
    private JPasswordField jPassword = new JPasswordField();
    public Login2(){
        //设置布局管理器为空布局，自己摆放按钮、标签和文本框
        jp.setLayout(null);
        for(int i = 0;i<3;i++){
            //设置标签和按钮的位置与大小
            jl[i].setBounds(30,20 + 40 * i,180,20);
            jb[i].setBounds(30 + 100 * i,100,80,20);
            //添加标签和按钮到 JPanel 容器中
            jp.add(jl[i]);
            jp.add(jb[i]);
            //为 3 个按钮注册动作事件监听器
            jb[i].addActionListener(this);
        }
        jName.setBounds(130,15,100,20);          //设置文本框的位置和大小
        jp.add(jName);                           //添加文本框到 JPanel 容器中
        jName.addActionListener(this);           //为文本框注册动作事件监听器
```

```
        jPassword.setBounds(130,60,100,20);       //设置密码框的位置和大小
        jp.add(jPassword);                        //添加密码框到 JPanel 容器中
        jPassword.setEchoChar('*');               //设置密码框中的回显字符,这里设置"*"符号
        jPassword.addActionListener(this);        //为密码框注册动作事件监听器
        //设置用于显示登录状态的标签大小位置,并将其添加进 JPanel 容器
        jl[2].setBounds(10,180,270,20);
        jp.add(jl[2]);
        this.add(jp);
        //设置窗体的标题、位置、大小、可见性及关闭动作
        this.setTitle("农产品销售系统登录窗口");
        this.setBounds(200,200,350,250);
        this.setVisible(true);
        this.setDefaultCloseOperation(JFrame.EXIT_ON_CLOSE);
    }
    public void actionPerformed(ActionEvent e) {//对于初学者,此部分编码可省略。后续任务会详解
        //如果事件源为文本框
        if(e.getSource() == jName){
            jPassword.requestFocus();             //切换输入焦点到密码框
        }
        //如果事件源为重置按钮
        else if(e.getSource() == jb[1]){
            //清空姓名文本框、密码框和 show 标签中的所有信息
            jl[2].setText("");
            jName.setText("");
            jPassword.setText("");
            jName.requestFocus();                 //让输入焦点回到文本框
        }
        //如果事件源为注册按钮,则进入注册页面
        else if(e.getSource() == jb[2]){
            //进入注册页面
            //new Register();
            show.setText("进入农产品销售系统注册页面");
        }
        //如果事件源为登录按钮,则判断登录名和密码是否正确
        else {
            //判断用户名和密码是否匹配
            if(jName.getText().equals("shnonglin")&&
                String.valueOf(jPassword.getPassword()).equals("201600")){
                    jl[2].setText("登录成功,欢迎您的到来!");
            }
            else{
                    jl[2].setText("对不起,您的用户名或密码错误!");
            }
        }
    }
    public static void main(String[] args){
        new Login2();                             //创建 Login2 窗体对象
    }
}
```

16.4　必备知识

16.4.1　AWT 和 Swing 类

1. 图形用户界面 GUI

图形用户界面(Graphics User Interface,GUI)可以通过键盘或鼠标来响应用户的操作。在 GUI 应用程序中,各种 GUI 元素有机结合在一起,它们不但提供漂亮的外观,而且提供了与用户交互的各种手段。在 Java 语言中,这些元素主要通过 java. awt 包和 javax. swing 包中的类进行控制和操作。

AWT 是一组 Java 类,此组 Java 类允许创建图形用户界面,AWT 提供用于创建生动而高效的 GUI 的各种组件。AWT 是 Swing 的基础,但是 AWT 在图形组件的绘制方面并不是完全的"平台独立"。AWT 的基本思想是,以面向对象的方法实现了一个跨平台的 GUI 工具集,提供了各种用于 GUI 设计的标准组件。

2. 抽象窗口工具包 AWT

抽象窗口工具包(Abstract Window Toolkit,AWT) 是 Java 提供的建立图形用户界面工具集,可用于生成现代的、鼠标控制的图形应用接口,并无须修改就可在各种软硬件平台上运行。

AWT 可用于 Java 的 Applet 和 Applications 中, AWT 设计的初衷是支持开发小应用程序的简单用户界面。它支持图形用户界面编程的功能包括用户界面组件、事件处理模型、图形和图像工具(包括形状、颜色和字体类)和布局管理器,可以进行灵活的窗口布局,而与特定窗口的尺寸和屏幕分辨率无关。

java. awt 包中提供了 GUI 设计所使用的类和接口,提供了各种用于 GUI 设计的标准类,AWT 中的类按其功能的不同可分为 5 大类。

- 基本 GUI 组件类:Java 的图形用户界面的最基本组成部分是组件(Component),组件是一个可以以图形化的方式显示在屏幕上并能与用户进行交互的对象,如一个按钮、一个标签等。组件不能独立地显示出来,必须将组件放在一定的容器中才可以显示出来,用来提供人机交互的基本控制界面。类 java. awt. Component 是许多组件类的父类,Component 类中封装了组件通用的方法和属性,如图形的组件对象、大小、显示位置、前景色和背景色、边界、可见性等,因此许多组件类也就继承了 Component 类的成员方法和成员变量,这些成员方法是许多组件共有的方法,常见的成员方法如表 16 - 1 所列。

表 16 - 1　Component 类常用方法

方法名	方法功能	方法名	方法功能
void setBackground(Color c)	设置组件的背景颜色	void setSize()	设置组件的大小
void setEnabled(boolean b)	设置组件是否可用	void setVisible(boolean b)	设置组件是否可见
void setFont(Font f)	设置组件的文字	boolean hasFocus()	检查组件是否拥有焦点
void setForeground(Color c)	设置组件的前景颜色	int getHeight()	返回组件的高度
void setLocation(int x, int y)	设置组件的位置	int getWidth()	返回组件宽度
void setName(String name)	设置组件的名称		

- 容器类:容器 Container 也是一个类,它允许其他的组件被放置在其中。容器本身也是一个组件,具有组件的所有性质,但是它的主要功能是容纳其他组件和容器。容器 java.awt.Container是 Component 的子类,一个容器可以容纳多个组件,并使它们成为一个整体。容器可以简化图形化界面的设计,以整体结构来布置界面。所有的容器都可以通过 add()方法向容器中添加组件。Container 常用的有 3 个主要类型:窗口(Window)、面板(Panel)和小程序(Applet)。
- 布局管理类:容器里组件的位置和大小是由布局管理器决定的,每个容器都有一个布局管理器,当容器需要对某个组件进行定位或判断其大小尺寸时,就会调用其对应的布局管理器。
- 事件处理类:在 JDK1.1 及其以后的版本中,AWT 采用委托事件模型进行事件处理,委托事件模型包括事件源、事件和事件监听器。
- 基本图形类:用于构造图形界面的类,如字体类(Font)、绘图类(Graphics)、图像类(Image)和颜色类(Color)等。

3. 轻量级工具包 Swing

Swing 是 Java 1.2 引入的新的 GUI 组件库。Swing 是带有丰富组件的 GUI 工具包,它组成了 JFC 用户界面功能的核心部分。Swing 包括 javax.swing 包及其子包。Swing 独立于 AWT,但它是在 AWT 基础上产生的,它提供了一套功能更强、数量更多、更美观的图形用户界面组件。与 AWT 不同的是:

(1) Swing 是由纯 Java 实现的。Swing 组件是用 Java 实现的轻量级(light - weight)组件,没有本地代码,不依赖操作系统的支持,它比 AWT 组件具有更强的实用性。Swing 在不同的平台上表现一致,并且有能力提供本地窗口系统不支持的其他特性。

(2) Swing 采用"模型—视图—控制器"(Model—View—Controller,MVC)的设计模式,其中模型用来保存内容,视图用来显示内容,控制器用来控制用户输入。

(3) Swing 采用可插入的外观感觉(Pluggable Look and Feel,PL&F),允许用户选择自己喜欢的界面风格。

(4) Swing 组件都以 J 开头,如 JLabel、JButton 等,而相应的 AWT 是 Label 和 Button。Swing 的包是 javax.swing,而 AWT 的包是 java.awt。Swing 组件从功能上可分为:

- 顶层容器:JFrame、JApplet、JDialog 和 JWindow 共 4 个。
- 中间容器:JPanel、JScrollPane、JSplitPane 和 JToolBar。
- 特殊容器:在 GUI 上起特殊作用的中间层,如 JInternalFrame、JLayeredPane 和 JRootPane。
- 基本控件:实现人际交互的组件,如 JButton、JComboBox、JList、JMenu、JSlider、JTextField。
- 不可编辑信息的显示:向用户显示不可编辑信息的组件,如 JLabel、JProgressBar、JToolTip。
- 可编辑信息的显示:向用户显示能被编辑的格式化信息的组件,如 JColorChooser、JFileChoose、JFileChooser、JTable、JTextArea。

16.4.2　JFrame 类和 JPanel 类

1. JFrame 类

框架窗口是一种带有边框、标题及用于关闭和最大/最小化窗口的图标的窗口。GUI 应用程序通常至少使用一个框架窗口。JFrame 类是 container 类派生而来,是一种顶级容器。Swing 程序员最关心的是内容窗格(ContentPane),当设计一个框架时,组件会被添加到内容窗格中。可以直接用 JFrame 类建立窗口或通过继承 JFrame 定义子类,再建立窗口。当一个 JFrame 窗口被创建以后,需要调用 setSize()方法设置窗口大小,并调用 setVisible()方法显示窗口。JFrame 默认的布局管理器是 BorderLayout,其构造方法和常用方法如表 16-2 所列。

表 16-2　JFrame 类的构造方法和常用方法

方法名	方法功能
JFrame()	构造 JFrame 的一个新实例(初始时不可见)
JFrame(GraphicsConfiguration gc)	使用屏幕设备的指定 GraphicsConfiguration 创建一个 JFrame
JFrame(String title)	构造一个新的、初始不可见的、具有指定标题的 JFrame 对象
JFrame(String title,GraphicsConfiguration gc)	构造一个新的、初始不可见的、具有指定标题和 GraphicsConfiguration 的 JFrame 对象。
boolean isResizable()	指示 JFrame 是否可由用户调整大小
remove(MenuComponent m)	从 JFrame 移除指定的菜单栏
setIconImage(Image image)	设置 JFrame 显示在最小化图标中的图像
setJMenuBar(MenuBar mb)	将 JFrame 的菜单栏设置为指定的菜单栏
setResizable(boolean resizable)	设置 JFrame 是否可由用户调整大小
setTitle(String title)	将 JFrame 的标题设置为指定的字符串
setSize(int width,int height)	设置 JFrame 大小
setLocation(int x,int y)	设置 JFrame 位置,其中(x,y)为左上角坐标
setDefaultCloseOperation(int operation)	设置单击关闭按钮时的默认操作 DO_NOTHING_ON_CLOSE:屏蔽关闭按钮 HIDE_ON_CLOSE:隐藏框架 DISPOSE_ON_CLOSE:隐藏和释放框架 EXIT_ON_CLOSE:退出应用程序

注意:JFrame 与 Frame 不同,当用户试图关闭窗口时,JFrame 知道如何进行响应,用户关闭窗口时,默认的行为只是简单地隐藏 JFrame。要更改默认的行为,要调用 setDefaultCloseOperation(int operation)方法。

对 JFrame 类添加组件有两种方式:

- 使用 getContentPane()方法获得 JFrame 的内容面板,再对其加入组件:JFrame. getContentPane(). add(childComponent)。
- 构造一个 Jpanel 或 JDesktopPane 的中间容器,把组件添加到容器中,用 setContentPane()方法把该容器置为 JFrame 的内容面板。

2. JPanel 类

JPanel 是一种添加到其他容器使用的容器组件,可将组件添加到 JPanel,然后再将 JPanel 添加到某个容器。JPanel 也提供一个绘画区域,可代替 AWT 的画布 Canvas(没有 JCanvas)。

javax. swing. JPanel 类继承于 javax. swing. JComponent 类。JPanel 类的构造方法和常用方法如表 16－3 所列。

表 16－3　JPanel 类的构造方法和常用方法

方法名	方法功能
JPanel()	创建具有默认 FlowLayout 布局的 JPanel 对象
JPanel(LayoutManager layout)	创建具有指定布局管理器的 JPanel 对象
setLayout(LayoutManager mgr)	设置面板上组件的布局方式
add(Component comp)	将组件添加到面板上
setBorder(Border border)	设置面板的边框样式 Border 类的参数可用 javax. swing. BorderFactory 类中的方法获得。获取各种相应边界的方法为:createTtledBorder()、createEtchedBorder()、createBevelBorder()、createRaisedBevelBorder()、createLoweredBevelBorder()、createLineBorder()、createMatteBorder()、createCompoundBorder()和 createEmptyBorder()

16.4.3　Swing 基本组件(JLabel、JTextField、JPasswordField 和 JButton)

1. JLabel 类

标签(JLabel)的功能是显示单行的字符串,可在屏幕上显示一些提示性、说明性的文字。标签既可以显示文本也可以显示图像。通常在文本框的旁边加上一个标签,说明文本框的功能。JLabel 类的构造方法和常用方法如表 16－4 所列。

表 16－4　JLabel 类的构造方法和常用方法

方法名	方法功能
JLabel()	构造一个空标签
JLabel(String text)	使用指定的文本字符串构造一个新的标签,其文本对齐方式为左对齐
JLabel(String text, horizontalAlignment)	构造一个显示指定的文本字符串的新标签,其文本对齐方式为指定的方式
JLabel(Icon image)	使用指定的图像构造一个标签
JLabel(Icon image, int horizontalAlignment)	使用指定的图像和对齐方式构造一个标签
JLabel(String text, Icon icon, int horizontalAlignment)	使用指定的图像、文本字符和对齐方式构造一个标签
setText(String text)	将此标签的文本设置为指定的文本
setIcon(Icon icon)	设置在标签中显示的图像
setVerticalAlignment(int alignment)	设置标签内容的垂直对齐方式
setVerticalTextPosition(int textPosition)	设置标签中文字相对于图像的垂直位置
setHorizontalAlignment(int alignment)	设置标签内容的水平对齐方式
setHorizontalTextPosition(int textPosition)	设置标签中文字相对于图像的水平位置
setDisabledIcon(Icon disabledIcon)	设置标签禁用时的显示图像
setDisplayedMnemonic(char aChar)	指定一个字符作为快捷键
setDisplayedMnemonic(int key)	指定 ASCII 码作为快捷键

2. JTextField 类

在创建文本行时可以指定文本行内容以及文本行允许显示的字符数,也可以创建文本行后用 setText 方法设置其文本内容。JTextField 类的构造方法和常用方法如表 16－5 所列。

表 16－5　JTextField 类的构造方法和常用方法

方法名	方法功能
JTextField()	构造新文本字段
JTextField(Document doc, String text, int columns)	构造使用要显示的指定文本初始化的新文本字段和指定存储模式,宽度足够容纳指定列数
JTextField(int columns)	构造具有指定列数的新的空文本字段
JTextField(String text)	构造使用指定文本初始化的新文本字段
JTextField(String text, int columns)	构造使用要显示的指定文本初始化的新文本字段,宽度足够容纳指定列数
setHorizontalAlignment(int alignment)	设置文本框中文本的水平对齐方式
getText()	获得文本框中的文本字符
selectAll()	选定文本框中的所有文本
select(int selectionStart, int selectionEnd)	选定指定开始位置到结束位置间的文本
setEditable(boolean b)	设置文本框是否可编辑
setText(String t)	设置文本框中的文本

3. JPasswordFiled 类

单行口令文本框 JPasswordField 类是 JTextField 类的子类。在 JPasswordField 对象中输入的文字会被其他字符替代,这个组件常用于在 Java 程序中输入口令。JPasswordField 类的构造方法与 JTextField 类的构造方法类似。JPasswordFiled 类的构造方法和常用方法如表 16－6 所列。

表 16－6　JPasswordFiled 类的构造方法和常用方法

方法名	方法功能
JPasswordField()	构造一个新 JPasswordField,使其具有默认文档、为 null 的开始文本字符串和为 0 的列宽度
JPasswordField(Document doc, String txt, int columns)	构造一个使用给定文本存储模型和给定列数的新 JPasswordField
JPasswordField(int columns)	构造一个具有指定列数的新的空 JPasswordField
JPasswordField(String text)	构造一个利用指定文本初始化的新 JPasswordField
JPasswordField(String text, int columns)	构造一个利用指定文本和列初始化的新 JPasswordField
getEchoChar()	返回要用于回显的字符
getPassword()	返回此 TextComponent 中所包含的文本
setEchoChar(char c)	设置此 JPasswordField 的回显字符

4. JButton 类

按钮是 GUI 最常用的组件之一。按钮可以获得焦点,并与动作事件相关联。当用鼠标单击按钮或在按钮获得焦点的状态下按下回车键,按钮能激发某种动作事件,从而实现用户和应用程序的交互。JButton 类的构造方法和常用方法如表 16－7 所列。

表 16－7 JButton 类的构造方法和常用方法

方法名	方法功能
JButton()	构造一个字符串为空的按钮
JButton(Icon icon)	构造一个带图标的按钮
JButton(String text)	构造一个指定字符串的按钮
JButton(String text, Icon icon)	构造一个带图标和字符的按钮
addActionListener(ActionListener l)	添加指定的操作监听器,以接收来自此按钮的操作事件
setLabel(String label)	将按钮的标签设置为指定的字符串
getLabel()	获得此按钮的标签

16.5 动手做一做

16.5.1 实训目的

掌握使用 JFrame 构造窗口;掌握使用 JPanel 构造容器对象;掌握使用基本组件构造 GUI 界面。

16.5.2 实训内容

利用 Java Swing 技术设计一个求解一元二次方程根的图形用户界面应用程序,程序运行界面如图 16－3 所示。

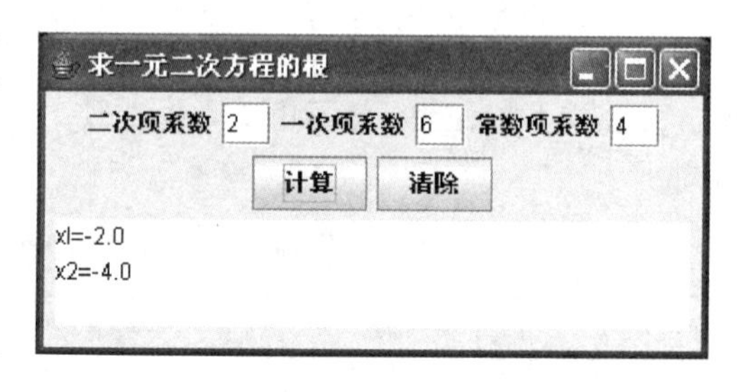

图 16－3 求解一元二次方程根的图形用户界面

16.5.3 简要提示

该程序用 JLabel 来显示提示性文本,用 JTextField 来接收用户输入系数,用 JTextArea 显示一元二次方程的根。当单击“计算”按钮时对用户输入的一元二次方程系数进行检验,若有实根则显示结果。当单击“清除”按钮时清除文本区中的结果以便重新输入计算。

16.5.4 程序代码

程序代码参见本教材教学资源。

16.5.5 实训思考

(1) 当计算出实根后,在文本区中同时显示对应的方程和实根。请重新编写求解一元二次方程根的图形用户界面应用程序。

(2) 考虑异常处理,求一元二次方程的根。请重新编写求解一元二次方程根的图形用户界面应用程序。

16.6　动脑想一想

16.6.1　简答题

1. 简述 Swing 包与 AWT 包的区别。
2. 简述 Swing GUI 应用程序设计的基本步骤。
3. 写出下列程序的功能。

```
import java.awt. * ;
import javax. swing. * ;
public class abc{
    public static void main (String args[ ]){
        new FrameOut();
    }
}
class FrameOut extends JFrame{
    JButton btn;
    FrameOut(){
        super("按钮");
        btn = new JButton("按下我");
        setLayout (new FlowLayout() );
        add(btn);
        setSize (300, 200);
        show();
    }
}
```

16.6.2　单项选择题

1. Java 程序要使用基本的 Swing GUI 组件,应用程序必须要引入(　)包。

A. java. awt　　B. javax. swing　　C. java. lang　　D. javax. tree

2. Swing 中内容面板的默认布局是(　)。

A. BorderLayout 布局　　B. FlowLayout 布局

C. GridLayout 布局　　D. CardLayout 布局

3. 下列选项中,(　)是创建一个标识有“关闭”按钮的语句。

A. JTextField b=new JTextField(“关闭”);

B. JTextArea b=new JTextArea(“关闭”);

C. JButton b=new JButton(“关闭”);

D. JCheckBox b=new JCheckBox(“关闭”);

4. 下面一行代码的作用是(　)。

```
JTextField tf = new JTextField(30);
```

A. 代码不合法。在 JTextField 中,没有这样的构造方法。

B. 创建了一个 30 行的 JTextField 对象,但未进行初始化,它是空的。

C. 创建了一个 30 列的 JTextField 对象,但未进行初始化,它是空的。

D. 创建一个有 30 行文本的 JTextField 对象。

E. 创建一个有 30 列文本的 JTextField 对象。

5. 下列用户界面组件中,(　)不是容器。

A. JScrollPane　　B. JScrollBar　　C. JWindow　　D. JApplet

16.6.3 编程题

1. 编写一个如图 16-4 所示的学生基本信息登记界面。

提示:程序首先引入包 java. awt. * 、javax. swing. * ,以便使用其中的控件,随后创建的 ComponentDemo 类继承了 JFrame,这样 ComponentDemo 类就成为了一个窗体类。然后在窗体中创建了 JPanel 对象,以便存放其他显示控件。在此分别使用不同的构造方法创建了多个控件,包括 4 个 JLabel 对象,3 个 JTextField 对象,1 个 JTextArea 对象以及 2 个 JButton 对象,并把所创建的对象加入 JPanel 中。最后,程序使用 setSize()方法设置了窗体的大小,使用 setVisible()方法将窗体显示出来。

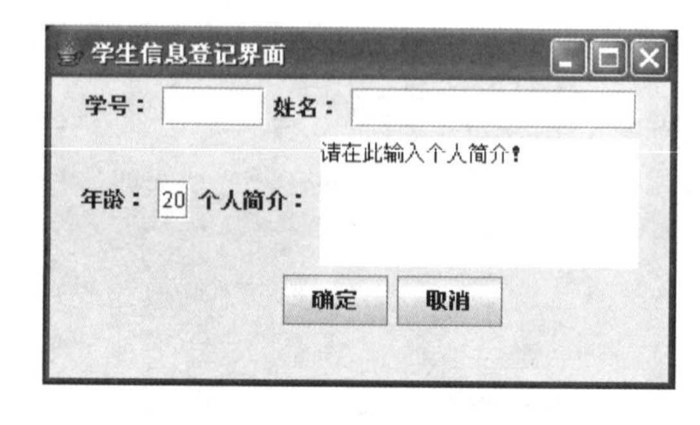

图 16-4　学生基本信息登记界面

2. 编写一个如图 16-5 所示的模拟彩票抽奖图形界面。用户输入 1~20 之间的一个数字,然后程序随机产生 3 个 1~20 之间不相同的数字,分别代表一等奖、二等奖和三等奖的获奖数字。用户输入数字,然后单击“开奖”按钮,如果所输入的数字是中奖号码,将显示中奖信息,如果不是中奖号码则显示相应的提示信息。

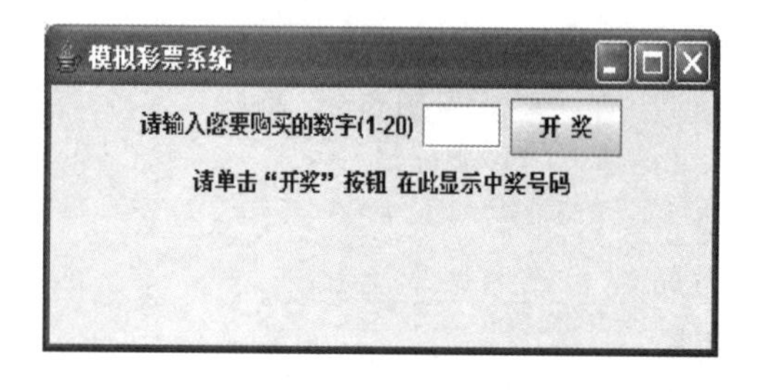

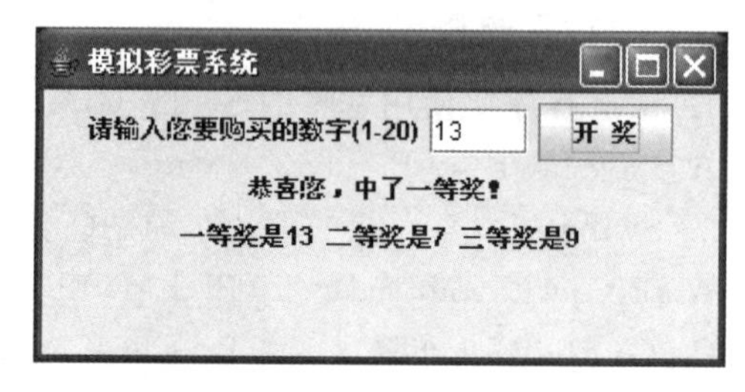

图 16-5　模拟彩票抽奖图形界面

提示:

(1) 程序首先引入包 java. awt. * 、javax. swing. * ,以便使用其中的控件,随后创建的 Lottery 类继承了 JFrame,这样 Lottery 类就成了一个窗体类。然后在窗体中创建了 JPanel 对象,以便存放其他显示控件。在此分别使用不同的构造方法创建了多个控件,包括 3 个 JLabel 对象,1 个 JTextField 对象,1 个 JButton 对象,并把所创建的对象加入 JPanel 中。最后,程序使用 setSize()方法设置了窗体的大小,使用 setVisible()方法将窗体显示出来。

(2) 在程序中,利用(int)(Math. random() * 20) + 1 随机产生一个 1~20 之间的数字。两次使用 do-while 语句确保随机产生的 3 个数字不同。如果有数字相同,则继续执行循环体随机产生新的数字,然后再进行比较,直到不相同为止。

任务十七　布局规划(使用布局管理器)

知识点:布局管理器;流布局 FlowLayou;边界布局 BorderLayout;网格布局 GridLayout;卡片布局 CardLayout;自定义布局 null。

能力点:了解布局管理器的概念和作用;理解各种布局特点及各种布局的异同;熟练使用流布局、边界布局、网格布局和自定义布局改善用户界面。

17.1　跟我做:简单的界面布局浏览

17.1.1　任务情景

Java 容器内的所有组件由一个称之为布局管理器的类负责管理。布局管理器负责组件的大小、位置、窗口移动或调整大小后组件变化等功能。不同的布局管理器使用不同算法和策略对组件进行管理。

设计一个简单的界面布局浏览程序,通过翻页按钮切换,实现 CardLayout(卡片布局)效果,并可以浏览流布局(FlowLayout)、边界布局(BorderLayout)和网格布局(GridLayout)3 种基本常用布局的效果。

17.1.2　运行结果

程序运行的结果如图 17-1 所示。

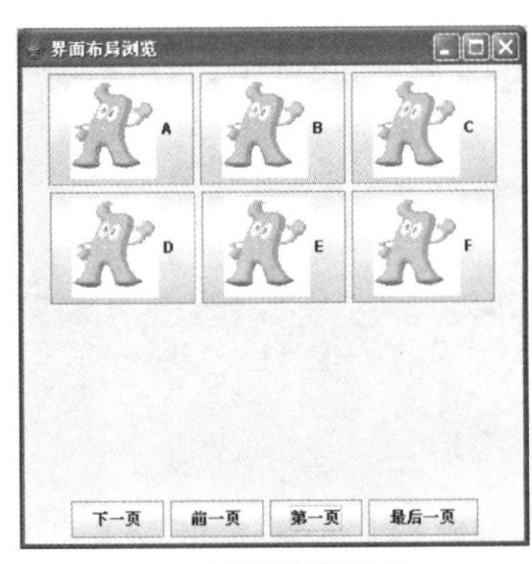

(a) 流布局浏览界面

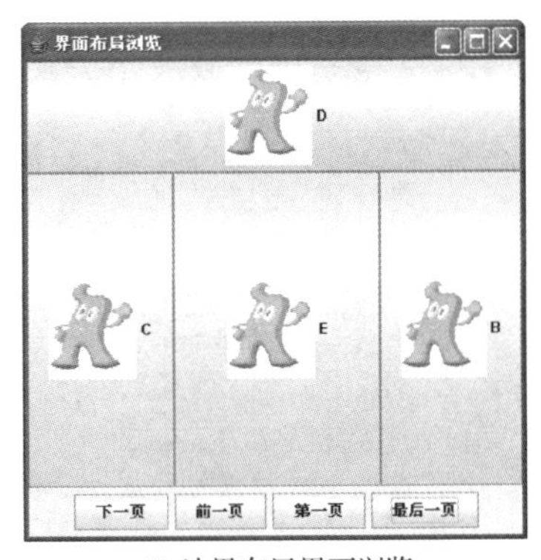

(b) 边界布局界面浏览

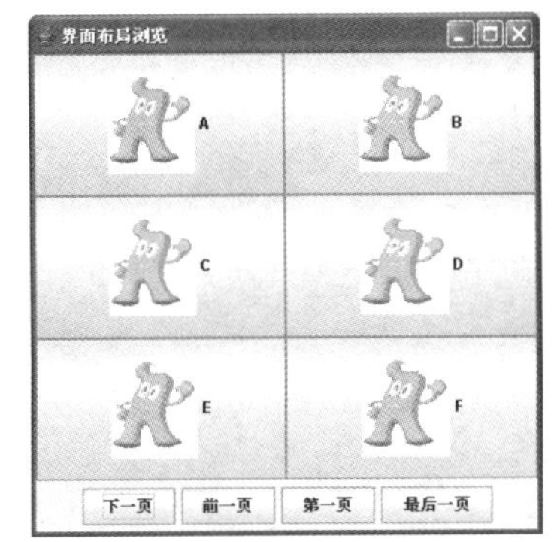

(c) 网格布局界面浏览

图 17-1　程序运行结果

17.2 实现方案

根据任务要求,可以将界面布局浏览程序的界面分为上、下两个部分。下面部分用来完成对不同布局管理器的选择。这些是通过 4 个翻页按钮的事件来实现的。上面部分根据用户不同的翻页按钮切换,分别显示不同的布局管理器界面,在不同的布局管理器中,为它们都设计了一个相应的 JPanel 类的子类,在这个类中完成了不同组件的布局。

界面布局浏览程序包含 LayoutBrowse 类、TestCardLayout 类、TestFlowLayout 类、TestGridLayout 类和 TestBorderLayout 类 5 个类,其中 LayoutBrowse 类是公关类。

解决问题的步骤如下:

(1) 打开 Eclipse,在 study 项目中新建类,创建包 com.task17,确定类名 LayoutBrowse,指定超类 JFrame 和接口 ActionListener,得到类的框架。

```
package com.task17;
public class LayoutBrowse extends JFrame implements ActionListener {
}
```

(2) 在"public class LayoutBrowse extends JFrame implements ActionListener {"下面一行输入类的属性描述:

```
TestCardLayout tcl;
JPanel bottom;
JButton b1,b2,b3,b4;
```

(3) 在 LayoutBrowse 类中输入 3 个方法的定义:

```
public public LayoutBrowse (){
    ……            //详细实现代码参见 17.3 节
}
public void actionPerformed(ActionEvent e){
    ……            //详细实现代码参见 17.3 节
}
public static void main(String[] args){
    ……            //详细实现代码参见 17.3 节
}
```

(4) 在同一个包 com.task17 中设计 4 个相应的 JPanel 类的子类。

```
class TestCardLayout extends Jpanel {      //使用卡片布局
        ……            //详细实现代码参见 17.3 节
}
class TestFlowLayout extends JPanel{      //使用流布局
        ……            //详细实现代码参见 17.3 节
}
class TestGridLayout extends JPanel{      //使用网格布局
        ……            //详细实现代码参见 17.3 节
}
class TestBorderLayout extends JPanel{  //使用边界布局
        ……            //详细实现代码参见 17.3 节
}
```

(5) 通过“Run”→“Run As”→“Java Application”运行程序。

17.3 代码分析

17.3.1 程序代码

```
// LayoutBrowse.java
package com.task17;                                    //创建包 com.task17
import java.awt.*;
import java.awt.event.*;
import javax.swing.*;
public class LayoutBrowse extends JFrame implements ActionListener{
    TestCardLayout tcl = new TestCardLayout();
    JPanel bottom = new JPanel();
    JButton b1,b2,b3,b4;
    public LayoutBrowse(){
        this.getContentPane().setLayout(new BorderLayout());
        b1 = new JButton("下一页");
        b2 = new JButton("前一页");
        b3 = new JButton("第一页");
        b4 = new JButton("最后一页");
        bottom.add(b1);bottom.add(b2);
        bottom.add(b3);bottom.add(b4);
        b1.addActionListener(this);
        b2.addActionListener(this);
        b3.addActionListener(this);
        b4.addActionListener(this);
        this.getContentPane().add(tcl,"Center");
        this.getContentPane().add(bottom,"South");
        setSize(400, 400);
        setTitle("界面布局浏览");
        setVisible(true);
        this.setDefaultCloseOperation(JFrame.DISPOSE_ON_CLOSE);
    }
    public void actionPerformed(ActionEvent e){
        if(e.getSource() == b1)
            tcl.cd.next(tcl);
        else if(e.getSource() == b2)
            tcl.cd.previous(tcl);
        else if(e.getSource() == b3)
            tcl.cd.first(tcl);
        else
            tcl.cd.last(tcl);
    }
    public static void main(String args[]){
        LayoutBrowse mainFrame  =  new LayoutBrowse();
    }
}
class TestCardLayout extends JPanel{                   //使用卡片布局
```

```
    CardLayout cd = new CardLayout();
    TestCardLayout(){
        setLayout(cd);                                  //卡片布局,每张卡片显示一种布局效果
        add("FlowLayout",new TestFlowLayout());
        add("GridLayout",new TestGridLayout());
        add("BorderLayout",new TestBorderLayout());
    }
}
class TestFlowLayout extends JPanel{                    //使用流布局
    JButton b1,b2,b3,b4,b5,b6;
    TestFlowLayout(){
        setLayout(new FlowLayout());                    //从左到右,从上到下,流布局
        ImageIcon im = new ImageIcon("images/hb.gif");
        b1 = new JButton("A",im);
        b2 = new JButton("B",im);
        b3 = new JButton("C",im);
        b4 = new JButton("D",im);
        b5 = new JButton("E",im);
        b6 = new JButton("F",im);
        add(b1);add(b2);add(b3);add(b4);add(b5);add(b6);
    }
}
class TestGridLayout extends JPanel{                    //使用网格布局
    JButton b1,b2,b3,b4,b5,b6;
    TestGridLayout(){
    setLayout(new GridLayout(3,2));                     //3 行 2 列
    ImageIcon im = new ImageIcon("/images/hb.gif");
    b1 = new JButton("A",im);
    b2 = new JButton("B",im);
    b3 = new JButton("C",im);
    b4 = new JButton("D",im);
    b5 = new JButton("E",im);
    b6 = new JButton("F",im);
    add(b1);add(b2);add(b3);add(b4);add(b5);add(b6);
    }
}
class TestBorderLayout extends JPanel{                  //使用边界布局
    JButton b1,b2,b3,b4,b5,b6;
    TestBorderLayout(){
    setLayout(new BorderLayout());                      //东、南、西、北、中
    ImageIcon im = new ImageIcon("/images/hb.gif");
    b1 = new JButton("A",im);
    b2 = new JButton("B",im);
    b3 = new JButton("C",im);
    b4 = new JButton("D",im);
    b5 = new JButton("E",im);
    add(b1,"North");add(b2,"East");add(b3,"West");add(b4,"South");add(b5,"Center");
    }
}
```

17.3.2　应用扩展

观察发现,图 17－1(a)界面中组件间有空隙,而图 17－1(b)与图 17－1(c)界面中组件没有空隙。这是因为图 17－1(a)界面采用流布局,组件水平和垂直间距缺省值为 5 像素。图 17－1(b)与图 17－1(c)界面分别采用边界布局和网格布局,组件水平和垂直间距缺省值为 0。可以通过相应的构造方法设定空隙。程序代码如下:

```
GridLayout(int rows,int cols,int hgap,int vgap);    //以指定的行、列、水平间距和垂直间距构造网
                                                    //格布局
Borderlayout(int hgap,int vgap) ;                   //以指定水平间距和垂直间距构造边界布局。
                                                    //hgap 和 vgap 分别为组件间水平和垂直方向的
                                                    //空白空间
```

在布局时还可以使用空隙类。空隙类用于控制组件之间的间隔,使组件之间可以更好地显示。空隙类的创建方法如下:

- Component component＝Box.createRigidArea(size):方形空隙类。
- Component component＝Box.createHorizontalGlue(size):水平空隙类。
- Component component＝Box.createHorizontalStrut(size):水平空隙类,可以定义长度。
- Component component＝Box.createVerticalGlue(size):垂直空隙类。
- Component component＝Box.createVerticalStrut(size):垂直空隙类,可以定义高度。

在界面布局浏览程序中,通过 GridLayout、Borderlayout 相应的构造方法可以设定空隙。修改后的程序代码是:

```
// LayoutBrowse2.java
package com.task17;
        ……
public class LayoutBrowse2 extends JFrame implements ActionListener{
        ……
}
class TestCardLayout extends JPanel{                    //使用卡片布局
        ……
}
class TestFlowLayout extends JPanel{                    //使用流布局
        ……
}
class TestGridLayout extends JPanel{                    //使用网格布局
        ……
    TestGridLayout(){
        setLayout(new GridLayout(3,2,5,5));             //3 行 2 列,间隔是 5 个像素
            ……
    }
}
class TestBorderLayout extends JPanel{                  //使用边界布局
        ……
    TestBorderLayout(){
        setLayout(new BorderLayout(5,5));               //东、南、西、北、中,间隔是 5 个像素
            ……
    }
}
```

17.4 必备知识

17.4.1 布局管理器

在图形用户界面GUI中,每个组件在容器中都应有一个具体的位置和大小,如果想要在容器中排列若干个组件,会很难控制它们的大小和位置。为了简化编程人员对容器上组件的布局控制,一个容器内所有组件的显示位置可以由一个布局管理器来管理,可以为容器指定不同的布局管理器,在不同的布局管理器下,同一组件将会有不同的显示效果,但这就不能随意设置组件的大小和位置了。

为了使生成的图形用户界面GUI具有良好的平台无关性,在Java语言中提供了布局管理器管理组件在容器中的布局,当容器需要对某个组件进行定位或判断其大小尺寸时就会调用其布局管理器。所有布局都实现LayoutManager接口。

布局管理器决定组件在容器内的布局方针,如依据加入组件的先后顺序决定组件的摆放方式,确定每一个组件的大小。此外,布局管理器会自动适应小程序或应用程序窗口的大小,所以如果某个窗口的大小改变了,那么其上各个组件的大小、形状、位置都有可能发生改变。

Java提供几种布局管理器:流布局(FlowLayout)、边界布局(BorderLayout)、网格布局(GridLayout)、网格包布局(GridBagLayout)、卡片布局(CardLayout)和自定义布局。

每个容器Container,如一个JPanel或一个JFrame,都有一个与它相关的缺省布局管理器。JPanel、Applet的默认布局为流布局,Window、JFrame的默认布局为边界布局。通过调用容器的setLayout()方法,可以改变缺省布局管理器、设置所需要的布局管理器。

17.4.2 流布局(FlowLayout)

流布局是Applet和JPanel缺省的布局管理器,除非用户使用setLayout方法改变布局。FlowLayout将组件按照从左到右、从上到下的方式排列,按加入(通过容器的add()方法进行添加)到容器的顺序布局控件。同时,组件的排列随容器大小的变化而变化,但组件大小保持不变。FlowLayout的构造方法和常用方法如表17-1所列。

表17-1 FlowLayout的构造方法和常用方法

方法名	方法功能
FlowLayout()	组件缺省的对齐方式居中对齐,组件水平和垂直间距缺省值为5像素
FlowLayout(int align)	以指定方式对齐,组件间距为5像素。如FlowLayout(FlowLayout.LEFT)表示居左对齐,横向间隔和纵向间隔都是缺省值5个像素
FlowLayout(int align, int hgap, int vgap)	以指定方式对齐,并指定组件水平和垂直间距
addLayoutComponent(String name, Component comp)	将指定组件添加到布局
void removeLayoutComponent(Component comp)	从布局中移去指定组件
void setHgap(int hgap)	设置组件间的水平方向间距
void setVgap(int vgap)	得到组件间的垂直方向间距
void setAlignment(int align)	设置组件对齐方式

17.4.3　网格布局(GridLayout)

网格布局是将容器中各个组件呈网格状布局,平均占据容器的空间。GridLayout 的规则相当简单,允许用户以行和列指定布局方式,每个单元格的尺寸取决于单元格(主要取决于行数)的数量和容器的大小,组件大小一致。GridLayout 的构造方法和常用方法如表 17-2 所列。

表 17-2　GridLayout 的构造方法和常用方法

方法名	方法功能
GridLayout()	以默认的单行、每列布局一个组件的方式构造网格布局
GridLayout(int rows,int cols)	以指定的行和列构造网格布局
GridLayout(int rows,int cols,int hgap,int vgap)	以指定的行、列、水平间距和垂直间距构造网格布局
void setRows(int rows)	设置行数
void setColumns(int cols)	设置列数

17.4.4　边界布局(BorderLayout)

通过边界布局管理器(BorderLayout)布局,组件可以被置于容器的东、南、西、北、中五个位置,分别对应于窗口的顶部、左部、底部、右部和中部。使用边界布局管理器,应该指明每个组件的区域位置,用 BorderLayout. NORTH、BorderLayout. SOUTH、BorderLayout. WEST、BorderLayout. EAST 及 BorderLayout. CENTER 分别表示上、下、左、右及中间这五个位置。当窗口缩放时,组件的位置不发生变化,但组件的大小会相应改变。边界布局管理器给予南、北组件最佳高度,使它们与容器一样宽;给予东、西组件最佳宽度,而高度受到限制。如果窗口水平缩放,南、北、中区域变化;如果窗口垂直缩放,东、西、中区域变化。它是窗口(Window)、框架(JFrame)、对话框(JDialog)等类型对象的默认布局。BorderLayout 的构造方法和常用方法如表 17-3 所列。

表 17-3　BorderLayout 的构造方法和常用方法

方法名	方法功能
BorderLayout ()	构造一个组件之间没有间距的新边框布局
BorderLayout (int hgap, int vgap)	构造一个具有指定组件间距的边框布局
addLayoutComponent(String name, Component comp)	将指定组件添加到布局
void setHgap(int hgap)	设置组件间的水平间距
void setVgap(int vgap)	设置组件间的垂直间隙
int getHgap()	获取组件间的水平间隙
int getVgap()	获取组件间的垂直间隙

17.4.5　卡片布局(CardLayout)

卡片布局将容器中的每一个组件当做一个卡片,一次仅有一个卡片可见,最初显示容器时,增加到 CardLayout 对象的第一个组件可见。为了使用叠在下面的组件,可以为每个组件取一名字,名字在用 add()方法向容器添加组件时指定,需要某个组件时通过 show()方法指定该组件的名字来选取它。也可以顺序使用这些组件,或直接指明选取第一个组件(用 first()

方法)或最后一个组件(用 last()方法)。CardLayout 的构造方法和常用方法如表 17-4 所列。

表 17-4　CardLayout 的构造方法和常用方法

方法名	方法功能
CardLayout()	构造没有间距的卡片布局
CardLayout(int hgap,int vgap)	构造指定间距的卡片布局
void first(Container parent)	移到指定容器的第一个卡片
void next(Container parent)	移到指定容器的下一个卡片
void previous(Container parent)	移到指定容器的前一个卡片
void last(Container parent)	移到指定容器的最后一个卡片
void show(Container parent,String name)	显示指定卡片

17.4.6　自定义布局和 setBounds 方法

若希望按照自己的要求进行组件和界面图形元素的布局,Java 允许用手工布局(null)放置各个组件,这时需要自行设置组件的位置和大小,首先要取消容器的默认管理器,然后再进行设置。取消布局管理器的方法是 setLayout(null);然后用户必须使用 setLocation()、setSize()、setBounds()等方法为组件设置位置和大小。

```
setBounds(int a,int b,int width,int height)
//参数 a 和 b 指定矩形形状的组件左上角在容器中的坐标,width 和 height 指定组件的宽和高。
```

17.5　动手做一做

17.5.1　实训目的

了解 Java 布局管理的各种方法;掌握 FlowLayout 布局管理的使用;掌握 BorderLayout 布局管理的使用;掌握 GridLayout 布局管理的使用;掌握自定义布局管理的使用。

17.5.2　实训内容

利用 Java Swing 技术设计一个能够完成加、减、乘、除和取余运算功能的图形用户界面应用程序,程序运行结果如图 17-2 所示。

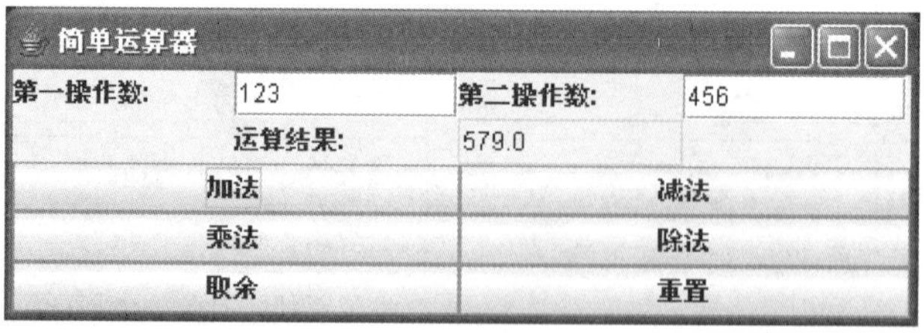

图 17-2　运行结果

17.5.3　简要提示

该程序可用标签来显示提示性文本,用文本框来接收用户输入的两个操作数,用文本框显示运算结果,但该文本框要设置为不可编辑。当单击相应的计算按钮时即可得到运算结果。当单击“重置”按钮时,应将三个文本框中数据置为空,以便重新输入计算。对于除法、取余运算要检测除数为零情况,并给出提示,将三个文本框中数据置为空,重新输入计算。

该程序定义 5 个 JLabel 标签(其中 2 个为虚设,以方便组件对齐位置)、3 个 JTextField 文本框、6 个 JButton 按钮,定义 2 个 JPanel 面板。界面可分为上下两部分,将 5 个标签、3 个文本框加入上部面板,将 6 个按钮加入下部面板。

17.5.4　程序代码

程序代码参见本教材教学资源。

17.5.5　实训思考

(1) 进行运算时,对可能引发的输入操作数格式异常进行处理。请在上述程序中添加适当的编码。

(2) 进行除法、取余运算时,对可能引发的除数为零异常进行处理。请在上述程序中添加适当的编码。

17.6　动脑想一想

17.6.1　简答题

1. 什么是布局管理器?

2. Java 中提供的常见布局管理器有哪些? 简述网格布局 GridLayout 的作用。

3. 在使用 BorderLayout 的时候,如果容器的大小发生变化,简述其变化规律。

17.6.2　单项选择题

1. 下列布局管理器中,(　)从上到下、从左到右安排组件,当移动到下一行时是居中的。

A. BorderLayout　　B. FlowLayout　　C. GridLayout

D. CardLayout　　E. GridBagLayout

2. 容器被重新设置大小后,布局管理器的容器中组件大小不随容器的大小变化而变化的是(　)。

A. CardLayout　　B. BorderLayout　　C. FlowLayout　　D. GridLayout

3. 在将组件加入到容器中时,(　)布局管理需要使用东、西、南、北或中央。

A. BorderLayout　　B. CardLayout　　C. FlowLayout　　D. GridLayout

4. 在一个容器的底部放 3 个组件,下列正确的是(　)。

A. 设置容器的布局管理器为 BorderLayout,并将每个组件添加到容器的南部

B. 设置容器的布局管理器为 FlowLayout,并将每个组件添加到容器

C. 设置容器的布局管理器为 BorderLayout,并将每个组件添加到使用 FlowLayout 的另一容器,然后将该容器添加到第一个容器的南部

D. 设置容器的布局管理器为 GridLayout,并将每个组件添加到容器

E. 不使用布局管理器,将每个组件添加到容器

5. 关于布局管理器(LayoutManager),下列说法正确的是(　)。

A. 布局管理器是用来部署 Java 程序的网上发布的

B. 布局管理器本身不是接口

C. 布局管理器是用来管理组件放置在容器的位置和大小的

D. 以上说法都不对

17.6.3 编程题

1. 运用布局管理器,对任务十六中编写的学生基本信息登记界面(见图 16-4)进行重新布局。重新布局后的运行结果如图 17-3 所示。

提示:在任务十六中,窗体采用默认的 BorderLayout 布局管理器,学生基本信息登记界面布局较乱。可以对程序界面重新布局,将创建的两个 JPanel 对象 p1、p2 分别放到了 North 和 Sourth 区域,把 TextArea 对象放到了窗体的 Center 方向,由此产生了和任务十六程序(见图 16-4)中 JPanel 使用的 FlowLayout 不一样的布局方式。请同时运行两个程序,并改变窗体大小,体会不同布局管理器管理窗体的不同特性。

图 17-3 重新布局后的学生基本信息登记界面

2. 填空完成程序,实现图 17-4 所示界面中的功能。

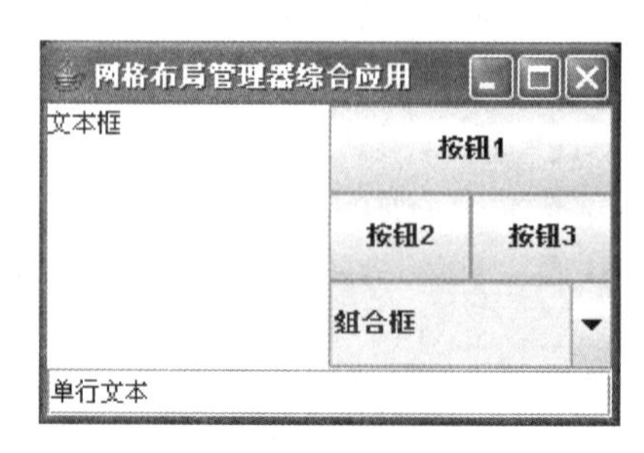

图 17-4 网格布局管理器综合应用界面

程序代码如下:

```
//GridLayoutTest.java 类
import java.awt.*;
import javax.swing.*;
public class GridLayoutTest extends JFrame{
    JPanel contentPane, top,bottom,topLeft,topRight,p3;
    GridLayout grid;
    public GridLayoutTest(){
        super("网格布局管理器综合应用");
        Container con = getContentPane();
        ______________________________          //将 con 设置为边界布局
        top = new JPanel();
        bottom = new JPanel();
```

```
        topLeft = new JPanel();
        topRight  = new JPanel();
        p3 = new JPanel();
        ______________________________          //创建组合框 JC
        JC.addItem("组合框");
        grid = new GridLayout(2,1);
        con.add (top, "Center");
        con.add (bottom, "South");
        bottom.setLayout (new GridLayout(1,1));
        bottom.add(new JTextField("单行文本",26));
        top.setLayout (new GridLayout(1,2));
        top.add(topLeft);
        top.add(topRight);
        topLeft.setLayout(new GridLayout(1,1));
        ______________________________          //在 topLetf 上添加一个文本区
        ______________________________          //将 topRight 设置为 3 行 1 列的网格布局
        topRight.add(new JButton("按钮 1"));
        topRight.add(p3);
        topRight.add(JC);
        p3.setLayout(new GridLayout(1,2));
        p3.add(new JButton("按钮 2"));
        p3.add(new JButton("按钮 3"));
    }
    public static void main(String args[]){
        GridLayoutTest frame  =  new GridLayoutTest();
        frame.setDefaultCloseOperation(EXIT_ON_CLOSE );
        frame.setSize(280,180);
        frame.setVisible(true);
    }
}
```

任务十八　事件委托处理(如何处理事件)

知识点:Java 事件组成;委托事件处理机制;常用事件类;处理事件接口;动作事件。

能力点:理解 Java 委托事件处理机制;了解常用的事件类、处理事件的接口及接口中的方法;掌握编写事件处理程序的基本方法;熟练掌握对按钮的 ActionEvent 动作事件的处理。

18.1　跟我做:猜数字小游戏

18.1.1　任务情景

动作事件 ActionEvent 是 Java 图形用户界面中比较常见的事件之一,单击按钮、单选按钮和菜单项等都会触发相应的 ActionEvent 事件。

设计一个 Java GUI 应用程序,实现猜数字小游戏,要求如下:

- 程序随机分配一个 1～100 之间的随机整数。
- 用户在输入对话框中输入自己的猜测。
- 程序返回提示信息,提示信息分别是"猜大了""猜小了"和"猜对了"。
- 用户可根据提示信息再次输入猜测,直到提示信息是"猜对了"。

18.1.2　运行结果

程序运行的结果如图 18－1 所示。

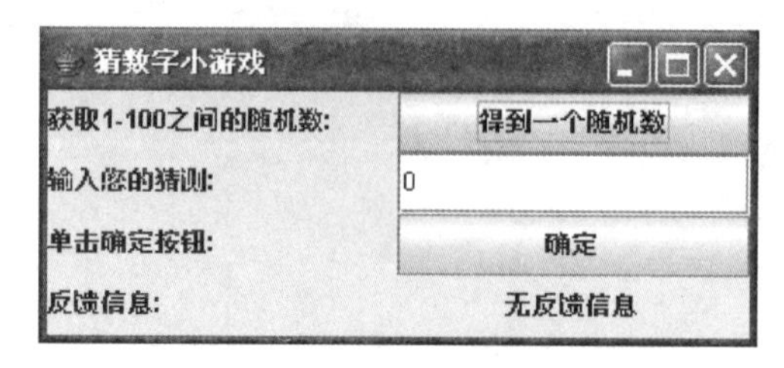

(a) 猜数字小游戏初始界面

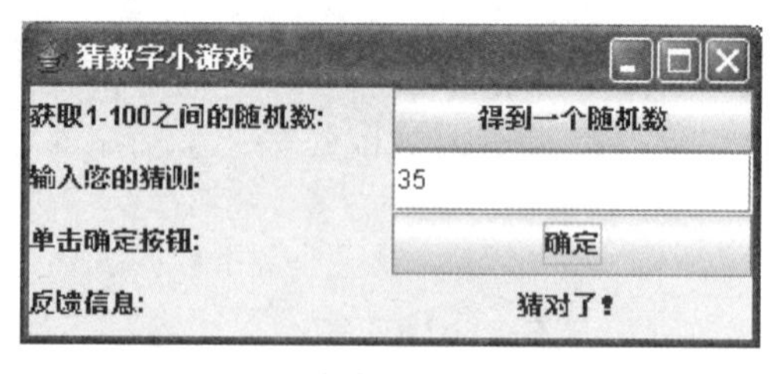

(b) 猜数字成功界面

图 18－1　程序运行的结果

18.2　实现方案

当按钮获得监视器之后,单击它,就发生 ActionEvent 动作事件,即 java. awt. envent 包中的 ActionEvent 类自动创建了一个事件对象。

根据任务要求可以定义一个猜数字类,继承自窗体类 JFrame,并实现 ActionListener 接口,以进行 ActionEvent 事件处理。定义 2 个 JButton 按钮分别用于获得一个随机数和提交用户猜测数字,定义 1 个 JTextField 文本框用于输入用户猜测,定义 5 个 JLabel 标签分别用于对应信息说明。该程序共涉及 8 个组件对象,可以采用 GridLayout 网格布局方式。

解决问题的步骤如下:

(1) 打开 Eclipse,在 study 项目中新建类,创建包 com. task18,确定类名 GuessExample,指定超类 JFrame 和接口 ActionListener,得到类的框架。

```
package com.task18;
public class GuessExample extends JFrame implements ActionListener {
}
```

(2) 在“public class GuessExample extends JFrame implements ActionListener {”下面一行输入类的属性描述：

```
int number;
JTextField inputNumber;
JLabel feedBack;
JButton buttonGetNumber,buttonEnter;
JPanel pnlMain;
```

(3) 在 GuessExample 类中输入 3 个方法的定义：

```
public GuessExample(){
    ……          //详细实现代码参见 18.3 节
}
public void actionPerformed(ActionEvent e){
    ……          //详细实现代码参见 18.3 节
}
public static void main(String[] args){
    ……          //详细实现代码参见 18.3 节
}
```

(4) 通过“Run”→“Run As”→“Java Application”运行程序。

18.3　代码分析

18.3.1　程序代码

```
// GuessExample.java
package com.task18;
import java.awt.*;
import java.awt.event.*;
import javax.swing.*;
//定义 GuessExample 类,继承自 JFrame 实现 ActionListener 监听器接口
public class GuessExample extends JFrame implements ActionListener{
    int number;
    JTextField inputNumber;
    JLabel  feedBack;
    JButton buttonGetNumber,buttonEnter;
    JPanel pnlMain;
    public GuessExample() {                          //构造方法
        super("猜数字小游戏");                        //继承父类 JFrame 的构造方法,给窗体加标题
        pnlMain = new JPanel(new GridLayout(4,2));   //定义网格布局,4 行 2 列
        buttonGetNumber = new JButton("得到一个随机数");
        feedBack = new JLabel("无反馈信息",JLabel.CENTER);
        feedBack.setBackground(Color.green);
        inputNumber = new JTextField("0",5);
```

```
        buttonEnter = new JButton("确定");
        buttonEnter.addActionListener(this);           //对 buttonEnter 按钮注册监听器
        buttonGetNumber.addActionListener(this);       //对 buttonGetNumber 按钮注册监听器
        setContentPane(pnlMain);                       //将中间容器对象 pnlMain 加入顶层框架
        pnlMain.add(new JLabel("获取 1 - 100 之间的随机数:"));      //分别将各组件对象加入中
                                                                  //间容器 pnlMain
        pnlMain.add(buttonGetNumber);
        pnlMain.add(new JLabel("输入您的猜测:"));
        pnlMain.add(inputNumber);
        pnlMain.add(new JLabel("单击确定按钮:"));
        pnlMain.add(buttonEnter);
        pnlMain.add(new JLabel("反馈信息:"));
        pnlMain.add(feedBack);
        pack();                                        //压缩框架的显示区域,自动调整组件位置
        //setSize(350,150);
        setVisible(true);
        setDefaultCloseOperation(JFrame.DISPOSE_ON_CLOSE);
    }
    public void actionPerformed(ActionEvent e) {       //动作事件处理方法
        if(e.getSource() == buttonGetNumber){
            number = (int)(Math.random() * 100) + 1;
        }
        else if(e.getSource() == buttonEnter){
            int guess = 0;
            guess = Integer.parseInt(inputNumber.getText());
            if(guess == number){
                feedBack.setText("猜对了!");
                }
        else if(guess>number){
                feedBack.setText("猜大了!");
                inputNumber.setText(null);
                }
        else if(guess<number){
                feedBack.setText("猜小了!");
                inputNumber.setText(null);
                }
        }
    }
    public static void main(String args[]){           //测试 GuessExample 类方法
        new GuessExample();
        }
}
```

18.3.2 应用扩展

为防止用户输入猜测数据格式错误,应对用户输入数据监测,进行异常处理。可以采用捕获异常 try - catch - finally 语句实现。try - catch 块的语法为:

```
try
{
//这里是可能会产生异常的代码
}
catch(Exception e)
{
//这里是处理异常的代码
}
finally
{
//如果 try 部分的代码全部执行完或 catch 部分的代码执行完,则执行该部分的代码
}
```

本程序可以尝试以嵌套式盒子来管理容器的布局,通过将组件放入水平或垂直形盒子以多层嵌套的方式进行布局。调用 public static Box createHorizontalBox()构造一个水平排列的 Box 组件。修改后的猜数字游戏程序运行结果如图 18－2 所示。

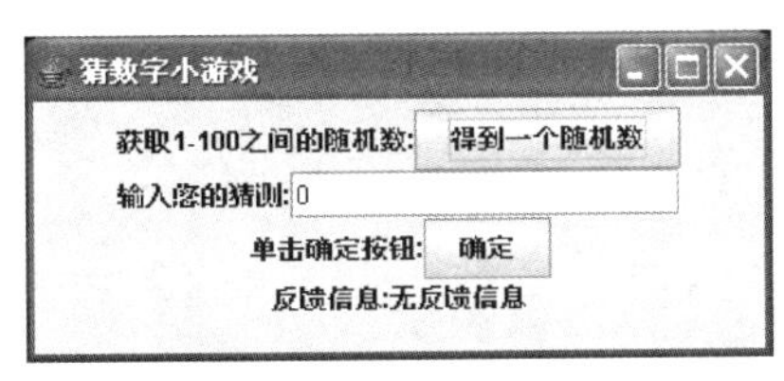

(a) 改变布局方式后的猜数字游戏界面

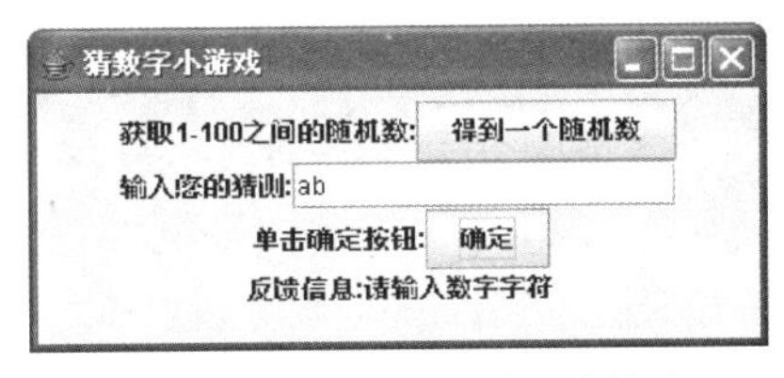

(b) 用户输入数据格式异常界面

图 18－2　猜数字游戏程序运行结果

```
// GuessExample2.java
package com.task18;
import java.awt.*;
import java.awt.event.*;
import javax.swing.*;
import javax.swing.border.*;
public class GuessExample2 extends JFrame implements ActionListener{
    int number;
    JTextField inputNumber;
    JLabel feedBack;
    JButton buttonGetNumber,buttonEnter;
    public GuessExample2() {
      super("猜数字小游戏");
      buttonGetNumber = new JButton("得到一个随机数");
      feedBack = new JLabel("无反馈信息",JLabel.CENTER);
      feedBack.setBackground(Color.green);
      inputNumber = new JTextField("0",5);
      buttonEnter = new JButton("确定");
      buttonEnter.addActionListener(this);
      buttonGetNumber.addActionListener(this);
```

```
        Box boxH1 = Box.createHorizontalBox();              //构造一个水平排列的 Box 组件
        boxH1.add(new JLabel("获取 1 - 100 之间的随机数:"));
        boxH1.add(buttonGetNumber);
        Box boxH2 = Box.createHorizontalBox();              //构造一个水平排列的 Box 组件
        boxH2.add(new JLabel("输入您的猜测:"));
        boxH2.add(inputNumber);
        Box boxH3 = Box.createHorizontalBox();              //构造一个水平排列的 Box 组件
        boxH3.add(new JLabel("单击确定按钮:"));
        boxH3.add(buttonEnter);
        Box boxH4 = Box.createHorizontalBox();              //构造一个水平排列的 Box 组件
        boxH4.add(new JLabel("反馈信息:"));
        boxH4.add(feedBack);
        Box baseBox = Box.createVerticalBox();
        baseBox.add(boxH1);
        baseBox.add(boxH2);
        baseBox.add(boxH3);
        baseBox.add(boxH4);
        Container con = getContentPane();
        con.setLayout(new FlowLayout());
        con.add(baseBox);
        setSize(350,150);
        setVisible(true);
        setDefaultCloseOperation(JFrame.DISPOSE_ON_CLOSE);
    }
    public void actionPerformed(ActionEvent e) {
        if(e.getSource() == buttonGetNumber){
            number = (int)(Math.random() * 100) + 1;
        }
        else if(e.getSource() == buttonEnter){
            int guess = 0;
            try {
                    guess = Integer.parseInt(inputNumber.getText());
                    if(guess == number){
                        feedBack.setText("猜对了!");
                    }
                    else if(guess>number){
                        feedBack.setText("猜大了!");
                        inputNumber.setText(null);
                    }
                    else if(guess<number) {
                        feedBack.setText("猜小了!");
                        inputNumber.setText(null);
                    }
                }
            catch(NumberFormatException event){
```

```
                feedBack.setText("请输入数字字符");
            }
        }
    }
    public static void main(String args[]){
        new GuessExample2();
    }
}
```

18.4　必备知识

18.4.1　Java 事件处理机制

如果用户在 GUI 层执行了一个动作,如单击了鼠标、输入了一个字符、选择了列表框中的一项等,将导致一个事件的发生。Java(JDKl.1 之后)的事件处理采用的是事件源——事件监听器模型的委托事件处理机制,无论应用程序还是小程序都采用这一机制。

1. 事件、事件源、事件监听器

在 Java 中,引发事件的对象(组件)称为事件源。当事件源的状态以某种方式改变时,就会产生事件。事件是描述事件源"发生了什么"的对象。例如,在 JButton 组件上单击鼠标,就会产生以这个 JButton 为事件源的一个 ActionEvent 事件,这个 ActionEvent 事件是一个对象,它包含了关于刚才所发生的"单击鼠标"事件的信息。

不同的事件源会产生不同类型的事件,某些事件源也可能产生不止一种事件。为了能够描述各种类型的事件,Java 提供了各种相应的事件类。

事件监听器也称为事件监听者,是当一个事件发生时被通知的对象,它负责接收事件并进行处理。

对于事件源,要求它必须注册事件监听器,以便监听器可以接收关于某个特定事件的通知。事件源发出的事件通知只被送给那些注册接收它们的监听器。事件源的每一种事件都有它自己的注册方法,其通用的语法形式如下:

```
public void addTypeListener( TypeListener el);
```

其中,Type 是事件的名称,el 是一个事件监听器的引用。例如,注册一个键盘事件监听器的方法被称做 addKeyListener(),注册一个鼠标活动监听器的方法被称做 addMouseMotionListener()。

对于事件监听器,首先,要求它必须在事件源中已经被注册,当一个事件发生时,所有被事件源注册的监听器会被通知并收到一个事件对象的拷贝;其次,要求它必须实现接收和处理通知的方法。

用于接收和处理事件的方法在 java.awt.event 中被定义为一系列的接口。例如,MouseMotionListener 接口定义了两个在鼠标被拖动时接收通知的方法,如果实现这个接口,任何类都可以接收并处理"鼠标被拖动"事件。

2. Java 的委托事件处理机制

Java 的委托事件处理机制正是基于以上几个概念。一个事件源(source)产生一个事件(event)并把它送到一个或多个的监听器(listeners)那里;监听器简单地等待,直到它收到一个事件;一旦事件被接收,监听器将处理这些事件,然后返回。这种设计的优点是,可以明确地将处理事件的应用程序与产生事件的用户接口程序分开,同时,因为事件监听器必须被注册后才能接收事件通知,所以事件通知只被发送给那些希望接收它们的监听器。

举例来说,对于按钮组件和选项组件,用户单击鼠标、敲击键盘等都将引发一个事件;Java 为此提供的事件类有 ActionEvent、ItemEvent、KeyEvent、MouseEvent、TextEvent、WindowEvent 等,分别描述用户的操作类型;每个事件都有相应的“事件监听者”,它们是与事件相对应的若干接口,有 ActionListener、ItemListener、KeyListener、MouseListener、TextListener、WindowListener 等,通过实现接口中的方法,来完成对事件的处理。Listener 是个很形象的术语,它“监听”键盘和鼠标的“声音”,如果它“监听”出了什么“事”(事件),就做出反应,即处理事件。

18.4.2 事件监听类

Java 事件的处理是通过事件监听类来实现的,事件监听类可以通过实现接口或者继承适配器构造。不管是实现事件对应的接口还是继承事件对应的适配器,都需要重载接口中的方法。前者需要将所有方法重载,后者只需将要处理的事件操作对应的方法重载。

1. 实现与该事件相对应的接口 XXXListener

使用该方法需要实现接口中所有的方法(重载所有方法),哪怕是空的方法。通过分析事件类型对应的接口可以知道,事件的各种操作是预定义的,需要做的只是将要处理的用户操作和事件类中的方法进行匹配。

java. awt. event 包中定义了 12 个监听器接口:ActionListener、AdjustmentListener、ComponentListener、ComponentListener、FocusListener、ItemListener、KeyListener、MouseListener、MouseEvent、MouseMotionListener、TextListener、WindowListener。

2. 继承该事件相对应的 XXXAdapter

使用该方法只需实现事件对应的方法,而不要重载许多无用的方法。但并不是所有的事件都提供对应的适配器,只有在接口中提供了一个以上方法的接口时才提供相对应的适配器。所以说,继承事件的适配器是 Java 提供的一个简单的事件处理方法。各种事件和接口以及适配器的关系如表 18 - 1 所列。

表 18 - 1 各种接口与适配器

事件种类	接口名	适配器名
动作	ActionListener	无
项目	ItemListener	无
调整	AdjustmentListener	无
组件	ComponentListener	ComponentAdapter
鼠标按钮	MouseListener	MouseAdapter
鼠标移动	MouseMotionListener	MouseMotionAdapter
窗口	WindowListener	WindowAdapter
键盘	KeyListener	KeyAdapter
聚焦	FocusListener	无

18.4.3　编写事件处理程序的基本方法

委托事件处理机制的编程基本方法如下：

(1) 无论是 AWT 还是 Swing 中的组件实现事件处理必须使用 java. awt. event 包，所以在程序开始应加入语句“import java. awt. event. * ; import java. awt. * ; import javax. swing. * ;”。

(2) 为事件源设置事件监听器，语句的形式如下：

```
事件源.addXXXListener( XXXListener L);
```

其中，XXXListener 代表某种事件监听器：

(3) 与事件监听器所对应的类，实现所对应的接口 XXXListener，并重写接口中的全部方法，对事件进行处理。

Java 将所有组件可能发生的事件进行分类，具有共同特征的事件被抽象为一个事件类 AWTEvent，其中包括 ActionEvent 类(动作事件)、MouseEvent 类(鼠标事件)、KeyEvent 类(键盘事件)等。每个事件类都提供下面常用的方法：

➢ public int getID()：返回事件的类型。

➢ public Object getSource()：返回事件源的引用。

当多个事件源触发的事件由一个共同的监听器处理时，可以通过 getSource()方法判断当前的事件源是哪一个组件。

表 18－2 列出了常用 Java 事件类、处理该事件的接口及接口中的方法。

表 18－2　常用 Java 事件类、处理该事件的接口及接口中的方法

事件类/接口名称	接口方法及说明
ActionEvent 动作事件类 ActionListener 接口	actionPerformed(ActionEvent e) 单击按钮、选择菜单项或在文本框中按回车时
AdjustmentEvent 调整事件类 AdjustmentListener 接口	adjustmentValueChanged(AdjustmentEvent e) 当改变滚动条滑块位置时
ComponentEvent 组件事件类 ComponentListener 接口	componentMoved(ComponentEvent e)　组件移动时 componentHidden(ComponentEvent e)　组件隐藏时 componentResized(ComponentEvent e)　组件缩放时 componentShown(ComponentEvent e)　组件显示时
ContainerEvent 容器事件类 ContainerListener 接口	componentAdded(ContainerEvent e)　添加组件时 componentRemoved(ContainerEvent e)　移除组件时
FocusEvent 焦点事件类 FocusListener 接口	focusGained(FocusEvent e)　组件获得焦点时 focusLost(FocusEvent e)　组件失去焦点时
ItemEvent 选择事件类 ItemListener 接口	itemStateChanged(ItemEvent e) 选择复选框、组合框、单击列表框、选中带复选框菜单时
KeyEvent 键盘事件类 KeyListener 接口	keyPressed(KeyEvent e)　键按下时 keyReleased(KeyEvent e)　键释放时 keyTyped(KeyEvent e)　击键时

续表 18-2

事件类/接口名称	接口方法及说明
MouseEvent 鼠标事件类 MouseListener 接口	mouseClicked(MouseEvent e)　单击鼠标时 mouseEntered(MouseEvent e)　鼠标进入时 mouseExited(MouseEvent e)　鼠标离开时 mousePressed(MouseEvent e)　鼠标键按下时 mouseReleased(MouseEvent e)　鼠标键释放时
MouseEvent 鼠标移动事件类 MouseMotion Listener 接口	mouseDragged(MouseEvent e)　鼠标拖放时 mouseMoved(MouseEvent e)　鼠标移动时
TextEvent 文本事件类 TextListener 接口	textValueChanged(TextEvent e) 文本框、多行文本框内容修改时
WindowEvent 窗口事件类 WindowListener 接口	windowOpened(WindowEvent e)　窗口打开后 windowClosed(WindowEvent e)　窗口关闭后 windowClosing(WindowEvent e)　窗口关闭时 windowActivated(WindowEvent e)　窗口激活时 windowDeactivated(WindowEvent e)　窗口失去焦点时 windowlconified(WindowEvent e)　窗口最小化时 windowDeiconified(WindowEvent e)　最小化窗口还原时

18.4.4 ActionEvent 动作事件和 ActionListener 监听接口

- ActionEvent 动作事件:能够触发这个事件的动作包括单击按钮、选择菜单项、双击一个列表中的选项、在文本框中按回车。
- ActionListener 监听接口:若一个类要处理动作事件,那么这个类就要实现此 ActionListener 按口,并重写接口中的 actionPerformed()方法,实现事件处理(该接口中只有这一个方法)。而实现了此接口的类,就可以作为动作事件 ActionEvent 的监听器。

组件的注册方式是调用组件的 addActionListener()方法。

以 JButton 组件为例,对于 ActionEvent 事件处理的一般步骤如下:

(1) 设定对象的监听者:“buttonl. addActionListener(new MyActionListener());”,其中,button1 是 JButton 组件的对象,addActionListener 是为事件源 button1 添加监所使用的方法,MyActionListener 是用户指定的监听器类。

(2) 声明 MyActionListener 类,实现 ActionListener 接口。

(3) 实现 ActionListener 接口中的 actionPerformed(ActionEvent e)方法,完成事件处理代码。

18.5 动手做一做

18.5.1 实训目的

理解 Java 委托事件处理机制;了解常用的事件类、处理事件的接口及接口中的方法;掌握编写事件处理程序的基本方法;熟练掌握 ActionEvent 事件的处理;熟练使用 Eclipse 编写、调试、运行应用程序。

18.5.2 实训内容

当需要按钮按下时执行一定的任务,就要向按钮注册动作事件监听器,并为按钮编写动作事件处理代码,即编写实现 ActionLisener 监听接口的监听器类,并实现 actionPerformed()方法。

设计一个 Java GUI 应用程序,当单击按钮时,记录单击按钮和单击次数,并显示在窗体中。程序运行结果如图 18-3 所示。

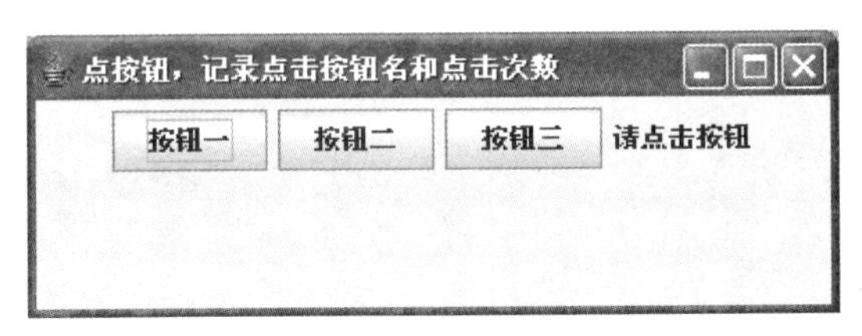

(a) 单击按钮窗体初始界面

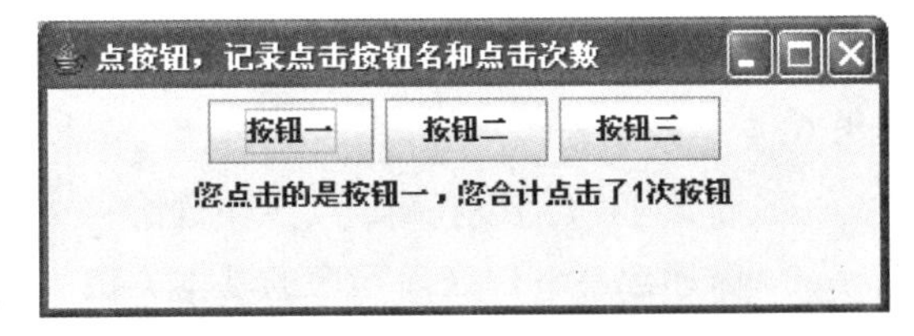

(b) 单击“按钮一”后的窗体界面

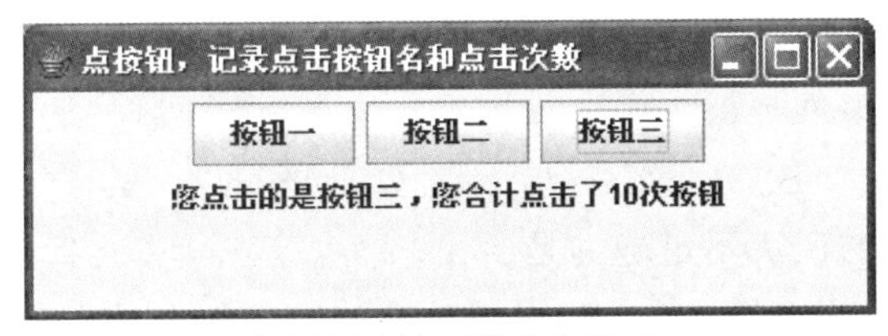

(c) 多次单击按钮后的窗体界面

图 18-3 程序运行结果

18.5.3 简要提示

根据程序运行结果,可以定义单击按钮类,继承 JFrame 类,实现 ActionLisener 监听接口。创建 3 个 JButton 按钮对象和 1 个 JLabel 标签对象。创建 1 个 JPanel 中间容器对象,将 4 个组件对象加入其中,布局采用默认的流布局方式。定义计数器,记录按钮被单击的次数。

18.5.4 程序代码

程序代码参见本教材教学资源。

18.5.5 实训思考

修改上述程序,采用监听器设置为匿名内部类形式,为“按钮一”注册两个监听器。当“按钮一”被按下时,可以同时响应两个监听事件,显示两个不同 actionPerformed()方法中的输出信息。程序运行结果如图 18-4 所示。

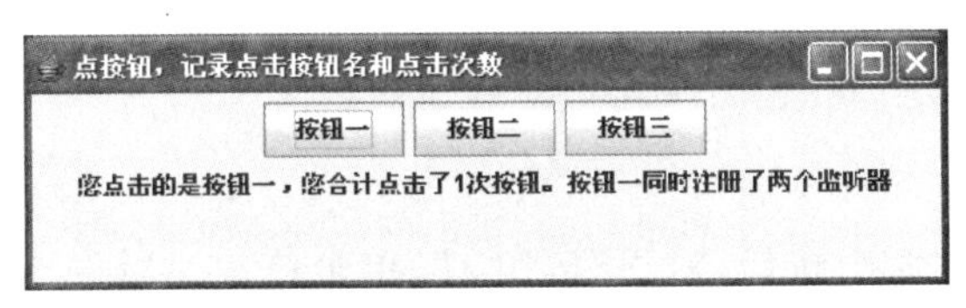

(a) 单击“按钮一”时的窗体界面

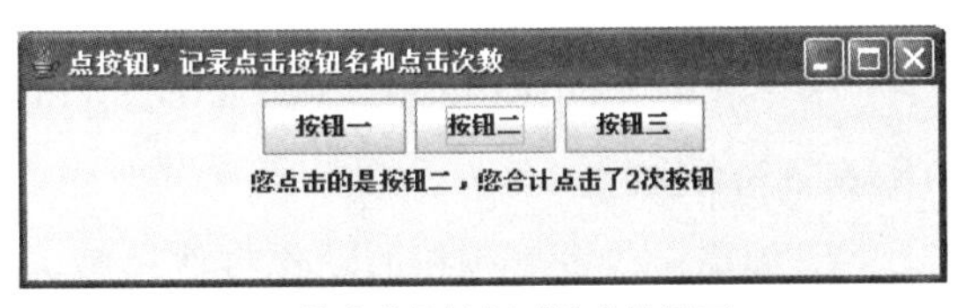

(b) 单击其他按钮时的窗体界面

图 18-4 程序运行结果

提示:

```
//为 jb1 按钮先注册第一个监听器,监听器设置为匿名内部类
    jb1.addActionListener(new ActionListener(){
        public void actionPerformed(ActionEvent e){
            jl.setText(jl.getText() + "。按钮一同时注册了两个监听器");
    }});
```

18.6 动脑想一想

18.6.1 简答题

1. 简述 Java 的委托事件处理机制。

2. 简述编写事件处理程序的基本方法。

3. 简述 Java 事件处理的两种途径。

18.6.2 单项选择题

1. 单击按钮触发的事件是( )。

A. ActionEvent　　B. ItemEvent　　C. MouseEvent　　D. KeyEvent

2. 下列关于事件源的说法不正确的是( )。

A. 事件源可以是 GUI 组件、Java Bean 或有生成事件能力的对象

B. 事件源是一个生成事件的对象,如常见的按钮、文本框、菜单等

C. 一个事件源可能会生成不同类型的事件,如文本框事件源可产生内容改变事件和按回车键事件

D. 事件源提供了一组方法,用于为事件注册一个监听器

3. 下列 Java 常见的事件类中,( )是鼠标事件类。

A. InputEvent　　B. WindowEvent　　C. MouseEvent　　D. KeyEvent

4. 下列方法中,( )不是键盘事件 KeyEvent 实现的方法。

A. keyPressed(KeyEvente)　　B. keyReleased(KeyEvente)

C. mouseClicked(MouseEvente)　　D. keyTyped(KeyEvente)

5. 下列关于窗口事件的说法中不正确的是( )。

A. Window 子类创建的对象都可以引发 WindowEvent 类型事件,即所谓的窗口事件

B. 当一个 JFrame 窗口被激活、撤销激活、打开、关闭、图标化或撤销图标化时,就会引发窗口事件

C. WindowEvent 创建的事件对象可以通过 getWindow()方法获取引发窗口事件的窗口

D. public void windowDeactivated(WindowEvent e)方法可以实现窗口激活

18.6.3 编程题

1. 编写一个关于按钮的动作事件程序,创建两个按钮,对于"按钮 1",单击该按钮后将其变为不可见状态,"按钮 2"变为可用状态;对于"按钮 2",单击该按钮将其变为不可用状态,"按钮 1"变为可见状态。程序运行结果如图 18-5 所示。

提示:根据程序运行结果,可以定义事件监听器类,继承 JFrame 类,实现 ActionLisener 监听接口。创建 2 个 JButton 按钮对象和 1 个 JLabel 标签对象。创建 1 个 JPanel 中间容器

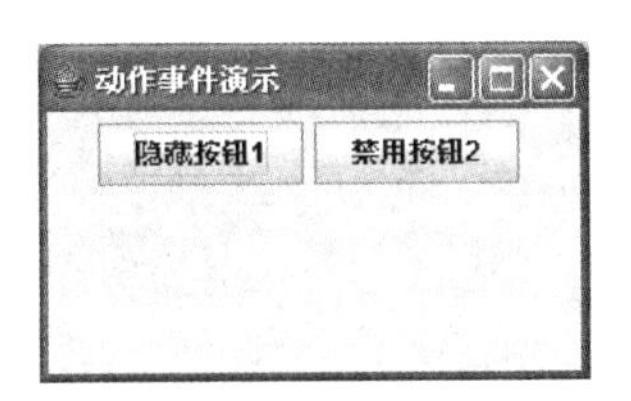

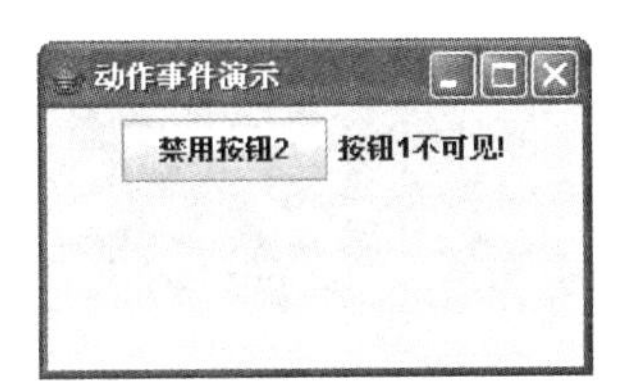

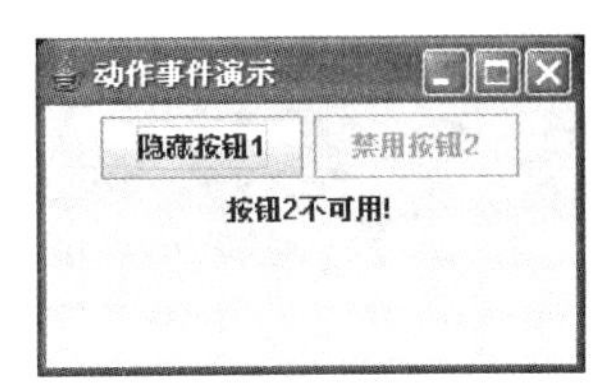

图 18－5　关于按钮的动作事件程序界面

对象,将 3 个组件对象加入其中,布局采用默认的流布局方式。将按钮设置为不可见状态的方法以及将按钮设置为不可用状态的方法如下:

```
btnFirst.setVisible (false);            //按钮设置为不可见状态
btnFirst.setVisible (true);             //按钮设置为可见状态
btnFirst.setEnabled(false);             //按钮设置为不可用状态
btnFirst.setEnabled(true);              //按钮设置为可用状态
```

2. 填空完成程序,实现如图 18－6 所示的功能。

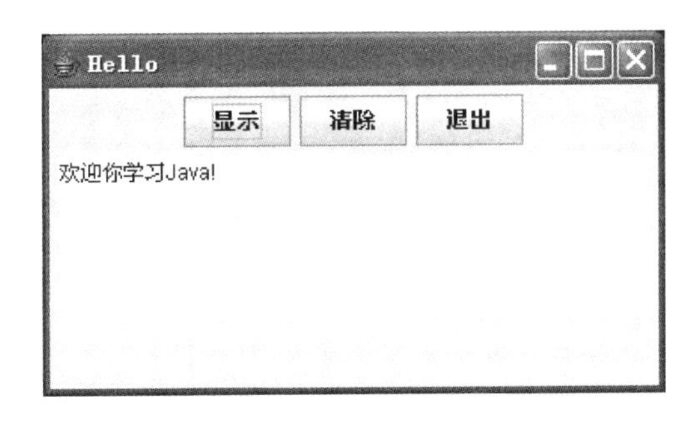

图 18－6　实现"显示""清除"和"退出"功能

```
//Hello.java
import java.awt.*;
import java.awt.event.*;
import javax.swing.*;
public class Hello extends JFrame implements ActionListener{
    JTextArea tf;
    JButton bt_show,bt_clear,bt_exit;
    public Hello(){
        super("Hello");
        Container c = getContentPane();
        ____________________________          //创建一文本为"显示"的按钮
        ____________________________          //创建一文本为"清除"的按钮
        ____________________________          //创建一文本为"退出"的按钮
        tf = new JTextArea(5,30);
        c .setLayout (new FlowLayout());
        c .add (bt_show);
        c .add (bt_clear);
        c .add (bt_exit);
        c .add (tf);
```

```
        bt_show.addActionListener(this);
        bt_clear.addActionListener(this);
        bt_exit.addActionListener(this);
        setSize(350,200);                        //设置界面大小
        setLocation(200,200) ;                   //设置界面位置
        setVisible(true);
        setDefaultCloseOperation(JFrame.EXIT_ON_CLOSE);
        setDefaultLookAndFeelDecorated(true);
    }
    public void actionPerformed (ActionEvent e){
        if(____________________)                 //判断事件源是否是 bt_show
            tf .setText("欢迎你学习 Java!");
        else if(____________________)            //判断事件源是否是 bt_clear
            tf .setText(" ");
        else
            System.exit(0);
    }
    public static void main (String[]args){
            Hello fm = new Hello();
    }
}
```

任务十九　选择之道(使用选择控件和选择事件)

知识点:组合框 JComBox;复选框 JCheekBox;单选按钮 JRadioButton;按钮组 Button-Group;列表框 JLlist。

能力点:熟练使用 JComBox、JCheckBox、JRadioButton、JLlist 选择控件构造复杂用户界面;掌握选择事件处理的应用。

19.1　跟我做:农产品市场需求调查问卷

19.1.1　任务情景

在信息化建设越来越完善、网民群体日益庞大的今天,网络调查问卷因其实施费用低、群众参与度广、分析统计迅速等优点已经成为市场调研的一个重要方式。

调查问卷需要用户填写一些资料,而用户填写的内容各不相同,往往导致调查结果与预期不同,影响调查效果。如果运用单选按钮或组合框就简单得多,只需要将预期的内容列举出来供用户选择即可。如果有多个选项的,可以用复选按钮或列表框来解决。综合运用 Java 选择控件,设计一个简单的调查问卷程序,调查网民对农产品的市场需求。

19.1.2　运行结果

程序运行结果如图 19-1 所示。

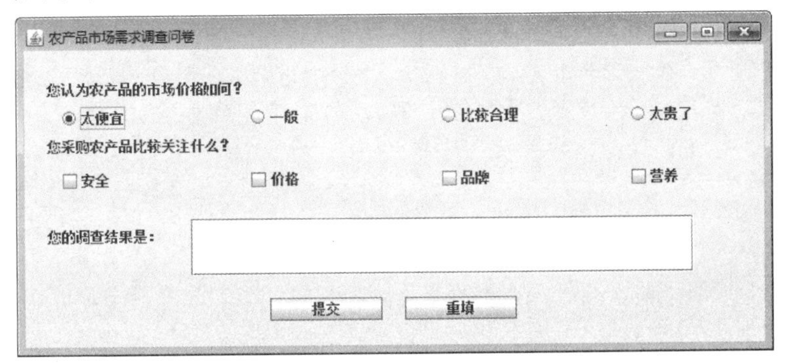

(a) 农产品市场需求调查问卷

(b) 提交农产品市场需求调查问卷

图 19-1　农产品市场需求调查问卷运行结果

19.2 实现方案

根据任务要求,需要对用户进行两项调查,一个是单项调查,一个是多选调查,并要将选择的内容输出到文本区中,并能够实现重选功能。

经过分析,可以定义一个问卷调查类实现 ActionListener 接口和 ItemListener 接口以进行动作事件处理和选项变化事件处理。JCheckBox 复选框用于多项选择,JRadioButton 单选按钮用于单项选择。该问卷调查程序图形界面中的“您认为农产品的市场价格如何?”单选项和“您采购农产品比较关注什么?”复选项可以分别通过 JRadioButton 类和 JCheckBox 类进行创建并实现。需要创建 3 个 JLabel 标签分别进行“您认为农产品的市场价格如何?”“您采购农产品比较关注什么?”“您的调查结果是:”说明,创建 1 个可滚动 JTextArea 文本区用以输出显示选择内容,创建 2 个 JButton 按钮分别进行投票和重选。

解决问题的步骤如下:

(1) 打开 Eclipse,在 study 项目中新建类,创建包 com. task19,确定类名 Questionnaire,指定超类 JFrame 和接口 ItemListener、ActionListener,得到类的框架。

```
package com.task19;
public class Questionnaire extends JFrame implements ItemListener,ActionListener {
}
```

(2) 在“public class Questionnaire extends JFrame implements ItemListener,ActionListener {”下面一行输入类的属性对象描述:

```
private JPanel jp = new JPanel();
JRadioButton jrb1  =  new JRadioButton("太便宜",true);
JRadioButton jrb2  =  new JRadioButton("一般");
JRadioButton jrb3  =  new JRadioButton("比较合理");
JRadioButton jrb4  =  new JRadioButton("太贵了");
private JRadioButton[] jrb = {jrb1,jrb2,jrb3,jrb4};
private ButtonGroup bg = new ButtonGroup();
JCheckBox jcb1 = new JCheckBox("安全");
JCheckBox jcb2 = new JCheckBox("价格");
JCheckBox jcb3 = new JCheckBox("品牌");
JCheckBox jcb4 = new JCheckBox("营养");
private JCheckBox[] jcb = {jcb1,jcb2,jcb3,jcb4};
private JButton[] jb = {new JButton("提交"),new JButton("重填")};
private JLabel[] jl  =  { new JLabel("您认为农产品的市场价格如何?"),new JLabel("您采购农产品
比较关注什么?"), new JLabel("您的调查结果是:") };
private JTextArea jta = new JTextArea();
private JScrollPane js = new JScrollPane(jta);
```

(3) 在 Questionnaire 中输入 4 个方法的定义:

```
public public Questionnaire (){                //构造方法
    ……                                         //详细实现代码参见 19.3
}
```

```
    public void itemStateChanged(ItemEvent e){          //选择事件处理方法
        ……                                               //详细实现代码参见 19.3
    }
    public void actionPerformed(ActionEvent e){          //动作事件处理方法
        ……                                               //详细实现代码参见 19.3
    }
    public static void main(String[] args){              //测试 Questionnaire 类方法
        ……                                               //详细实现代码参见 19.3
    }
```

(4) 通过“Run”→“Run As”→“Java Application”运行程序。

19.3　代码分析

19.3.1　程序代码

```
package com.task19;
import java.awt.*;
import java.awt.event.*;
import javax.swing.*;
public class Questionnaire extends JFrame implements ItemListener,ActionListener{
    private JPanel jp = new JPanel();//创建 JPanel 对象
    //创建单选按钮数组
    JRadioButton jrb1 = new JRadioButton("太便宜", true);
    JRadioButton jrb2 = new JRadioButton("一般");
    JRadioButton jrb3 = new JRadioButton("比较合理");
    JRadioButton jrb4 = new JRadioButton("太贵了");
    private JRadioButton[] jrb = {jrb1,jrb2,jrb3,jrb4};
    private ButtonGroup bg = new ButtonGroup();//创建按钮组合
    //创建复选框数组
    JCheckBox jcb1 = new JCheckBox("安全");
    JCheckBox jcb2 = new JCheckBox("价格");
    JCheckBox jcb3 = new JCheckBox("品牌");
    JCheckBox jcb4 = new JCheckBox("营养");
    private JCheckBox[] jcb = {jcb1,jcb2,jcb3,jcb4};
    private JButton[] jb = { new JButton("提交"), new JButton("重填") };  //创建普通按钮数组
    //创建标签数组
    private JLabel[] jl =
      {new JLabel ("您认为农产品的市场价格如何?"),new JLabel("您采购农产品比较关注什么?"),
       new JLabel("您的调查结果是:")};
    private JTextArea jta = new JTextArea();                    //创建文本区
    private JScrollPane js = new JScrollPane(jta);  //将文本区作为被滚动的组件来创建滚动窗体
    public Questionnaire(){                                     //构造方法
        jp.setLayout(null);                                     //设置 JPanel 布局管理器为空
        //设置各个组件
        for(int i = 0;i<4;i++)      {
```

```
            //设置单选按钮与复选框的位置和大小
            jrb[i].setBounds(30 + 170 * i,45,170,30);
            jcb[i].setBounds(30 + 170 * i,100,120,30);
            //在面板中添加单选按钮和复选框
            jp.add(jrb[i]);
            jp.add(jcb[i]);
            //为单选按钮与复选框注册选择事件监听器
            jrb[i].addItemListener(this);
            jcb[i].addItemListener(this);
            //添加单选按钮到按钮组合中
            bg.add(jrb[i]);
            if(i>1) continue;
            //设置标签与普通按钮的位置和大小
            jl[i].setBounds(20,20 + 50 * i,200,30);
            jb[i].setBounds(220 + 120 * i,200,100,20);
            //在面板中添加标签和普通按钮
            jp.add(jl[i]);
            jp.add(jb[i]);
            //为普通按钮注册动作事件监听器
            jb[i].addActionListener(this);
        }
        //设置 jl2 的位置和大小,对文本区中的内容进行提示,并添加 jl2 到面板中
        jl[2].setBounds(20,150,120,30);
        jp.add(jl[2]);
        //设置 JScrollPane 的位置和大小,并将其添加到面板中
        js.setBounds(150,150,450,50);
        jp.add(js);
        jta.setLineWrap(true);              //设置文本区为自动换行
        jta.setEditable(false);             //设置文本区为不可编辑状态
        this.add(jp);                       //添加 JPanel 到窗体中
        //设置窗体的标题、位置、大小、可见性及关闭动作
        this.setTitle("网站投票程序");
        this.setBounds(150,150,680,300);
        this.setVisible(true);
        this.setDefaultCloseOperation(JFrame.EXIT_ON_CLOSE);
    }
    public void itemStateChanged( ItemEvent e) {
        StringBuffer temp1 = new StringBuffer("您认为农产品价格");
        StringBuffer temp2 = new StringBuffer();
            for(int i = 0;i<4;i ++ ) {
                //获取单选按钮选中值
                if(jrb[i].isSelected()) {
                    temp1.append(jrb[i].getText());
                }
                //获取复选框选中值
```

```
                if(jcb[i].isSelected()){
                    temp2.append(jcb[i].getText() + ",");
                }
            }
            //在文本区中输出选择的结果
            if(temp2.length() == 0){
                jta.setText("请将两项调查都选择");
            }
            else{
                temp1.append(",您比较关注农产品的");
                temp1.append(temp2.substring(0,temp2.length() - 1));
                jta.setText(temp1.append("。").toString());
            }
        }
        public void actionPerformed(ActionEvent e){
            if(e.getSource() == jb[1]) {            //单击"重填"按钮时执行的动作
                for(int i = 0;i<jcb.length;i ++ )
                    jcb[i].setSelected(false);
                jta.setText("");
            }
            else
                jta.setText("提交");
        }
        public static void main(String[] args) {     //测试 Questionnaire 类方法
            Questionnaire   qs = new Questionnaire();
        }
    }
```

19.3.2　应用扩展

由于 JcheckBox、JradioButton 组件引发的事件可以是 ActionEvent 事件，JButton 引发的事件是 ActionEvent 事件，所以可以将 JcheckBox、JradioButton、Jbutton 三类组件引发的事件统一由 ActionListener 监听器接口的 actionPerformed(ActionEvente)方法来实现。因此可将类 Questionnaire 中单选按钮、复选框、普通按钮都注册动作事件监听器。修改后的程序代码如下：

```
package com.task19;
    ……
public class Questionnaire extends JFrame implements  ActionListener{
  public Questionnaire() {
    ……
    jrb[i].addActionListener(this);            //为单选按钮注册动作事件监听器
    jcb[i].addActionListener(this);            //为复选框注册动作事件监听器
    ……
    Jb[i].addActionListener(this);             //为普通按钮注册动作事件监听器
    ……
    }
```

```
        public void actionPerformed(ActionEvent e){
            if(e.getSource() == jb[1])  {           //单击"重填"按钮时执行的动作
                for(int i = 0;i<jcb.length;i ++ )
                jcb[i].setSelected(false);
                jta.setText("");
            }
            else{
                StringBuffer temp1 = new StringBuffer("您认为农产品价格");
                StringBuffer temp2 = new StringBuffer();
                for(int i = 0;i<4;i ++ )     {
                    //获取单选按钮选中值
                    if(jrb[i].isSelected()){
                        temp1.append(jrb[i].getText());
                    }
                    //获取复选框选中值
                    if(jcb[i].isSelected()){
                        temp2.append(jcb[i].getText() + ",");
                    }
                }
                //在文本区中输出选择的结果
                if(temp2.length() == 0){
                    jta.setText("请将两项调查都选择");
                }
                else{
                    temp1.append(",您比较关注农产品的");
                    temp1.append(temp2.substring(0,temp2.length() - 1));
                    jta.setText(temp1.append("。").toString());
                }
            }
        }
        public static void main(String[] args){
            ......
        }
    }
```

19.4 必备知识

在 Swing 组件中,有一些具有选择功能的组件,如复选框、单选按钮、列表框及组合框等。将这些组件与 if 条件语句联合使用,可以设计出许多界面复杂、功能强大的程序。

选择控件主要包括复选框、单选按钮、列表框、组合框,在 Java 中使用类 JCheckBox、JRadioButton、JList、JComBox 来实现。

19.4.1 组合框(JComBox)

组合框有可编辑的和不可编辑的两种形式。如果将组合框声明为可编辑的话,用户也可以在文本框中直接输入自己的数据。缺省是不可编辑的组合框。

组合框用于在多项选择中选择一项的操作,用户只能选择一个项目。在未选择组合框时,组合框显示为带按钮的一个选项的形式，当对组合框按键或单击时，组合框会打开可列出多项的一个列表，提供给用户选择。由于组合框占用很少的界面空间，所以当项目较多时，一般用它来代替一组单选按钮。

组合框事件可以是 ActionEvent 事件和 ItemEvent 事件。事件处理方法与其他处理同类事件的方法类似。组合框的构造方法和常用方法如表 19－1 所列。

表 19－1　JComboBox 类构造方法和常用方法

方法名	方法功能
JComboBox()	构造一个缺省模式的组合框
JComboBox(Object[] items)	通过指定数组构造一个组合框
JComboBox(Vector items)	通过指定向量构造一个组合框
JComboBox(ComboBoxModel aModel)	通过一个 ComBox 模式构造一个组合框
int getItemCount()	返回组合框中项目的个数
int getSelectedIndex()	返回组合框中所选项目的索引
Object getSelectedItem()	返回组合框中所选项目的值
boolean isEditable()	检查组合框是否可编辑
void removeAllItems()	删除组合框中所有项目
void removeItem(Object anObject)	删除组合框中指定项目
void setEditable(boolean aFlag)	设置组合框是否可编辑
void setMaximumRowCount(int count)	设置组合框显示的最多行数

19.4.2　复选框(JCheckBox)

复选框是具有开/关或真/假状态的按钮。JCheckBox 类提供复选框的支持。单击复选框可将其状态从“开”更改为“关”，或从“关”更改为“开”。用户可以在多个复选框项目中选中一个或者多个。

复选框事件可以是 ActionEvent 事件和 ItemEvent 事件。JCheckBox 类可实现 ItemListener 监听器接口的 itemStateChanged()方法来处理事件，并用 addItemListener()方法注册。

JCeckBox 类的构造方法和常用方法如表 19－2 所列。

表 19－2　JCheckBox 类的构造方法和常用方法

方法名	方法功能
JCheckBox()	创建无文本、无图像的初始未选复选框
JCheckBox(Icon icon)	创建有图像、无文本的初始未选复选框
JCheckBox(Icon icon, boolean selected)	创建带图像和选择状态但无文本的复选框
JCheckBox(String text)	创建带文本的初始未选复选框
JCheckBox(String text, boolean selected)	创建具有指定文本和状态的复选框
JCheckBox(String text, Icon icon)	创建具有指定文本和图标图像的初始未选复选框按钮
JCheckBox(String text, Icon icon, boolean selected)	创建具有指定文本、图标图像、选择状态的复选框按钮
String getLabel()	获得复选框标签
boolean getState()	确定复选框的状态
void setLabel(String label)	将复选框的标签设置为字符串参数
void setState(boolean state)	将复选框状态设置为指定状态

19.4.3 单选按钮(JRadioButton)

单选按钮可以让用户进行选择和取消选择,与复选框不同,单选按钮组中每次只能有一个被选择。

JRadioButton类用来创建图形用户界面中的单选按钮。JRadioButton类本身不具有同一时间内只有一个单选按钮对象被选中的性质,也就是说JRadioButton类的每个对象都是独立的,不因其他对象状态的改变而改变。因此,必须使用ButtonGroup类将所需的JRadioButton类对象构成一组,使得同一时间内只有一个单选按钮对象被选中。只要通过ButtonGroup类对象调用add()方法,将所有JRadioButton类对象添加到ButtonGroup类对象中即可实现多选一。ButtonGroup类只是一个逻辑上的容器,它并不在GUI中表现出来。单选按钮的选择事件是ActionEvent类事件。JRadioButton类的构造方法和常用方法如表19-3所列。

表19-3 JRadioButton类的构造方法和常用方法

方法名	方法功能
JRadioButton()	使用空字符串标签创建一个单选按钮(没有图像、未选定)
JRadioButton(Icon icon)	使用图标创建一个单选按钮(没有文字、未选定)
JRadioButton(Icon icon, boolean selected)	使用图标创建一个指定状态的单选按钮(没有文字)
JRadioButton(String text)	使用字符串创建一个单选按钮(未选定)
JRadioButton(String text, boolean selected)	使用字符串创建一个单选按钮
JRadioButton(String text, Icon icon)	使用字符串和图标创建一个单选按钮(未选定)
JRadioButton(String text, Icon icon, boolean selected)	使用字符串创建一个单选按钮

19.4.4 列表框(JList)

列表框是允许用户从一个列表中选择一项或多项的组件。显示一个数组和向量的表是很容易的。列表框使用户易于操作大量的选项。列表框的所有项目都是可见的,如果选项很多,超出了列表框可见区的范围,则列表框的旁边会有一个滚动条。列表框事件可以是ListSelectionEvent事件和ItemEvent事件。JList类的构造方法和常用方法如表19-4所列。

表19-4 JList类的构造方法和常用方法

方法名	方法功能
JList()	构造一个空的滚动列表
JList(Object[] listData)	通过一个指定对象数组构造一个列表
JList(ListModel dataModel)	通过列表元素构造一个列表
JList(Vector listData)	通过一个向量构造一个列表,这是JList默认的选择方式
int getSelectedIndex()	获取列表中选中项的索引
int[] getSelectedIndexes()	获取列表中选中的索引数组
Object getSelectedValue()	获取列表中选择的值
Object[] getSelectedValues()	获取列表中选择的多个值
void setSelectionMode(int selectionMode)	设置选择模式
void setVisibleRowCount(int visibleRowCount)	设置不带滚动条时显示的行数

19.4.5　选择事件(ItemEvent)

在Java GUI中,当进行选择性的操作(如单击复选框或列表项)时,或者当一个选择框或一个可选菜单的项被选择或取消时,生成选项事件。选中其中一项或取消其中一项都会触发相应的选项事件。触发选项事件的组件比较多,如JComboBox、JCheckBox、JRadioButton组件。当用户在下拉列表、复选框和单选按钮中选择一项或取消一项,都会触发所谓的选项事件ItemEvent。

当用户单击某个JRadioButton类对象时,可以产生一个ActionEvent和一个或者两个ItemEvent(一个来自被选中的对象,另一个来自之前被选中现在未选中的对象),也就是说JRadioButton类可以同时响应ItemEvent和ActionEvent。大多数的情况下,只需处理被用户单击选中的对象,所以使用ActionEvent来处理JRadioButton类对象的事件。

当用户单击某个JCheckBox类对象时,也可以产生一个ItemEvent和一个ActionEvent。大多数的情况下,需要判断JCheckBox类对象是否被选中,所以经常使用ItemEvent来处理JCheckBox类的事件。

当用户改变一个组件的状态时,会产生一个或多个ItemEven类事件。处理ItemEvent类事件的步骤如下:

(1) 程序的最前面使用"import java.awt.event.*;"语句导入java.awt.event包中的所有类。

(2) 给程序的主类添加ItemListener接口。

(3) 注册需要监听的组件,其格式为"对象名.addItemListener (this);"。

(4) 在itemStateChanged()方法中编写具体处理该事件的方法,其格式为:

```
public void itemStateChanged(ItemEvent e) {语句体 }
```

在itemStateChanged()方法中,经常使用下面3种方法来判断对象当前的状态。

- getItem()方法:返回因为事件的产生而改变状态的对象,其返回类型为Object。通过if语句将getItem()依次与所有能改变状态的对象进行比较,就可以确定到底哪一个对象因为事件的产生而改变了状态。
- getItemSelectable()方法:返回产生事件的对象,其返回类型为Object。通过if语句将getItemSelectable()依次与所有能产生事件的对象进行比较,就可以确定用户单击的是哪一个对象。getItemSelectable()方法的作用与getSource()方法的作用完全一样。
- getStateChange()方法:返回产生事件对象的当前状态,其返回值有两个,ItemEvent.SELECTED和ItemEvent.DESELECTED。ItemEvent.SELECTED表示对象当前为选中,ItemEvent.DESELECTED表示对象当前未选中。

19.5　动手做一做

19.5.1　实训目的

理解Java事件处理机制;掌握ItemListener接口的使用;掌握复选框的使用;掌握单选按钮的使用;掌握组合框的使用;熟练使用Eclipse编写、调试、运行应用程序。

19.5.2　实训内容

综合运用Java选择控件,设计一个简单的字体设置程序,可以进行字体、字形、字号和字体颜色的设置。程序运行结果如图19-2所示。

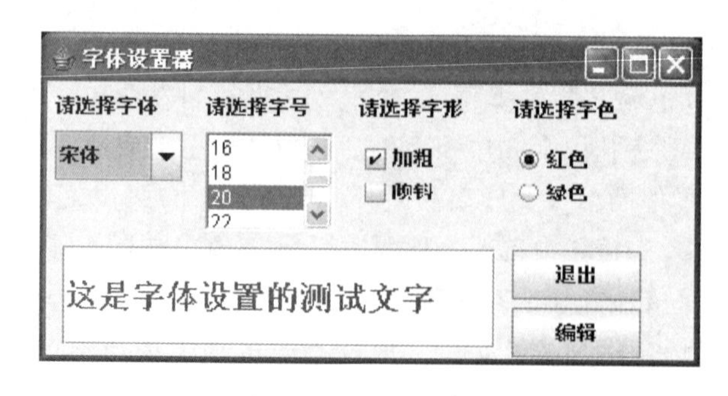

图 19-2　简单字体设置器

19.5.3　简要提示

根据运行结果,可以定义一个字体设置类实现 ActionListener 接口和 ItemListener 接口以进行动作事件处理和选项变化事件处理。使用 List 构造字形选择列表,使用 JComboBox 构造字体选择组合框,使用 JRadioButton 构造字体颜色选择单选按钮,使用 JCheckBox 构造字体效果选择复选框。使用 JLabel 构造 4 个标签分别进行字体、字号、字形、字体颜色的说明,使用 JButton 构造 2 个按钮分别进行编辑文本和退出,使用 JTextField 构造测试文本输入区域。

19.5.4　程序代码

程序代码参见本教材教学资源。

19.5.5　实训思考

修改上述字体设置器程序,取消用户自定义布局方式,综合运用前面所学布局管理器对简单字体设置器进行重新布局。

19.6　动脑想一想

19.6.1　简答题

1. Swing 组件中具有选择功能组件有哪些?各有何特点?
2. 简述按钮数组在单选按钮组中所起的作用。
3. 当用户单击某个 JRadioButton 类对象时,可能产生什么事件?简述处理 ItemEvent 的步骤。

19.6.2　单项选择题

1. 为了让用户能够通过选择输入学生性别,使用选择组件的最佳选择是(　)。

A. JComBox　　B. JCheckbox　　C. JRadioButton　　D. JList

2. 关于组合框描述不正确的是(　)。

A. 默认情况下,只能从组合框中选择。

B. 组合框也可以让用户自行输入。

C. 组合框不可以选择多项。

D. 使用 getSelectedIndex()方法可以获得用户选择的内容。

3. 要获取 JList 中选取的项目值,使用(　)方法实现。

A. getSelectedIndex()　　B. getSelectedValues()

C. getSelectedIndexes()　　D. getSelectionMode()

4. 当用户单击某个 JCheckBox 类对象时,可能产生事件(　)。

A. ItemEvent 和 ActionEvent　　B. ItemEvent 和 MouseEvent

C. ActionEvent 和 MouseEvent　　D. ActionEvent 和 FocusEvent

5. 当用户单击某个 JRadioButton 类对象时,可能产生事件(　)。

A. 1 个 ActionEvent　　B. 1 个 ActionEvent 和 1 个或 2 个 ItemEvent

C. 2 个 ActionEvent 和 1 个 ItemEvent　　D. 1 个 ActionEvent 和 1 个 FocusEvent

19.6.3　编程题

1. 综合运用 Java 选择控件,设计一个简单的网上购物程序,模拟网购数码产品。程序运行的结果见图 19-3。

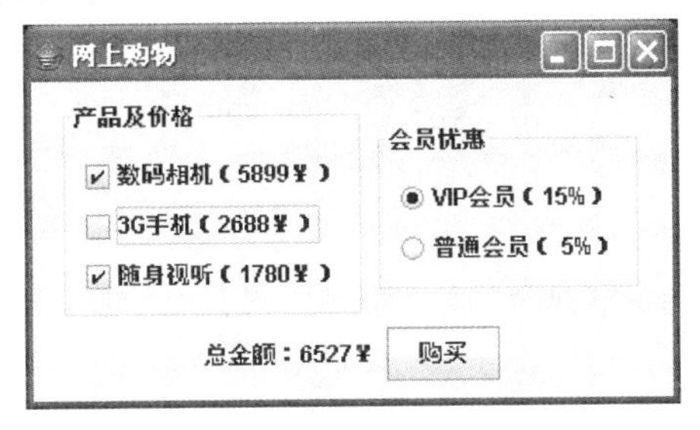

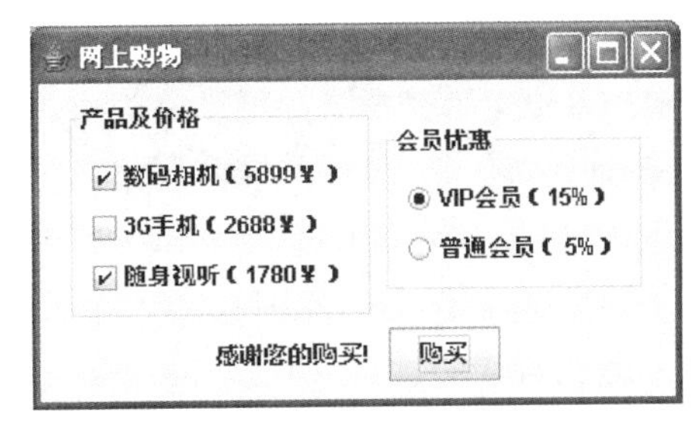

图 19-3　程序运行结果

提示:根据运行结果可知,该程序图形界面中的"产品及价格"复选框和"会员优惠"单选项可以分别通过 JCheckBox 类和 JRadioButton 类进行创建并实现。该程序定义 3 个 JCheckBox 复选框对象、2 个 JRadioButton 单选按钮对象,定义 ButtonGroup 按钮组对象,将单选按钮对象编成一组,确保每次只能有一个选项被选中。定义 1 个 JLabel 对象以显示购买信息,定义 1 个 JButton 对象进行购买提交。

JCheckBox 类用于多项选择,JRadioButton 类用于单项选择。通过 ItemEvent 或者 ActionEvent 事件对用户的操作做出响应。定义选择事件处理方法 itemStateChanged(),响应用户的选择操作;定义动作事件处理方法 actionPerformed()响应用户单击购买按钮、选择单选按钮操作。

可以创建 3 个二层容器 JPanel 类对象 mainpane、paneC 和 paneR。其中,paneC 用来放置所有的 JCheckBox 对象,paneR 用来放置所有的 JRadioButton 对象,mainpane 用来放置 paneC、paneR、lbl 和 btn。

2. 综合运用 Java 选择控件,设计一个简单的学生信息登记界面程序,程序运行结果如图 19-4 所示。

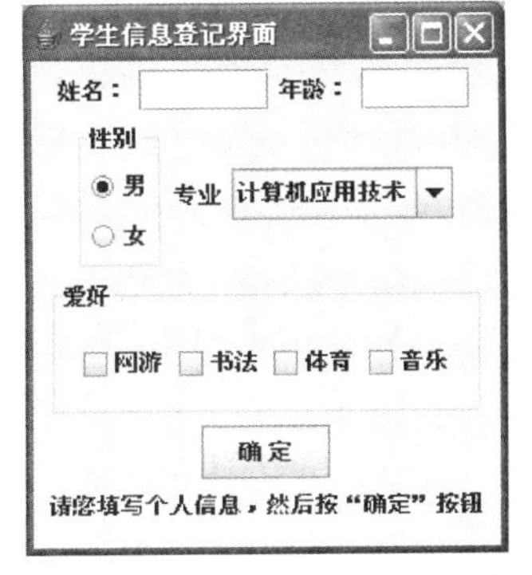

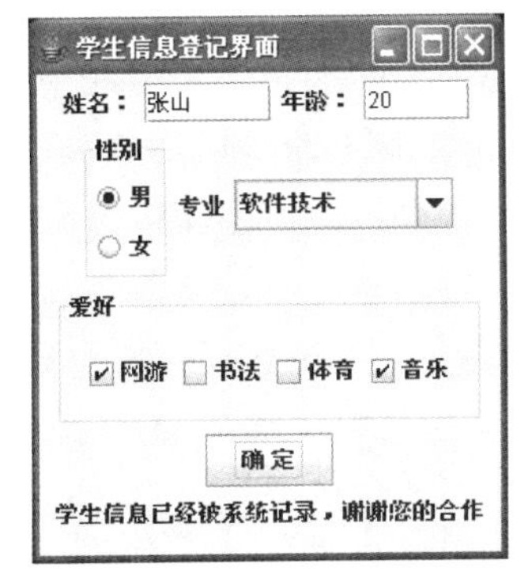

图 19-4　学生信息登记界面

任务二十　简明清晰的菜单(使用菜单和其他常用事件)

知识点: 下拉式菜单;弹出式菜单;鼠标事件 MouseEvent;键盘事件 KeyEvent;文字事件 TextEvent;窗口事件 WindowEvent。

能力点: 掌握使用 JMenuBar、JMenu 和 JMenuItem 构造应用程序菜单;掌握使用 JPopupMenu 构造应用程序弹出式菜单;了解鼠标事件、键盘事件、文字事件及窗口事件。

20.1　跟我做:使用菜单控制字体和颜色

20.1.1　任务情景

真正的 GUI 应用程序缺少不了菜单,它可以给用户提供简明清晰的信息,让用户从多个项目中进行选择,又可以节省界面空间。位于窗口顶部的菜单栏和其子菜单一般会包括一个应用程序的所有方法和功能,是比较重要的组件。

设计一个带有菜单的图形用户界面,使用级联菜单控制文字的字体和颜色。

20.1.2　运行结果

程序运行结果如图 20-1 所示。

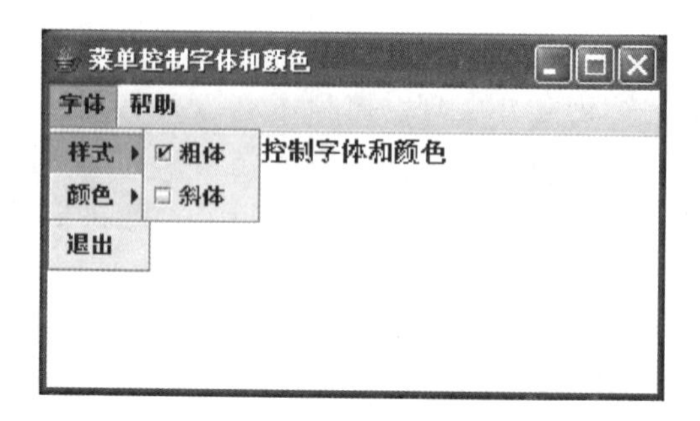

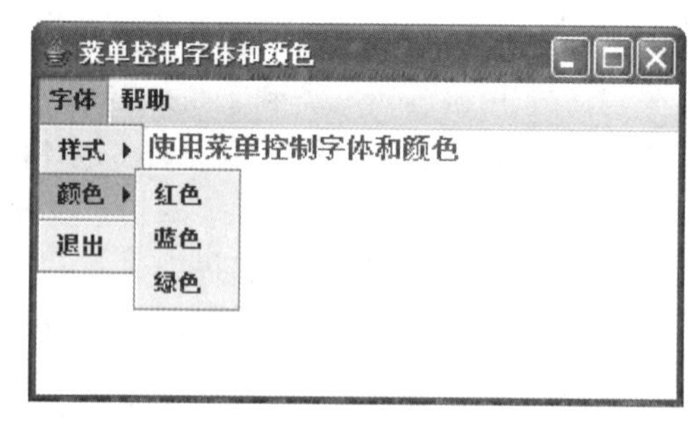

图 20-1　使用菜单控制字体和颜色

20.2　实现方案

根据任务要求,建立一个带有"字体"和"帮助"菜单的窗体。"字体"菜单含有"样式""颜色"和"退出"3 个菜单项;"帮助"菜单含有"关于"1 个菜单项。"样式"中的菜单项为具有复选功能的菜单项,有"粗体"和"斜体"2 个菜单项;"颜色"菜单中的菜单项是普通菜单项,有"红色""蓝色"和"绿色"3 个菜单项。

定义一个级联菜单类,继承自窗体类 JFrame,并实现 ActionListener 接口,以进行动作事件处理和选项变化事件处理。

定义级联菜单类构造方法,设计窗体,首先通过 JMenuBar 建立一个菜单栏,它是菜单容器。然后使用 JMenu 建立菜单,每个菜单再通过 JMenuItem 建立菜单项。在菜单的下方建立一个 JTextArea 多行文本框。菜单项用于控制文本框中的字体与颜色,因此每个菜单项都要注册监听器。将菜单栏和文本区域添加到窗体中。

定义 actionPerformed 单击菜单项事件处理方法,根据不同菜单选项,分别实现字体样式及颜色的设置。

定义 main 主方法,创建级联菜单类对象,进行测试。

解决问题的步骤如下:

(1) 打开 Eclipse,在 study 项目中新建类,创建包 com.task20,确定类名 MenuTest,指定父类 JFrame 和接口 ActionListener,得到类的框架。

```
package com.task20;
public class MenuTest extends JFrame implements ActionListener { }
```

(2) 在"public class MenuTest extends JFrame implements ActionListener {"下面一行输入类的属性描述:

```
JMenuBar jmb = new JMenuBar();
JMenu fontmenu = new JMenu("字体");
JMenu helpmenu = new JMenu("帮助");
JMenu stylemenu = new JMenu("样式");
JMenu colormenu = new JMenu("颜色");
JMenuItem exitmenu = new JMenuItem("退出");
JMenuItem aboutmenu = new JMenuItem("关于");
JCheckBoxMenuItem boldMenuItem = new JCheckBoxMenuItem("粗体");
JCheckBoxMenuItem italicMenuItem = new JCheckBoxMenuItem("斜体");
JMenuItem redmenu = new JMenuItem("红色");
JMenuItem bluemenu = new JMenuItem("蓝色");
JMenuItem greenmenu = new JMenuItem("绿色");
JTextArea textDemo = new JTextArea("示例文字");
int bold,italic;
```

(3) 在 MenuTest 类中输入 3 个方法的定义:

```
public public MenuTest (){
    ……          //详细实现代码参见 20.3 节
}
public void actionPerformed(ActionEvent e){
    ……          //详细实现代码参见 20.3 节
}
public static void main(String[] args){
    ……          //详细实现代码参见 20.3 节
}
```

(4) 通过"Run"→"Run As"→"Java Application"运行程序。

20.3　代码分析

20.3.1　程序代码

```
// MenuTest.java
package com.task20;                                     //创建包 com.task20
import javax.swing.*;
import java.awt.*;
```

```
import java.awt.event.*;
public class MenuTest extends JFrame implements ActionListener{
    JMenuBar jmb = new JMenuBar();                        //创建菜单栏
    JMenu fontmenu = new JMenu("字体");                    //创建菜单
    JMenu helpmenu = new JMenu("帮助");
    JMenu stylemenu = new JMenu("样式");
    JMenu colormenu = new JMenu("颜色");
    JMenuItem exitmenu = new JMenuItem("退出");            //创建菜单项
    JMenuItem aboutmenu = new JMenuItem("关于");
    JCheckBoxMenuItem boldMenuItem = new JCheckBoxMenuItem("粗体");     //创建复选菜单项
    JCheckBoxMenuItem italicMenuItem = new JCheckBoxMenuItem("斜体");
    JMenuItem redmenu = new JMenuItem("红色");
    JMenuItem bluemenu = new JMenuItem("蓝色");
    JMenuItem greenmenu = new JMenuItem("绿色");
    JTextArea textDemo = new JTextArea("示例文字");
    int bold,italic;
    public MenuTest (){                                   //构造方法
        this.setJMenuBar(jmb);                            //将菜单栏设置为窗口的主菜单
        jmb.add(fontmenu);                                //将菜单项加入菜单
        jmb.add(helpmenu);
        fontmenu.add(stylemenu);
        fontmenu.add(colormenu);
        fontmenu.addSeparator();                          //添加分隔线
        fontmenu.add(exitmenu);
        helpmenu.add(aboutmenu);
        stylemenu.add(boldMenuItem);                      //将复选菜单项加入"样式"菜单
        stylemenu.add(italicMenuItem);
        colormenu.add(redmenu ) ;                         //将菜单项加入"颜色"菜单
        colormenu.add(bluemenu ) ;
        colormenu.add(greenmenu ) ;
        italicMenuItem.addActionListener (this ) ; //为菜单注册监听器
        boldMenuItem.addActionListener(this ) ;
        redmenu.addActionListener(this ) ;
        bluemenu.addActionListener(this ) ;
        greenmenu.addActionListener(this ) ;
        exitmenu.addActionListener(this );
        this.getContentPane().add(textDemo );
        this.setTitle("菜单控制字体和颜色");
        this.setSize(350,250);
        this.setVisible(true) ;
        this.setDefaultCloseOperation(JFrame.EXIT_ON_CLOSE);
    }
    public void actionPerformed(ActionEvent e) {      //菜单事件处理方法
        if(e.getActionCommand().equals("红色"))
            textDemo.setForeground(Color.red) ;
        else if(e.getActionCommand().equals("蓝色"))
            textDemo.setForeground(Color.blue ) ;
        else if(e.getActionCommand().equals("绿色"))
```

```
            textDemo.setForeground(Color.green);
        if(e.getActionCommand().equals("粗体"))
            bold = (boldMenuItem.isSelected()? Font.BOLD:Font.PLAIN);
        if(e.getActionCommand().equals("斜体"))
            italic = (italicMenuItem.isSelected()? Font.ITALIC:Font.PLAIN);
            textDemo.setFont(new Font("Serif",bold + italic,14));
        if(e.getActionCommand().equals("退出" ))
            System.exit(0);
    }
    public static void main(String[] args) {        //测试 MenuTest 类方法
            MenuTest tm = new TestMenu();
            }
}
```

20.3.2　应用扩展

在实际应用中,还经常使用弹出式菜单(JPopupMenu)。JPopupMenu 是一种特别形式的 JMenu,其性质与 JMenu 几乎完全相同,但是 JPopupMenu 并不固定在窗口的任何一个位置,而是由鼠标和系统判断决定 JPopupMenu 出现的位置。

弹出式菜单一般在鼠标事件中弹出。

```
public void mouseClicked(MouseEvent mec) {                  //处理鼠标单击事件
    if (mec.getModifiers() == mec.BUTTON3_MASK)             //判断单击右键
        _popupMenu.show(this,mec.getX(),mec.getY());        //在鼠标单击处显示菜单
    }
```

设计一个带有弹出菜单的图形用户界面,实现对文本颜色的控制。程序运行界面如图 20-2 所示。

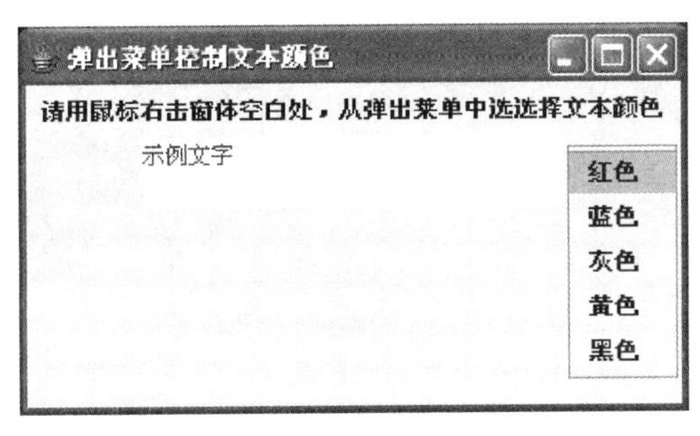

图 20-2　使用弹出菜单控制文本颜色

```
//PopupMenuTest.java
  import javax.swing.*;
  import java.awt.*;
  import java.awt.event.*;
  public class PopupMenuTest extends JFrame implements MouseListener,ActionListener{
      private JPopupMenu _popupMenu = new JPopupMenu();  //创建弹出式菜单
      private JLabel jlb = new JLabel("请用鼠标右击窗体空白处,从弹出菜单中选选择文本颜色");
      private JTextArea jt = new JTextArea("示例文字",2,20);
      public PopupMenuTest(){                                  //构造方法
```

```
        super("弹出菜单控制文本颜色");
        Container contentPane = getContentPane();      //获得内容窗格
        contentPane.setLayout(new FlowLayout());       //设置为流式布局
        contentPane.add(jlb);
        contentPane.add(jt);
        jt.setForeground(Color.blue);
        //建标题为"红色"的弹出式菜单
        JMenuItem redItem = new JMenuItem("红色");
        //创建标题为"蓝色"的弹出式菜单
        JMenuItem blueItem = new JMenuItem("蓝色");
        //创建标题为"灰色"的弹出式菜单
        JMenuItem grayItem = new JMenuItem("灰色");
        JMenuItem yellowItem = new JMenuItem("黄色");
        JMenuItem blackItem = new JMenuItem("黑色");
        redItem.addActionListener(this);               //为 redItem 注册事件监听器
        _popupMenu.add(redItem);                       //将 redItem 项添加到弹出式菜单
        blueItem.addActionListener(this);
        _popupMenu.add(blueItem);                      //将 blueItem 项添加到弹出式菜单
        grayItem.addActionListener(this);
        _popupMenu.add(grayItem);                      //将 grayItem 项添加到弹出式菜单
        yellowItem.addActionListener(this);
        _popupMenu.add(yellowItem);                    //将 yellowItem 项添加到弹出式菜单
        blackItem.addActionListener(this);
        _popupMenu.add(blackItem);                     //将 blackItem 项添加到弹出式菜单
        addMouseListener(this);
        setVisible(true);
        validate();
    }
    public void mouseClicked(MouseEvent mec) {         //处理鼠标单击事件
        if (mec.getModifiers() == mec.BUTTON3_MASK)    //判断单击右键
            _popupMenu.show(this,mec.getX(),mec.getY());    //在鼠标单击处显示菜单
        }
    public void mousePressed(MouseEvent mep){ }        //处理按下鼠标左键事件
    public void mouseReleased(MouseEvent mer){ }       //处理鼠标单击事件
    public void mouseEntered(MouseEvent mee){ }        //处理鼠标进入当前窗口事件
    public void mouseExited(MouseEvent mex){ }         //处理鼠标离开当前窗口事件
    public void actionPerformed(ActionEvent e){        //实现监听器方法
        if(e.getActionCommand().equals("红色"))
            jt.setForeground(Color.red) ;              //设置前景色(即字体)为红色
        else if(e.getActionCommand().equals("蓝色"))
            jt.setForeground(Color.blue ) ;
        else if(e.getActionCommand().equals("灰色"))
            jt.setForeground(Color.gray);
```

```
        else if(e.getActionCommand().equals("黑色"))
            jt.setForeground(Color.black);
        else
            jt.setForeground(Color.yellow);
    }
    public static void main (String args[] ) {          //测试 PopupMenuTest 类方法
        PopupMenuTest pmt = new PopupMenuTest();
        pmt.setDefaultCloseOperation(EXIT_ON_CLOSE);
        pmt.setSize(350,200 );
        pmt.setVisible(true );
    }
}
```

20.4　必备知识

20.4.1　下拉式菜单的使用

菜单是非常重要的GUI组件。一个完整的菜单系统包括:装配到应用程序框架上的一个菜单栏(JMenuBar),装配到菜单栏上的若干个菜单项(JMenu),装配到每个菜单项上的若干个菜单子项(JMenuItem)。每个菜单子项的作用与按钮相似,即用户单击时引发一个动作。菜单栏只能应用在框架上,因此,使用菜单栏的程序应该是JFrame的子类。

菜单栏组件(JMenuBar)是整个下拉式菜单的根,又是菜单项JMenu的容器。在一个时刻,一个框架可以显示一个菜单栏。当然,可以根据程序的需要修改菜单栏,这样在不同的时刻就可以显示不同的菜单。

菜单项组件(JMenu)提供了一个基本的下拉式菜单,其内可以包含若干菜单子项。菜单项组件需要添加到菜单栏上。

菜单子项组件(JMenuItem)是菜单树的"叶"结点,菜单子项组件需要添加到菜单项。一个菜单子项(JMenuItem)的标题是一个字符串,如果将标题设为"—",则会在菜单项中显示一条水平分割线。另外,也可以使用菜单项JMenu类的addSeperator()方法添加水平分割线。

JCheckBoxMenuItem类用于创建复选菜单项。当选中复选框菜单子项时,在该菜单子项左边出现一个选择标记,如果再次选中该项,则该选项左边的选择标记就会消失。

JRadioButtonMenuItem类用于创建带有单选菜单项。JRadioButtonMenuItem属于一组菜单项中的一项,该组中只能选择一个项,被选择的项显示其选择状态,选择此项的同时,其他任何以前被选择的项都切换到未选择的状态。

在程序中使用菜单的基本过程是:首先创建一个菜单栏(JMenuBar);其次创建若干菜单项(JMenu),并把它们添加到(JMenuBar)中;再次,创建若干个菜单子项(JMenuItem),或者创建若干个带有复选框的菜单子项(JCheckBoxMenuItem),并把它们分类别地添加到每个JMenu中;最后,通过JFrame类的setJMenuBar()方法,将菜单栏JMenuBar添加到框架上,使之能够显示。

JMenuBar、JMenu、JMenuItem、JCheckBoxMenuItem、JRadioButtonMenuItem类的构造方法及常用方法分别如表20-1～表20-5所列。

表 20－1 JMenuBar 类的构造方法及常用方法

方法名	方法功能
JMenuBar()	构造新菜单栏 JMenuBar
JMenu getMenu(int index)	返回菜单栏中指定位置的菜单
int getMenuCount()	返回菜单栏上的菜单数
void paintBorder(Graphics g)	如果 BorderPainted 属性为 true,则绘制菜单栏的边框
void setBorderPainted(boolean b)	设置是否应该绘制边框
void setHelpMenu(JMenu menu)	设置用户选择菜单栏中的“帮助”选项时显示的帮助菜单
void setMargin(Insets m)	设置菜单栏的边框与其菜单之间的空白
void setSelected(Component sel)	设置当前选择的组件,更改选择模型

表 20－2 JMenu 类的构造方法及常用方法

方法名	方法功能
JMenu()	构造没有文本的新 JMenu
JMenu(Action a)	构造一个从提供的 Action 获取其属性的菜单
JMenu(String s)	构造一个新 JMenu,用提供的字符串作为其文本
JMenu(String s, boolean b)	构造一个新 JMenu,用提供的字符串作为其文本并指定其是否为分离式 (tear－off) 菜单
void add()	将组件或菜单项追加到此菜单的末尾
void addMenuListener(MenuListener l)	添加菜单事件的监听器
void addSeparator()	将新分隔符追加到菜单的末尾
void doClick(int pressTime)	以编程方式执行“单击”
JMenuItem getItem(int pos)	返回指定位置的 JMenuItem
int getItemCount()	返回菜单上的项数,包括分隔符
JMenuItem insert(Action a, int pos)	在给定位置插入连接到指定 Action 对象的新菜单项
JMenuItem insert(JMenuItem mi, int pos)	在给定位置插入指定的 JMenuItem
void insert(String s, int pos)	在给定的位置插入一个具有指定文本的新菜单项
void insertSeparator(int index)	在指定的位置插入分隔符
boolean isSelected()	如果菜单是当前选择的(即突出显示的)菜单,则返回 true
void remove()	从此菜单移除组件或菜单项
void removeAll()	从此菜单移除所有菜单项
void setDelay(int d)	设置菜单的 PopupMenu 向上或向下弹出前建议的延迟
void setMenuLocation(int x, int y)	设置弹出组件的位置

表 20－3 JMenuItem 类的构造方法及常用方法

方法名	方法功能
JMenuItem()	创建不带有设置文本或图标的 JMenuItem
JMenuItem(Action a)	创建一个从指定的 Action 获取其属性的菜单项
JMenuItem(Icon icon)	创建带有指定图标的 JMenuItem
JMenuItem(String text)	创建带有指定文本的 JMenuItem
JMenuItem(String text, Icon icon)	创建带有指定文本和图标的 JMenuItem

续表 20-3

方法名	方法功能
JMenuItem(String text, int mnemonic)	创建带有指定文本和键盘助记符的 JMenuItem
boolean isArmed()	返回菜单项是否被"调出"
void setArmed(boolean b)	将菜单项标识为"调出"
void setEnabled(boolean b)	启用或禁用菜单项
void setAccelerator(KeyStroke keystroke)	设置菜单项的快捷键
void setMnemonic(char mnemonic)	设置菜单项的热键
KeyStroke getAccelerator()	返回菜单项的快捷键

注意:热键和快捷键的异同如下:

(1) 两者作用范围不同。只有在菜单项显示在屏幕上时才可以使用热键,而只要应用程序有焦点,快捷键就可以用。

(2) 两者设置内容不同。如设置一个菜单项的热键是 V,那么当菜单显示在屏幕上时,需要加上一个 Alt 才行,也就是按 Alt +V 相当于单击了菜单。而如果设置了快捷键,按照设置的键按就可以了。

(3) 两者显示不同。一个菜单项设置了热键,在其文本中该字符将被标识下画线,而快捷键则会列在菜单项的右半部分。

表 20-4　JCheckBoxMenuItem 类的构造方法及常用方法

方法名	方法功能
JCheckBoxMenuItem()	创建一个不带有设置文本或图标的复选菜单项
JCheckBoxMenuItem(String text)	创建一个有指定文本的复选菜单项
JCheckBoxMenuItem(Icon icon)	创建一个带有指定图标的复选菜单项
JChcckBoxMenuItem(String text, Icon icon)	创建一个有文本和图标的复选菜单项
JCheckBoxMenuItem(String text, Boolean b)	创建一个有文本和设置选择状态的复选菜单项
JChcckBoxMenuItem(String text, Icon icon, Boolean b)	创建一个有文本、图标和设置选择状态的复选菜单项
Boolean getState()	返回菜单项的选定状态
void setState(Boolean b)	设置该项的选定状态

表 20-5　RadioButtonMenuItem 类的构造方法及常用方法

方法名	方法功能
JRadioButtonMenuItem()	创建一个新的单选菜单项
JRadioButtonMenuItem(String text)	创建一个有指定文本的单选菜单项
JRadioButtonMenuItem(Icon icon)	创建一个带有指定图标的单选菜单项
JRadioButtonMenuItem(String text, Icon icon)	创建一个有文本和图标的单选菜单项
JRadioButtonMenuItem(String text, Boolean selected)	创建一个有文本和设置选择状态的单选菜单项
JRadioButtonMenuItem(Icon icon, Boolean selected)	创建一个有图标和设置选择状态的单选菜单项
JRadioButtonMenuItem(String text, Icon icon, Boolean selected)	创建一个有文本、图标和设置选择状态的单选菜单项

20.4.2　弹出式菜单的使用

弹出式菜单(JPopupMenu),也称快捷菜单,它可以附加在任何组件上使用。当在附有快捷菜单的组件上点击鼠标右键时,即显示出快捷菜单。

弹出式菜单的结构与下拉式菜单中的菜单项 JMenu 类似:一个弹出式菜单包含有若干个菜单子项 JMenuItem。只是这些菜单子项不是装配到 JMenu 中,而是装配到 JPopupMenu

中。最后,使用组件的 add()方法将弹出式菜单 JPopupMenu 附着于组件上。方法 show(Component origin,int x,int y)用于在相对于组件的 x、y 位置显示弹出式菜单。

菜单与其他组件有一个重要区别,即菜单不能添加到一般的容器中,而且不能使用布局管理器对其进行布局。弹出式菜单因为可以以浮动窗口形式出现,因此也不需要布局。

不论是弹出式菜单还是下拉式菜单,仅在其某个菜单子项(JMenuItem 类或 JCheckBox-MenuItem 类)被选中时才会产生事件,而访问一个菜单栏并显示出其下弹出的菜单项时,不会产生事件。当一个 JMenuItem 类菜单子项被选中时,产生 ActionEvent 事件对象;当一个 JCheckBoxMenuItem 类菜单子项被选中或被取消选中时,产生 ItemEvent 事件对象。

ActionEvent 事件、ItemEvent 事件分别由 ActionListener 接口和 ItemListener 接口来监听处理。当菜单中既有 JMenuItem 类的菜单子项,又有 JCheckBoxMenuItem 类的菜单子项时,必须同时实现 ActionListener 接口和 ItemListener 接口才能处理菜单上的事件。

JPopupMenu 类的构造方法及常用方法如表 20-6 所列。

表 20-6 JPopupMenu 类的构造方法及常用方法

方法名	方法功能
JPopupMenu()	构造一个不带"调用者"的 JPopupMenu
JPopupMenu(String s)	构造一个具有指定标题的 JPopupMenu
boolean isVisible()	如果弹出菜单可见(当前显示的),则返回 true
String getLabel()	返回弹出菜单的标签
void insert(Component component, int_index)	将指定组件插入到菜单的给定位置
void pack()	布置容器,让它使用显示其内容所需的最小空间
void setLocation(int x, int y)	使用 x、y 坐标设置弹出菜单的左上角的位置
void setPopupSize(Dimension d)	使用 Dimension 对象设置弹出窗口的大小
void setPopupSize(int width, int height)	将弹出窗口的大小设置为指定的宽度和高度
void setVisible(boolean b)	设置弹出菜单的可见性
void show(Component invoker, int x, int y)	在组件调用者的坐标空间中的位置 x、y 显示弹出菜单

20.4.3 鼠标事件处理(MouseEvent)

鼠标事件属于低级事件,用于鼠标所产生的事件。鼠标事件对应两个接口:MouseListener 和 MouseMotionListener,分别用来处理鼠标的各种不同操作。

要判断相应的鼠标所进行的动作是单击还是移动,必须对鼠标进行监听。要监听鼠标事件就必须调用这些接口之一或扩展一个鼠标适配器类。AWT 提供了两种监听接口:java.awt.event.MouseListener 和 java.awt.event.MouseMotionListener。MouseListener 共有 5 个方法,主要用来实现鼠标的单击事件(用于处理组件上的鼠标按下、释放、单击、进入和离开事件);MouseMotionListener 有两个方法,主要用来实现鼠标的移动事件(用于处理组件上的鼠标移动和拖动事件)。

在这两个接口中定义了未实现的鼠标事件处理方法。

接口 MouseListener 中的方法为:

- public void mousePressed(MouseEvent e):处理按下鼠标左键。
- public void mouseClicked(MouseEvent e):处理鼠标单击。
- public void mouseReleased(MouseEvent e):处理鼠标按键释放。

- public void mouseEntered(MouseEvent e):处理鼠标进入当前窗口。
- public void mouseExited(MouseEvent e):处理鼠标离开当前窗口。

接口 MouseMotionListener 中的方法为:

- public void mouseDragged(MouseEvent e):处理鼠标拖动。
- public void mouseMoved(MouseEvent e):处理鼠标移动。

对应上述接口,对应的注册监听器的方法是 addMouseListener()和 addMouseMotionListener()。

另外,MouseEvent 事件类中,有 4 个最常用的方法:

- int getx():返回事件发生时,鼠标所在坐标点的 x 坐标。
- int gety():返回事件发生时,鼠标所在坐标点的 y 坐标。
- int getClickCount():返回事件发生时,鼠标的点击次数。
- int getButton():返回事件发生时,哪个鼠标按键更改了状态。

在 MouseListener 接口中定义了 5 个方法:当鼠标在同一点被按下并释放(单击)时,mouseClicked()方法将被调用;当鼠标进入一个组件时,mouseEntered()方法将被调用。当鼠标离开组件时,mouseExited()方法将被调用;当鼠标被按下和释放时,相应的 mousePressed()方法和 mouseReleased()方法将被调用。

在 MouseMotionListener 接口中定义了 2 个方法:当鼠标被拖动时,mouseDragged()方法将被连续调用;当鼠标被移动时,mouseMoved()方法将被连续调用。

20.4.4　键盘事件处理(KeyEvent)

处理键盘事件的程序要实现在 java.awt.event 包中定义的接口 KeyListener,在这个接口中定义了未实现的键盘事件处理方法。键盘事件处理方法为:

- public void keyPressed(KeyEvent e):处理按下键。
- public void keyReleased(KeyEvent e):处理松开键。
- public void keyTyped(KeyEvent e):处理敲击键盘。

KeyEvent 事件类的主要方法有:

- puhlic char getKeyChar():用来返回一个被输入的字符。
- public String getKeyText():用来返回被按键的键码。
- public String getKeyModifiersText():用来返回修饰键的字符串。

KeyListener 接口对 KeyEvent 做监听处理,在这个接口中定义了 3 个方法:当一个键被按下和释放时,keyPressed()方法和 keyReleased()方法将被调用;当一个字符被输入时,keyTyped()方法将被调用。

20.4.5　其他事件处理

在 Java 语言中还定义了对其他常用事件处理的类,如文字事件、窗口事件等,这些事件分别使用类 TextEvent、WindowEvent 来表示,使用接口 TextListener、WindowListener 对相应的事件进行监听处理。

当组件对象中的文字内容改变时,便会触发 TextEvent 文字事件。TextEvent 事件会发生在 JTextField 和 JTextArea 两种对象上。

TextListener 接口对 TextEvent 做监听处理,当单行文本框 JTextField 或多行文本框

JTextArea 中的文本发生变化时，textValueChanged()方法将被调用。

当用户改变窗口的状态时，就会触 WindowEvent 事件，如窗口最大化、最小化、关闭等。窗口事件有 7 种类型，在 WindowEvent 类中定义了用来表示它们的整数常量，意义如下：

- WINDOW_ACTIVATED：窗口被激活。
- WINDOW_CLOSED：窗口已经被关闭。
- WINDOW_CLOSING：用户要求窗口被关闭。
- WINDOVV_DEACTIVATED：窗口被禁止。
- WINDOW_DEICONIFIED：窗口被恢复。
- WINDOW_ICONIFIED：窗口被最小化。
- WINDOW_OPENED：窗口被打开。

WindowListener 接口对 WindowEvent 做监听处理，在这个接口中定义了 7 种方法：当一个窗口被激活或禁止时，windowActivated()方法和 windowDeactivated()方法将相应地被调用；如果一个窗口被最小化，windowIconified()方法将被调用；当一个窗口被恢复时，window-DeIconified()方法将被调用；当一个窗口被打开或关闭时，windowOpened()方法或 window-Closed()方法将相应地被调用；当一个窗口正在被关闭时，windowClosing()方法将被调用。

20.5　动手做一做

20.5.1　实训目的

理解 Java 事件处理机制；掌握下拉式菜单的设计及菜单事件的处理；掌握弹出菜单的设计及菜单事件的处理；掌握 MouseEvent 事件的处理；了解 KeyEvent 事件、TextEvent 文字事件、WindowEvent 窗口事件的处理；熟练使用 Eclipse 编写、调试、运行应用程序。

20.5.2　实训内容

设计一个带有菜单的图形用户界面，跟踪鼠标的移动，在文本区域实时显示鼠标动作和坐标位置。程序运行结果如图 20 - 3 所示。

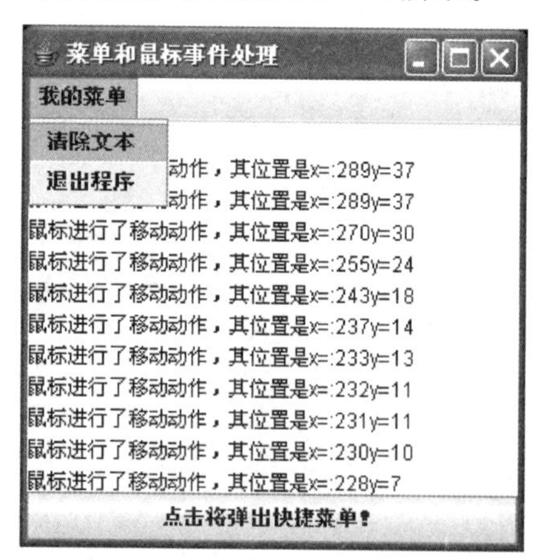

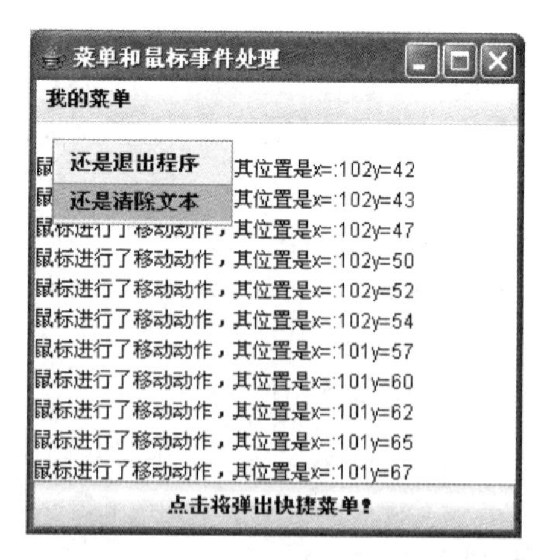

图 20 - 3　运行结果

20.5.3　简要提示

根据运行结果可知，该程序同时使用了菜单和弹出式菜单(快捷菜单)，由于菜单子项都是

JMenuItem类的,只产生ActionEvent事件,故对菜单子项的事件监听只需实现ActionListener接口。对JTextArea进行了鼠标事件的监听,需要实现MouseListener接口和MouseMotionListener按口。所以MenuMouseEventExample类需要实现这3个接口。在鼠标所产生的各种事件中,通过getx()和gety()方法获得其发生的位置,在JTextArea中显示出来。

该程序有下拉式菜单和弹出式菜单(快捷菜单)两个菜单系统。建立下拉式菜单:含有一个菜单“我的菜单”,“我的菜单”菜单含有“清除文本”和“退出程序”2个普通菜单项;建立弹出式菜单:含有“还是清除文本”和“还是退出程序”2个菜单项。创建1个多行文本框,用以显示鼠标移动信息;创建1个按钮,用以弹出快捷菜单。

20.5.4　程序代码

程序代码参见本教材教学资源。

20.5.5　实训思考

为下拉式菜单的“清除文本”和“退出程序”菜单项分别设置热键和快捷键。请重新编写上述带有菜单的图形用户界面程序。

20.6　动脑想一想

20.6.1　简答题

1. 简述创建菜单系统的步骤。
2. 简述下拉式菜单和弹出式菜单的异同。
3. 简述热键和快捷键的异同。

20.6.2　单项选择题

1. 列方法中不是键盘事件KeyEvent实现方法的是(　)。

A. keyPressed(KeyEvent e)　　B. keyReleased(KeyEvent e)

C. mouseClicked(MouseEvent e)　　D. keyTyped(KeyEvent e)

2. 下列接口中不可以对TextField对象的事件进行监听和处理的是(　)。

A. ActionListener　　B. FocusListener

C. MouseMotionListener　　D. WindowListener

3. 下列接口中TextArea对象不可以注册的接口是(　)。

A. TextListener　　B. ActionListener

C. MouseMotionListener　　D. MouseListener

4. 关于菜单设计,以下说法正确的是(　)。

A. 菜单与其他选择手段不同的是,使用菜单可以大大节省显示空间,使GUI界面更简洁美观

B. 在AWT中,与菜单有联系的组件有菜单栏(JMenuBar)、菜单(JMenu)、菜单项(JMenuItem)、单选菜单项(JRadioButtonMenuItem)、复选菜单项(JCheckBoxMenuItem)以及分隔线(JSeparator)

C. JMenu类只有两个构造方法:JMenu()和JMenu(String s,Boolean b)

D. 弹出式菜单是一个弹出的活动窗口,里面包含一些允许用户选择的选项。弹出式菜单与前面介绍的菜单功能上非常相似,实际上JMenu本身就是一个“Button”和一个“PopupMenu”的联合体

5. 下列关于窗口事件的说法中不正确的是(　)。

A. Window 子类创建的对象都可以引发 WindowEvent 类型事件,即所谓的窗口事件

B. 当一个 JFrame 窗口被激活、撤销激活、打开、关闭、图标化或者撤销图标化时,就会引发窗口事件

C. WindowEvent 创建的事件对象可以通过 getWindow()方法获取引发窗口事件的窗口

D. public void windowDeactivated(WindowEvent e)方法可以实现窗口激活

20.6.3 编程题

1. 设计一个简单的带有菜单的学生信息管理系统主界面。为简化菜单设计,该程序不要求实现每个菜单选项的功能。程序运行结果如图 20-4 所示。

提示:菜单主要用来供用户选择某一功能的特定界面。在学生信息管理系统主界面设计中,菜单应包含用户管理、信息管理、信息查询和帮助等。

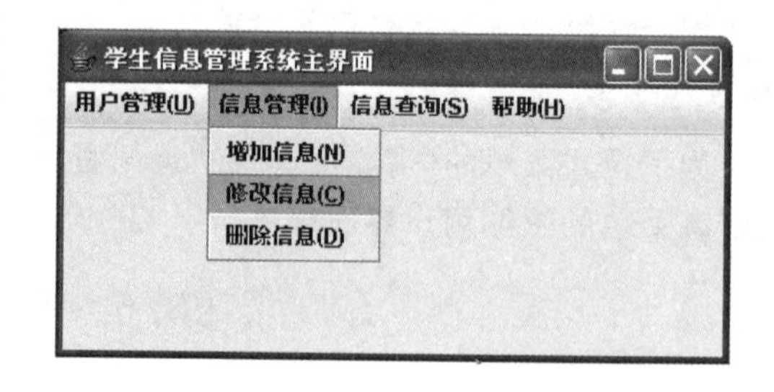

图 20-4　带有菜单的学生信息管理系统主界面

分析任务要求,可以建立一个带有“用户管理”“信息管理”“查询”和“帮助”4 个菜单的窗体。“用户管理”菜单含有“增加用户”“修改用户”“删除用户”“退出系统(X)”4 个菜单项;“信息管理”菜单含有“增加信息(N)”“修改信息(C)”“删除信息(D)”3 个菜单项;“信息查询”菜单含有“按学号查询”“按姓名查询”2 个菜单项;“帮助”菜单含有“关于…(A)”1 个菜单项。调用 setMnemonic()方法给“退出系统(X)”“增加信息(N)”“修改信息(C)”“删除信息(D)”及“关于…(A)”菜单项添加快捷方式。用“分割线”将“用户管理”中的“退出系统”与其他菜单项分隔开。

2. 设计一个简单的 GUI 应用程序,用户可以通过键盘上的方向键来移动界面中具有图案的按钮。程序运行结果如图 20-5 所示。

图 20-5　会移动的按钮

提示:键盘事件可以使用 getKeyCode()方法捕获用按键以进行键盘事件响应,键盘上每一个键都有对应的码,可以用来查知用户按了什么键。例如,Shift 键的对应码为 16,利用 getKeyCode()方法就可以得知这个码。必须将 getKeyCode()方法写在 keyPressed()方法中才会有效,因为这个方法是处理比较低层的方法。

在实现 KeyListener 接口的程序中,可以不处理 KeyReleased 事件和 KeyTyped 事件,但必须包含 public void keyReleased(KeyEvent e){}和 public void keyTyped(KeyEvent e){}语句。因为 keyReleased()方法和 keyTyped()方法是 KeyListener 接口的两个抽象方法,所以不论是否需要处理这两个事件,都需要重写方法,只要重写后不添加任何语句体即可。

任务二十一　访问数据(使用 JDBC 连接数据库)

知识点:为什么需要 JDBC;JDBC 框架结构;JDBC 驱动程序;使用 JDBC 驱动程序编程;JDBC 编程的基本步骤。

能力点:掌握 JDBC 的工作原理;掌握如何获取数据库连接。

21.1　跟我做:使用 JDBC 连接数据库

21.1.1　任务情景

在迎新生管理系统中,需要建立学生数据库 welcomestudent,并建立表 student,字段有学号(id)、姓名(name)、年龄(age)、专业(speci)。现要求使用 JDBC 连接数据库,能够根据学号查询并显示记录。

21.1.2　运行结果

程序运行,查询学号为"2998010203321"的学生,显示结果如图 21-1 所示。

```
Web Browser | Console ✕ | Servers
<terminated> JDBC [Java Application] D:\J2EE
2998010203321, 张胜利, 20, 计算机
```

图 21-1　查询结果

21.2　实现方案

本任务采用 Microsoft SQL Server 2000 开发版(与 2005 开发版基本相似)作为关系数据库管理系统。Microsoft SQL Server 2000 开发版安装完成后,还需要安装 sp4。如果采用的是 2005 开发版,则必须先安装.net 2.0。

(1) 建立数据库 welcomestudent,然后建立表 student。字段有学号(id)、姓名(name)、年龄(age)、专业(speci)。表 student 结构如图 21-2 所示。

列名	数据类型	长度	允许空
id	varchar	18	
name	varchar	20	✓
age	int	4	✓
speci	varchar	50	✓

图 21-2　表 student 结构

(2) 在表 student 中输入部分测试用数据。表 student 中记录如图 21-3 所示。

id	name	age	speci
2998010203321	张胜利	18	计算机应用
2998010203322	李国庆	19	网络技术
2998010203323	陈建国	22	软件技术
2998010203324	辛玉兰	22	软件技术

图 21-3　表 student 中测试用数据

(3) 打开 Eclipse,在 study 项目中创建包 com.task21,再确定类名 JDBC,得到类的框架。

```
package com.task21;
public class JDBC {
    /**
     * @param args
     */
    public static void main(String[] args) {
        // TODO Auto-generated method stub
    }
}
```

(4) 在 com.task21 下建立文件夹 lib,将数据库 JDBC 驱动程序包 msbase.jar、mssqlserver.jar、msutil.jar 复制到文件夹 lib 中。

(5) 在 Eclipse 中,右击 com.task21,选中 Build Path。在配置 Build Path 对话框中选中 Libraries 标签,添加 msbase.jar、mssqlserver.jar、msutil.jar 3 个 Jar 文件。

(6) 在自定义 JDBC 类中,增加 getStudentById()方法,实现 JDBC 连接数据库,查询并显示结果的功能代码。连接数据库用到 JDBC API,如 DriverManager 类、Connection 接口、Statement 接口、ResultSet 接口,它们集成在 java.sql 包中,本任务中需要这些包。

(7) 在 main()方法中将"//TODO Auto-generated method stub"替换成测试代码:

```
JDBC jdbc = new JDBC();
jdbc.getStudentById("2998010203321");
```

(8) 运行程序。

21.3 代码分析

21.3.1 程序代码

```
package com.task21;
import java.sql.Connection;
import java.sql.DriverManager;
import java.sql.ResultSet;
import java.sql.SQLException;
import java.sql.Statement;
/**
 * JDBC.java
 * JDBC 数据库连接
 */
public class JDBC {
    public void getStudentById(String id) {                    //根据学号查询学生信息
        String driverClass = "com.microsoft.jdbc.sqlserver.SQLServerDriver";//驱动包
        String connectUrl = "jdbc:microsoft:sqlserver://localhost:1433;DatabaseName = welcome-
        student";                                              //数据库连接 URL 字符串
        String userName = "sa";                                //用户名
        String userPass = "sasa";                              //密码
        Connection con = null;
        Statement stmt = null;
```

```
        try {
            Class.forName(driverClass);                             //加载、注册 JDBC 驱动程序
        } catch (ClassNotFoundException ce) {
            ce.printStackTrace();
        }
        try {
            con = DriverManager. getConnection(connectUrl, userName,userPass);
                                                                    //建立数据库连接
            stmt = con. createStatement(ResultSet. TYPE_SCROLL_SENSITIVE,ResultSet. CONCUR_
            READ_ONLY);                                             //建立 Statement 对象
            ResultSet rs = null;
            String sqlStr = "select * from student where id=" + id;
            rs = stmt. executeQuery(sqlStr);                        //执行 SQL 语句,返回结果集
            if (rs. next()) {                                       //处理结果
                System. out. print(rs. getString(1) + ",");
                System. out. print(rs. getString(2) + ",");
                System. out. print(rs. getInt(3) + ",");
                System. out. println(rs. getString(4));
            }
            rs. close();                                            //释放资源
            stmt. close();
        } catch (SQLException e) {                                  //捕获和处理异常
            e. printStackTrace();
        }finally {
            try{
                if (con! = null || ! con. isClosed()){
                    con. close();
                }
            }catch(Exception e){
                e. printStackTrace();
            }
        }
    }
    public static void main(String[]args){
        JDBC jdbc = new JDBC();                                     //创建类的实例
        jdbc. getStudentById(("2998010203321"));                    //调用方法查询并显示结果
    }
}
```

21.3.2　应用扩展

如果要求查询全体学生的信息,可在 JDBC 类中增加 getAllStudent()方法。getAllStudent()方法与 getStudentById(String id)不同之处主要有几点:一是 getAllStudent()方法不需要带形式参数;二是 getAllStudent()方法中的 SQL 语句改成 select * from student;三是在结果集处理上,getAllStudent()方法将 if 结构改成 while 循环结构。

Web Browser　Console
<terminated> JDBC [Java Application] C:\j2sdk1.4.2
2998010203321,张胜利,20,计算机应用
2998010203322,李国庆,19,网络技术
2998010203323,陈建国,22,软件技术
2998010203324,辛玉兰,22,软件技术

图 21-4　查询全体新生的结果

查询结果如图 21-4 所示。

新增代码如下：

```
public void getAllStudent() {
    String driverClass = "com.microsoft.jdbc.sqlserver.SQLServerDriver";
    String connectUrl = "jdbc:microsoft:sqlserver://localhost:1433;DatabaseName = welcomestu-
    dent";
    String userName = "sa";
    String userPass = "sasa";
    Connection con = null;
    Statement stmt = null;
    try {
        Class.forName(driverClass);
    } catch (ClassNotFoundException ce) {
        ce.printStackTrace();
    }
    try {
        con = DriverManager.getConnection(connectUrl, userName,userPass);
        stmt = con.createStatement(ResultSet.TYPE_SCROLL_SENSITIVE,
                    ResultSet.CONCUR_READ_ONLY);
        ResultSet rs = null;
        String sqlStr = "select * from student";
        rs = stmt.executeQuery(sqlStr);
        while (rs.next()) {
            System.out.print(rs.getString(1) + ",");
            System.out.print(rs.getString(2) + ",");
            System.out.print(rs.getInt(3) + ",");
            System.out.println(rs.getString(4));
        }
        rs.close();
        stmt.close();
    } catch (SQLException e) {
        e.printStackTrace();
    }finally {
        try{
            if (con! = null || ! con.isClosed()){
                con.close();
            }
        }catch(Exception e){
            e.printStackTrace();
        }
    }
}
```

在 main()方法中增加语句：

```
jdbc. getAllStudent ();
```

21.4　必备知识

21.4.1　JDBC 的作用

Sun 公司提供的 Java 数据库连接技术(Java DataBase Connectivity,JDBC)是 Java 程序连接关系数据库的标准。主流的关系数据库有 SQL Server、Oracle、MySQL 等,厂商都为Java提供了专用的 JDBC 驱动程序。这就带来一个问题,程序员要为不同的关系数据库编写不同的代码。为了解决这一问题,JDBC 提供了统一的接口,程序员可通过接口连接数据库,而不必为每一种数据库编写不同的代码。JDBC 将数据库访问封装在类和接口中,程序员可以方便地对数据库进行增、删、改、查等操作。

21.4.2　JDBC 框架结构

JDBC 框架结构包括 4 个组成部分,即 Java 应用程序、JDBC API、JDBC Driver Manager 和 JDBC 驱动程序。应用程序调用统一的 JDBC API,再由 JDBC API 通过 JDBC Driver Manager 装载数据库驱动程序,建立与数据库的连接,向数据库提交 SQL 请求,并将数据库处理结果返回给 Java 应用程序。JDBC 框架结构如图 21 - 5 所示。

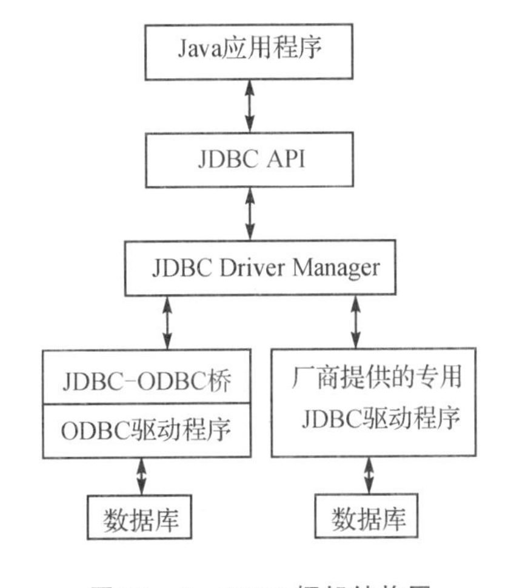

图 21 - 5　JDBC 框架结构图

21.4.3　JDBC 驱动程序

JDBC 驱动程序有以下 4 类:

1. JDBC - ODBC 桥(JDBC - ODBC Bridge)

JDBC - ODBC 桥将对 JDBC API 的调用转为对 ODBC API 的调用,能够访问 ODBC 可以访问的所有数据库,如 Microsoft Access、Visual FoxPro 数据库,但是执行效率低、功能不够强大。因容易使服务器死机,Sun 建议开发中不使用这种免费的 JDBC - ODBC 桥驱动程序。

2. 部分 Java、部分本机驱动程序(JDBC - Native API Bridge)

JDBC - Native API Bridge 同样是一种桥驱动程序。它将 JDBC 的调用转换成数据库厂商专用的 API,但其效率低,服务器易死机,不建议使用。

3. 中间数据访问服务器(JDBC - Middleware)

中间数据访问服务器驱动程序独立于数据库,它只和一个中间层通信,由中间层实现多个数据库的访问。与前面两种不同的是,驱动程序不需要安装在客户端,而是安装在服务器端。

4. 纯 Java 驱动程序(Pure JDBC Driver)

纯 Java 驱动程序由数据库厂商提供,是最成熟的 JDBC 驱动程序,所有存取数据库的操作都直接由驱动程序完成,存取速度快,又可跨平台。在开发中,推荐使用纯 Java 驱动程序。

21.4.4　使用 JDBC 驱动程序编程

1. JDBC API

在 JDBC 框架结构中,供程序员编程调用的接口与类集成在 java. sql 和 javax. sql 包中,如 java. sql 包中常用的有 DriverManager 类、Connection 接口、Statement 接口和 ResultSet 接口。

DriverManager 类根据数据库的不同,注册、载入相应的 JDBC 驱动程序,JDBC 驱动程序负责直接连接相应的数据库。Connection 接口负责连接数据库并完成传送数据的任务。Statement 接口由 Connection 接口产生,负责执行 SQL 语句,包括增、删、改、查等操作。ResultSet 接口负责保存 Statement 执行后返回的查询结果。

常用接口与类执行的关系如图 21-6 所示。

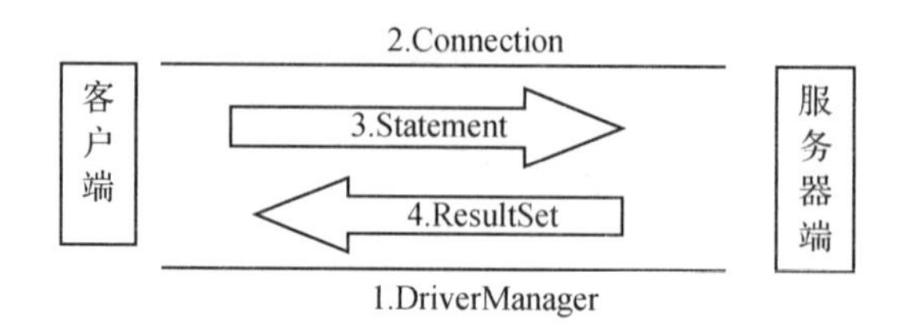

图 21-6 JDBC 中常用接口与类执行关系

2. JDBC 程序模板

JDBC API 完成 3 件事,即通过 Connection 接口建立与数据库连接,Statement 接口执行 SQL 语句,ResultSet 接口处理返回结果。使用 JDBC API 编写 JDBC 程序的工作模板有 7 个组成部分。

(1) 注册 JDBC 驱动

```
try {
        Class.forName(JDBC驱动程序类);
```

(2) 处理异常

```
} catch (ClassNotFoundException e) {
        System.out.println("无法找到驱动类");
}
```

(3) 用 JDBC URL 标识数据库,建立数据库连接

```
try {
        Connection con = DriverManager.getConnection(JDBC URL,数据库用户名,密码);
```

(4) 发送 SQL 语句

```
Statement stmt = con.createStatement();
ResultSet rs = stmt.executeQuery(SQL语句);
```

(5) 处理结果

```
while (rs.next()) {
    int x = rs.getInt(1);
    String s = rs.getString(2);
    float f = rs.getFloat(3);
}
```

(6) 释放资源

```
con.close();
```

(7) 处理异常

```
} catch (SQLException e) {
        e.printStackTrace();
}
```

3. 使用 JDBC - ODBC 桥

虽然不推荐使用 JDBC - ODBC 桥,但是在开发小型系统与测试中,仍然有人在用。例如,在用 Access 建立数据库表之后,先在控制面板进行 ODBC 数据源配置,获得数据源的名称 student、用户名 sa 和密码 sasa。接着,编写代码,通过桥连接方式与数据库建立连接。编写时,按照 JDBC 程序模板,设定 JDBC 驱动程序类和 JDBC URL。

JDBC - ODBC 桥驱动程序类名为 sun. jdbc. odbc. JdbcOdbcDriver,数据源名称为 student,JDBC URL 为 jdbc:odbc:student。程序代码如下:

```
Class.forName("sun.jdbc.odbc.JdbcOdbcDriver");                          //加载、注册驱动程序
Connection con = DriverManager.getConnection("jdbc:odbc: student ","sa","sasa"); //建立数据库连接
```

4. 使用 MS SQL Server 2000 专用驱动程序

使用专用驱动程序是开发中推荐的方法,本书将以这种驱动程序的使用进行学习。例如,在 MS SQL Server 2000 数据库使用时,首先,在 Mictosoft 网站上下载厂商提供的数据库 JDBC 驱动程序包 msbase. jar、mssqlserver. jar、msutil. jar,并将其复制到项目的 lib 文件夹中。然后,在配置 Build Path 对话框中,选中 Libraries 标签,添加 msbase. jar、mssqlserver. jar、msutil. jar 3 个 Jar 文件,将驱动程序包引入工程中。最后,按照 JDBC 程序模板编写代码,通过纯 Java 驱动方式与数据库建立连接。

SQL Server 数据库 JDBC 驱动程序类名为 com. microsoft. sqlserver. jdbc. SQLServer-Driver,数据库名为 welcomestudent,数据库 JDBC URL 为"jdbc:sqlserver://localhost:1433; DatabaseName=welcomestudent"。程序代码如下:

```
URL = "jdbc:sqlserver://localhost:1433; DatabaseName = welcomestudent";
Class.forName("com.microsoft.sqlserver.jdbc.SQLServerDriver");          //加载、注册驱动程序
Connection con = DriverManager.getConnection(URL,"sa","sasa");          //建立数据库连接
```

使用 JDBC-ODBC 与使用 Ms SQL Server 2000 专用驱动程序在编程上的差别主要是,JDBC 驱动程序类和数据库 JDBC URL 不同,其他代码几乎不用修改。

21.4.5　JDBC 编程的基本步骤

与数据库相关的系统开发,必须先建立数据库和表,然后在 Eclipse 中建立项目,引入驱动程序包,准备工作完成后,进入 JDBC 编程。JDBC 编程的基本步骤有 5 个:① 加载、注册驱动程序;② 建立数据库连接;③ 执行 SQL 语句;④ 处理结果;⑤ 释放资源。

【例 21 - 1】 有一 MS SQL Server 2000 数据库 welcomestudent,表为 student,表中字段有学号(id)、姓名(name)、年龄(age)和专业(speci)。要求通过学号来查询学生的信息。数据库的用户名为"sa",密码为"sasa"。

先采用厂家专业驱动程序,下载并导入到项目中,然后采用 Statement 接口编程。实现 getStudentById()方法时,按照 JDBC 程序模板编写代码。

```
    public void getStudentById(String id) {
            String driverClass = "com.microsoft.jdbc.sqlserver.SQLServerDriver";
            String connectUrl = "jdbc:microsoft:sqlserver://localhost:1433;DatabaseName = wel-
            comestudent";
            String userName = "sa";
            String userPass = "sasa";
            Connection con = null;
            Statement stmt = null;
            try {                                           //加载、注册驱动程序
                Class.forName(driverClass);
            } catch (ClassNotFoundException ce) {
                ce.printStackTrace();
            }
            try {                                           //建立数据库连接
                con = DriverManager.getConnection(connectUrl, userName, userPass);
                stmt = con.createStatement(ResultSet.TYPE_SCROLL_SENSITIVE, ResultSet.CONCUR_
                READ_ONLY);                                 //执行 SQL 语句
                String sqlStr = "select * from student where id = " + id;
                ResultSet rs = stmt.executeQuery(sqlStr);
                if (rs.next()) {                            //处理结果
                    System.out.print(rs.getString(1) + ",");
                    System.out.print(rs.getString(2) + ",");
                    System.out.print(rs.getInt(3) + ",");
                    System.out.println(rs.getString(4));
                }
                rs.close();                                 //释放资源
                stmt.close();
            } catch (SQLException e) {
                e.printStackTrace();
            } finally {
                DBConnection.closeConnection(con);
            }
    }
```

使用 Statement 接口执行查询时,一般用 executeQuery()方法,返回结果集对象。当执行增、删、改等操作时,用 executeUpdate()方法,不需要返回结果集对象,只返回更新的记录数,如增加记录的个数,删除记录的个数。如果在一个动态执行 SQL 的方法中,不知道是查询,还是增、删、改等操作时,用 execute()方法。当执行查询时,则方法返回 true;反之,则方法返回 false。

当查询时,返回结果存放在 ResultSet 对象 rs 中。处理结果时,通过 ResultSet 的 next()方法取出结果集中的一行数据,封装成一个 student 实体,返回给方法调用者,由它来在屏幕上显示查询结果。next()方法将 ResultSet 对象中的指针下移一行。

从结果集中取出各列的值时,使用方法 getXXX(列名 | 列的序号)。XXX 为当前列的数据类型,如 getString()取字符串型值,getInt()取整型值,getFloat()取浮点型实数值,getDouble()

取双精度实数值,getBoolean()取布尔型值,getDate()日期型值等。如果列的类型未知,可以用getObject()取出,再进行类型转换。如取出姓名列的数据写成"rs. getString(name);",也可以写成"rs. getString(2);"。

注意:使用 JDBC API 的类和接口的代码必须放置在 try/catch 异常处理的语句结构中,否则会出现错误。捕获的异常有两个,一个是 Class. forName()无法加载 JDBC 驱动程序时抛出的 ClassNotFoundException 异常,另一个是 JDBC 执行过程中发生问题时抛出的 SQLException 异常。

在 JDBC API 编写程序时,除使用 Statement 接口,还经常使用 PreparedStatement 接口编程。PreparedStatement 接口继承了 Statement 接口。执行"PreparedStatement pstmt = con. prepareStatement(SQL 语句);"表示不仅创建一个 PreparedStatement 对象,而且还要把 SQL 语句提交到数据库进行预编译,以此作为提高性能的一个措施。PreparedStatement 语句称为预编译语句。例如,现在要在 student 表中增加一条记录,用 PreparedStatement 接口实现,代码如下:

```
public int addStudent(Student student) {
        int num = 0;
        String driverClass = "com.microsoft.jdbc.sqlserver.SQLServerDriver";
        String connectUrl = "jdbc:microsoft:sqlserver://localhost:1433;DatabaseName = wel-
        comestudent";
        String userName = "sa";
        String userPass = "sasa";
        Connection con = null;
        PreparedStatement pstmt = null;
        try {                              // 加载、注册驱动程序
            Class.forName(driverClass);
        } catch (ClassNotFoundException ce) {
            ce.printStackTrace();
        }
        try{                               // 建立数据库连接
            con = DriverManager.getConnection(connectUrl, userName, userPass);
            String sqlStr = "insert into student values(?,?,?,?)";     //执行 SQL 语句
            pstmt = con.prepareStatement(sqlStr);
            pstmt.setString(1, student.getId());
            pstmt.setString(2, student.getName());
            pstmt.setInt(3, student.getAge());
            pstmt.setString(4, student.getSpeci());
            num = pstmt.executeUpdate();
            pstmt.close();                 //释放资源
        }catch(Exception e){
            e.printStackTrace();
        }finally {
            DBConnection.closeConnection(con);
        }
        return num;
    }
```

注意:在应用中,根据具体情况选用 PreparedStatement 接口或 Statement 接口。但是,PreparedStatement 接口与 Statement 接口相比,有两个优点。一是,预编译语句是执行 SQL 语句之前已编译好的 SQL 语句,而 Statement 的 SQL 语句是当程序要执行时,才会去编译;二是,预编译语句中的 SQL 语句具有参数,每个参数用“?”替代。“?”的值在执行之前利用 setXXX()方法设置。实际应用中,预编译提高 SQL 执行效率,建议尽量使用 PreparedStatement 接口。

21.5 动手做一做

21.5.1 实训目的

掌握 JDBC 的工作原理;掌握如何获取数据库连接。

21.5.2 实训内容

按如下要求编写程序。在 BBS 中,有数据库 bbs,表名为 news,表中字段有序号(Id,int,8)、标题名称(Title,varchar,50)、作者(Auth,varchar,50)、创建时间(CreateTime,datetime,8)。请先建立数据库和表,再用 JDBC 连接数据库,查询显示所有记录。用户名为“sa”,密码为“sasa”。

21.5.3 简要提示

数据库编程,涉及 JDBC 连接数据库技术。JDBC 驱动程序可以选用 JDBC - ODBC 桥,也可以选用纯 Java 的专业驱动程序。本题采用 Microsoft SQL Server 2000 作为数据库,选用 JDBC 专业驱动程序。

21.5.4 程序代码

程序代码参见本教材教学资源。

21.5.5 实训思考

(1) 编写 JDBC 程序模板。

(2) 将 JDBC 专业驱动程序换成 JDBD - ODBC 桥完成实训。

21.6 动脑想一想

21.6.1 简答题

1. 请写出 JDBC 框架结构,以及常用 JDBC API 的类及接口。

2. 请写出 JDBC 编程的基本步骤。

21.6.2 单项选择题

1. SQL 编程中要捕获的异常是( )。

A. ArrayIndexOutOfBoundsException　　B. NullPointerException

C. ArithmeticException　　D. ClassNotFoundException

2. 下列不是 JDBC API 的类及接口的是( )。

A. DriverManager 类　　B. Connection 接口

C. PreparedStatement 接口　　D. SQL 接口

3. 下列不属于 JDBC 编程必需的基本步骤的是( )。

A. 加载、注册驱动程序　　B. 建立数据库连接

C. 执行 SQL 语句　　D. 处理结果

4. 数据增、删、改、查等操作使用的方法是(　)。

A. operateSQL()　　B. executeUpdate()　　C. executeQuery()　　D. execute()

5. 查询结果集的接口是(　)。

A. ResultSet　　B. List　　C. Collection　　D. Set

21.6.3 编程题

1. 在 MS SQL Server 数据库管理系统的 DB 数据库中,建立表 tbl,字段为学号(sno)与成绩(score)。要求对学生表 tbl 的学号为"2009322309101"和"2009322309103"的学生成绩进行修改,并在屏幕输出修改后的结果。请完成 JDBC 程序编写。用户名为"sa",密码为"sasa"。

2. 采用 JDBC-ODBC 桥连接数据库。数据库表的字段与上题相同。要求插入学生的学号与成绩。

任务二十二　访问数据升级(数据库编程)

知识点:数据库增加记录;数据库删除记录;数据库更改记录;数据库查询记录;表结构查询。

能力点:掌握对数据库进行增、删、改、查操作。

22.1　跟我做:使用 JDBC 编程

22.1.1　任务情景

在迎新生管理系统中,需要建立学生数据库 welcomestudent,并建立表 student,现对此表进行增加、删除、修改、查询操作。

22.1.2　运行结果

程序运行的结果如图 22-1 所示。

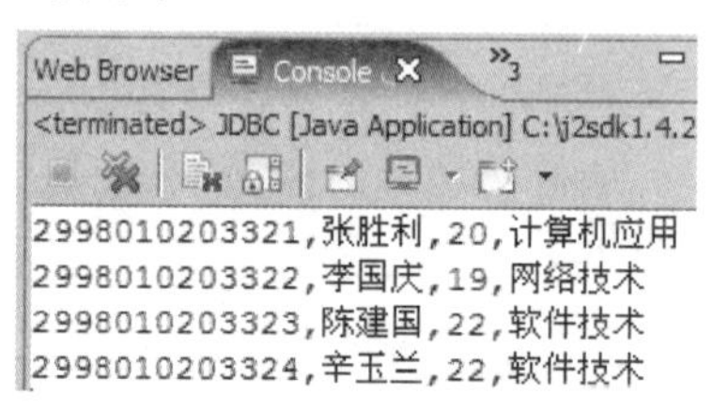

图 22-1　程序查询的结果

22.2　实现方案

本任务在建立好数据库后,采用专用 JDBC 驱动程序,下载驱动程序包并引入工程。准备方法与任务二十一相同。

本任务定义了 4 个类。

➢ Student 类作为实体 Bean,属性与表的字段相同,起封装信息的作用。

➢ StudentDBConnection 类完成数据库连接、关闭,以及 ResultSet、Statement 资源的释放操作。

➢ StudentDAO 类位于数据访问层,进行数据访问,完成数据库查、增、删、改基本操作。

➢ StudentBiz 类位于业务逻辑层,通过调用 StudentDAO 对数据库查询,完成业务逻辑。

22.3　代码分析

22.3.1　程序代码

```
package com.task22;
import java.sql.Connection;
import java.sql.PreparedStatement;
import java.sql.ResultSet;
import java.sql.Statement;
import java.util.ArrayList;
```

```
import java.util.List;
/**
 * StudentDAO.java
 * 数据库操作 DAO,查询
 */
public class StudentDAO {
    public List getAllStudent()  {
        //详细代码参见 22.4.4 小节数据访问层
    }
}
package com.task22;
/**
 * Student.java
 * 封装实体 Bean
 */
public class Student {
    private String id ;
    private String name ;
    private int age ;
    private String speci ;
    public Student() {
        super();
    }
    public Student(String id, String name, int age, String speci) {
        super();
        this.id = id;
        this.name = name;
        this.age = age;
        this.speci = speci;
    }
    public String getId() {
        return id;
    }
    public void setId(String id) {
        this.id = id;
    }
    public String getName() {
        return name;
    }
    public void setName(String name) {
        this.name = name;
    }
    public int getAge() {
        return age;
    }
```

```
    public void setAge(int age) {
        this.age = age;
    }
    public String getSpeci() {
        return speci;
    }
    public void setSpeci(String speci) {
        this.speci = speci;
    }
}
package com.task22;
import java.sql.Connection;
import java.sql.DriverManager;
import java.sql.ResultSet;
import java.sql.SQLException;
import java.sql.Statement;
/**
 * StudentDBConnection.java
 * 辅助类,数据库连接,资源关闭
 */
public class StudentDBConnection {
    private static final String DRIVER_CLASS = "com.microsoft.jdbc.sqlserver.SQLServerDriver";
    private static final String DATABASE_URL =
            "jdbc:microsoft:sqlserver://localhost:1433;DatabaseName = welcomestudent";
    private static final String DATABASE_USER = "sa";
    private static final String DATABASE_PASSWORD = "sasa";
    /**
     * 建立连接
     *
     * @return Connection
     */
    public static Connection getConnection() {
        Connection con = null;
        try {
            Class.forName(DRIVER_CLASS);
        } catch (ClassNotFoundException ce) {
            ce.printStackTrace();
        }
        try {
            con = DriverManager.getConnection(DATABASE_URL, DATABASE_USER,
                    DATABASE_PASSWORD);
        } catch (SQLException e) {
            e.printStackTrace();
        }
        return con;
```

```
    }
    /**
     * 关闭连接
     */
    public static void closeConnection(Connection con){
        try{
            if (con!= null && ! con.isClosed()){
                con.close();
            }
        }catch(Exception e){
            e.printStackTrace();
        }
    }
    /**
     * 关闭结果集
     */
    public static void closeResultSet(ResultSet rs) {
        try {
            if (rs != null) {
                rs.close();
            }
        } catch (SQLException e) {
            e.printStackTrace();
        }
    }
    /**
     * 关闭 Statement
     */
    public static void closeStatement(Statement pstmt) {
        try {
            if (pstmt != null) {
                pstmt.close();
            }
        } catch (SQLException e) {
            e.printStackTrace();
        }
    }
}
package com.task22;
import java.util.ArrayList;
import java.util.List;
/**
 * StudentBiz.java
 * 业务逻辑
 */
```

```
public class StudentBiz {
    public static void show(Student student) {
        if (student != null) {
            System.out.print(student.getId() + "\t");
            System.out.print(student.getName() + "\t");
            System.out.print(student.getAge() + "\t");
            System.out.println(student.getSpeci());
        }
    }
    /**
     * @param args
     */
    public static void main(String[] args) {
        StudentDAO studentDAO = new StudentDAO();
        Student student = null;
        // 查 list
        List lStudent = new ArrayList();
        lStudent = studentDAO.getAllStudent();
        for (int i = 0; i < lStudent.size(); i++) {
            student = (Student) lStudent.get(i);
            show(student);
        }
}
```

22.3.2 应用扩展

回顾任务九中关于接口的作用和使用方法，可以对上面的代码做一个扩展，增加数据访问层 StudentDAOInterface 接口和业务逻辑层 StudentBizInterface 接口，然后 StudentDAO 类和 StudentBiz 类分别实现它们。扩展的程序框架结构如下：

```
package com.task22;
import java.util.List;
/**
 * StudentDAOInterface.java
 * 数据库操作 DAO 接口，查、增、删、改
 */
public interface StudentDAOInterface {
    public Student getStudentById(String id);
    public List getAllStudent();
    public int addStudent(Student student);
    public int deleteStudent(Student student);
    public int updateStudent(Student student);
}
package com.task22;
```

```
/**
 * StudentBizInterface.java
 * 业务逻辑接口
 */
public interface StudentBizInterface {
    public void show(Student student);
    public void business();
}
public class StudentDAO implements StudentDAOInterface{
    //实现接口代码参见 22.4.4 数据访问层
}
public class StudentBiz implements StudentBizInterface{
    public void show(Student student) {
        ……
    }
    public void business(){
        ……
    }
}
```

22.4　必备知识

22.4.1　JDBC 应用模型

JDBC 应用系统开发中，通常有两种开发模型，一种是两层开发模型，一种是三层(或多层)开发模型。

1. 两层开发模型

两层开发模型分为前台和后台。前台一端负责处理用户界面和交互，通过网络将 SQL 语句直接传送给数据库。后台数据库负责处理请求，得到结果后把它们通过网络送回给用户。用户所在的一端称为客户端(Client)，数据库所在的一端称为服务器(Server)。两层开发模型也称为客户机/服务器模式。

2. 三层(或多层)开发模型

三层模型中，增加了服务的中间层，充当客户端和服务器端的接口。客户端将命令发送到中间层，中间层再将 SQL 语句发送到数据库。数据库处理语句并将结果返回给中间层，然后中间层再将它们返回给客户端。

客户端可以是 Java 应用程序，也可以是浏览器。当客户端是 Java 应用程序时，可以通过 RMI(Remote Method Invocation)远程方法调用与中间层联系。当客户端是浏览器时，可以通过 HTTP 协议将操作命令传送到中间层。三层模型是开发的主流，通常可以提供更好的性能。

在图 22-2 中，数据层就是数据库所在层，业务逻辑层和数据访问层构成了中间层，表示层主要是客户端的用户界面和交互。

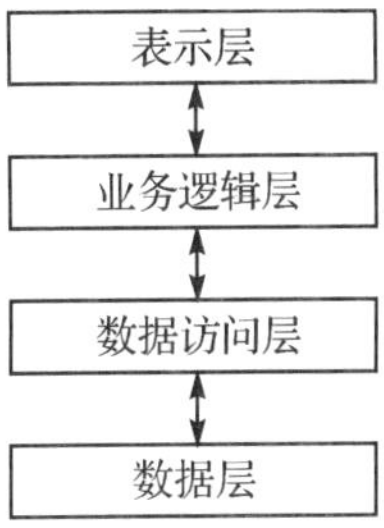

图 22-2　三层(或多层)开发模型

22.4.2 实体类

在数据库程序中,通常需要定义实体类。一般情况下,实体类的类名与表名一致,类的属性与表中字段一致,起封装信息的作用。通过将多个数据的封装,可以在网络上进行更有效的传输。同时,封装多个字段后,对表的操作更加方便。例如,在迎新生管理系统中,建有表 student,字段为学号(id)、姓名(name)、年龄(age)、专业(speci)。与表相对应的实体类为 Student。类的属性有

```
private String id ;
private String name ;
private int age ;
private String speci ;
```

与表的字段相同,封装了字段的信息。

定义实体类时,需要对属性定义 setter()方法和 getter()方法,这是封装的需要。

22.4.3 辅助类

在应用系统中,studentDAO 类访问数据,studentBiZ 类实现业务逻辑(见图 22-3)。有一些类既不是实体类,也不是业务类、数据访问类,但是却对系统起到辅助作用。例如,StudentDBConnection 类完成数据库连接、关闭功能,以及结果集 ResultSet 和 Statement 资源的释放操作。另外,还可把创建表、删除表、获取表的字段名封装成一个辅助类 DBDML。

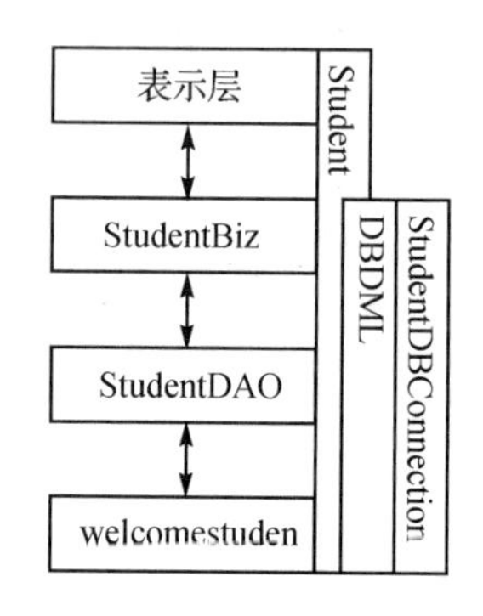

图 22-3 类之间的关系

```
package com.task22;
import java.sql.Connection;
import java.sql.ResultSet;
import java.sql.ResultSetMetaData;
import java.sql.Statement;
import java.util.ArrayList;
import java.util.List;
/**
 * DBDML.java
 * 数据库表的创建、删除,获取字段名
 */
public class DBDML {
    public static void createTable() {                    //创建表
        Connection con = null;
        Statement stmt = null;
        try {
            con = StudentDBConnection.getConnection();
            String sqlStr = "create table student(id char(18),name char(20),age int,speci char(20))";
            stmt = con.createStatement();
            stmt.executeUpdate(sqlStr);
            stmt.close();
            con.close();
```

```
        } catch (Exception e) {
            e.printStackTrace();
        }finally {
            StudentDBConnection.closeConnection(con);
        }
    }
    public static void dropTable() {                    //删除表
        Connection con = null;
        Statement stmt = null;
        try {
            con = StudentDBConnection.getConnection();
            String sqlStr = "drop table student";
            stmt = con.createStatement();
            stmt.executeUpdate(sqlStr);
            stmt.close();
            con.close();
        } catch (Exception e) {
            e.printStackTrace();
        }finally {
            StudentDBConnection.closeConnection(con);
        }
    }
    public static List getFieldName(){                  //获取表的字段名
        List lFieldName = new ArrayList();
        Connection con = null;
        Statement stmt = null;
        try {
            con = StudentDBConnection.getConnection();
            String sqlStr = "select * from student";
            stmt = con.createStatement();
            ResultSet rs = stmt.executeQuery(sqlStr); //查询结果存放在 rs 中
            ResultSetMetaData rsmd = rs.getMetaData(); //从 rs 中获得 ResultSetMetaData 对象
            for (int i = 1;i<= rsmd.getColumnCount();i ++ ){ //获取 ResultSet 对象中列的个数
                lFieldName.add(rsmd.getColumnName(i));      //获取 ResultSet 对象中列的名字
                System.out.print(rsmd.getColumnName(i) + "\t");
            }
            System.out.println("");
            rs.close();
            stmt.close();
        } catch (Exception e) {
            e.printStackTrace();
        }finally {
            StudentDBConnection.closeConnection(con);
        }
        return lFieldName;
    }
}
```

通过 ResultSetMetaData 类,还可以用 getColumnTypeName(i)方法获取表中字段类型,用 getColumnDisplaySize(i)方法获取字段长度,用 getTableName(i)方法获取表名,用 getSchemaName(i)方法获取数据库名。

22.4.4 数据访问层

数据访问层是对数据进行操作的层。例如,StudentDAO 类位于数据访问层,进行数据访问,完成数据库查、增、删、改基本操作。

1. 查询记录

可以按照某个条件查询记录,也可以查询所有记录。返回结果可以是一条记录,也可以是多条记录形成的集合。下面是根据学号 id 进行学生信息查询的方法 getStudentById()。

```
public Student getStudentById(String id) {
        Student student = null;                                   //实体类
        Connection con = null;
        Statement stmt = null;
        try {
            con = StudentDBConnection.getConnection();    //调用辅助类的方法,获得连接
            stmt = con.createStatement(ResultSet.TYPE_SCROLL_SENSITIVE, ResultSet.CONCUR_
            READ_ONLY);
            String sqlStr = "select * from student where id = " + id;
            ResultSet rs = stmt.executeQuery(sqlStr);
            while (rs.next()) {
                student = new Student();                    //将返回信息封装在实体类中
                student.setId(rs.getString(1));
                student.setName(rs.getString(2));
                student.setAge(rs.getInt(3));
                student.setSpeci(rs.getString(4));
            }
            StudentDBConnection.closeResultSet(rs);    //调用辅助类的方法,释放资源
            StudentDBConnection.closeStatement(stmt);
        } catch (Exception e) {
            e.printStackTrace();
        } finally {
            StudentDBConnection.closeConnection(con);
        }
        return student;                                    //返回封装后的学生信息
    }
```

查询所有学生的信息,返回一个集合。

```
public List getAllStudent() {
        List lStudents = new ArrayList();                 //定义 List
        Student student = null;
        Connection con = null;
        Statement stmt = null;
        try{
```

```
            con = StudentDBConnection.getConnection();
            stmt = con.createStatement();
            String sqlStr = "select * from student";
            ResultSet rs = stmt.executeQuery(sqlStr);
            while (rs.next()){
                student = new Student();                //将返回信息封装在实体类中
                student.setId(rs.getString(1));
                student.setName(rs.getString(2));
                student.setAge(rs.getInt(3));
                student.setSpeci(rs.getString(4));
                lStudents.add(student);                 //将返回实体类封装在List中
            }
            StudentDBConnection.closeResultSet(rs);
            StudentDBConnection.closeStatement(stmt);
        }catch(Exception e){
            e.printStackTrace();
        }finally {
            StudentDBConnection.closeConnection(con);
        }
        return lStudents;
    }
```

2. 增加记录

用实体类作为形参类型,实参封装了准备添加到数据库中的学生信息。

```
public int addStudent( Student student) {
        int num = 0;
        Connection con = null;
        PreparedStatement pstmt = null;
        try{
            con = StudentDBConnection.getConnection();
            String sqlStr = "insert into student values(?,?,?,?)";    //带占位符?
            pstmt = con.prepareStatement(sqlStr);
            pstmt.setString(1, student.getId());        //用实际值替代?
            pstmt.setString(2, student.getName());
            pstmt.setInt(3, student.getAge());
            pstmt.setString(4, student.getSpeci());
            num = pstmt.executeUpdate();                // 执行增加,使用 executeUpdate()方法
            StudentDBConnection.closeStatement(pstmt);
        }catch(Exception e){
            e.printStackTrace();
        }finally {
            StudentDBConnection.closeConnection(con);
        }
        return num;                                     //返回增加成功的记录数
}
```

增加记录时,使用了 SQL 语句“insert into student values(?,?,?,?)”,“?”称为占位符,可以把它理解成形参。通过预编译,再用 setString()方法给“?”一个真实的值。最后,通过 executeUpdate()执行 SQL 语句。返回的类型不再是 ResultSet,而是增加成功的记录数。

3. 删除记录

删除记录 deleteStudent()方法中的形参类型是 Student 类,与增加记录一样。

```
public int deleteStudent( Student student) {
        int num = 0;
        Connection con = null;
        PreparedStatement pstmt = null;
        try{
            con = StudentDBConnection.getConnection();
            String sqlStr = "delete from student where id = " + student.getId();
            pstmt = con.prepareStatement(sqlStr);
            num = pstmt.executeUpdate();
            StudentDBConnection.closeStatement(pstmt);
        }catch(Exception e){
            e.printStackTrace();
        }finally {
            StudentDBConnection.closeConnection(con);
        }
        return num;
}
```

deleteStudent()方法中的形参类型如果改成学号也是可行的。使用的也是预编译,然后通过 executeUpdate()执行 SQL 语句。

4. 更改记录

更改记录的 SQL 语句是“update student set name=?, age=? ,speci=? where id=?”,与增加记录中的占位符使用方法一样。

```
public int updateStudent(Student student) {
        int num = 0;
        Connection con = null;
        PreparedStatement pstmt = null;
        try{
            con = StudentDBConnection.getConnection();
            String sqlStr = "update student set name = ?, age = ? ,speci = ? where id = ?";
            pstmt = con.prepareStatement(sqlStr);
            pstmt.setString(1, student.getName());
            pstmt.setInt(2, student.getAge());
            pstmt.setString(3, student.getSpeci());
            pstmt.setString(4, student.getId());
            num = pstmt.executeUpdate();
            StudentDBConnection.closeStatement(pstmt);
        }catch(Exception e){
```

```
            e.printStackTrace();
        }finally {
            StudentDBConnection.closeConnection(con);
        }
        return num;
    }
```

22.4.5　业务逻辑层

业务逻辑层的功能主要是实现应用系统的业务需求。当需要访问数据库时,通过调用数据库访问层提供的基本操作,形成一个综合的业务逻辑功能。例如,StudentBiz类位于业务逻辑层,通过调用StudentDAO基本数据操作完成业务逻辑。

```
package com.task22;
import java.util.ArrayList;
import java.util.List;
/**
 * StudentBiz.java
 * 业务逻辑
 */
public class StudentBiz implements StudentBizInterface{
    public void show(Student student) {
        ……
    }
    public void business(){
        List lFieldName = DBDML.getFieldName();                      //获取表的字段名
        StudentDAO studentDAO = new StudentDAO();
        Student student = null;
        // 查,并显示
        student = studentDAO.getStudentById("2998010203324");      //显示指定学号的学生信息
        show(student);
        // 查 list,并显示
        List lStudent = new ArrayList();
        lStudent = studentDAO.getAllStudent();                       //显示所有学生的信息
        for (int i = 0; i < lStudent.size(); i++) {
            student = (Student) lStudent.get(i);
            show(student);
        }
        // 增,并显示
        // student.setId("2998010203324");
        // student.setName("辛玉兰");
        // student.setAge(22);
        // student.setSpeci("软件技术");
        // studentDAO.addStudent(student);                           //新增一个学生,并显示
        // student = studentDAO.getStudentById("2998010203324");
        // show(student);
```

```
            //删,并显示
            //studentDAO.deleteStudent(student);
            //student = studentDAO.getStudentById("2998010203324");  //删除一个学生,并显示
            //show(student);
            //改,并显示
            //student.setName("辛玉兰");
            //studentDAO.updateStudent(student);                        //更改一个学生,并显示
            //student = studentDAO.getStudentById("2998010203324");
            //show(student);
        }
    }
```

表示层提供用户界面与交互,对数据库的访问通过业务逻辑层的方法调用实现。本任务中没有实现表示层,请自行设计(参考任务十六～任务二十的内容),也可以学习JSP后进行设计。

22.5 动手做一做

22.5.1 实训目的

掌握数据库增、删、改、查操作;掌握三层开发模型编程方法。

22.5.2 实训内容

建立一个企业数据库coDB,再建立员工表employee,字段有工号(id)、姓名(name)、性别(sex)、年龄(age)、工资(salary)。编写程序实现如下内容:

(1) 新来4个员工;

(2) 将所有员工的工资增加10%;

(3) 按工资由高到低的顺序显示所有员工信息;

(4) 1个员工离开了企业,从数据库中删除该员工信息。

22.5.3 简要提示

通过需求得出程序的功能,将功能转化为业务逻辑,并通过数据访问层实现基本的数据访问功能。

22.5.4 程序代码

程序代码参见本教材教学资源。

22.5.5 实训思考

(1) 试总结出一个数据库增、删、改、查基本操作模板?

(2) 如果不要数据库的实体类,程序能不能完成需求功能?体会实体类的作用。

22.6 动脑想一想

22.6.1 简答题

1. JDBC应用系统开发中,通常有哪两种开发模型?

2. 在增、删、改、查操作中,预编译对象执行SQL语句使用的方法有哪些?

22.6.2 单项选择题

1. 接口的作用是(　)。

A. 搭建系统的框架　B. 为了实现继承　C. 为了实现多态　D. 无

2. 关于开发模型,正确的说法是(　)。

A. 两层开发模型是主流模型　B. 数据访问层通常用于实现业务

C. 业务逻辑层通常用于访问数据库　D. 表示层通常实现用户界面和交互

3. 关于数据库操作,正确的说法是(　)。

A. executeUpdate()方法可以执行 SQL 查询语句

B. executeQuery()方法可以执行所有 SQL 语句

C. execute()方法可以执行 SQL 增加语句

D. executeQuery()方法返回操作的记录数

4. 关于数据库编程,说法不正确的是(　)。

A. 实体类是一个普通类　B. 实体类封装了表的字段

C. 业务逻辑类不需要直接访问数据库　D. 数据访问类可以省略

5. 下列描述正确的是(　)。

A. ResultSet 用来返回执行更新数据库时的数据

B. ResultSet 用来返回记录数

C. ResultSetMetaData 用来获取表中字段信息

D. ResultSetMetaData 用来获取结果集

22.6.3 编程题

超市对大客户进行管理,采用 SQL Server 数据库。客户表 Customer 字段的类型和含义如表 22-1 所列。

表 22-1　客户表 Customer 字段的类型

字段名	类　型	字段说明
CNO	Varchar(20)	编号(primary key)
Name	Varchar(20)	姓名
Sex	Varchar(4)	性别
Principalship	Varchar(10)	职务
Company	Varchar(40)	单位
Telephone	Varchar(20)	单位电话
Address	Varchar(40)	单位地址

(1) 使用 JDBC 创建数据库 VIPDB;

(2) 使用 JDBC 在数据库 VIPDB 中建立上述表 Customer;

(3) 使用 JDBC 将表 22-2 中的数据添加到 Customer 表中;

(4) 从 Customer 表中查找“千家惠”公司的基本信息;

表 22－2　需要添加的数据

CNO	Name	Sex	Principalship	Company	Telephone	Address
2008001	王海强	男	总经理	文峰	83332222	南京
2008002	姜秀珊	女	总经理	时代	84443333	扬州
2009001	张泰中	男	董事长	千家惠	86668888	泰州
2009002	苏小青	女	董事长	中江国际	87775555	苏州

(5) 将“王海强”的电话改为“02583332222”;

(6) 从 Customer 表中查找全部“男”客户的信息;

(7) 删除“2008002”号记录。

提示:编写此题时可以参照 22.4 和 22.5 节。

任务二十三　文件管理(目录与文件管理)

知识点：文件类；文件管理；目录管理。

能力点：掌握 File 类的常用方法，能够进行文件的复制、删除、重命名、移动、属性设置等操作。

23.1　跟我做：管理聊天记录

23.1.1　任务情景

编写一个程序，模拟 QQ 对聊天记录的管理。在 D 盘的 userData 目录下创建一个目录名为 123 的目录，在该目录下创建一个 current 目录，并在其下创建一个名为 chatLogTemp. txt 的文件存放聊天的信息（D:/userData/123/current/chatLogTemp. txt）。然后在 123 目录下另建一个 history 目录，并在其下创建一个名为 chatLogHistory. txt 的文件存放聊天的信息（D:/userData/123/history/chatLogHistory. txt）。

请编写程序完成：

检查目录 current、history，如果目录不存在，则创建目录；

列出目录 current、history 下的文件列表；

检查文件 chatLogTemp. txt，如果存在，则删除；

检查文件 chatLogTemp. txt，如果不存在，则创建。

23.1.2　运行结果

程序运行的结果如图 23－1 和图 23－2 所示。

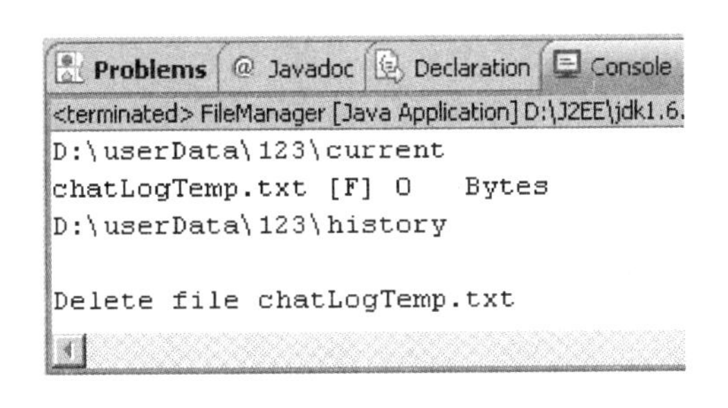

图 23－1　创建文件类的运行结果

图 23－2　目录结构图

23.2　实现方案

Java 的文件管理是通过 File 类进行的。运用 File 类的成员方法实现对文件目录的操作。

(1) 打开 Eclipse，在 study 项目中创建包 com. task23，再确定类名 FileManager，得到类的框架。

```
package com.task23;              //创建包 com.task23
public class FileManager{        //定义类 FileManager
    /**
     * @param args
```

```
    */
    public static void main(String[] args) {                //程序的入口
        // TODO Auto-generated method stub
    }
}
```

(2) 将// TODO Auto-generated method stub 替换为如下程序：

```
String pathStr = "D:/userData/123";
……
//详细实现代码参见 23.3
```

(3) 运行程序。

23.3 代码分析

23.3.1 程序代码

```
package com.task23;
import java.io.File;                                         //导入程序中用到的系统类
import java.io.IOException;
/**
* @author wang
* FileManager.java
 * 文件管理
 */
public class FileManager {                                   //定义文件管理类
    /*文件列表*/
    public static void fileList(File[] files) {              //文件列表行为(方法)
        for (int i = 0; i < files.length; i++) {
            if (files[i].isDirectory()) {                    //如果是目录
                System.out.println(files[i].getName() + "\t[D] "); //输出目录属性
            } else {                                         //如果是文件
                System.out.print(files[i].getName() + "\t[F] ");   //输出文件属性
                System.out.println(files[i].length() + "\tBytes"); //文件长度
            }
        }
    }
    /*删除文件*/
    public static void fileDelete(String fileName){          //删除文件行为(方法)
        File file = new File(fileName);                      //创建 File 对象
        if (file.exists()) {                                 //如果文件存在
            System.out.println("Delete file " + file.getName());
            file.delete();                                   //删除文件
        } else{
            System.out.println("File " + file.getName() + " not exist.");
```

```
        }
    }
    /*创建文件*/
    public static void fileCreate(String fileName){              //创建文件行为(方法)
        File file = new File(fileName);                          //创建 File 对象
        if (file.exists()) {                                     //如果文件存在
            System.out.println("File " + file.getName() + "  exist.");
        } else {                                                 //如果文件不存在
            System.out.println("Create file " + file.getName());
            try {
                file.createNewFile();                            //创建文件
            } catch (IOException ioe) {                          //捕获 I/O 异常
                System.out.println("Error:Create File " + file.getName() );
            }
        }
    }
    /**
     * @param args
     */
    public static void main(String args[ ]) {
        String pathStr = "D:/userData/123";                      //路径
        File currentPath = new File(pathStr + "/current");
        File historyPath = new File(pathStr + "/history");
        if(! currentPath.exists()||! currentPath.isDirectory()){ //如果 currentPath 目录不存在
            currentPath.mkdir();                                 //则创建目录
        }
        if(! historyPath.exists()||! historyPath.isDirectory()){ //如果 historyPath 目录不存在
            historyPath.mkdir();                                 //则创建目录
        }
        System.out.println(currentPath.getAbsolutePath());       //输出完整的绝对路径
        fileList(currentPath.listFiles());                       //输出目录下的文件列表
        System.out.println(historyPath.getAbsolutePath());       //输出完整的绝对路径
        fileList(historyPath.listFiles());                       //输出目录下的文件列表

        String tempFileName = "chatLogTemp.txt";
        String historyFileName = "chatLogHistory.txt";
        fileDelete(pathStr + "/current/" + tempFileName);        //删除文件
        fileCreate(pathStr + "/current/" + tempFileName);        //创建文件
    }
}
```

23.3.2　应用扩展

假如要删除目录 current，前提条件是目录 current 下为空，即该目录下没有文件目录。如果不为空，那么可以用如下方法删除：

```
public static boolean dirsDelete(File dir){                    //直接删除目录行为(方法)
        if(dir.isDirectory()){                                 //如果是目录
            String[] subDir = dir.list();                      //列出文件列表
            for(int i = 0;i<subDir.length;i++){
                boolean success = dirsDelete(new File(dir,subDir[i]));     //递归调用
                if(!success){
                    return false;
                }
            }
        }
        System.out.println("Delete directory  " + dir.getName());
        return dir.delete();
}
```

23.4 必备知识

23.4.1 文件管理简介

文件管理一般由操作系统完成,包括文件目录的创建、删除、复制、移动、重命名等。不同的操作系统,如 Windows、Linux,有不同的实现方式。在 Java 应用程序中,也需要管理文件目录。Java 有跨平台性能,可以实现与操作系统平台无关的文件目录管理。

23.4.2 File 类构造方法

Java 中进行文件目录管理必须使用 File 类,这是 java.io 包中唯一表示磁盘文件信息的类。File 类描述文件对象的属性,包括获取文件的大小、是否读写、文件路径、文件清单列表等,实现文件目录新建、删除等。使用 File 类时,先生成实例,代表磁盘文件对象。

File 类常用构造方法如下:

(1) File(String pathname)

参数 pathname 为路径名或文件名,创建一个 File 实例。例如:

```
File  file1 = new  File("d:/abc/f1.txt");
```

(2) File(String pathname,String child)

参数 pathname 为路径名,child 为文件名,创建一个 File 实例。例如:

```
File  file2 = new  File("d:/abc","f2.txt");
```

其中"D:/abc"为目录路径,"f2.txt"为文件名。

(3) File(File parent,String child)

参数 parent 为文件所在的目录的路径名,定义为 File 的实例。child 为文件名,创建一个 File 实例。例如:

```
File  filePath = new  File("d:/abc");
File  file3 = new  File(filePath,"f3.txt");
```

需要说明的是,new File()只是生成一个文件对象,并没有生成真正的文件,如果要生成磁盘文件,就需要调用 createNewFile()方法。

注意:在 Java 中,目录被作为一种文件来处理。

23.4.3　File 类常用方法

File 类所提供的方法中,有的是针对文件管理的,有的是针对目录管理的。File 类常用方法如表 23－1 所列。

表 23－1　文件类常用方法

方　法	说　明
boolean canRead()	检查文件是否可读
boolean canWrite()	检查文件是否可写
boolean createNewFile()	如果文件不存在,创建一个空的文件
boolean delete()	删除文件
boolean exists()	文件是否存在
String getAbsolutePath()	返回绝对路径
String getName()	取得文件名或目录名
String getParent()	取得上一级路径
String getPath()	取得文件名或目录名
boolean isAbsolute()	判断是否为绝对路径
boolean isDirectory()	判断是否为目录
boolean isFile()	判断是否为文件
boolean isHidden()	判断文件或目录是否隐藏
long lastModified()	文件最后修改的时间
long Length()	文件的大小,以字节为单位
String[] List()	返回当前目录下的所有文件和子目录
File[] listFiles()	返回文件对象数组
File[] listRoots()	返回所有的根目录
boolean mkdir()	创建目录
boolean renameTo(File newFile)	改名为参数名

使用 File 类的方法获取文件信息,举例如下:

```
import java.io.*;
public class FileInfo {
    static File file = null;
    public static void getFileProperty(File file1){          //获取文件属性行为(方法)
    System.out.println("File name:" + file1.getName());
    System.out.println("Absolute Path:" + file1.getAbsolutePath());
    System.out.println("Parent path:" + file1.getParent());
    System.out.println("File size:" + file1.length());
    if(f.canWrite()){                                        //判断文件是否可写
            System.out.println("This file: can write");
      }else{
            System.out.println("This file: not write");
        }
    }
```

```
        public static void main(String[] args) {
            try{
                String filePath = "D:/userData/123/current/chatLogTemp.txt";
                file = new File(filePath);              //生成 File 类实例
                if(file.isFile()){                      //判断是否为文件
                    getFileProperty (file);
                }else{
                    System.out.println("not exist.");
                }
            }catch(IOException ex){}
        }
    }
```

File 类的对象主要用来建立与某磁盘文件的链接,获取文件本身的一些信息,例如文件所在的目录、文件的长度、文件的读写权限等,不涉及对文件的读写操作。

但是,如果希望从磁盘文件读取数据,或者将数据写入文件,还需要使用文件输入/输出流类。具体的用法请学习下一任务。

23.5　动手做一做

23.5.1　实训目的

掌握文件类的常用方法、目录管理方法;了解 Java 的 java.io 包。

23.5.2　实训内容

实训 1:编写一个程序,用于显示当前目录下的文件和目录信息,类似于 DOS 中的 dir 命令。

实训 2:在 C:\test 目录下创建一个文件 example.txt,然后列出该文件的绝对路径、上一级目录以及该文件的最后修改时间和文件大小。

23.5.3　简要提示

实训 1:DOS 中的 dir 命令一般会显示子目录的个数和文件的个数、文件的总长度、文件的类型(是普通文件还是目录)。根据这个思路,会用到文件的 exists()方法、ifFile()方法、isDirectory()方法等。

实训 2:该程序中用到文件的创建、getAbsolutePath()方法、getParent()方法、lastModified()方法和 length()方法等。

23.5.4　程序代码

实训 1:程序代码参见本教材教学资源。

实训 2:代码填空

```
import java.io.*;
public class Dir2{
    public class void main(String args[]){
        File f1 = new File("c:\\test\\example.txt");          //创建文件对象
        System.out.println(f1);
```

```
        System.out.println("文件是否存在:"+ ________);
        System.out.println("绝对路径是:"+ ________);
        System.out.println("是否为绝对路径:"+ ________);
        System.out.println("是否为一个文件:"+ ________);
        System.out.println("文件名是:"+ ________);
        System.out.println("上一级目录是:"+ ________);
        System.out.println("最后修改时间是:"+ ________);
        System.out.println("文件大小为:"+ ________);
    }
}
```

23.5.5　实训思考

(1) 如何在制定的目录下创建一个目录?

(2) 如何列出目录中的文件名?

23.6　动脑想一想

23.6.1　简答题

1. Java 中基本的输入/输出封装在哪里?

2. 常用的 File 类在 Java 哪个包中?

23.6.2　选择题

1. 下面类中的方法可以创建目录的是(　)。

A. File　　B. DataOutput　　C. FileOutputStream　　D. Directory

2. 文件类所提供的方法中,mkdir 方法是指(　)。

A. 判断是否为一个目录　　B. 建立目录

C. 取得文件名或者目录名　　D. 返回绝对路径

3. 文件类所提供的方法中,isAbsolute 方法是指(　)。

A. 判断是否为一个目录　　B. 判断是否为一个文件

C. 判断是否为绝对路径　　D. 判断文件或目录是否隐藏

4. 文件类所提供的方法中,用来显示当前目录下的所有文件和子目录的是(　)。

A. lastModified　　B. List　　C. listFiles　　D. listRoots

5. 以下方法中,不能生成一个文件对象或者目录的是(　)。

A. File file1 = new File("d:\\abc\\123.txt");

B. File file2 = new File("d:\\abc","123.txt");

C. File file3 = new File("file2","123.txt");

D. File file4 = new File("file2");

23.6.3　编程题

1. 编写一个程序,判断 D:\temp 目录中的 abc.java 文件是否可读、该文件的长度和绝对路径。

2. 编写一个程序 FileInfo.java 存放在目录 E:\abc\123 下。要求:调用 File 的方法获取文件 FileInfo.java 的相关信息。

任务二十四　顺序进出之道(文件的顺序访问)

知识点:流的概念和分类;字节流和字符流;InputStream 类和 OutputStream 类;Reader 类和 Writer 类。

能力点:掌握输入/输出流对文件的读写;掌握控制台的标准输入/输出。

24.1　跟我做:创建文件

24.1.1　任务情景

编写一个程序,完成如下要求:

(1) 用字节流读/写文件,数据包括庄园建造年份、面积、出售与否。

(2) 用字符流读/写文件,数据包括 2012,333.888,false。

24.1.2　运行结果

程序运行之后,打开文件 building.text,结果如图 24-1 和图 24-2 所示。

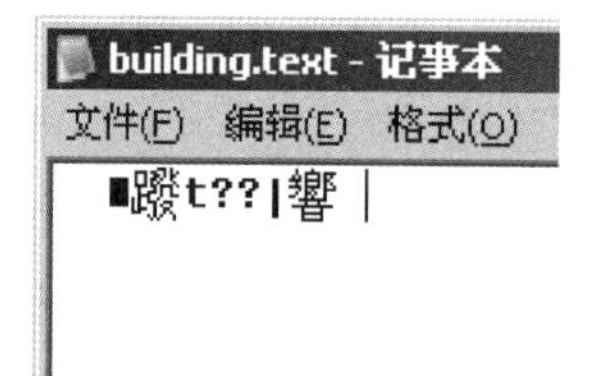

图 24-1　用字节流生成的二进制文件

图 24-2　用字符流生成的文本文件

24.2　实现方案

用字节流读/写文件,采用 InputStream/OutputStream、FileInputStream/FileOutputStream、DataInputStream/DataOutputStream 流类,实现字节流的输入/输出。

用字符流读/写文件 Reader/Writer、FileReader/FileWriter、BufferedReader/BufferedWriter 流类,处理字符流的输入/输出。

(1) 打开 Eclipse,在 study 项目中创建包 com.task24,再确定类名 SequenceAccess,得到类的框架。

```
package com.task24;                          //创建包 com.task24
public class SequenceAccess{                 //定义类 SequenceAccess
    /**
     * @param args
     */
    public static void main(String[] args) { //程序的入口
        // TODO Auto-generated method stub
    }
}
```

(2) 在"public class SequenceAccess {"下面输入类的方法：

```
public static void writeBinaryFile(String fileName) throws IOException {} //用字节流类写文件
public static void readBinaryFile(String fileName) throws IOException {}  //用字节流类读文件
public static void writeTextFile(String fileName) throws IOException {}   //用字符流类写文件
public static void readTextFile(String fileName) throws IOException {}    //用字符流类读文件
```

(3) 将"//TODO Auto - generated method stub"替换为如下程序：

```
String fileName = "D:/userData/123/current/building.text";
……
//详细实现代码参见 24.3
```

(4) 运行程序。

24.3 代码分析

24.3.1 程序代码

```
package com.task24;
import java.io.*;
/**
 * @author wang
 * SequenceAccess.java
 * 文件顺序访问
 */
public class SequenceAccess {
    /*字节流写二进制数据*/
    /*基本数据类型的写入是以其在内存中的形式,即二进制格式进行的,而不是通常的自然语言格式。*/
    public static void writeBinaryFile(String fileName) throws IOException {
        int year = 2012;                  //建造年份
        double area = 333.888;            //面积
        boolean truefalse = false;        //出售与否
        DataOutputStream dos = null;      //流
        try {
            dos = new DataOutputStream(new FileOutputStream(fileName));     //创建流
        } catch (FileNotFoundException fe) {
            System.out.println("File Not Found");
            return;
        }
        try {
            dos.writeInt(year);           //按字节写数据
            dos.writeDouble(area);
            dos.writeBoolean(truefalse);
            System.out.println("\tfile size:" + dos.size() + " Bytes");     //文件的大小
        } catch (IOException ioe) {
            System.out.println("Error while writing");
        }
```

```
        dos.close();                                              //关闭流
    }

    /* 字节流读二进制数据 */
    /* 基本数据类型的读取是以其在内存中的形式,即二进制格式进行,而不是通常的自然语言格式。*/
    public static void readBinaryFile(String fileName) throws IOException {
        int year;                                                 //建造年份
        double area;                                              //面积
        boolean truefalse;                                        //出售与否
        DataInputStream dis = null;                               //流
        try {
            dis = new DataInputStream(new FileInputStream(fileName));//创建流
        } catch (FileNotFoundException fe) {
            System.out.println("File Not Found");
        }
        try {
            year = dis.readInt();                                 //读取整型数据
            area = dis.readDouble();                              //读取双精度型数据
            truefalse = dis.readBoolean();                        //读取布尔型数据
        } catch (IOException ioes) {
            System.out.println("Error while Reading");
        }
        dis.close();                                              //关闭流
    }

    /* 字符流写数据 */
    /* 基本数据类型的写入是以字符格式进行,即通常的自然语言格式。*/
    public static void writeTextFile(String fileName) throws IOException {
        String str = "2012\r\n333.888\r\nfalse\r\n";            //待写数据
        FileWriter fw = null;
        try {
            fw = new FileWriter(fileName);                        //创建流
        } catch (IOException ioe) {
            System.out.println("Error opening file");
            return;
        }
        fw.write(str);                                            //写数据
        fw.close();                                               //关闭流
    }

    /* 字符流读数据 */
    /* 基本数据类型的读是以字符格式进行,即通常的自然语言格式。*/
    public static void readTextFile(String fileName) throws IOException {
        String str;
        BufferedReader br = null;
```

```
        try {
            br = new BufferedReader(new FileReader(fileName)); //创建流
        } catch (IOException ioe) {
            System.out.println("Error opening file");
            return;
        }
        while ((str = br.readLine()) != null) {             //读数据
            System.out.println(str);
        }
        br.close();                                         //关闭流
    }

    /**
     * @param args
     */
    public static void main(String[] args) {
        //
        String fileName = "D:/userData/123/current/building.text";
        /*用字节流写二进制数据 */
//        try {
//            writeBinaryFile(fileName);
//        } catch (IOException ioe) {
//            System.out.println("Error while writing");
//        }
        /* 用字节流读二进制数据 */
//        try {
//            readBinaryFile(fileName);
//        } catch (IOException ioe) {
//            System.out.println("Error while Reading");
//        }
        /* 用字符流写文本数据 */
        try {
            writeTextFile(fileName);
        } catch (IOException ioe) {
            System.out.println("Error while writing");
        }
        /* 用字符流读文本数据 */
        try {
            readTextFile(fileName);
        } catch (IOException ioe) {
            System.out.println("Error while Reading");
        }

}
```

24.3.2 应用扩展

System.in 是 Java 中的标准输入流，与系统底层打交道，必须声明为字节流。利用 InputStreamReader 类，连接 System.in，将字节流转换为字符流，再利用 BufferedReader 类提高效率。

```
/*从键盘输入数据,写入文件*/
public static void standardInput(String fileName) throws IOException {
        String str;
        FileWriter fw = null;
        BufferedReader br = new BufferedReader(new InputStreamReader(System.in));  //创建流
        try {
            fw = new FileWriter(fileName);
        } catch (IOException ioe) {
            System.out.println("Error opening file");
            return;
        }
        System.out.println("Enter text with'exit' to quit");
        do {
            str = br.readLine();
            if (str.equals("exit")) {
                break;
            }
            str = str + "\r\n";
            fw.write(str);
        } while (true);
        fw.close();
        br.close();
}
```

24.4 必备知识

24.4.1 输入/输出流简介

流式输入/输出是一种输入/输出方式。流是指计算机输入/输出时运动的数据序列。流序列中的数据既可以是未经加工的原始的二进制数据，也可以是经一定编码处理后符合某种格式规定的特定数据。

Java 程序通过流来完成输入/输出。流通过 Java 的输入/输出系统与物理设备相连。相同的输入/输出类和方法适用于所有类型的外部设备。一个输入流能够抽象多种不同类型的输入，如磁盘文件、键盘或网络套接字。同样，一个输出流可以输出到控制台、磁盘文件或者相连的网络。Java 中流是在 java.io 包中类层次结构内部实现的。

在 Java 语言中，把不同类型的输入、输出源(键盘、文件、网络等)抽象为流(Stream)，而其中输入或输出的数据则称为数据流。输入流只能从中读取数据，而不能向其写入数据；输出流只能向其写出数据，而不能从中读取数据。

Java 语言定义了两种类型的流：字节类和字符类。它们属于基本输入/输出流类，是其他输入/输出流类的父类。

注意:在最底层,所有的输入/输出都是字节形式的。基于字符的流只为处理字符提供方便有效的方法。

Java 的 java. io 包中,所有输入流类都是 InputStream 抽象类或 Reader 抽象类的子类,而所有输出流都是 OutputStream 抽象类或 Writer 抽象类的子类。java. io 包提供了全面的输入/输出接口,包括文件读/写、标准设备输入/输出等。

1. 字节流

字节流表示以字节为单位从流中读取或往流中写入信息。InputStream/OutputStream 是字节流的父类。

InputStream 抽象类的子类如表 24－1 所列。

表 24－1　InputStream 抽象类的子类

类　名	说　明
ByteArrayInputStream	把内存中的一个缓冲区作为 InputStream 使用
StringBufferInputStream	把一个 String 对象作为 InputStream
FileInputStream	把一个文件作为 InputStream,实现对文件的读取操作
PipedInputStream	实现了 pipe 的概念,主要在线程中使用
SequenceInputStream	把多个 InputStream 合并为一个 InputStream

OutputStream 抽象类的子类如表 24－2 所列。

表 24－2　OutputStream 抽象类的子类

类　名	说　明
ByteArrayOutputStream	把信息存入内存中的一个缓冲区中
FileOutputStream	把信息存入文件中
PipedOutputStream	实现了 pipe 的概念,主要在线程中使用
SequenceOutputStream	把多个 OutStream 合并为一个 OutStream

2. 字符流

字符流以 Unicode 字符为单位从流中读取或往流中写入信息。

Reader 抽象类的子类如表 24－3 所列。

表 24－3　Reader 抽象类的子类

类　名	说　明
CharArrayReader	与 ByteArrayInputStream 对应
StringReader	与 StringBufferInputStream 对应
FileReader	与 FileInputStream 对应
PipedReader	与 PipedInputStream 对应

Writer 抽象类的子类如表 24－4 所列。

表 24-4 Writer 抽象类的子类

类 名	说 明
CharArrayWrite	与 ByteArrayOutputStream 对应
StringWrite	与 StringBufferOutput Stream 对应
FileWrite	与 FileOutputStream 对应
PipedWrite	与 PipedOutputStream 对应

字符流基本上有与之对应的字节流。对应类实现的功能相同,如 CharArrayReader 和 ByteArrayInputStream 的作用都是把内存中的一个缓冲区作为 InputStream 使用,所不同的是前者每次从内存中读取一个字节的信息,而后者每次从内存中读取一个字符。

3. 字节流与字符流转换

InputStreamReader 类和 OutputStreamReader 类把字节流转换成字符流。

24.4.2 输入/输出流操作一般步骤

当需要在数据源与目标之间读/写数据时,首先要在它们之间建立流连接。一般进行读/写操作的步骤如下:

(1) 根据读/写操作,选择是使用 InputStream/OutputStream 或者 Reader/Writer。

(2) 明确操作的目标是文件、缓存、对象等,选定相应操作的类。

(3) 选定好了类之后,创建该类的对象,一般通过传入该类构造方法的参数来建立流连接。

(4) 完成读/写操作。

(5) 使用 close()方法关闭流连接,刷新缓存,释放资源。

24.4.3 字节流(InputStream/OutputStream)

1. 字节输入流

InputStream 是输入字节数据用的类,它定义了所有输入流所需要的方法,如表 24-5 所列。

表 24-5 InputStream 类的方法

方 法	说 明
int read()	从输入数据流中读取下一个字节
long skip(long n)	跳过数据流中的 n 个字节
int available()	返回输入数据流中的可用字节数
void mark(int readimit)	在流中标记一个位置
void reset()	返回到流中的标记位置
boolean markSupport()	返回一个 boolean 值,描述流是否支持标记和复位
void close()	关闭输入数据流
int read(byte[] b)	从输入数据流中读取字节并存入数组 b 中
int read(byte[] b,int off,int len)	从输入数据流中读取 len 个字节并存入数组 b 中

2. 字节输出流

OutputStream是输出字节数据用的类,它定义了所有输出流所需要的方法,如表24-6所列。

表24-6　OutputStream类的方法

方　法	说　明
void close()	关闭输出数据流,并释放相关的系统资源
void flush()	强制输出数据流的字节到指定外部设备
void write(byte[] b)	写入数据流字节到指定数组b中
void write(byte[] b,int off,int len)	从数据流中写入len个字节并放入指定数组b中
void write(int b)	写入一个字节到数据流中

24.4.4　FileInputStream/FileOutputStream

FileInputStream从文件系统中获得输入字节,一般用于读取诸如图像数据之类的原始字节流。而FileOutputStream是用于将数据写入输出流。

FileInputStream是从InputStream中派生出来的简单输入类。该类的所有方法都是从InputStream类继承来的。同样,FileOutputStream则是从OutputStream中派生出来的输出类。

24.4.5　DataInputStream/DataOutputStream

DataInputStream/DataOutputStream类创建的对象被称为数据输入流/数据输出流。这是很有用的两个流,允许程序按与机器无关的方式读取Java原始数据,即按数据类型读取。如当读取一个int类型数值时,不必关心读多少个字节。

1. DataInputStream/DataOutputStream类的构造方法

DataInputStream(InputStream is)将创建的数据输入流指向一个由参数is指定的输入流,以便从is中读取数据(按照与机器无关的风格读取,即按数据类型读取)。

DataOutputStream(OutputStream os)将创建的数据输出流指向一个由参数os指定的输出流,然后通过数据输出流把数据写到输出流os。

2. DataInputStream/DataOutputStream类的常用方法

DataInputStream/DataOutputStream类的常用方法如表24-7所列。

表24-7　DataInputStream/DataOutputStream类的常用方法

方　法	说　明
close()	关闭文件
readBoolean()	从文件中读取一个布尔值,0代表false;其他值代表true
readByte()	从文件中读取一个字节
readChar()	从文件中读取一个字符(2个字节)
readDouble()	从文件中读取一个双精度浮点值(8个字节)
readFloat()	从文件中读取一个单精度浮点值(4个字节)
readInt()	从文件中读取一个int值(4个字节)

续表 24-7

方　法	说　明
readLong()	从文件中读取一个长型值(8 个字节)
readShort()	从文件中读取一个短型值(2 个字节)
readUnsignedByte()	从文件中读取一个无符号字节(1 个字节)
readUnsignedShort()	从文件中读取一个无符号短型值(2 个字节)
readUTF()	从文件中读取一个 UTF 字符串
skipBytes(int n)	在文件中跳过给定数量的字节
writeBoolean(Boolean v)	把一个布尔值作为单字节值写入文件
writeBytes(String s)	向文件写入一个字符串
writeChars(String s)	向文件写入一个作为字符数据的字符串
writeDouble(double v)	向文件写入一个双精度浮点值
writeFloat(float v)	向文件写入一个单精度浮点值
writeInt(int v)	向文件写入一个 int 值
writeLong(long v)	向文件写入一个长型 int 值
writeShort(int v)	向文件写入一个短型 int 值
WriteUTF(String s)	写入一个 UTF 字符串

24.4.6 BufferedInputStream/BufferedOutputStream

为了减少设备的输入/输出次数,加快输入/输出速度,Java 提供了带缓冲的输入/输出过滤流类 BufferedInputStream/BufferedOutputStream,简称缓冲流类。类的构造函数中 size 参数用于指定缓冲区的大小。默认缓冲区的大小为 512 个字节。

BufferedInputStream/BufferedOutputStream 类的常用方法如表 24-8 所列。

表 24-8　BufferedInputStream/BufferedOutputStream 类的常用方法

方　法	说　明
int read()	从输入数据流中读取下一个字节
int read(byte[] b,int off,int len)	在此字节输入流中从给定的偏移量开始将各字节读取到指定的 byte 数组中
long skip(long n)	跳过数据流中的 n 个字节
int available()	返回可以不受阻塞地从此输入流读取的字节数
void mark(int readlimit)	在流中标记一个位置
void reset()	返回到流中的标记位置
boolean markSupported()	测试此输入流是否支持 mark 和 reset 方法
void close()	关闭此输入流并释放与该流关联的所有系统资源
void write(int b)	将指定的字节写入此缓冲的输出流
void write(byte[] b,int off,int len)	将指定 byte 数组中从偏移量 off 开始的 len 个字节写入此缓冲的输出流
void flush()	刷新此缓冲的输出流

24.4.7 字符流(Reader/Writer)

1. 字符类输入流

Reader 类是输入字符数据用的类,与 InputStream 类相比,差别在于 InputStream 类中用的是 byte 类型,而 Reader 类中用的是 char 类型,其方法如表 24-9 所列。

表 24-9 Reader 类的方法

方　法	说　明
int read()	读取单一字符
long skip(long l)	跳过数据流类 1 个字节
void mark()	在流中标记一个位置
void reset()	返回到流中标记的位置
Boolean ready()	测试流是否可读取
boolean markSupport()	返回一个 boolean 值,描述流是否支持标记和复位
void close()	关闭流
int read(char[] ch)	读取一个字符数组
int read(char[] ch,int offset,int length)	从输入数据流中读取 length 长的字符到 ch 内

2. 字符类输出流

Writer 类是输出字符数据用的类,与 OutputStream 类相比,差别在于 OutputStream 类中用的是 byte 类型,而 Writer 类中用的是 char 类型,其方法如表 24-10 所列。

表 24-10 Writer 类的方法

方　法	说　明
void close()	关闭流
void flush()	将缓冲区的数据输出到流
void write(char[] ch)	将一个字符数组输出到流
void write(char[] c,int off,int len)	将一个数组内从 off 起的 len 长的字符串输出到流
void write(int b)	将一个字符输出到流
void write(String s)	将一个字符串输出到流
void write(String s,int off,int len)	将一个字符串内从 off 起的 len 长的字符串输出到流

24.4.8 InputStreamReader/OutputStreamWriter

这两个是转换流, InputStreamReader 对象接受一个字节输入流作为源,产生相关的 Unicode 字符;OutputStreamReader 对象接收一个字节输出流作为目标,产生 Unicode 字符的字节编码格式。这些类起着桥梁的作用,以一种统一的、平台无关的方式,使用现存的 8 位字符编码,用于本机字符集。

注意:这种转换是单向的,并不存在把字符流转换成字节流的类。

InputStreamReader/OutputStreamWriter 类的常用方法如表 24-11 所列。

表 24 - 11 InputStreamReader/OutputStreamWriter 类的常用方法

方 法	说 明
String getEncoding()	返回此流使用的字符编码的名称
int read()	读取单个字符
Int read(char[] cbuf,int offset,int length)	将字符读入数组中的某一部分
boolean ready()	告知是否准备读取此流
void close()	关闭该流
void flush()	刷新该流的缓冲
void write(str,int off,int len)	写入字符串的某一部分
void write(char[] cbuf,int off,int len)	写入字符数组的某一部分
void write(int c)	写入单个字符

24.4.9 FileReader/FileWriter

FileReader/FileWriter 是与 FileInputStream/FileOutputStream 等价的读取器,它们分别是 Reader/Writer 的子类。FileInputStream 使用字节读取文件,字节流不能直接操作 Unicode 字符,所以 Java 提供了字符流。由于汉字在文件中占用 2 个字节,如果使用字节流,读取不当会出现乱码现象,采用字符流就可以避免这个现象,因为,在 Unicode 字符中,一个汉字被看做一个字符。

FileReader 类的方法继承自类 InputStreamReader、Reader 和 Object。

FileWriter 类的方法继承自类 OutputStreamReader、Writer 和 Object。

24.4.10 BufferedReader/BufferedWriter

BufferedReader 类从字符输入流中读取文本,缓冲各个字符,从而实现字符、数组和行的高效读取。它可以指定缓冲区的大小,或者可使用默认的大小。大多数情况下,默认值就足够大了。

通常,Reader 所作的每个读取请求都会导致对底层字符或字节流进行相应的读取请求。因此,建议用 BufferedReader 包装所有其 read()操作可能开销很高的 Reader(如 FileReader 和 InputStreamReader)。例如:

```
BufferedReader in = new BufferedReader(new FileReader("foo.in"));
```

BufferedWriter 类将文本写入字符输出流,缓冲各个字符,从而提供单个字符、数组和字符串的高效写入。该类提供了 newLine()方法,它使用平台自己的行分隔符概念,此概念由系统属性 line.separator 定义。并非所有平台都使用新行符 ('\n')来终止各行。因此调用此方法来终止每个输出行要优于直接写入新行符。

通常 Writer 将其输出立即发送到底层字符或字节流。除非要求提示输出,否则建议用 BufferedWriter 包装所有其 write()操作可能开销很高的 Writer(如 FileWriters 和 OutputStreamWriters)。例如:

```
PrintWriter out = new PrintWriter(new BufferedWriter(new FileWriter("foo.out")))
```

BufferedReader/BufferedWriter 类的常用方法如表 24－12 所列。

表 24－12　BufferedReader/BufferedWriter 类的常用方法

方　法	说　明
int read()	读取单个字符
int read(char[] cbuf, int off,int len)	将字符读入数组的某一部分
String readLine()	读取一个文本行
long skip(long n)	跳过字符
boolean ready()	判断此流是否已准备好被读取
boolean markSupported()	判断此流是否支持 mark()操作
void mark(int readAheadLimit)	标记流中的当前位置
void reset()	将流重置到最新的标记
void close()	关闭该流并释放与之关联的所有资源
void write(int c)	写入单个字符
void write(char[] cbuf, int off,int len)	写入字符数组的某一部分
void write(String s, int off, int len)	写入字符串的某一部分
void newLine()	写入一个行分隔符
void flush()	刷新该流的缓冲
void close()	关闭此流,但要先刷新它

24.5　动手做一做

24.5.1　实训目的

掌握输入/输出类的常用方法;掌握文件的顺序访问方法;掌握常用的输入/输出类的用法。

24.5.2　实训内容

实训 1:编写一个程序 FileEncrypt,读取文件的字节码,然后取出 8 位的字节码的高 4 位和低 4 位进行交换,形成一个新的字节,以此进行文件的加密。例如,10101101 字节码,高 4 位为 1010,低 4 位为 1101,交换生成一个新的字节 11011010。

实训 2:编写一个程序,将几个 Java 类型的数据写到一个文件中,并读出来。

24.5.3　简要提示

实训 1:为了取出高 4 位和低 4 位,可将字节整数除以 16,求出的商数即为高 4 位数字,求出的余数即为低 4 位的数字。由于这种加密方法具有对称性,因此利用 FileEncrypt 程序加密某个文件后,再次执行该程序处理加密后的文件,就相当于将加密后的文件进行了解密。请根据此思路补充以下代码:

```
import java.io.*;
public class FileEncrypt {
    public static void main(String args[]){
        if(args.length!=2)
            System.out.println("Usage:FileEncrypt encfile decfile");
        else{
            File f_obj1 = new File(args[0]);
            File f_obj2 = new File(args[1]);
            if(!f_obj1.isFile())
                System.out.println("文件" + args[0] + "并不存在");
            else{
                try{
                    FileInputStream fins = new FileInputStream(f_obj1);
                    FileOutputStream fouts = new FileOutputStream(f_obj2);
                    int in_date = 0;
                    do{
                        in_date = fins.read();
                        if(in_date! = -1){
                            int hight = ________________;    //求商数
                            int lower = ________________;    //求余数
                            int out_date = ______________;   //交换高低 4 位的位置
                            fouts.write(out_date);
                        }
                    }while(in_date! = -1);
                    fins.close();
                    fouts.close();
                }catch(IOException e){
                    System.out.println("文件 IO 出错!");
                }
            }
        }
    }
}
```

24.5.4 程序代码

程序代码参见本教材教学资源。

24.5.5 实训思考

(1) 在实训 1 中,若密文的实现方式是将一个英文的明文采用以下的对应方式实现,该如何修改程序?

a—z

b—y

c—x

⋮

x—c

y—b

z—a

(2) 查阅资料了解什么是串行化和反串行化？要定义一个可串行化的类应该注意哪些问题？

24.6　动脑想一想

24.6.1　简答题

1. InputStream 类和 Reader 类的 read()方法的取值范围各是什么？

2. OutputStream 类和 Writer 类的 write()方法的写入位数各是什么？

3. DataInputStream(DataOutputStream)和 ObjectInputStream(ObjectOutputStream)分别适用于存取什么数据？

4. 下面的程序实现的是查询文件信息的方法，请补充程序。

```
import java.io.*;
public class A22 {
  File filetocheck;
  public static void main(String args[])throws IOException{
      if ________________{
          for(int i = 0;i<args.length;i++){
              File filetocheck = new File(args[i]);
              info(filetocheck);
          }
      }else{
          File filetocheck = new File("A22.java");
          info(filetocheck);
      }
  }
  public static void info(File f)throws IOException{
      System.out.println("文件名:\t" + ______________);
      System.out.println("绝对路径:\t" + ________________________);
      if ______________{
          System.out.println("File exists.");
          System.out.println((f.canRead()?"And is Readable":""));
          System.out.println((f.canWrite()?"And is writeable":""));
          System.out.println(".");
          System.out.println("File is" + f.length() + "bytes.");
      }else{
          System.out.println("File does not exists.");
      }
  }
}
```

5. 下面的程序中是否存在错误？如果存在，指出错误并更正。

```
import java.io.*;
public class test1{
    public static void main(String args[]) {
        FileInputStream test1 = new FileInputStream("test.txt");
        System.out.println("Open file test.txt");
    }
}
```

24.6.2 选择题

1. 下面( )最适合于把一个文件按行读入 String 对象中。

A. FileInputStream in=new FileInputStream("file.name");

B. DataInputStream in=new DataInputStream(new FileInputStream("file.name"));

C. DataInputStream in= new DataInputStream(new FileInputStream("file.name","r"));

D. BufferedReader in = new BufferedReader(new InputStreamReader(new FileInputStream("file.name")));

E. BufferedReader in = new BufferedReader(new InputStreamReader(new FileInputStream("file.name","8859_1")));

2. InputStream 类的方法中,long skip(long n)方法是指( )。

A. 从输入数据流中读取下一个字节　　B. 关闭数据输入流

C. 在流中标记一个位置　　D. 跳过数据流中的 n 个字节

3. OutputStream 类的方法中,void write(int b)方法是指( )。

A. 关闭输入数据流　　B. 写入一个字节到数据输入流

C. 强制输出数据流的字节到指定外部设备　　D. 写入数据流字节到指定数组 b 中

4. 管道流中可容纳的最大缓存是( )。

A. 1 024 字节　　B. 512 字节　　C. 2 048 字节　　D. 256 字节

5. BufferedReader 类的方法中,void mark(int readAheadLimit)方法是指( )。

A. 从输入数据流中读取下一个字节　　B. 关闭数据输入流

C. 在流中标记一个位置　　D. 跳过数据流中的 n 个字节

24.6.3 编程题

1. 编写一个程序,在 d:\abc.txt 文件中写入如下内容:

```
Pi = 3.1415926
这不是:0
```

2. 用输入/输出写一个程序,让用户输入一些姓名和电话号码。每个姓名和电话号码将加在文件里。用户通过单击"Done"按钮告诉系统整个列表已输入完毕。如果用户输完整个列表,程序将创建一个输出文件并显示或打印出来。格式为 555 - 1212,Tom 123 - 456 - 7890,Peggy L. 234 - 5678,Marc 234 - 5678,Ron 876 - 4321,Beth&Brian 33.1.42.45.70,Jean - Marc。

3. 编写一个应用程序,完成文件的拷贝功能,文件名从命令行得到。

4. 编写一个程序,读取它自己的源代码并在控制台中输出(见图 24 - 3)。

5. 编写一个程序,将当前目录中所有以Java为后缀的文件列出来。

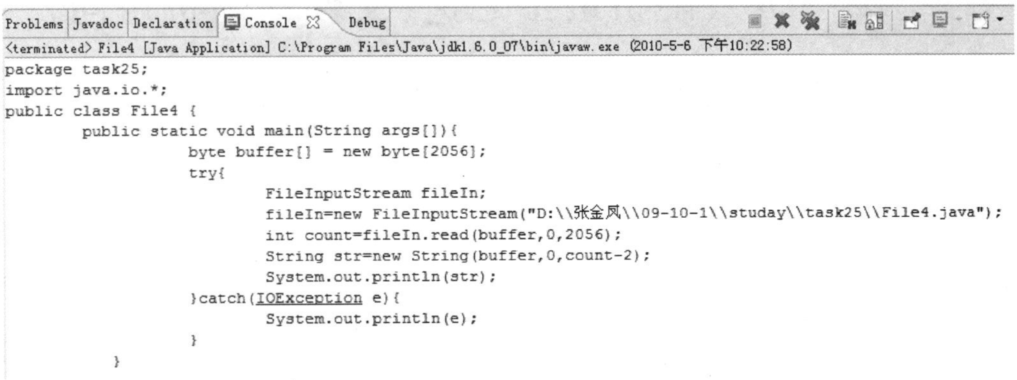

```
Problems Javadoc Declaration Console ☒ Debug
<terminated> File4 [Java Application] C:\Program Files\Java\jdk1.6.0_07\bin\javaw.exe (2010-5-6 下午10:22:58)
package task25;
import java.io.*;
public class File4 {
        public static void main(String args[]){
                byte buffer[] = new byte[2056];
                try{
                        FileInputStream fileIn;
                        fileIn=new FileInputStream("D:\\张金凤\\09-10-1\\studay\\task25\\File4.java");
                        int count=fileIn.read(buffer,0,2056);
                        String str=new String(buffer,0,count-2);
                        System.out.println(str);
                }catch(IOException e){
                        System.out.println(e);
                }
        }
```

图 24-3　编程题 4 程序运行结果图

任务二十五　随机进出之道(文件的随机访问)

知识点：随机文件；RandomAccessFile。

能力点：掌握随机访问的方式；掌握随机读取的方式。

25.1　跟我做：创建文件

25.1.1　任务情景

编写一个程序 RandomIODemo，为该程序创建一个随机文件，并向其中写入数值，随后修改其中某个输出的值。

25.1.2　运行结果

程序运行结果如图 25－1 所示。

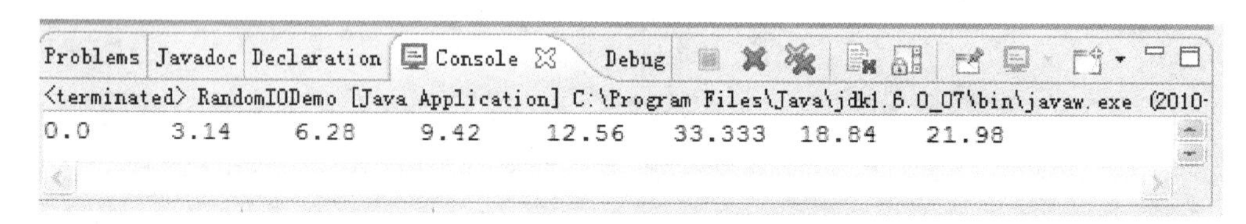

图 25－1　修改某个输出值的运行结果

25.2　实现方案

在这个程序中，使用了 RandomAccessFile 这个类，并且使用的是"rw"的文件访问权限。另外，RandomAccessFile 类的 seek()方法可以很方便地在一个文件的选定位置读写相关的内容。在此处使用 seek()方法定位到要修改的位置，然后使用 writeDouble(33.333)方法修改该处的数值。

(1) 打开 Eclipse，在 study 项目中创建包 com.task25，再确定类名 RandomIODemo，得到类的框架。

```
package com.task25;                           //创建包 com.task25
public class RandomIODemo{                    //定义类 RandomIODemo
    /**
     * @param args
     */
    public static void main(String[] args) {  //程序的入口
        // TODO Auto-generated method stub
    }
}
```

(2) 将"//TODO Auto－generated method stub"替换为如下程序：

```
String fileName = "D:/userData/123/current/rtest.dat";
……
//详细实现代码参见 25.3
```

(3) 运行程序。

25.3　代码分析

25.3.1　程序代码

```
package com.task25;
import java.io.IOException;
import java.io.RandomAccessFile;
/**
 * @author w
 *
 */
public class RandomIODemo {
    /**
     * @param args
     */
    public static void main(String[] args) throws IOException{
        String fileName = "D:/userData/123/current/rtest.dat";
        RandomAccessFile rf = new RandomAccessFile(fileName,"rw");//创建一个随机文件,开放读
                                                                  //写权限
            for(int i = 0;i<8;i++)                       //往其中写 8 个 double 型数值
                rf.writeDouble(i * 3.14);
            rf.close();                                  //关闭文件

            rf = new RandomAccessFile(fileName,"rw"); //使用时打开文件,并开放读写权限
            //定位到文件第 40 个字节之后,一个 double 数值占 8 个字节
            rf.seek(5 * 8);
            rf.writeDouble(33.333);                      //修改其内容
            rf.close();                                  //关闭文件

            rf = new RandomAccessFile(fileName,"r");  //以只读形式打开文件
            for(int i = 0;i<8;i++)                       //以相同的格式输出文件内容
                System.out.print(rf.readDouble() + "\t");
            rf.close();                                  //关闭文件
    }
}
```

25.3.2　应用扩展

使用 seek()方法可以定位到任意的位置,也可以将一条固定长度的记录写入随机读取文件或输出流的指定位置,还可以从输入流随机读入一条记录,或者读入指定位置的记录。参考方法分别如下:

```
// 将一条固定长度的记录写入随机读取文件中,假设为一个人的记录
private void writeData(RandomAccessFile out) throws IOException{
  FixStringIO.writeFixString(name,NAME_LENGTH,out);
```

```
    out.writeInt(age);
    out.writeDouble(salary);
    FixStringIO.writeFixString(married,MARRIED_LENGTH,out);
  }
  //将一条固定长度的记录随机写入输出流的指定位置
  public void writeData(RandomAccessFile out,int n)throws IOException{
    out.seek((n-1) * RECORD_LENGTH);
    writeData(out);
  }
  //从输入流随机读入一条记录,假设为一个人的记录
  private void readData(RandomAccessFile in)throws IOException{
    name = FixStringIO.readFixString(NAME_LENGTH,in);
    age = in.readInt();
    salary = in.readDouble();
    married = FixStringIO.readFixString(MARRIED_LENGTH,in);
  }
  //从输入流随机读入指定位置的记录
  public void readData(RandomAccessFile in,int n)throwsIOException{
    in.seek((n-1) * RECORD_LENGTH);
    readData(in);
  }
```

25.4 必备知识

25.4.1 RandomAccessFile 类

Java 语言提供了一个 RandomAccessFile 类来处理对一部分文件的输入/输出。RandomAccessFile 类创建的流与前面的输入/输出流不同,它既不是输入流类 InputStream 类的子类,也不是输出流类 OutputStream 类的子类,但是 RandomAccessFile 类创建的流的指向既可以作为源也可以作为目的地。换句话说,若想对一个文件进行读写操作时,可以创建一个指向该文件的 RandomAccessFile 流,这样既可以从这个流中读取文件的数据,也可以通过这个流写入数据到文件。

可以用如下两种方法来打开一个随机存取文件:

用文件名:

```
myRAFile = new RandomAccessFile(String name,String mode);
```

用文件对象:

```
myRAFile = new RandomAccessFile(File file, String mode);
```

其中,mode 参数决定了用户对这个文件的存取是只读,还是读写,用来控制文件访问权限。mode 取值可以为 r、rw、rws、rwd。

- "r"表示只读,如果试图进行写操作将引发异常 IOException。
- "rw"表示可读可写,如果文件不存在将会先创建该文件。
- "rws"表示文件可读可写,并且要求每次更改文件内容或元数据(Metadata)时同步写

到存储设备中。

➢ “rwd”表示文件可读可写,并且要求每次更改文件内容时同步写到存储设备中。

RandomAccessFile 类按照与数据输入/输出对象相同的方式来读写信息。用户可以访问在 DataInputStream 和 DataOutputStream 中所有的 read()和 write()操作。

RandomAccessFile 类提供了方法,用来帮助用户在文件中移动。如:

```
long getFilePointer();        //返回文件指针的当前位置
void seek(long pos);          //设置文件指针到给定的绝对位置。这个位置是按照从文件开始的
                              //字节偏移量给出的。一般以位置 0 标志文件的开始
long length();                //返回文件的长度。位置 length()标志文件的结束
```

25.4.2　RandomAccessFile 类的常用方法

RandomAccessFile 类的常用方法如表 25-1 所列。

表 25-1　RandomAccessFile 类的常用方法

方法名	说　明
close()	关闭文件
getFilePointer()	获取文件指针的位置
length()	获取文件的长度
read()	从文件中读取一个字节的数据
readBoolean()	从文件中读取一个布尔值,0 代表 false;其他值代表 true
readByte()	从文件中读取一个字节
readChar()	从文件中读取一个字符(2 字节)
readDouble()	从文件中读取一个双精度浮点值(8 字节)
readFloat()	从文件中读取一个单精度浮点值(4 字节)
readFully (byte b[])	读 b.length 字节放入数组 b,完全填满该数组
readInt()	从文件中读取一个 int 值(4 字节)
readLine()	从文件中读取一个文本行
readLong()	从文件中读取一个长型值(8 字节)
readShort()	从文件中读取一个短型值(2 字节)
readUnsignedByte()	从文件中读取一个无符号字节(1 字节)
readUnsignedShort()	从文件中读取一个无符号短型值(2 字节)
readUTF()	从文件中读取一个 UTF 字符串
seek()	定位文件指针在文件中的位置
setLength()	设置文件的长度
skipBytes(int n)	在文件中跳过给定数量的字节
write(byte b[])	写 b.length 个字节到文件
writeBoolean(Boolean v)	把一个布尔值作为单字节值写入文件

续表 25-1

方法名	说　明
writeByte(int v)	向文件写入一个字节
writeBytes(String s)	向文件写入一个字符串
writeChar(char c)	向文件写入一个字符
writeChars(String s)	向文件写入一个作为字符数据的字符串
writeDouble(double v)	向文件写入一个双精度浮点值
writeFloat(float v)	向文件写入一个单精度浮点值
writeInt(int v)	向文件写入一个 int 值
writeLong(long v)	向文件写入一个长型 int 值
writeShort(int v)	向文件写入一个短型 int 值
WriteUTF(String s)	写入一个 UTF 字符串

25.5　动手做一做

25.5.1　实训目的

了解随机文本访问方式的含义;掌握随机访问文本的方法;掌握 RandomAccessFile 类的常用方法。

25.5.2　实训内容

实训 1:编写一个程序,把 5 个 int 型整数写入到一个名为 tom. dat 的文件中,然后按相反顺序读出这些数据。

实训 2:编写一个程序,实现向 e:\zhang. txt 文件中追加一段文本。

25.5.3　简要提示

实训 1:首先定位到文件末尾,然后将数据写入其中。因为是 6 个 int 型数据,所以需要采用数组。最后读取的时候采用的仍然是循环,但是是 step=-1 的递减循环,即可实现按相反顺序读出的效果。

实训 2:首先需要定位到该文本末尾,然后向其中写入需要追加的内容。

25.5.4　程序代码

程序代码参见本教材教学资源。

25.5.5　实训思考

(1) 实训 1 如果是字符,该如何修改代码?

(2) 实训 2 的追加文本的方法和任务二十四编程题 1 的写法有何不同?

25.6　动脑想一想

25.6.1　简答题

1. RandomAccessFile 类和 FileInputStream/FileOutputStream、File 等类有什么区别?

2. 如果当前目录不存在名为 Hello. txt 的文件,则下面代码的输出结果是什么?

```
import java.io.*;
public class File5 {
    public static void main(String args[]){
        File5 m = new File5();
        System.out.println(m.amethod());
    }
    public int amethod(){
      try{
          FileInputStream file = new FileInputStream("d:\\Hello.txt");
      }catch(FileNotFoundException e){
          return -1;
      }catch(IOException e){
          System.out.println("Doing finally");
      }
      return 0;
    }
}
```

3. 如果当前目录中存在 Help. txt、Demo. java 和 Autoexec. bat 这三个文件,则执行下面的代码所得到的结果是什么?

```
package bbb;
import java.io.*;
public class FilterDemo extends Object implements FilenameFilter{
    public boolean accept(File dir,String name){
        return name.endsWith(".bat");
    }
    public static void main(String args[]){
        File curr = new File(".");
        String[] batfiles = curr.list(new FilterDemo());
        for(int i = 0;i<batfiles.length;i++){
            System.out.println(batfiles[i]);
        }
    }
}
```

4. RandomAccessFile 类的常用方法有哪些?

5. RandomAccessFile 类的构造方法有哪几种?其中的 mode 代表什么?

25.6.2 选择题

1. 要从"file. dat"文件中读出第 10 字节到变量 c 中,下列方法中适合的是(　)。

A. FileInputStream in=new FileInputStream("file. dat"); in. skip(9); int c=in. read();

B. FileInputStream in=new FileInputStream("file. dat"); in. skip(10); int c=in. read();

C. FileInputStream in=new FileInputStream("file. dat"); int c=in. read();

D. RandomAccessFile in=new RandomAccessFile("file. dat"); in. skip(9); int c=in. readByte();

2. 字符流与字节流的区别在于(　)。

A. 前者带有缓冲,后者没有　　B. 前者是块读写,后者是字节读写

C. 二者没有区别,可以互换使用　　D. 每次读写的字节数不同

3. 构造 BufferedInputStream 的合适参数是(　)。

A. BufferedInputStream　　B. BufferedOutputStream　　C. FileInputStream

D. FileOuterStream　　E. File

4. 在编写 Java Application 程序时,若需要使用到标准输入/输出语句,必须在程序的开头写上(　　)语句。

A. import java. awt. * ;　　B. import java. applet. Applet;

C. import java. io. * ;　　D. import java. awt. Graphics;

5. 下列流中不属于字符流的是(　)。

A. InputStreamReader　　B. BufferedReader　　C. FilterReader　　D. FileInputStream

25.6.3 编程题

1. 编写一个程序,先写入 20 个 int 型的整数,每个整数占 4 字节,然后打印出文件指针位置为 80,恰好 20×4 的大小。随后再将文件指针返回到文件初始位置 0,再写入不同的 31 个整数,打印出文件指针偏移为 124。最后把整个文件的数据打印出来,并观察结果。

2. 在 d 盘上新建两个文件 s1. txt 和 s2. txt,并分别在其中输入一些内容。编写程序,将文件 s1. txt 的内容追加到文件 s2. txt 的末尾。原 s1. txt 的文件内容为"qwertasdgzxcvbqwdsdr123123123123123123",原 s2. txt 的文件内容为"3123123123"。程序运行结束后,s1 的内容不变,s2 的内容变为"3123123123qwertasdgzxcvbqwdsdr123123123123123123"。程序运动结果如图 25 - 2 所示。

3. 编写一个程序,将文件 s1. txt 中的最后 10 个字符写入到文件 s2. txt 中。s1 的内容为"qwertasdgzxcvbqwdsdr123123123123123123",s2 的内容为"abcdefghijklmnopqrstuvwxyz"。程序运行后 s2 的内容变为"3123123123klmnopqrstuvwxyz"。程序运行结果如图 25 - 3 所示。

4. 编写一个程序,使用 RandomAccessFile 类及其方法把 Java 中基本数据类型的数据写入文件中,并从文件的任意位置读取数据,显示在屏幕上。程序运行结果如图 25 - 4 所示。

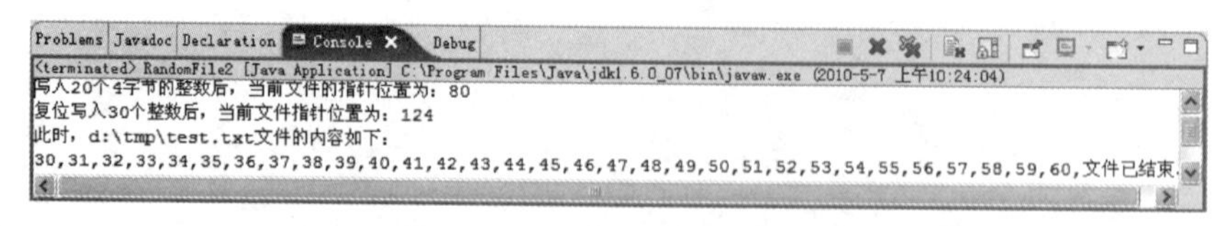

图 25 - 2　编程题 2 程序运行结果

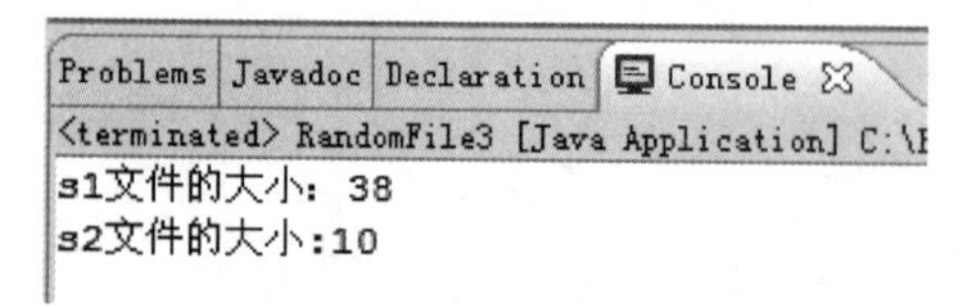

图 25 - 3　编程题 3 程序运行结果

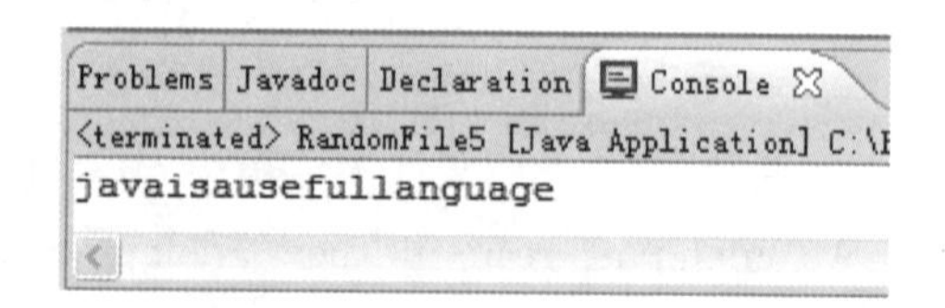

图 25 - 4　编程题 4 程序运行结果

任务二十六 Java的分身术(创建和启动线程)

知识点：Thread 类；Calendar 类；SimpleDateFormat 类。

能力点：会使用 Thread 类创建一个多线程应用程序；能使用 Calendar 类获取当前日期、时间和星期；能使用 SimpleDateFormat 类来格式化日期和时间。

26.1 跟我做：通过多线程实现电子时钟的功能

26.1.1 任务情景

运用 Java 多线程技术编写一个电子时钟的应用程序 Clock，运行程序时会显示系统的当前日期和时间，并且每隔 1 秒后会自动刷新显示当前日期和时间。

26.1.2 运行结果

程序运行的结果如图 26－1 所示。

图 26－1 电子时钟的运行结果

26.2 实现方案

26.2.1 问题分析

本任务是创建一个 Java 多线程应用程序，使用 Canvas 类创建一个画板，使用 Graphics 类在画板中绘制出系统当前日期和当前时间，使用 Thread 类创建一个线程。并重写线程中的 run()方法来现每隔 1 秒刷新显示系统的当前日期和当前时间。

26.2.2 解决步骤

(1) 打开 Eclipse，在 study 项目中创建包 com.task26，再确定类名 Clock，得到类的框架。

```
package com.task26;
public class Clock {
}
```

(2) 在“public class Clock {”下面一行创建对象和输入类的属性描述：

```
JFrame frame = new JFrame();
JPanel conPane;
Date timer;
String time;
int i = 0;
```

(3) 在 Clock 类中的 paint()方法中使用 Graphics 类的 drawString 方法显示系统的当前

日期和时间。

(4) 定义 ClockThread 线程类,在 ClockThread 线程类中的 run()方法中循环调用 repaint()方法刷新显示系统的当前日期和时间。

26.3 代码分析

26.3.1 程序代码

```
package com.task26;                                    //创建包 com.task26
/**
 * Clock.java
 * 电子时钟的实现
 */
import java.awt.BorderLayout;
import java.awt.Canvas;
import java.awt.Color;
import java.awt.Font;
import java.awt.Graphics;
import java.sql.Date;
import java.text.SimpleDateFormat;
import java.util.Calendar;
import javax.swing.JFrame;
import javax.swing.JPanel;
class Clock extends Canvas {
    private static final long serialVersionUID = 3660124045489727166L;
    JFrame frame = new JFrame();
    JPanel conPane;
    String time;
    int i = 0;
    Date timer;
    public Clock(){
        conPane = (JPanel)frame.getContentPane();
        conPane.setLayout(new BorderLayout());
        conPane.setSize(280,40);
        conPane.setBackground(Color.white);
        conPane.add(this,BorderLayout.CENTER);
        frame.setVisible(true);
        frame.setSize(300, 150);
        frame.setDefaultCloseOperation(JFrame.EXIT_ON_CLOSE);
    }
    public void paint(Graphics g){
        Font f = new Font("宋体",Font.BOLD,16);
        SimpleDateFormat SDF = new SimpleDateFormat("yyyy'年'MM'月'dd'日'HH:mm:ss");
                                                        //格式化时间显示类型
        Calendar now = Calendar.getInstance();
        time = SDF.format(now.getTime());               //得到当前日期和时间
```

```
            g.setFont(f);
            g.setColor(Color.orange);
            g.drawString(time,45,25);
        }
        public static void main(String args[]){
            Thread ClockThread = new ClockThread();
            ClockThread.start();
        }
    }
    class ClockThread extends Thread{
        Clock t = new Clock();
        public void run(){
            while(true){
                try{
                    Thread.sleep(1000);                              //休眠1秒
                }
                catch(InterruptedException e){
                    System.out.println("异常");
                }
                t.repaint(100);
            }
        }
    }
```

26.3.2　应用扩展

在电子时钟中可以加入星期的显示功能,上述代码部分修改如下:

```
    public void paint(Graphics g){
        Font f = new Font("宋体",Font.BOLD,16);
        SimpleDateFormat SDF = new SimpleDateFormat("yyyy'年'MM'月'dd'日'HH:mm:ss");
                                                    //格式化时间显示类型
        Calendar now = Calendar.getInstance();
        time = SDF.format(now.getTime());           //得到当前日期和时间
        g.setFont(f);
        g.setColor(Color.orange);
        g.drawString(time,45,25);
        //以下为计算星期的代码
        dayOfWeek = now.get(Calendar.DAY_OF_WEEK);
        switch (dayOfWeek) {
        case 1:
            g.drawString("星期日",120,60);
            break;
        case 2:
```

```
            g.drawString("星期一",120,60);
            break;
        case 3:
            g.drawString("星期二",120,60);
            break;
        case 4:
            g.drawString("星期三",120,60);
            break;
        case 5:
            g.drawString("星期四",120,60);
            break;
        case 6:
            g.drawString("星期五",120,60);
            break;
        case 7:
            g.drawString("星期六",120,60);
            break;
    }
```

修改代码后,重新运行程序,程序运行结果如图 26-2 所示。

图 26-2　加入星期后的电子时钟的运行结果

26.4　必备知识

26.4.1　线　程

在讲解线程之前,先了解一下什么是进程,简单地说,在多任务操作系统中,每个独立执行的程序称为进程,现在使用的操作系统一般都是多任务的,即能够同时执行多个应用程序,如使用最多的是 Windows、Linux、UNIX 操作系统。操作系统负责 CPU 等设备资源的分配和管理,虽然这些设备同一时刻只能被一个应用程序使用,但以非常小的时间间隔交替执行多个程序,就可以给人以同时执行多个程序的感觉。例如,可以同时运行两个 Word 应用程序。

线程是比进程更小的执行单位。一个进程在其执行过程中可以产生多个线程,每一个线程就是一个程序内部的一条执行线索,这些线程可以交替运行。

多任务与多线程是两个不同的概念。前者是针对操作系统而言的,表示操作系统可以同时运行多个应用程序;后者是针对一个程序而言的,表示在一个程序内部可以同时执行多个线程。

创建多线程有两种方法:继承 Thread 类和实现 Runnable 接口。

26.4.2　用 Thread 类创建线程

一个 Thread 类的一个实例对象就是 Java 程序的一个线程,所以 Thread 类的子类的实例对象也是 Java 程序的一个线程。因此,构造 Java 程序可以通过构造类 Thread 的子类的实例对象来实现。构造类 Thread 的子类主要目的是为了让线程类的实例对象能够完成线程程序所需要的功能。

通过这种方法构造出来的线程在程序执行时的代码被封装在 Thread 类或其子类的成员方法 run()中。为了使新构造出来的线程能完成所需要的功能,新构造出来的线程类应覆盖 Thread 类的成员方法 run()。

线程的启动或运行并不是调用成员方法 run(),而是调用成员方法 start()达到间接调用 run()方法的目的,线程的运行实际上就是执行线程的成员方法 run()。例如,通过继承 Thread 类创建线程,在主控程序中同时运行两个线程,输出奇数和偶数。

```
package com.task26;
public class Thread1 extends Thread {
    int i = 0;
    public Thread1(String name,int i) {
        super(name);
        this.i = i;
    }
    public void run(){
        int j = i;
        System.out.println(" ");
        System.out.print(getName() + ":");
        while(j< = 20) {
            System.out.print(j + " ");
            j += 2;
        }
    }
    public static void main(String args[]){
        Thread1 t1 = new Thread1("Thread1",1);
        Thread1 t2 = new Thread1("Thread2",2);
        t1.start();
        t2.start();
        System.out.println("活动线程个数为:" + activeCount());
    }
}
```

程序的运行结果如图 26 - 3 所示。

说明:

(1) 本程序的运行结果会因机器性能不同而不同。

(2) 要覆盖 Thread 类的成员方法 run(),使线程完成相应的功能。

(3) 在方法 main()中创建两个线程,线程被创建后不会自动执行线程,而需要调用 start()方法启动这两个线程。

(4) main()方法本身也是一个线程,在 main()方法中产生并启动两个线程后,输出活动线程个数为 3。

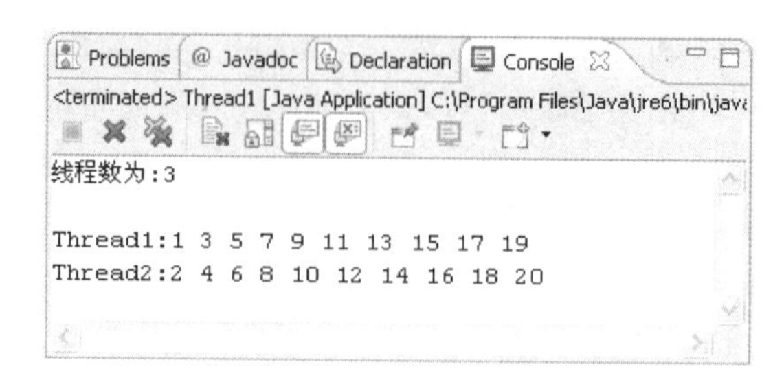

图 26 - 3 继承 Thread 类创建线程

26.4.3 用 Runnable 接口创建线程

由于 Java 规定类只能继承一个类,对于一个已经有父类的子类在实现线程时就不能用 Thread 类来实现了,而应采用 Runnable 接口来实现。例如,通过实现 Runnable 接口来创建线程。

```
package com.task26;
public class TestRunnable implements Runnable {
    public void run(){
        System.out.println(Thread.currentThread().getName() + "线程被创建执行");
    }
    public static void main(String args[]){
        TestRunnable r1 = new TestRunnable();
        TestRunnable r2 = new TestRunnable();
        Thread t1 = new Thread(r1);
        Thread t2 = new Thread(r2);
        t1.start();
        t2.start();
        System.out.println(Thread.currentThread().getName() + " 线程被创建执行");
    }
}
```

程序运行的结果如图 26 - 4 所示。

说明:

(1) Runnable 接口只有一个 run()方法,使用 Runnable 接口创建线程子类,必需重写 Runnable 接口中的 run()方法。

(2) TestRunnable 类的对象 r1 虽然有 run()方法的线程体,但其中没有 start()方法,所以 r1 不是一个线程对象,而只能作为一个带有线程体的目标对象。

(3) 如果线程类是继承 Thread 类,那么只需对其使用 new 来创建实例。如果是实现 Runnable 接口,就需要将类的实例传递给 Thread 构造器,即在 main()方法中,必需将对象 r1 及 r2 作为目标对象,构造出 Thread 类的线程类 t1 和 t2,通过调用 t1.start()和 t2.start()来启动线程。

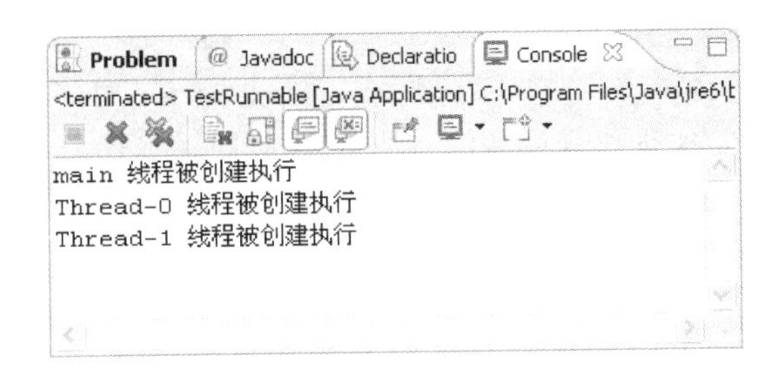

图 26-4　实现 Runnable 接口创建线程

26.5　动手做一做

26.5.1　实训目的

掌握创建线程的方法;掌握启动线程方法。

26.5.2　实训内容

运用 Java 多线程技术,通过实现 Runnable 接口来编写一个电子时钟的应用程序 RunnableClock,运行程序时会显示系统的当前日期和时间,并且每隔 1 秒后会自动刷新显示当前日期和时间。程序的运行结果如图 26-5 所示。

图 26-5　用 Runnable 接口来实现的电子时钟

26.5.3　简要提示

首先实现 Runnable 接口来创建一个类 RunnableClock,并重写 RunnableClock 类中的 run()方法来实现每隔 1 秒刷新显示系统的当前日期和当前时间,然后在 main()方法中将 RunnableClock 类实例化为对象 r,以对象 r 为目标对象创建线程对象 t。通过调用 t. start()启动线程。

26.5.4　程序代码

程序代码参见本教材教学资源。

26.5.5　实训思考

(1) 使用 Runnable 接口与 Thread 类创建线程有何区别?

(2) Runnable 接口包含 start()方法吗?

26.6　动脑想一想

26.6.1　简答题

1. 简述线程与进程的区别。

2. 简述在 Java 中实现多线程的方法。

3. 简述如何启动线程。

26.6.2　单项选择题

1. 一个 Java 程序运行后,在系统中作为一个(　)。

A. 线程　　B. 进程　　C. 进程或线程　　D. 不可预知

2. 一个线程对象的具体操作是由下列方法中的(　)确定的。

A. start()　　B. main()　　C. run()　　D. stop()

3. 下列方法中,(　)是实现线程启动的方法。

A. init()　　B. main()　　C. run()　　D. start()

4. 设已经编写好了一个线程类 Thread1,要在 main()方法中启动该线程,下列正确的是(　)。

A. new Thread1

B. Thread1 T1=new Thread1();T1.start();

C. Thread1 T1=new Thread1();T1.run();

D. new Thread1.start();

26.6.3　编程题

1. 编写一个简单的程序,用继承 Thread 类的方法,由 main()主线程创建两个新的线程,每一个线程输出从 1 到 20 后结束并退出,每输出一个数后注意要休眠 1 秒,否则程序运行很短就结束了。

2. 将编程题 1 改为用实现 Runnable 接口的方法来实现,并比较一下两个方法的不同。

任务二十七　线程的生命周期与优先级（线程的状态与调度）

知识点：线程的状态；线程的优先级；线程的通信。

能力点：熟练掌握线程的5种状态，并能控制线的状态；熟练掌握线程调度的优先级，能够解决多线程之间的数据同步问题。

27.1　跟我做："吃苹果"的线程调度

27.1.1　任务情景

要求爸爸妈妈不断地往盘子里放苹果，且每人每次只能放一个苹果，两个孩子不断从盘子里取苹果吃，且每人每次只能取一个苹果。4个线程同步执行、相互协调。放苹果时，盘子必须有空间，且不能同时放。取苹果时盘子里必须有苹果，且不能同时取。

27.1.2　运行结果

程序运行的结果如图27-1所示。

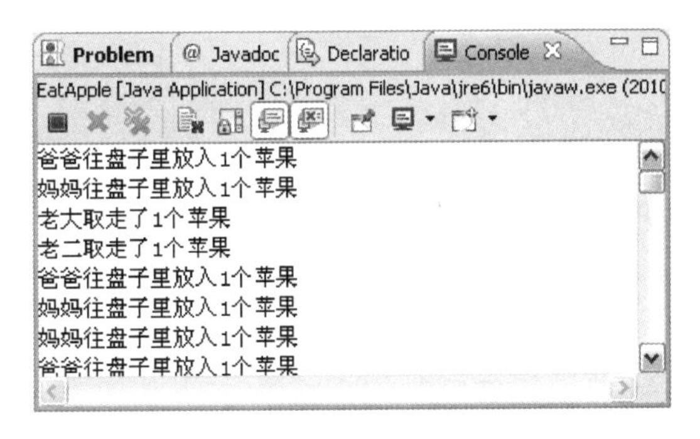

图27-1　"吃苹果"线程调度的运行结果

27.2　实现方案

27.2.1　问题分析

本任务是创建一个Java多线程状态设置与线程调度应用程序，首先创建一个普通类EatApple，在此类中创建两个方法。第一个方法为put()方法，实现将苹果放入到盘子中。第二个方法为get()方法，实现从盘子中取苹果。然后再创建两个线程来分别调用put()方法和get()方法完成苹果的取放操作。

27.2.2　解决步骤

(1) 打开Eclipse，在study项目中创建包com.task27，再确定类名EatApple，得到类的框架。

```
package com.task27;
public class EatApple {
}
```

(2) 在“public class EatApple{”下面一行输入类的属性描述:

```
int f = 5;              //一个盘子里最多可以放 5 个苹果
int n = 0;              //一个盘子里剩余的苹果数量
int num;                //最多可以放的苹果数量
int s = 0;              //已经放入的苹果数量
int z = 0;              //已经取走的苹果数量
```

(3) 在 EatApple 类中输入两个方法的定义:

```
public EatApple(int num) {
    this.num = num;
    }
    synchronized void put(){
        ……              //详细实现代码参见 27.3 节
    }
    synchronized void get(){
        ……              //详细实现代码参见 27.3 节
    }
    public static void main(String args[]){
        ……              //详细实现代码参见 27.3 节
    }
```

(4) 定义 producter 线程类,在 producter 线程类中的 run()方法中循环调用 EatApple 类中 put()方法完成放苹果的操作。

(5) 定义 constumer 线程类,在 constumer 线程类中的 run()方法中循环调用 EatApple 类中 gett()方法完成取苹果的操作。

27.3 代码分析

27.3.1 程序代码

```
package com.task27;
public class EatApple {
    int f = 5;                      //一个盘子里最多可以放 5 个苹果
    int n = 0;                      //一个盘子里剩余的苹果数量
    int num;                        //最多可以放的苹果数量
    int s = 0;                      //已经放入的苹果数量
    int z = 0;                      //已经取走的苹果数量
    public EatApple(int num) {
        this.num = num;}
        synchronized void put(){
        while(n> = f) {
            try{
                System.out.println(Thread.currentThread().getName() + "等待放苹果");
                wait();
                }catch (InterruptedException e){}
            }
```

```
            s = s + 1;
            if (s> = num) Thread.currentThread().stop();
            n = n + 1;
            System.out.println(Thread.currentThread().getName() + "往盘子里放入1个苹果");
            notify();
        }
    synchronized void get(){
        while(n<1) {
            try{
                System.out.println(Thread.currentThread().getName() + "等待取苹果");
                wait();
                }catch (InterruptedException e){}
            }
            z = z + 1;
            if (z == num) Thread.currentThread().stop();
            n = n - 1;
            System.out.println(Thread.currentThread().getName() + "取走了1个苹果");
            notify();
        }
    public static void main(String args[]){
        EatApple eat = new EatApple(20);
        producter p1 = new producter("爸爸",eat);
        producter p2 = new producter("妈妈",eat);
        consumer c1 = new consumer("老大",eat);
        consumer c2 = new consumer("老二",eat);
        p1.start();
        p2.start();
        c1.start();
        c2.start();
    }
}
class producter extends Thread{                    //创建放苹果的线程
    EatApple eat;
    producter(String name,EatApple eat) {
        super(name);
        this.eat = eat;
        }
    public void run(){
        while (true) {
            eat.put();
            try{
            Thread.sleep(100);
            }catch (InterruptedException e){}
        }
    }
}
class consumer extends Thread{                     //创建取苹果的线程
```

```
        EatApple eat;
        consumer(String name,EatApple eat) {
            super(name);
            this.eat = eat;
        }
        public void run(){
            while (true) {
                eat.get();
                try{
                Thread.sleep(1000);
                }catch (InterruptedException e){}
            }
        }
    }
```

27.3.2 应用扩展

若将一次只能放一个苹果改为一次可以随机放入多个苹果,上述代码部分修改如下:

```
package com.task27
import java.math. * ;
synchronized void put(){
    while(n> = f) {
    try{
        System.out.println(Thread.currentThread().getName() + "等待放苹果");
        wait();
        }catch (InterruptedException e){}
    }
    int x = (int)(Math.random() * 3) + 1;
    s = s + x;
    if (s> = num) Thread.currentThread().stop();
    n = n + x;
    System.out.println(Thread.currentThread().getName() + "往盘子里放入" + x + "个苹果");
    notify();
}
```

修改代码后,重新运行程序,程序运行的结果如图 27-2 所示。

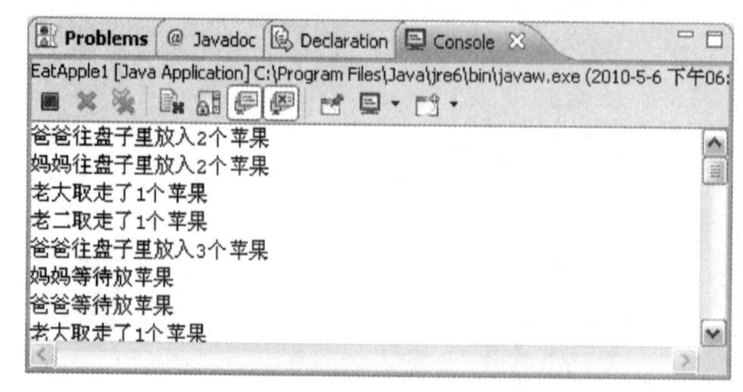

图 27-2　可以随机放入苹果个数的运行结果

27.4　必备知识

27.4.1　线程的5种状态

1. 新生态(New Thread)

一个线程刚被new运算符生成的状态叫做新生态。例如执行如下的语句时,线程就处于新生态。

```
Thread T1 = new Thread1();
```

当线程处于新生态时,即已经被创建但没有执行start()方法时,它仅仅是一个空线程对象,系统不会为它分配资源。

2. 可运行状态(Runnable)

线程执行start()方法后,便进入可运行状态。此时线程不一定立即执行。但CPU随时可能被分配给该线程,从而使该线程被执行。例如:

```
Thread T1 = new Thread1();
T1.start();      //进入可运行状态
```

3. 运行状态(Running)

正在运行的线程处于运行状态,此时线程独占CPU的控制权。若有更高优先级的线程出现,则该线程将放弃控制权进入可运行状态。也可以使用yield()方法使处于运行状态的线程主动放弃CPU控制权进入可运行状态,也可能由于执行结束或执行stop()方法放弃控制权,进入死亡状态。

4. 阻塞状态(Block)

由于某种原因使得运行中的线程不能继续执行,则该线程处于阻塞状态。此时线程不会被分配CPU时间,无法执行。Java中提供了大量的方法来阻塞线程,下面简单介绍几个:

- sleep()方法:在指定的时间内处于阻塞状态。指定的时间一过,线程进入可执行状态。
- wait()方法:使得线程进行阻塞状态。它有两种格式:一种是允许指定以毫秒为单位的一段时间作为参数。该格式可以用notify()方法被调用,或超出指定时间时线程可重新进入可运行状态。另一种格式必须是notify()方法被调用后才能使线程处于可运行状态。

5. 死亡状态(Dead)

正常情况下,当线程运行结束后进入死亡状态。有两种情况导致线程进入死亡状态,即自然撤销或被停止。当运行run()方法结束时,该线程就自动撤销,当一个应用程序因故停止运行时,系统将终止该程序正在执行的所有线程。当然也可以调用stop()方法来终止线程。但一般不推荐使用,因为这样会产生异常情况。

27.4.2　线程的优先级

线程的优先级代表该线程的重要程度或紧急程度。当有多个线程同时处于可执行状态,并等待获得CPU时间时,Java虚拟机会根据线程的优先级来调用线程。在同等情况下,优先级高的线程会先获得CPU时间,优先级较低的线程只有等排在它前面的高优先级线程执行完毕之后才能获得CPU资源,对于优先级相同的线程,则遵循队列的“先进先出”原则,即先进入就绪态的线程被优先分配使用 CPU 资源。

Java 线程的优先级从低到高以整数 1～10 表示，共分为 10 级，可以调用 Thread 类的 getPriority()方法获取线程的优先级和 setPriority()方法改变线程的优先级。

Thread 类优先级有关的成员变量如下：

- MAX_ PRIORITY：一个线程可能有的最大优先级，值为 10。
- MIN_PRIORITY：一个线程可能有的最小优先级，值为 1。
- NORM_PRIORITY：一个线程默认的优先级，值为 5。

27.4.3 线程的同步

由于一个进程的线程共享同一片存储空间，当两个线程都需要同时访问同一个数据对象时，会导致严重的访问冲突，Java 语言提供了专门机制以解决这种冲突，确保任何时刻只能有一个线程对同一个数据对象进行操作。这套机制就是 synchronized 关键字，它有两种用法：synchronized 方法和 synchronized 块。

1. synchronized 方法

synchronized 方法即通过在方法声明中加入 synchronized 关键字来声明 synchronized()方法，如“synchronized void put()”。

synchronized 方法控制对类成员变量的访问，每个类实例对应一把锁。每个 synchronized()方法都必须获得调用该方法的类实例的锁才能执行，否则所属线程阻塞。方法一旦执行，就独占该锁，直到从该方法返回时才将锁释放，然后只有被阻塞的线程才能获得该锁，重新进入可执行状态。这种机制保证了同一时刻同一个数据对象只能被一个线程操作。

2. synchronized 块

通过 synchronized 关键字来声明 synchronized 块的语法如下：

```
Synchronized(syncObject){
    //被访问控制的代码
}
```

synchronized 块中的代码必须获得 syncObject 的锁才能执行。由于可以针对任意代码块，且可任意指定上锁对象，故灵活性较高。例如，带锁定的售票线程如下：

```
package com.task27;
class saleTest extends Thread {
    private int tickets = 100;
    String str = new String("");
    public void run(){
        while(true) {
            synchronized(str) {            //锁定对象
                if (tickets>0) {
                    try
                     {Thread.sleep(10);
                     }
                     catch (Exception e)
                       {System.out.println(e.getMessage());}
```

```
                }
            System.out.println(Thread.currentThread().getName() + " 正在售 "
            + tickets_ + " 票");
            }
        }
    }
  }
}
```

27.5　动手做一做

27.5.1　实训目的

掌握线程的5种状态;掌握如何控制线程的状态;掌握线程同步的方法。

27.5.2　实训内容

编写一个仓库的进货与销售同步控制的线程实例。

27.5.3　简要提示

本程序需要定义3个类:

- 仓库类stroe:该类的实例对象相当于仓库。在stroe类中定义两个成员方法:input()用于进货操作;output()用于出货操作;且要实现这两个方法的同步操作,即进货操作与出货操作不能同时修改库存数量。
- 线程类sale类:其中的run()方法通过调用stroe类中的output()方法实现出货操作。
- producte类:其中的run()方法通过调用stroe类中的input()方法实现进货操作。

27.5.4　程序代码

程序代码参见本教材教学资源。

27.5.5　实训思考

(1) 如何使线程进入可运行状态?

(2) 如何使线程进入可死亡状态?

(3) 如何解决多线程操作同一数据对象时的冲突问题?

27.6　动脑想一想

27.6.1　简答题

1. 简述线程的5种状态,各种状态是如何切换的?
2. 可以调用哪两种方法使线程进入阻塞状态?
3. 简述线程的优先级概念以及如何设置线程的优先级。
4. 简述线程同步的两种方法。

27.6.2　单项选择题

1. Java的线程有(　)状态。

A. 2种　　B. 3种　　C. 4种　　D. 5种

2. 下列方法中,可使线程进入死亡状态的是(　)。

A. start()　　B. sleep()　　C. wait()　　D. stop()

3. 处于激活状态的线程可能不是当前正在执行的线程,原因是(　)。

A. 为当前唯一运行的线程　　B. 线程被挂起

C. 线程被继续执行　　D. 通知线程某些条件

4. 一个线程如果被调用了 sleep 方法,则唤醒它的方法是(　)。

A. notify()　　B. run()　　C. wait()　　D. stop()

5. 假设有两个线程,一个优先级是 Thread. MIN_PRIORITY,另一个优先级是默认值。那么下列说法正确的是(　)。

A. 正常最低级的线程不运行,直到默认的优先级的线程停止运行

B. 默认优先级的线程停止运行,最低级的线程也不运行

C. 两者交替执行

D. 以上都不对

27.6.3 编程题

1. 用 synchronized 方法编写一个“带锁定的售票线程”。

2. 用 synchronized 块的方法实现“一个仓库的进货与销售同步控制的线程实例”。

任务二十八　Java 中的套接字 Socket（面向连接通信的实现）

知识点：TCP/IP 协议；端口；Socket 类；ServerSocket 类。

能力点：能基于 TCP 协议编写一个面向连接的网络通信程序；能分别使用 Socket 类与 ServerSocket 类创建客户端程序与服务端程序，并实现客户端程序与服务端程序的信息交换。

28.1　跟我做：基于 TCP 的一对一的 Socket 通信

28.1.1　任务情景

运用 Java 中的套接字编写一个面向连接网络应用程序，在服务器端程序会接收客户端程序发送的信息并处理。在客户端的程序也会接收到服务器端发送的信息并处理。

28.1.2　运行结果

首先运行服务器端程序 TcpServer，接着运行客户端程序 TcpClient，并在客户端依次输入 3 行数据：111，222，quit。程序运行的结果如图 28－1 所示。

图 28－1　基于 TCP 的一对一的 Socket 通信的运行结果

28.2　实现方案

本任务是基于 TCP 有连接的网络应用程序，首先要创建服务端的程序 TcpServer。在服务端的程序 TcpServer 中要创建 ServerSocket 类的实例对象，注册在服务器端进行连接的端口号。并调用 ServerSocket 类的实例对象的 accept()方法等待客户的连接。其次是创建客户端的程序 TcpClient。在客户端的程序 TcpClient 中要创建 Socket 类的实例对象，通过该实例对象与服务器端程序建立连接，实现信息的传递。

解决问题的步骤如下：

（1）打开 Eclipse，创建服务器端程序 TcpServer.java，得到的程序内容框架如下：

```
package com.task28;
public class TcpServer{
    public static void main(String args[]){
        ……  //详细实现代码参见 28.3 节
    }
}
```

(2) 打开 Eclipse,创建客户端程序 TcpClient.java,得到的程序内容框架如下:

```
package com.task28;
public class TcpClient{
    public static void main(String args[]){
        ……  //详细实现代码参见 28.3 节
    }
}
```

28.3 代码分析

28.3.1 程序代码

1. 服务器端程序代码

```
package com.task28;
/**
 * TcpServer.java
 * 服务端程序的实现
 */
import java.io.*;
import java.net.*;
public class TcpServer {
    public static void main(String args[]){
        ServerSocket serversk;
        Socket sck;
        DataInputStream in;
        DataOutputStream out;
        InetAddress cltIP;
        String str = "";
        try{InetAddress cltIP1 = InetAddress.getLocalHost();
            serversk = new ServerSocket(9000);
            System.out.println("等待客户机的连接...");
            sck = serversk.accept();              //服务器等待客户的连接
            in = new DataInputStream(sck.getInputStream());
            out = new DataOutputStream(sck.getOutputStream());
            cltIP = sck.getInetAddress();
            System.out.println("客户机的 IP 地为:" + cltIP);
            out.writeUTF("欢迎客户机的访问...");
            str = in.readUTF();
            System.out.println(str);
            while (! str.equals("quit")){
                System.out.println("客户机:" + str);
                str = in.readUTF();
                }
            System.out.println("客户机:" + cltIP + "断开连接");
            out.close();
```

```
                in.close();
                sck.close();
            }catch (Exception e) {System.out.println(e.getMessage());}
        }
    }
```

2. 客户端程序代码

```
package com.task28;
/* *
 * TcpServer.java
 * 客户端程序的实现
 */
import java.io. * ;
import java.net. * ;
public class TcpClient {
    public static void main(String args[]){
        Socket sck;
        DataInputStream in;
        DataOutputStream out;
        String str = null;
        try {sck = new Socket("localhost",9000);
            System.out.println("正在连接到服务器 localhost...");
            in = new DataInputStream(sck.getInputStream());
            out = new DataOutputStream(sck.getOutputStream());
            str = in.readUTF();
            System.out.println("服务器: " + str);
            byte keychar[] = new byte[30];
            System.in.read(keychar);
            String msg = new String(keychar,0);
            msg.trim();
            while (! msg.equals("quit")){
                    out.writeUTF(msg);
                    System.in.read(keychar);
                    msg = new String(keychar,0);
                    msg.trim();
                    }
            out.writeUTF(msg);
            out.close();
            in.close();
            sck.close();
        }catch (Exception e) {System.out.println(e.getMessage());}
    }
}
```

28.3.2　应用扩展

本例中,服务器每次只能连接一个客户端,只有当连接的客户端中断后才能连接下一个客户端。如果要服务器同时处理多个客户端,应将服务器程序设计成多线程应用程序,修改的部分代码如下:

```
package com.task28;
/**
 * TcpServerThread.java
 * 服务端的多线程应用程序的实现
 */
import java.io.*;
import java.net.*;
public class TcpServerThread extends Thread {
    private Socket m_sck;
    private int m_id;
    public TcpServerThread(Socket s,int id) {
        m_sck = s;
        m_id = id;
    }
    public void run(){
        try{System.out.println("客户机[" + m_id + "]的连接成功");
            DataOutputStream out = new DataOutputStream(m_sck.getOutputStream());
            out.writeUTF("欢迎你客户机:" + m_id);
            DataInputStream in = new DataInputStream(m_sck.getInputStream());
            String str = in.readUTF();
            while (!str.equals("quit")){
                System.out.println("从客户机[" + m_id + "]收到:" + str);
                str = in.readUTF();
            }
            System.out.println("客户机[" + m_id + "]断开连接");
            out.close();
            in.close();
            m_sck.close();
        }catch (Exception e) {System.out.println(e.getMessage());}
    }
    public static void main(String args[]){
        int n = 1;
        ServerSocket serversk = null;
        try{serversk = new ServerSocket(9000,10);}
            catch (Exception e) {System.out.println(e.getMessage());}
            while (true) {
                try{System.out.println("等待客户机[" + n + "]连接...");
                    Socket sck = serversk.accept();
                    TcpServerThread tcpthread = new TcpServerThread(sck,n);
                    tcpthread.start();
                    n++;
                }catch (Exception e) {System.out.println(e.getMessage());}
            }
    }
}
```

修改代码后,重新运行程序,程序运行结果如图 28－2 所示。

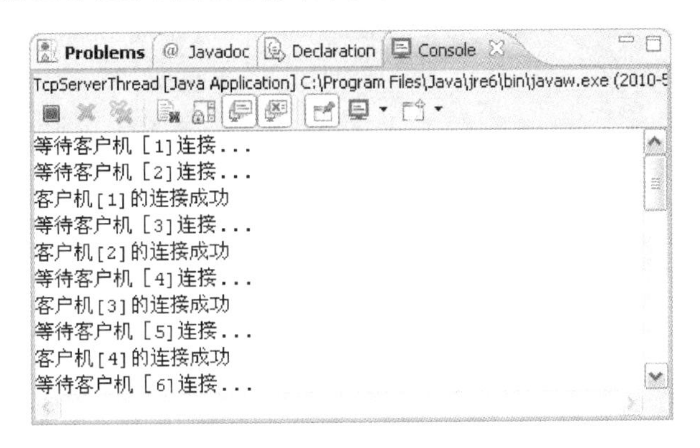

图 28－2　多线程服务端的应用程序的运行结果

28.4　必备知识

28.4.1　网络通信概述

1. TCP/IP 协议

TCP 协议(传输控制协议)是一种面向连接的保证可靠传输的协议。通过 TCP 协议传输,得到的是一个顺序的无差错的数据流,发送方和接收方的两个成对的 Socket 之间必须建立连接,以便在 TCP 协议的基础上进行通信。一旦这两个 Socket 连接起来,它们就可以进行双向数据传输,双方都可以发送或接收操作。

IP 协议是一种路由协议,该协议将数据分解成小包然后通过网络传到一个地址,它并不确保传输的信息包一定到目的地。TCP 是一种较高级的协议,它把数据这些信息包有力地捆绑在一起,在必要的时候对这些信息进行排序和重传,以获得可靠的数据传输。

2. 端口(port)

计算机与网络一般只有一个物理连接,网络数据通过这个连接流向计算机,但是计算机上一般有许多个进程在同时运行,为确定网络数据流向指定的进程,TCP/IP 引入了端口概念。

端口同一台网络计算机的一个特定进程关联,与进程建立的套接接口绑定在一起。客户程序必须事先知道自己要求的那个服务进程的 IP 和端口号,才能与那个服务建立连接并进行通信。程序员在创建自己的应用程序时一般自己指定一个端口号,客户通过这个端口号连接该服务进程。客户端应用进程与服务进程一样,也有自己的端口号,通过该端口使客户端应用进程与服务进程进行通信。

0～1024 之间的端口号用于一些知名的网络服务和应用。如 80 是 WWW 服务的缺省端口号,21 是文件传送服务的缺省端口号。用户的普通网络应用服务应使用 1024 以上的端口号,从而避免端口号已被另一个应用或被系统服务所用。

28.4.2　Socket 编程

网络上的两个程序通过一个双向的通信连接实现数据的交换,这个双向链路的一端称为一个套接字(Socket)。Socket 通常用来实现客户方和服务方的连接。Socket 是 TCP/IP 协议的一个非常流行的方法,一个 Socket 由一个 IP 地址和一个端口确定。

一个 Socket 包括两个流:输入流和输出流。如果一个进程要通过网络向另一个进程发送数据,只需简单地写入与 Socket 相关联的输出流。一个进程通过与 Socket 相关联的输入流读取另一个进程所写的数据。

Java 在包 Java.net 中提供了两个类 Socket 和 ServerSocket,分别用来表示双向连接的客户端和服务端。

(1) 建立客户端的 Socket 类。客户端的程序是使用 Socket 类建立与服务器套接字的连接。Socket 类的构造方法为

```
Socket(String host,int port)
```

其中,参数 host 是服务器的 IP 地址;port 是一个端口号。

建立客户端的 Socket 类时可能发生 IOException 异常,因此应建立如下与服务器的套接字连接:

```
try { Socket clientsocket = new Socket("172.158.26.200",1880);}
catch(IOException e)
```

当套接字连接 clientsocket 建立后,可以想象一条通信"线路"已经建立起来。clientsocket 可以使用方法 getInputStream()获得一个输入流,然后用这个输入流读取服务器放入"线路"中的信息(但不能读取自己放入"线路"中的信息)。clientsocket 还可以使用方法 getoutputStream()获得一个输出流,然后用这个输出流将信息写入"线路"中。

(2) ServerSocket 类的构造方法。服务器端的程序是使用 ServerSockct 类建立服务套接字实现与客户套接字的连接。ServerSocket 类的构造方法为

```
ServerSocket(int port)
```

其中,port 是一个端口号,port 必须和客户呼叫的端口号相同。

建立时可能发生 IOException 异常,因此应建立如下服务器的套接字:

```
try { Socket server_socket = new ServerSocket(1880);}
catch(IOException e)
```

当服务器的套接字 server_socket 建立后,可用 accept()方法接收客户套接字 clientsocket 的连接请求。

```
server_socket.accept();
```

接收客户套接字的过程也可能发生 IOException 异常,因此应建立如下接收客户套接字:

```
try { Socket sc =  server_socket.accept();}
catch(IOException e)
```

当收到客户的 clientsocket 套接字后,把它放到一个已声明的 Socket 对象 sc 中,则 sc 就是 clientsocket,这样服务器端的 sc 就可以使用方法 getoutputStream()获得一个输出流,然后用这个输出流将信息写入"线路"中,发送给客户端。可以使用方法 getInputStream()获得一个输入流,然后用这个输入流读取客户放入"线路"中的信息。下面通过一个简单的例子说明上面的概念。

① 客户端程序

```
package com.task28;
/**
 * client.java
 * 客户端程序的实现
 */
import java.io.*;
import java.net.*;
public class client {
    public static void main(String args[]){
        String str = null;
        Socket clientsocket;
        DataInputStream in = null;
        DataOutputStream out = null;
        try {clientsocket = new Socket("localhost",4880);
            in = new DataInputStream(clientsocket.getInputStream());
            out = new DataOutputStream(clientsocket.getOutputStream());
            out.writeUTF("你好,我是客户机");  //通过 out 向"线路"写信息
            while (true) {
                str = in.readUTF();           //通过使用 in 读取服务器放入"线路"里的信息
                if (str! = null) break;
            }
            out.close();
            in.close();
            clientsocket.close();
        }catch (Exception e) {System.out.println("无法连接");}
    }
}
```

② 服务器端程序

```
package com.task28;
/**
 * server.java
 * 服务端程序的实现
 */
import java.io.*;
import java.net.*;
public class server {
    public static void main(String args[]){
        String str = null;
        ServerSocket server_Socket = null;
        Socket c_socket;
        DataInputStream in = null;
        DataOutputStream out = null;
        try { server_Socket = new ServerSocket(4880);
            }catch (Exception e) {System.out.println("无法创建");}
        try{ c_socket = server_Socket.accept();
            in = new DataInputStream(c_socket.getInputStream());
```

```
                out = new DataOutputStream(c_socket.getOutputStream());
                while (true) {
                    str = in.readUTF();              //通过使用 in 读取客户放入"线路"里的信息
                    if (str!  = null) break;
                }
                out.writeUTF("你好,我是服务器"); //通过 out 向"线路"写信息
                out.close();
                in.close();
                c_socket.close();
            }catch (Exception e) {System.out.println("出现错误");}
        }
    }
```

为了方便,在建立套接字时,使用的服务器地址是 localhost,它代表本地机 IP 地址。

28.5 动手做一做

28.5.1 实训目的

掌握创建基于 TCP 有连接的网络应用程序;掌握创建服务端套接字的方法;掌握创建客户端套接字的方法;掌握从连接中读取信息;掌握向连接中写入信息。

28.5.2 实训内容

用 Socket 实现客户和服务器交互的典型 C/S 结构的聊天程序。程序运行的结果如图 28-3与图 28-4 所示。

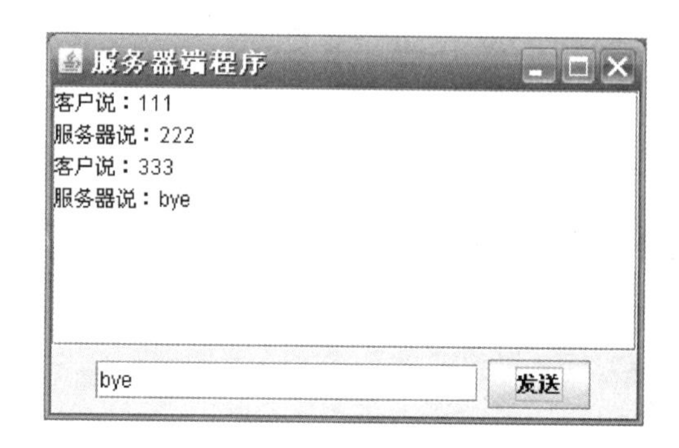

图 28-3 服务器端程序窗口

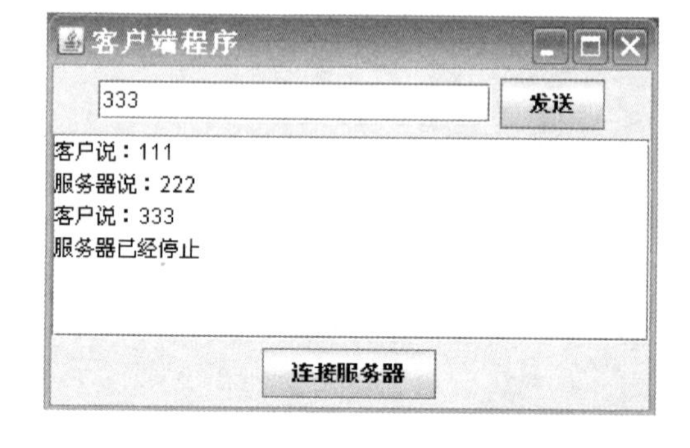

图 28-4 客户端程序窗口

28.5.3 简要提示

首先创建一个服务端 serverChat.java 应用程序,在该程序中用 serverSocket 类建立服务套接字 serverSock,并调用服务套接字 serverSock 对象的 accept()方法接收客户套接字 clientsocket 的连接请求。然后创建一个客户端 clientChat.java 应用程序文件,在该程序中使用 Socket 类建立客户端套接字 clientsocket,通过该对象与服务套接字 serverSock 对象建立连接,实现信息的交换。

28.5.4 程序代码

程序代码参见本教材教学资源。

28.5.5 实训思考

(1) 使用 accept()方法可能发生 IOException 异常吗？若出现异常该如何处理？

(2) 程序中使用的“localhost”字符串是什么含义？

29.6 动脑想一想

28.6.1 简答题

1. 简述 TCP/IP 协议的概念。

2. 简述端口的概念。

3. 简述套接字 Socket 的概念。

4. 一个 Socket 包括哪两个流？如何创建这两个流？

28.6.2 单项选择题

1．下列关于 TCP/IP 协议说法正确的是( )。

A. TCP/IP 协议由 TCP 协议和 IP 协议组成

B. TCP 协议是 TCP/IP 协议传输层的子协议

C. Socket 是 TCP/IP 协议的一部分

D. 主机名的解析不是 TCP/IP 协议的一部分

2.下面表示本机的是( )。

A. localhost B. 255.255.255.255 C. 192.168.0.1 D. 127.0.0.2

3. 下面服务中不使用 TCP 协议的是( )。

A. HTTP B. FTP C. SMTP D. CMDA

4.下面创建 socket 的语句正确的是( )。

A. Socket s=new Socket(8002);

B. Socket s=new Socket(8002,“127.0.0.1”);

C. ServerSocket s=new Socket(8002,“127.0.0.1”);

D. ServerSocket s=new Socket(8002);

28.6.3 编程题

1. 利用 Socket 类和 ServerSocket 类编写一个双向通信的网络应用程序。

2. 编写一个简单的基于 TCP 协议的聊天程序,要求采用图形用户界面。允许服务器与客户端在同台机器上。

任务二十九　Java中的数据报编程(无连接通信的实现)

知识点：UDP协议；发送数据报；接收数据报。

能力点：能创建基于UDP协议网络应用程序；能使用DatagramPacket类创建数据报对象；能使用DatagramSocket类在应用程序之间建立传送数据报的通信连接。

29.1　跟我做：使用UDP协议的Java聊天程序

29.1.1　任务情景

应用Java图形用户界面技术编写一个基于UDP数据报协议的聊天程序。

29.1.2　运行结果

程序运行的结果如图29-1所示。

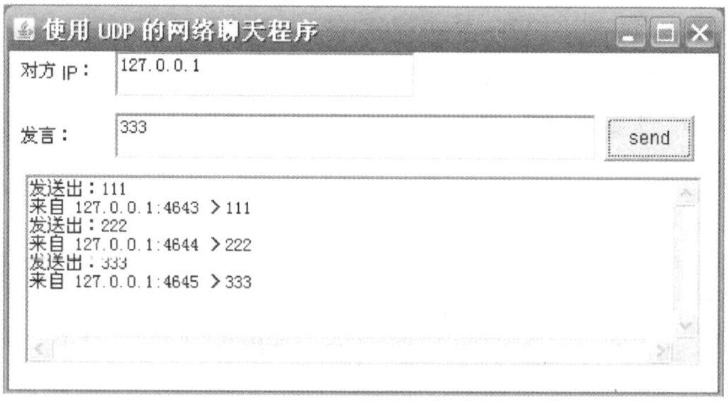

图29-1　使用UDP的网络聊天程序

29.2　实现方案

本任务是基于UDP的无连接的网络应用程序。首先要创建好如图29-1所示的用户界面。然后编写接收数据报的功能UdpChat类。最后编写每次单击“send”按钮就发送数据报到目的端主机以及显示出已发送的信息的myMouseListener类。

创建基于UDP的网络聊天程序文件UdpChat.java，得到的程序内容框架如下：

```
package com.task29;
import java.awt.*;
import java.net.*;
import java.awt.event.*;
public class UdpChat extends Frame implements Runnable{
    Label L1,L2;
    TextField text1,text2;
    Button B1;
    TextArea messageArea;
    public UdpChat(){
      ……            //详细实现代码参见29.3节
    }
```

```
    public void run() {
      ……        //详细实现代码参见 29.3 节
    }
class myMouseListener extends MouseAdapter{          //送数据
    public void mouseClicked(MouseEvent e) {
    ……          //详细实现代码参见 29.3 节
    }
    public static void main(String arg[]){
    ……          //详细实现代码参见 29.3 节
    }
}
```

29.3 代码分析

29.3.1 程序代码

```
package com.task29;
import java.awt.*;
import java.net.*;
import java.awt.event.*;
public class UdpChat extends Frame implements Runnable{
    Label L1,L2;
    TextField text1,text2;
    Button B1;
    TextArea messageArea;
    public UdpChat() {
        this.setLayout( null );
        //=========================================
        L1 = new Label("对方 IP:");
        L1.setBounds(10,30,60,30);
        this.add(L1);
        L2 = new Label("发言:");
        L2.setBounds(10,70,60,30);
        this.add(L2);
        text1 = new TextField("127.0.0.1", 20);
        text1.setBounds(75,30,200,30);
        this.add(text1);
        text2 = new TextField();
        text2.setBounds(75,70,320,30);
        this.add(text2);
        B1 = new Button("send");
        B1.setBounds(400,70,60,30);
        B1.addMouseListener( new myMouseListener() );
        this.add(B1);
        messageArea = new TextArea("",20,20,TextArea.SCROLLBARS_BOTH);
        messageArea.setBounds(15,110,450,300);
        this.add(messageArea);
        //=========================================
```

```
        this.addWindowListener(new WindowAdapter() {
            public void windowClosing(WindowEvent e) {
            System.exit(0);
            }
          });
        this.setTitle("使用 UDP 的网络聊天程序");
        this.setBounds(100,100,480,430);
        this.setVisible( true );
    }
    public void run() {                                          //接收数据
        while( true ) {                                          //持续接收送到本地端的信息
            byte[] buf = new byte[100];                          //预期最多可收 100 个 byte
            try{ DatagramSocket DS = new DatagramSocket( 2222 ); //用 2222 port 收
                /* 只管接收要送到本地端 2222 port 的数据报,
                  不必管该数据报是从远程的哪个 port 送出 */
                DatagramPacket DP = new DatagramPacket( buf,buf.length ); //将数据收到 buf 数组
                DS.receive( DP );                                //接收数据报
                messageArea.append( "来自 " + DP.getAddress().getHostAddress()
                    + ":" + DP.getPort() + ">" + new String( buf ).trim() + "\n");
                    //此处用 new String(DP.getData()).trim()也一样
                DS.close();
                Thread.sleep(200);                               //停 0.2 秒
            }
            catch(Exception excep){}
        }
    } // void run() end
    class myMouseListener extends MouseAdapter {                 //送数据
        public void mouseClicked(MouseEvent e){                  //每次 Click 按钮就发送信息
                                                                 到目的端主机
            String msg = text2.getText().trim();
            String ipStr = text1.getText().trim();
            try{  DatagramSocket DS = new DatagramSocket();      //以任一目前可用的 port 送
                DatagramPacket DP = new DatagramPacket ( msg.getBytes ( ), msg.getBytes ( ).
                length, InetAddress.getByName(ipStr), 2222 );    //送到远程的 2222 port
                DS.send( DP );                                   //送出数据报
                messageArea.append( "发送出:" + msg.trim() + "\n" );//给自己看的记录
                DS.close();
            }
            catch(Exception excep){}
            }
        }
    public static void main(String arg[]) {
        UdpChat udpchat = new UdpChat();
        Thread threadObj = new Thread(udpchat);
        threadObj.start();                                       //启动接收信息的线程
    }
}
```

29.3.2　应用扩展

本例中,聊天的内容不能长期保存,可以在界面中增加一个“保存记录”按钮,单击此按钮将聊天记录保存在 Note.txt 文件中。修改后的代码如下:

```
package com.task29;
import java.awt.*;
import java.net.*;
import java.awt.event.*;
import java.io.*;
public class UdpChat extends Frame implements Runnable{
    Label L1,L2;
    TextField text1,text2;
    Button B1,B2;
    TextArea messageArea;
    public UdpChat() {
        this.setLayout( null );
        //=========================================
        L1 = new Label("对方 IP:");
        L1.setBounds(10,30,60,30);
        this.add(L1);
        L2 = new Label("发言:");
        L2.setBounds(10,70,60,30);
        this.add(L2);
        text1 = new TextField("127.0.0.1", 20);
        text1.setBounds(75,30,200,30);
        this.add(text1);
        text2 = new TextField();
        text2.setBounds(75,70,320,30);
        this.add(text2);
        B1 = new Button("send");
        B1.setBounds(400,70,60,30);
        B1.addMouseListener( new myMouseListener() );
        B2 = new Button("保存记录");
        B2.setBounds(400,35,60,30);
        B2.addMouseListener( new SaveMsg() );
        this.add(B1);
        this.add(B2);
        messageArea = new TextArea("",20,20,TextArea.SCROLLBARS_BOTH);
        messageArea.setBounds(15,110,450,300);
        this.add(messageArea);
        //=========================================
        this.addWindowListener(new WindowAdapter() {
            public void windowClosing(WindowEvent e) {
                System.exit(0);
            }
          });
        this.setTitle("使用 UDP 的网络聊天程序");
```

```
        this.setBounds(100,100,480,430);
        this.setVisible( true );
    }
    public void run() {                                          //接收数据
        while( true ) {                                          //持续接收送到本地端的信息
            byte[] buf = new byte[100];                          //预期最多可收 100 个 byte
            try {DatagramSocket DS = new DatagramSocket( 2222 ); //用 2222 port 收
                /* 只管接收要送到本地端 2222 port 的数据报,
                   不必管该数据报是从远程的哪个 port 送出 */
                DatagramPacket DP = new DatagramPacket( buf,buf.length );//将数据收到 buf 数组
                DS.receive( DP );                                //接收数据报
                messageArea.append( "来自 " + DP.getAddress().getHostAddress()
                    + ":" + DP.getPort() + ">" + new String( buf ).trim() + "\n" );
                  //此处用 new String(DP.getData()).trim()也一样
                DS.close();
                Thread.sleep(200);                               //停 0.2 秒
            }
            catch(Exception excep){}
        }
    }
    class myMouseListener extends MouseAdapter {                //送数据
        public void mouseClicked(MouseEvent e) {                 //每次 Click 按钮就发送信息
                                                                 到目的端主机
            String msg = text2.getText().trim();
            String ipStr = text1.getText().trim();
            try {DatagramSocket DS = new DatagramSocket();       //以任一目前可用的 port 送
                DatagramPacket DP = new DatagramPacket( msg.getBytes(), msg.getBytes().
                length, InetAddress.getByName(ipStr), 2222 );    //送到远程的 2222 port
                DS.send( DP );                                   //送出数据报
                messageArea.append( "发送出:" + msg.trim() + "\n" );    //给自己看的记录
                DS.close();
            }
            catch(Exception excep){}
        }
    }
  //聊天记录的保存,保存在当前位置下的"Note.txt"文件中
  class SaveMsg extends MouseAdapter {
        String msg = null;
        String line = System.getProperty("line.separator");
        public void mouseClicked(MouseEvent e) {
            try { msg = messageArea.getText();
                FileOutputStream Note = new FileOutputStream("Note.txt");
                messageArea.append("记录已经保存在 Note.txt");
                Note.write(msg.getBytes());
                messageArea.append(line);
                Note.close();
            }
```

```
                catch (IOException e1) {
                    System.out.println("发送失败");
                }
            }
        }
    public static void main(String arg[]) {
        UdpChat udpChat = new UdpChat ();
        Thread threadObj = new Thread(udpChat);
        threadObj.start();                                  //启动接收信息的线程
    }
}
```

修改代码后,重新运行程序,程序运行的结果如图 29-2 所示。

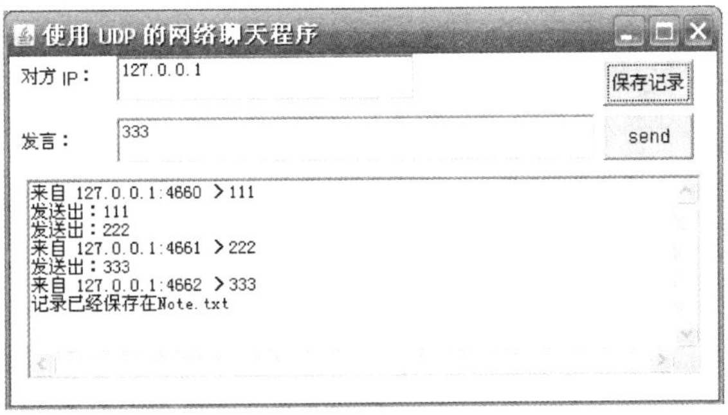

图 29-2　具有保存功能的 UDP 的网络聊天程序运行结果

29.4　必备知识

29.4.1　UDP 数据报协议

在 TCP/IP 协议的传输层中除了 TCP 协议之外还有一个 UDP 协议(用户数据报协议)。UDP 协议是一种无连接的协议,每个数据报都是一个独立的信息,包括完整的源地址或目的地址,它在网络上以任何可能路径传往目的地,因此能否到达目的地,到达目的地的时间以及内容的正确性都是不能保证的。

UDP 协议与 TCP 协议的区别如下:

- UDP 协议:不可靠,不需要建立连接就能进行通信,差错控制开销小。
- TCP 协议:可靠,需要建立连接才能进行通信,建立时间、差错控制开销大。

29.4.2　InetAddress 类

Internet 上的主机有两种方式表示地址:

- 域名:如 www.sina.com 或 www.163.com。
- IP 地址:如 202.104.35.210。

Java.net 包中的 InetAddress 类对象含有一个 Internet 主机地址的域名和 IP 地址:www.sina.com.cn/202.108.35.210。

可以使用 InetAddress 类的静态方法 getByName(s)获得一个 InetAddress 对象,参数 s 为域名或 IP 地址。另外,InetAddress 类中还含有两个实例方法:

➢ Public String getHostName():获取 InetAddress 对象所含的域名。

➢ Public String getHosAddress():获取 InetAddress 对象所含的 IP 地址。

下面的示例展示了 InetAddress 对象的创建,以及如何获得 InetAddress 对象所含的域名和 IP 地址。

```
package com.task29;
import java.net.*;
public class getAddressIP {
    public static void main(String args[]){
        try {  address = InetAddress.getByName("www.163.com");
                System.out.println(address.toString());
                String domain_name = address.getHostName();
                System.out.println("域名为:" + domain_name);
                String IP_name = address.getHostAddress();
                System.out.println("IP 为:" + IP_name);
        }catch (UnknownHostException e)
          {System.out.println("无法找到 WWW.163.COM");}
    }
}
```

运行结果如图 29-3 所示。

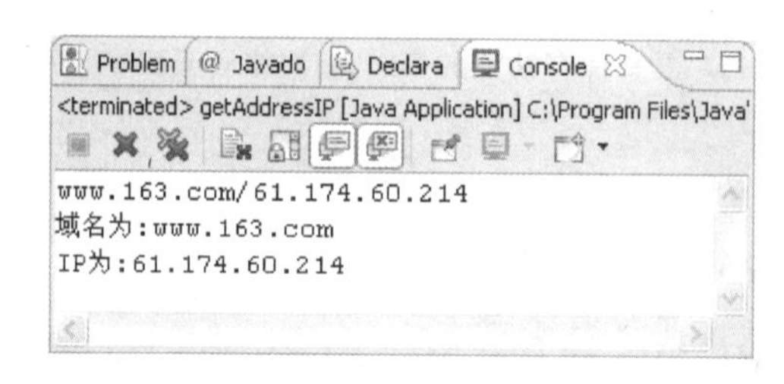

图 29-3 获得 InetAddress 对象所含的域名和 IP 地址

29.4.3 基于 UDP 通信的基本模式

1. 发送数据报

(1) 用 DatagramPacket 类将数据打包,即用 DatagramPacket 类创建一个对象,称为数据报。用 DatagramPacket 的以下两个构造方法创建待发送的数据报:

```
DatagramPacket(byte data[ ],int length,InetAddress address,int port)
```

参数 data 中存放数据报数据,length 为数据报中数据的长度,address 表示数据报将发送到的目的地址,port 表示数据报将发送到的目的端口号。

```
DatagramPacket(byte data[ ],int offset,int length,InetAddress address,int port)
```

使用该构造方法创建的数据报对象含有数组 data 从 offset 开始指定长度的数据,该数据报将发送到地址是 address、端口号是 port 的主机上。例如:

```
byte data[ ] = "近来你好吗".getByte();
InetAddress address = InetAddress.getByName(www.163.com);
DatagramPacket dp = new DatagramPacket(data,data.length,address,2000);
```

(2) 用 DatagramSocket 类的不带参数的构造方法创建一个对象,该对象负责发送数据报。

```
DatagramSocket ds = new DatagramSocket();
Ds.send(dp);          //发送数据报
```

2. 接收数据报

用 DatagramSocket 类的另一种构造方法 DatagramSocket(int port)创建一个对象,其中的参数必须和待接收的数据报的端口相同。例如,如果发送方发送的数据报的端口是 6000,

```
DatagramSocket data_in = DatagramSocket(6000);
```

则该对象 data_in 使用方法 receive(DatagramPacket pack)接收数据报,该方法有一个数据报参数 pack,receive()方法把收到的数据报传递给该参数。因此,必须预备一个数据报以便收取数据报,这时需使用 DatagramPacket 类的另外一个构造方法 DatagramPacket(byte data[ ], int length)创建一个数据报,用于接收数据报。例如:

```
byte data[ ]  = new byte[200];
DatagramPacket pack = new DatagramPacket(byte data[ ],100);
data_in.reveive(pack);
```

该数据报 pack 接收数据的长度为 100 个字节。

29.5 动手做一做

29.5.1 实训目的

掌握 InetAddress 对象的创建;掌握 DatagramSocket 类的使用;掌握使用 DatagramPacket 类的使用;掌握数据报的发送与接收。

29.5.2 实训内容

编写两个最简单的 UDP 程序,在一台计算机上由一个程序负责发送数据,另一个程序负责接收数据,接收程序的端口号为 9008,发送程序的端口由系统分配。

29.5.3 简要提示

首先,创建一个发送数据的程序文件 UdpSend.java,在该程序中需要使用 DatagramPacket 类先创建一个数据报对象,然后调用 DatagramSocket 对象的 send()方法发送数据报。而后,创建一个接收数据的程序文件 UdpRecv.java,在该程序中需要使用 DatagramPacket 类先创建一个数据报对象,用来存放接收到的数据报。

29.5.4 程序代码

程序代码参见本教材教学资源。

29.5.5 实训思考

(1) 如何创建数据报?

(2) 如何返回代表本地主机 IP 地址的 InetAddress 对象?

29.6 动脑想一想

29.6.1 简答题

1. 简述 UDP 协议的概念。
2. 简述 UDP 协议与 TCP 协议的区别。
3. 简述基于 UDP 通信的基本模式。
4. 简述 Internet 上的主机地址有几种表示方式。
5. 简述如何创建一个 InetAddress 对象。

29.6.2 单项选择题

1. 下面论述错误的是(　)。

A. ServerSocket. accept 是阻塞的　　B. BufferedReader. readLine 是阻塞的

C. DatagramSocket. recive 是阻塞的　　D. DatagramSocket. send 是阻塞的

2. 关于 UDP 协议与 TCP 协议的论述,正确的是(　)。

A. TCP 协议和 UDP 协议在很大程度上是一样的,由于历史的原因产生了两个不同的名字而已

B. TCP 协议和 UDP 协议在传输方式上是一样的,都是基于流的,但是 TCP 可靠,UDP 不可靠

C. TCP 协议和 UDP 协议使用的都是 IP 层所提供的服务

D. 用户不可以使用 UDP 协议来实现 TCP 协议的功能

3. 下面有关创建一个 DatagramSocket 对象的语句,不正确的是(　)。

A. DatagramSocket ds=new DatagramSocket();

C. DatagramSocket ds=new DatagramSocket("127.0.0.1");

B. DatagramSocket ds=new DatagramSocket(80);

D. DatagramSocket ds=new DatagramSocket("127.0.0.1",80);

4. 下面说法正确的是(　)。

A. 基于 UDP 通信时,发送数据时要创建数据报对象,接收数据时不需要创建数据报对象

B. 基于通信时,发送数据和接收数据时都需要创建数据报对象

C. 基于 TCP 通信时,接收数据时需要创建数据报对象

D. 基于 TCP 通信时,接收据数时需要创建数据报对象

29.6.3 编程题

1. 使用 InetAddress 类编写一个程序,程序的功能是获取本地主机的域名和 IP 地址。
2. 编写一个基于 UDP 数据报协议的聊天程序。

综合实训　学生信息管理系统开发

实训内容：使用Java开发一个简单的学生信息管理系统。

实训目标：理解系统层次划分；会按照系统开发的一般步骤进行Swing界面开发和JDBC数据库编程。

30.1　系统设计

30.1.1　开发背景

学校的学生信息需要统一存档，目前已不再使用纸质的资料存储，而是要存储在计算机的数据库中。若直接对存储学生信息的数据库进行录入、保存、查询等操作，则需要专业的计算机人员，普通教师无法完成此任务。因此，迫切需要开发一个操作简单的学生信息管理系统。

30.1.2　需求分析

在一个简单的学生信息管理系统中，只需要保存学生的姓名、密码、照片、成绩四种信息。该系统的操作人员分为学生和教师两类。学生只能查看自己的信息，无权进行修改。教师的操作权限有录入学生信息、查看学生信息、计算学生平均成绩和及格率等。系统基本功能如图30-1所示。

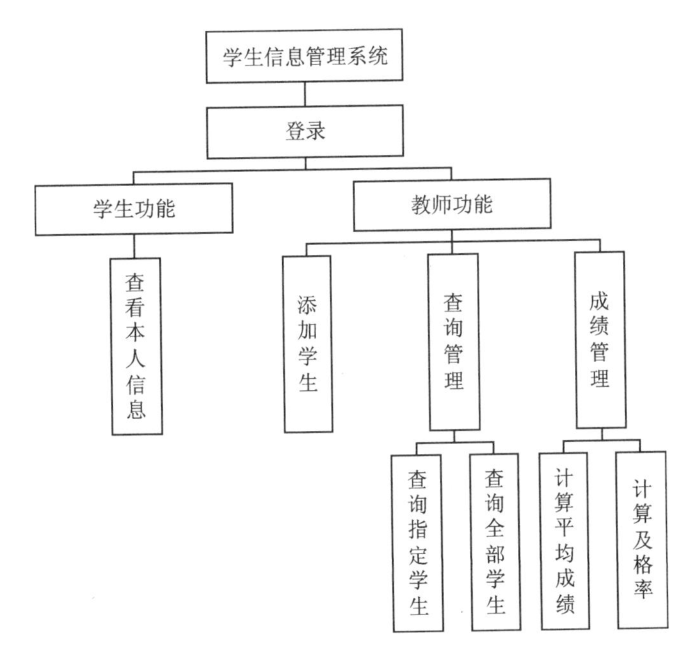

图30-1　学生信息管理系统功能图

30.1.3　开发环境

根据系统的实际情况采用以下开发环境。

➢ 操作系统：Windows XP；

➢ 数据库系统：MySQL；

➢ 编程语言:Java;

➢ 开发工具:Eclipse 8.0。

30.1.4 数据库设计

学生信息管理系统操作的信息需要保存在数据库中,因此在开发系统前需要先对数据库进行设计。在此系统的数据库中需要保存的信息有两种,一种是登录信息,一种是学生的具体信息。简单起见,由于教师具有较高的权限,因此直接给教师特定的用户名和密码,不为教师创建数据表。学生登录信息和具体信息可以只通过一个数据表来定义。定义该数据表为student,包含用户名、密码、照片、成绩四个字段。创建数据表的具体 SQL 语句如下:

```
CREATE TABLE student
 (
  name varchar(20),
  password varchar(20),
  photo blob,
  result double
)
```

30.1.5 系统模块设计

为本系统创建一个项目。打开 Eclipse,选择菜单"File"→"Project"命令,新建一个"Java Project",单击"Next"按钮将项目命名为 Student management system,单击"Finish"按钮完成项目的创建。在该项目的 scr 节点下创建三个包:management、packaging、sql。

(1) management 包:主要包括登录程序、学生操作程序、教师操作程序等,如表 30-1 所列。

表 30-1 management 包中的类模块

类 名	功能描述	设计要点
LoginSwing.java	用户登录界面	使用下拉列表框选取不同用户类型。选择"学生"或"教师"身份时检验用户名和密码,正确则进入系统,否则提示不同的错误信息
LoginManager.java	用户登录功能实现	业务功能处理类,定义 login()方法接收用户名和密码参数,处理登录业务
StudentSwing.java	学生操作界面	学生只能查看本人信息。创建存放学生信息的控件并添加到窗体中
TeacherSwing.java	教师操作界面	将教师多种操作放入菜单中,并添加子菜单效果
StudentNameSelectSwing.java	查询指定学生界面	教师输入用户名可查询对应学生的信息
StudentNameSelectManager.java	查询学生信息功能实现	业务功能处理类,显示对应登录学生的信息
StudentAllSelectSwing.java	查询全部学生界面	每次显示一个学生的信息,通过按钮操作显示"上一个"或"下一个"学生信息
StudentAllSelectManager.java	查询全部学生信息功能实现	业务功能处理类,依次获取每个学生的信息,一个学生信息对应一个对象数组,将所有对象数组保存到集合中

续表 30-1

类　名	功能描述	设计要点
AddStudentSwing. java	添加学生界面	在窗体中输入学生的用户名、密码、照片和成绩,保存后完成信息录入
AddStudentManager. java	添加学生功能实现	业务功能处理类,完成新增学生信息插入数据库的操作,照片作为二进制文件保存
ResultSelectManager. java	计算平均成绩和及格率功能实现	通过 SQL 操作求得平均成绩和及格率,将结果传递给界面

(2) packaging 包:主要包括数据库连接程序和数据库操作程序,如表 30-2 所列。

表 30-2　packaging 包中的类模块

类　名	功能描述	设计要点
DBConnection. java	数据库连接和关闭功能实现	定义数据库连接和关闭方法
IDUS. java	更新和查询数据功能实现	定义更新操作方法和查询数据方法

(3) sql 包:主要包括学生照片文件和数据库创建语句。

30.2　登录功能实现

将登录功能的界面设计和功能实现进行分层,分为 Swing 界面类 LoginSwing 和后台业务处理类 LoginManager。在界面类中完成界面的构建,在业务处理类中完成相应功能的实现,从而使类的功能更明确。

30.2.1　登录界面设计

登录界面中需要有输入用户名的文本框和输入密码的密码框,选择用户类型的下拉列表框,以及"登录"按钮。下拉列表框中有"学生"和"教师"两个选项。界面设计可参考图 30-2。

可以通过字符串数组来创建下拉列表框,当需要添加其他用户类型选项时可在该字符串数组中添加新项。在代码中需要为"登录"按钮注册监听器,使得单击该按钮后执行相应的事件方法,获取用户信息,并根据不同用户类型进行判断。如果是"教师"类型,则直接判断用户名和密码是否相符;如果是"学生"类型则调用 LoginManager 类的 login 方法判断。登录成功则显示对应的操作窗体,登录失败则出现提示信息。具体代码参见教材教学资源。

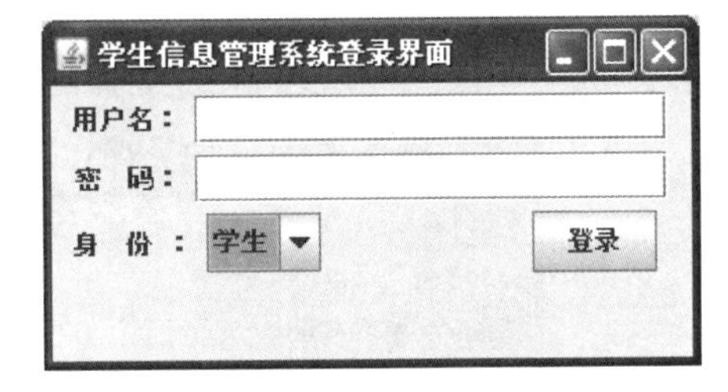

图 30-2　登录界面

30.2.2　登录功能实现

将处理登录业务的代码放在单独的一个类中,并在该类中定义处理登录业务的 login()方法。login()方法接收用户名和密码参数,并通过 JDBC 数据库编程的封装类 IDUS 的 executeQuery()方法对 SQL 语句进行查询操作。查询界面为空则表示数据库中无此学生的信息,登录失败,否则登录成功。具体代码参见教材教学资源。

30.3 学生功能实现

与登录功能的界面设计和功能实现类似,学生操作界面设计和业务功能实现也分为 Swing 界面类 StudentSwing 和后台业务处理类 StudentNameSelectManager。

30.3.1 查看本人信息界面设计

在查看信息界面中用文本框显示用户名、密码和成绩,照片以图片形式放置在标签中。使用代码创建上述控件,将控件添加到窗体中并进行界面布局。获取学生信息组成的对象数组,将信息设置到相应控件中,照片通过创建 ImageIcon 对象设置到标签中。界面设计可参考图 30-3。具体代码参见教材教学资源。

图 30-3 学生查看信息界面

30.3.2 查看信息功能实现

由于学生只能查看自己本人的信息,因此需要定义一个查询方法来查看登录学生的信息。该查询方法需要传递用户名,所以要有一个字符串类型的 name 参数,方法的返回结果是一个包含了该学生信息的对象数组。当发生查询异常时,需要进行异常处理。具体代码参见教材教学资源。

30.4 教师功能实现

教师用户登录成功后进入教师操作界面,可执行的操作比较多。同样,教师操作界面设计和业务功能实现也分为 Swing 界面类和后台业务处理类分别进行。

30.4.1 教师操作界面设计

在登录窗体中选择用户类型为“教师”登录时,不需要查询数据库,只需要判断用户名和密码是否为指定字符。登录成功后进入教师操作界面,可将教师能进行的多种操作制作成菜单放置在菜单栏中,如图 30-4 所示。具体代码参见教材教学资源。

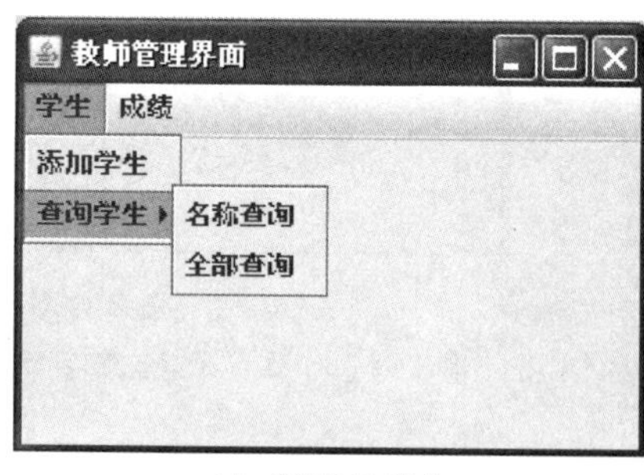

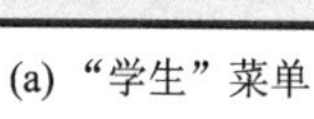
(a) “学生”菜单

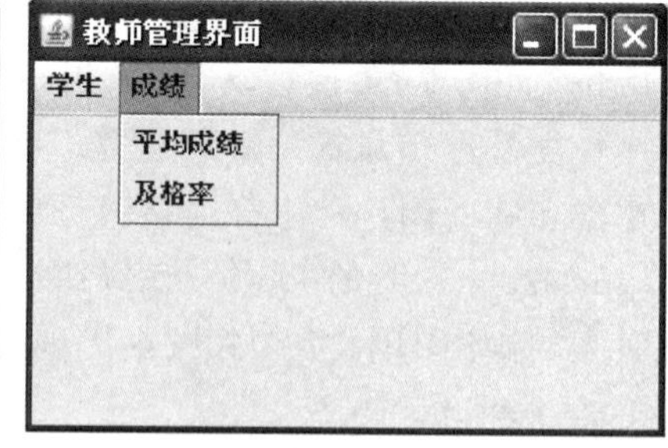

(b) “成绩”菜单

图 30-4 教师操作界面

30.4.2 添加学生界面设计

在教师操作窗体中选择“学生”→“添加学生”命令时,会进入添加学生窗体。添加学生窗体中主要有输入学生用户名、密码、成绩的文本框,选择照片的文件选择框,以及“添加照片”和

“添加此学生信息”两个按钮。界面设计可参考图 30－5。

分别为上述两个按钮注册监听器。当判断触发事件为“添加照片”按钮时，调用文件选择框控件的 showSaveDialog( ) 方法在当前位置弹出文件选择框，并调用 getSelectedFile()方法获取图片文件的 File 类，将照片显示在标签中。当判断触发事件为“添加此学生信息”按钮时，执行 AddStudentManager 类的 Add()方法，添加正确则在数据库中加入该学生信息，添加失败则显示失败信息。具体代码参见教材教学资源。

图 30－5 添加学生信息界面

30.4.3 添加学生功能实现

添加学生界面类 AddStudentSwing 只是完成了添加学生的窗体设计，而将用户的信息传递给处理添加学生信息功能的类 AddStudentManager 来实现对数据库的添加。将用户名、密码、成绩信息插入数据库比较简单，照片需要进行特殊类型字段的插入操作。图片的插入可以使用 File 类创建一个文件字节流，调用 setBinaryStream()方法将文件字节流写入到数据库中。具体代码参见教材教学资源。

30.4.4 查询指定学生界面设计

在教师操作窗体中选择“学生”→“查询学生”→“名称查询”命令时，会进入查询指定学生窗体，教师输入用户名就能查询该学生的信息。查询指定学生的界面比较简单，只需要指示标签、用于输入用户名的文本框和“查询”按钮。查询指定学生的功能实现与学生查看本人信息的功能实现相同。界面设计可参考图 30－6。具体代码参见教材教学资源。

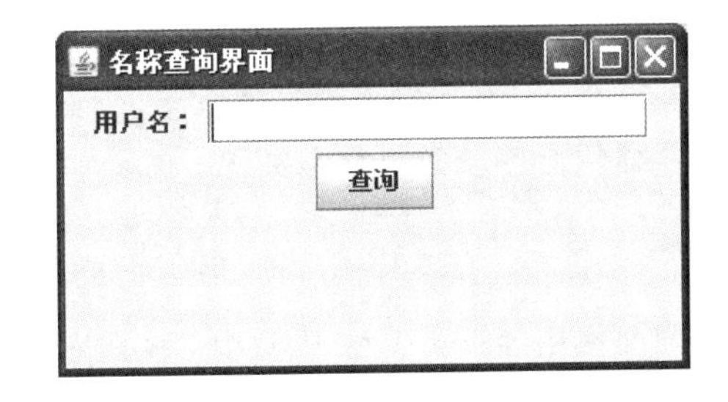

图 30－6 按用户名查询学生界面

30.4.5 查询全部学生界面设计

在教师操作窗体中选择“学生”→“查询学生”→“全部查询”命令时，会进入查询所有学生窗体。查询全部学生的界面比较复杂，需要嵌套使用面板来进行界面布局。查询出所有学生信息集合，每个学生的信息组成一个对象数组，为每个学生的信息创建一个面板，并定义其中用于显示学生信息的控件。设置外层面板为卡片布局，所有学生对应的面板重叠放置，每次显示一个。通过窗体下方的四个按钮“第一个”“上一个”“下一个”“最后一个”进行重叠面板的切换，从而逐一显示每个学生的信息。界面设计可参考图 30－7。具体代码参见教材教学资源。

30.4.6 查询全部学生功能实现

查询全部学生界面类 StudentAllSwing 中需要返回一个保存数据库中所有学生信息的集合，可通过相应的业务功能处理类 StudentAllManager 来实现。在该处理类中定义查询所有学生信息的方法，依次获取每个学生的信息，存放到多个对象数组中，最后将对象数组放置到列表集合中。具体代码参见教材教学资源。

图 30－7　查询全部学生信息界面

30.4.7　计算平均成绩和及格率功能实现

在教师操作窗体中选择“成绩”→“平均成绩”或“及格率”命令，可完成相应的计算功能，并将结果显示在界面中。在 ResultSelectManager 类中分别定义两个方法来处理这两种计算。定义求平均成绩的方法 average()，使用 SQL 语言的 AVG 函数，求得平均成绩值。定义求及格率的方法 pass()，先求得成绩大于 60 的学生数量，再求得所有学生数量，最后进行除法运算。具体代码参见教材教学资源。

30.5　实训扩展

前面使用 Swing 技术和 JDBC 数据库编程技术，完成了一个简单的“学生信息管理系统”的开发。在此基础上可以完成下述两个扩展训练：

- 为“学生信息管理系统”添加信息修改和删除两个操作功能；
- 进行类似的系统开发工作，如“职工信息管理系统”。

参考文献

[1] ROGERS C. Java 编程入门经典[M]. 4 版. 梅兴文,译. 北京:人民邮电出版社,2007.

[2] BRUCE E. Java 编程思想[M]. 陈昊鹏,译. 北京:机械工业出版社,2007.

[3] HERBERT S. Java 参考大全[M]. 鄢爱兰,鹿江春,译. 北京:清华大学出版社,2006.

[4] DEITEL H M, DEITEL P J. Java 程序设计教程[M]. 5 版. 施平安,译. 北京:清华大学出版社,2004.

[5] 萨维奇,施平安. Java 完美编程[M]. 3 版. 李牧,译. 北京:清华大学出版社,2008.

[6] 张桂元,贾燕枫. Eclipse 开发入门与项目实践[M]. 北京:人民邮电出版社,2006.

[7] 刘万军. Java 6 程序设计实践教程[M]. 北京:清华大学出版社,2009.

[8] 张桂珠,姚晓峰,陈爱国. Java 面向对象程序设计习题解答与实验[M]. 北京:北京邮电大学出版社,2005.

[9] 张孝祥. Java 就业培训教程[M]. 北京:清华大学出版社,2003.

[10] 迟勇,杨灵. Java 语言程序设计实训[M]. 大连:大连理工大学出版社,2008.

[11] 王舜燕,钟珞. Java 编程方法学[M]. 北京:北京邮电大学出版社,2008.

[12] 魏勇. Java 开发技术[M]. 北京:人民邮电出版社,2008.